"十四五"时期水利类专业重点建设教材(职业教育)
融媒体新形态教材

水工建筑物与BIM建模

主　编　冷爱国　张云清　李　蓓
副主编　张　瑜　刘昌礼　邓婷婷
　　　　李　妍　张子映
主　审　刘庆亮

黄河水利出版社
·郑州·

内容提要

本书是“十四五”时期水利类专业重点建设教材、全国水利职业教育优秀教材、山东省职业技术教育优秀教材，是按照“十四五”时期水利类专业重点建设教材的编写基本要求及相关行业课程标准编写完成的。全书共分十二个学习项目，主要内容包括水利工程基本知识、重力坝、土石坝、水闸、河岸溢洪道、橡胶坝、水工隧洞、渡槽、倒虹吸管、涵洞、跌水与陡坡及水利工程 BIM 建模等。本书在讲述各种水工建筑物的作用、特点、适用情况、工作条件、结构形式与布置和有关设计计算的技能训练的基础上，结合数字水利技术，增加了水利工程 BIM 建模，对培养智慧水利人才有很大的帮助。

本书可作为高等职业教育水利工程、水利水电建筑工程、水利水电工程智能管理、智慧水利、城市水利等专业的教学用书，也可作为水利职工岗位培训或水利工程技术人员学习参考用书。

图书在版编目(CIP)数据

水工建筑物与 BIM 建模 / 冷爱国，张云清，李蓓主编.
郑州 ：黄河水利出版社，2025. 1. -- (“十四五”时期
水利类专业重点建设教材). -- ISBN 978-7-5509-4135
-9

Ⅰ. TV6-39

中国国家版本馆 CIP 数据核字第 20256QY390 号

组稿编辑：田丽萍　电话：0371-66025553　E-mail：912810592@qq.com

责任编辑：赵红菲　陈彦霞　责任校对：韩莹莹　封面设计：张心怡　责任监制：常红昕

出版发行：黄河水利出版社

地址：河南省郑州市顺河路 49 号　邮政编码：450003

网址：www.yrcp.com　E-mail：hhslcbs@126.com

发行部电话：0371-66020550

承印单位：河南田源印务有限公司

开本：787 mm×1 092 mm　1/16

印张：25.25

字数：600 千字

版次：2025 年 1 月第 1 版　　印次：2025 年 1 月第 1 次印刷

定价：60.00 元

前　言

本书是根据《中共中央关于认真学习宣传贯彻党的二十大精神的决定》,中共中央办公厅、国务院办公厅《关于推动现代职业教育高质量发展的意见》,国务院《国家职业教育改革实施方案》(简称"职教 20 条"),教育部《职业院校教材管理办法》《高等学校课程思政建设指导纲要》《高等职业学校专业教学标准》《"十四五"职业教育规划教材建设实施方案》,水利部、教育部《关于进一步推进水利职业教育改革发展的意见》,中国水利教育协会《关于加强"十四五"时期水利类专业教材建设的通知》等文件精神和全国职业教育大会精神,在中国水利教育协会精心组织和指导下,组织编写的"十四五"时期水利类专业重点建设教材。本书以工作任务为导向,融入课程思政元素,践行"三教"改革,注重吸收产业升级和行业发展的新知识、新技术、新工艺、新方法、新规范,丰富了课程思政案例、视频、微课、题库等数字化教学资源,以学生能力培养为主线,以实际工程案例为载体,是理论联系实际、教学面向生产、产教融合、校企合作编写的职业教育融媒体新形态教材,具有鲜明的时代特点,体现了科学性、实用性、实践性、创新性的特色。

本书是在山东省高等教育名校建设工程课程改革教材、全国水利职业教育优秀教材《水工建筑物》基础上进行的全面更新、补充和修改完善,2023 年 3 月被中国水利教育协会推荐为"十四五"时期水利类专业重点建设教材。

本书以习近平新时代中国特色社会主义思想为指导,坚持正确政治方向和价值导向,全面贯彻落实党的二十大精神,认真落实立德树人根本任务,紧密对接国家水利发展战略、数字工程技术,更好服务于智慧水利人才培养,确保习近平总书记关于治水的重要论述精神进教材落实到位,提升铸魂育人实效。本书围绕新时代水利发展形势、智慧水利技术、新质生产力,以新时代水利精神育人为思政主线,注重水文化育人,思政元素与教学任务有机结合,润物无声,实现课程育人目标。

本书按照国家及水利行业有关水工建筑物的新规范、新标准,吸收水利新知识、新技术和工程建设发展趋势,结合水利数字赋能教学改革经验,坚持"行动导向、成果为本"的教学模式编写而成。本书采用项目教学法编写,将传统纸质教材与 MOOC(慕课)和富媒体教学资源一体化设计,线上线下互动、平面立体结合、课内课外互补,虚拟仿真与实物、工程与水利文化、自主学习和测试一体化,加入大量工程案例,拥有丰富的数字化教学资源,教材内容新颖、立体、丰富。本书体现了"教、学、做"一体化的"工学结合"教学理念,内容紧扣水利工程与管理类培养目标,贴近水利水电工程职业技能岗位,融入职业资格的相关知识,符合水利职业院校毕业生工作特点,是知识学习与技能训练一体的职业教育优秀教材。

本书编写单位及编写人员如下:山东水利职业学院冷爱国、张云清、李蓓、张瑜、刘昌礼、邓婷婷、张瑞她、赵鲁斌、李安、韩宏昌,吉林水利电力职业学院李妍、李帅,福建水利电力职业技术学院张子映,山东省水利勘测设计院有限公司刘建生,济宁市水利事业发展中心孔祥利，日照市园林环卫集团有限公司刘磊。本书由冷爱国、张云清、李蓓担任主编，冷爱国负责全书规划及统稿；由张瑜、刘昌礼、邓婷婷、李妍、张子映担任副主编；由黄河勘测规划设计研究院有限公司刘庆亮研究员担任主审。

本书在编写过程中，引用了大量的规范、文献、资料和网络资源，参考了其他院校和专家的一些教材和素材，恕未在书中一一注明。在此，对有关作者表示诚挚的谢意！

由于编者水平有限，书中难免存在不足之处，恳请广大读者批评指正。

编　者

2024 年 6 月

本书互联网全部资源

目 录

项目一

水利工程基本知识

任务一　我国的水资源

【学习目标】

1. 了解我国水资源的特点及水资源不平衡的解决办法。
2. 熟知我国水资源的开发利用情况。
3. 理解水资源短缺给我国带来的新问题。
4. 树立节水意识，感受新时代国家治水兴水的新变化。

【思政素材】

码 1-1　国家水网建设规划

水是生命之源、生产之要、生态之基，是自然界一切生命赖以生存和发展不可替代的物质。地球上水的总量为 13.86 亿 km^3，绝大部分为不能直接用于生活、工业及农田灌溉的海水，占总水量的 96.5%。其中，地表水和浅层地下水可供利用或可能被利用，且能长期供应的淡水数量仅为 0.047 亿 km^3，占总水量的 0.34%，此部分淡水称为水资源。水资源在保障社会经济可持续发展中具有不可替代的作用，是重要的可循环的自然资源和经济资源。查明水资源状况，是国家和地区开发、利用、保护和管理水资源，制定宏观经济社会发展规划及编制有关专项规划的基础工作。

一、我国水资源的特点

2023 年，我国水资源总量为 25 782.5 亿 m^3，比多年平均值偏少 6.6%，比 2022 年减少 4.8%。其中，地表水资源量为 24 633.5 亿 m^3，地下水资源量为 7 807.1 亿 m^3，地下水与地表水资源不重复量为 1 149.0 亿 m^3。我国水资源总量居世界第 6 位，但人均水资源量仅为世界人均水资源占有量的 1/4，是世界上水资源贫乏的国家。

我国地处欧亚大陆东南部、太平洋西岸，具有明显的季风气候特点，我国的水资源在时间上、空间上分布不合理。

从时间上来看，我国降水年内和年际变化大，北方地区 6~9 月降水量占全年降水量的 70%~80%，南方地区一般占 50%~65%。一些江河流域丰水年降水量是枯水年的 2~8 倍，连续几个丰水年或连续几个枯水年的情况时有发生。我国独特的地理气候因素导致流域性洪灾、区域性旱灾、风暴潮、咸潮上溯、城市内涝、山洪、凌汛等水旱灾害多发频发。

从空间上来看，我国地域跨越高、中、低三个纬度带，水资源分布极不平衡，从东南沿海到西北内陆，降水量总体呈递减态势。东南沿海及西南部分地区年平均降水量在 2 000 mm 以上，黄河流域以北地区则锐减至 400~600 mm，西北地区西部不足 200 mm，其中塔里木盆地更是不足 50 mm。

二、我国水旱灾害情况

我国是世界上自然灾害最为严重的国家之一，灾害种类多，分布地域广，发生频率高，造成损失重，这是一个基本国情。其中，水旱灾害是危害最大、造成损失最严重的自然灾害之一，自古就是中华民族的心腹之患。据史料记载，公元前206年至1949年的2 155年间，全国发生较大洪水灾害1 092次，发生较大旱灾1 056次，非旱即涝，几乎每年都会发生洪旱灾害。其中，光绪三~四年(1877~1878年)的丁戊奇荒，是近代以来最惨烈的灾荒，受灾人口高达1.6亿~2亿，约占当时全国总人口的一半，直接死于饥荒的人口在千万以上。长期以来，频发的江河洪水更是给沿岸百姓带来了深重灾难。历史上，黄河三年两决口、百年一改道。据统计，从先秦到1949年的2 500多年间，黄河下游共决溢1 500多次，改道26次，北达天津，南抵江淮。1855年，黄河在兰考县东坝头附近决口，夺大清河入渤海，形成了现行河道。从大禹治水到潘季驯“束水攻沙”，从汉武帝“瓠子堵口”到康熙帝把“河务、漕运”刻在宫廷的柱子上，数千年来，中华民族始终在同黄河水旱灾害做斗争。

新中国成立以来，我国主要江河均发生过大水，如1954年、1998年、2020年长江大水，1958年、1982年、2021年黄河大水，1954年、1991年、2003年、2007年、2020年淮河大水，1963年、1996年、2021年海河大水，1994年、1998年、2005年、2022年珠江大水，1957年、1991年、1998年、2013年松花江大水等。1963年8月，海河流域南系发生特大洪水，不到10 d的时间洪水总量达到270多亿m^3，豫北、冀中、冀南平原及天津市南郊广大地区一片汪洋，给海河流域带来严重损失。1998年，长江、松花江等流域发生了特大洪水，全国共有29个省(自治区、直辖市)遭受了不同程度的洪涝灾害，导致数千人死亡，财产损失达2 500多亿元。

近年来，伴随全球变暖，极端强降雨、高温干旱及超强台风等气象事件呈多发、频发、重发之势，水旱灾害的突发性、异常性、不确定性愈发突出。2020年，我国出现1998年以来最严重汛情，大江大河发生21次编号洪水，次数较常年多1.5倍。长江、淮河、松花江、太湖齐发流域性洪水，为1998年来首次。2021年，河南省遭遇历史罕见特大暴雨，其中郑州站“7·20”特大暴雨最大小时降雨量突破我国大陆气象观测记录历史极值，淮河中游沙颍河支流贾鲁河发生超历史纪录洪水。2021~2022年，珠江流域东江、韩江发生60年来最严重干旱，加之珠江口咸潮上溯影响加剧，呈现“秋冬春连旱、旱上加咸”的不利局面，直接威胁城乡居民生活供水安全。2022年，珠江流域旱涝急转，连续发生8次编号洪水，为新中国成立以来最多，其中北江发生1915年以来最大洪水；长江流域发生1961年有完整实测资料以来最严重长时间气象水文干旱，长江中下游秋粮作物灌溉受到严重影响，长江口遭遇历史罕见咸潮入侵，给保障上海市供水安全带来严峻挑战。

中华民族是在同自然灾害做斗争中发展起来的伟大民族。现在，水患仍是我们要面对的最严重的自然灾害之一。进入新发展阶段，水旱灾害防御工作正面临着新形势、新要求、新任务、新挑战。随着经济社会发展，我国经济总量、产业结构、城镇化水平等显著提升，江河中下游平原、三角洲等受洪涝灾害威胁仍较严重，超大规模城市对水资源的需求量、依赖度急剧上升，水旱灾害防御依然任重道远。

三、我国水资源的开发利用

1949 年新中国成立以来,我国水资源的开发利用以七大水系开发为中心,取得了举世瞩目的成就,其中黄、淮、海、辽四流域水资源的利用率达到 40%。2000 年,全国可供水量为 6 678 亿 m^3,与 1980 年相比,净增供水量 1 943 亿 m^3,为我国粮食生产、工业发展和城镇人民生活用水提供了水源保障。

2014 年以来的 10 年间,我国国内生产总值增长近 1 倍,用水总量总体稳定在 6 100 亿 m^3 以内。与 2014 年相比,2023 年的工、农业用水量分别下降约 28%和约 5%;万元地区生产总值用水量、万元工业增加值用水量各降 41. 7%和 55. 1%;农田灌溉水有效利用系数由 0. 530 上升至 0. 576。

我国是水资源相对短缺的国家,拥有淡水资源总量虽然居世界第 6 位,但由于人口众多,人均水资源量远低于世界平均水平,近 2/3 城市不同程度缺水。随着我国经济社会持续快速发展和对生态环境质量要求的逐步提高,水资源短缺已越来越成为严重的瓶颈制约。

四、水资源总量和水资源可利用总量

水资源总量是指降水形成的地表水量和地下产水量,即地表径流量与降水入渗补给量之和。其表达式为

$$W = R_s + U_p = R + U_p - R_g \tag{1-1}$$

式中 W——水资源总量;

R_s——地表径流量,即河川径流量与河川基流量之差;

U_p——降水入渗补给量;

R——河川径流量,即地表水资源量;

R_g——河川基流量。

水资源可利用总量是指在可预见的时期内,在统筹生活、生产和生态环境用水要求的基础上,通过经济合理、技术可行的措施可知一次性利用的最大水量。

水资源可利用总量的计算,可采取地表水资源可利用量与浅层地下水资源可开采量相加再扣除地表水资源可利用量与浅层地下水资源可开采量两者之间重复计算水量的方法估算。其表达式为

$$Q_{总} = Q_{地表} + Q_{地下} - Q_{重} \tag{1-2}$$

其中

$$Q_{重} = \rho(Q_{渠} + Q_{田}) \tag{1-3}$$

式中 $Q_{总}$——水资源可利用总量;

$Q_{地表}$——地表水资源可利用量;

$Q_{地下}$——浅层地下水资源可开采量;

$Q_{重}$——地表水资源可利用量与浅层地下水资源可开采量两者之间重复计算水量;

$Q_{渠}$——渠系渗漏补给量;

$Q_{田}$——田间地表灌溉入渗补给量;

ρ——可开采利用系数,即地下水资源可开采量与地下水资源量的比值。

五、知识点测试

登录智慧职教 MOOC 学院(https://www.icve.com.cn/),注册并登录高职《水工建筑物》(课程负责人冷爱国)进行资源学习,并完成本任务知识点测试;或扫描二维码完成本任务知识点测试。

码 1-2　项目一任务一知识点测试

六、技能训练

查阅资料,整理分析我国"十三五""十四五"期间水利发展取得的成就和存在的问题。

任务二　水利工程与水工建筑物

【学习目标】

1. 掌握水利工程的概念、作用和类型。
2. 掌握水工建筑物的概念、类型和特点。
3. 能认识水利工程及其组成的建筑物,区分其类型,并能正确分析其作用。
4. 培养学生热爱水利、关注民生的情感,感受水利文化育人。

【思政素材】

码 1-3　中国大运河　　码 1-4　南水北调山东段　　码 1-5　水土保持

一、水利工程

对自然界的地表水和地下水进行控制和调配,以达到兴水利、除水害的目的而修建的工程,称为水利工程。水利工程是国家建设的重要组成部分,是国家、地区经济发展的重要支撑,也是保障人民生命财产安全的必需之举。

水利工程按其所承担的任务可分为以下几种类型。

(一)河道整治与防洪工程

河道整治主要是通过整治建筑物和其他措施,防止河道冲蚀、改道和淤积,使河流的外形和演变过程都能满足防洪与兴利等各方面的要求。一般防治洪水的措施是“上拦下排,两岸分滞”的工程体系。

码 1-6　水利工程的作用及类型

“上拦”是防洪的根本措施,不仅可以有效防治洪水,而且可以综合地开发利用水土资源。“上拦”就是在山地丘陵地区进行水土保持,拦截水土,有效地减少地面径流;在干、支流的中上游兴建水库拦蓄洪水,调节下泄流量不超过下游河道的过流能力。

水库,作为一种蓄水工程,改变了河道的径流,下游河道流量发生了变化。在汛期,可以拦蓄洪水削减洪峰,保护下游地区安全,拦蓄的水流由于水位抬高可以用来灌溉、发电、航运、供水和淡水养殖;在枯水期,通过水库放水可以改善航道水量和河道水质、维持河道水生态平衡。

“下排”就是疏浚河道,修筑堤防,提高河道泄洪能力,减轻洪水威胁。这是治标的办法,不是从根本上防治洪水。但是,在“上拦”工程没有完全控制洪水之前,筑堤防洪仍是一种重要有效的措施,而且要加强汛期的防护、管理、监测等工作,确保安全。

“两岸分滞”是在河道两岸适当位置修建分洪闸、引洪道、滞洪区等,将超过河道安全泄量的洪峰流量通过泄洪建筑物分流到该河道下游或其他水系,或者蓄于低洼地区(滞洪区),以保证河道两岸保护区的安全。滞洪区的规划与兴建应根据实际经济发展情况、人口因素、地理情况和国家的需要,由国家统筹安排。为了减少滞洪区的损失,必须做好通信、交通和安全措施等工作,并做好水文预报,只有万不得已时才运用分洪措施。

(二)农田水利工程

发展农业生产,提高粮食产量,通过修建闸、渠等水利工程,形成良好的灌、排系统,来调节和改变农田水分状态和地区水利条件,使之符合农业生产发展的需要,改变不利于农业发展的自然条件,促进农业稳产高产。

农田水利工程一般包括以下三种类型。

1. 取水工程

从河流、湖泊、水库、地下水等水源适时适量地引取水量,用于农田灌溉的工程称为取水工程。在河流中引水灌溉时,取水工程一般包括抬高水位的拦河坝(闸)、控制引水的进水闸、排沙用的冲沙闸、沉沙池等。当河流流量较大、水位较高能满足自流引水灌溉要求时,可以不修建拦河坝(闸)。当河流水位较低又不宜修建坝(闸)时,可建提灌站,提水灌溉。

2. 输水配水工程

将一定流量的水流输送并配置到田间的建筑物的综合体称为输水配水工程,如各级固定渠道系统及渠道上的涵洞、渡槽、交通桥、分水闸等。

3. 排水工程

各级排水沟及沟道上的建筑物称为排水工程。其作用是将农田内多余水分排泄到作物以外范围,使农田水分保持适宜状态,满足通气、养料和热状况的要求,以适应农作物的正常生长,如排水沟、排水闸等。

(三)水力发电工程

水力发电工程是将具有巨大能量的水流通过水轮机转换为机械能,再通过发电机将机械能转换为电能的工程措施。

水力发电的两个基本要素为落差、流量。为了有效地利用天然河道的水能，常采用工程措施，修建能集中落差和流量的水工建筑物，使水流符合水力发电工程的要求。在山区常用的水能开发方式是拦河筑坝，形成水库，它既可以调节径流又可以集中落差。在坡度很陡或有瀑布、急滩、弯道的河段，而上游又不许淹没时，可以沿河岸修建引水建筑物（渠道、隧洞）来集中落差和流量，开发水能。

（四）供水工程和排水工程

供水是将水从天然水源中取出，经过净化、加压，用管网供给城市、工矿企业等用水部门；排水是排除工矿企业及城市废水、污水和地面雨水。城市供水对水质、水量及供水可靠性上要求很高；排水必须符合国家规定的污水排放标准。

我国水资源不足，现有供排水能力与科技和生产发展，以及人民物质文化生活水平的不断提高不相适应，特别是城市供水与排水的要求愈来愈高；水质污染问题也加剧了水资源的供需矛盾，而且恶化环境，破坏生态。

（五）航运工程

航运包括船运与筏运（木、竹浮运）。内河航运有天然水道（河流、湖泊等）和人工水道（运河、河网、水库等）两种。

利用天然水道通航，必须进行疏浚、河床整治、改善河流的弯曲情况、设立航道标志，以建立稳定的航道。当河道通航深度不足时，可以通过拦河建闸、坝的措施抬高河道水位；或利用水库进行径流调节，改善水库下游的通航条件。

人工水道是人们为了改善航运条件，开挖人工运河、修建河网及渠化河流，以节省航程，节约人力、物力、财力。人工水道除可以通航外，还有综合利用的效益。例如，运河可以作为水电站的引水道、灌溉干渠、供水的输水道等。在航道上如建有闸、坝等挡水建筑物，应同时修建过坝（闸）建筑物，如船闸、升船机等。

（六）环境水利工程

工程的建设促进了经济效益和社会效益的提高，满足了人们的生活需求，但是在一定程度上也破坏了人与自然的生存环境，影响了生态环境的可持续发展。例如，水库蓄水造成泥沙淤积，水体密度、水中溶解氧、微生物、水生生物发生变化，下游河道产生污染，鱼类生存和繁衍的环境发生变化，地下水位抬高，土壤环境改变。施工过程场区废渣、废水污染，周边植被破坏，产生水土流失、堵塞河道等。

环境水利工程是为了保护和改善水环境而修建的工程设施。主要包括过鱼建筑物、人工孵育场和人工产卵场、为改善水生物环境的蓄水工程或排水工程、为改善鱼类洄游和河口环境的排沙防淤工程、污水废水处理排放工程、景观工程等。

（七）水土保持工程

水土保持工程是防治水土流失的一项措施。它是应用工程学原理，防治山区、丘陵区、风沙区水土流失，保护、改良与合理利用水土资源，并充分发挥水土资源的经济效益和社会效益，建立良好生态环境的一项措施。

水土保持工程可分为以下四种类型。

1. 山坡防护工程

山坡防护工程的作用在于用改变小地形的方法防止坡地水土流失，将雨水及融雪水就地拦蓄，使其渗入农地、草地或林地，减少或防止形成坡地径流，增加农作物、牧草及林木可利用的土壤水分。同时，将未能就地拦蓄的坡地径流引入小型蓄水工程。在有发生重力侵蚀危险的坡地上，可以修筑排水工程或支撑建筑物防止滑坡。属于山坡防护工程的措施有梯田、拦水沟埂、水平沟、水平阶、水簸箕、鱼鳞坑、山坡截流沟、水窖，以及稳定斜坡下游的挡土墙等。

2. 山沟治理工程

山沟治理工程的作用在于防止沟头前进、沟床下切、沟岸扩张，减缓沟床纵坡，调节山洪洪峰流量，减少山洪或泥石流的固体物质含量，使山洪安全排泄，对沟口冲积锥不造成灾害。属于山沟治理工程的措施有沟头防护工程，谷坊工程，以拦沙调沙为主要目的的各种拦沙坝，以拦泥淤地、建设基本农田为目的的淤地坝及沟道护岸工程等。

3. 山洪排导工程

山洪排导工程的作用在于防止山洪或泥石流危害沟口冲积锥上的房屋、工矿企业、道路及农田等具有重大经济意义及社会意义的防护对象。属于山洪排导工程的有排洪沟、导流堤等。

4. 小型蓄水用水工程

小型蓄水用水工程的作用在于将坡地径流及地下潜流拦蓄起来，减少水土流失危害，灌溉农田，提高作物产量。其工程措施有小水库、蓄水塘坝、淤滩造田、引洪漫地、引水上山等。

二、水工建筑物

在水的静力或动力作用下工作，并与水发生相互影响的各种建筑物，称为水工建筑物。

（一）水工建筑物的类型

码 1-7　水工建筑物的概念与类型

1. 按建筑物的用途分类

（1）挡水建筑物。用以拦截江河，形成水库或壅高水位，如各种坝和闸；为抗御洪水或挡潮，沿江河海岸修建的堤防、海塘等。

（2）泄水建筑物。用以宣泄在各种情况下，特别是洪水期的多余入库水量，以确保大坝和其他建筑物的安全，如溢流坝、溢洪道、泄洪洞等。

（3）输水建筑物。为灌溉、发电和供水的需要从上游向下游输水用的建筑物，如输水洞、引水管、渠道、渡槽等。

（4）取水建筑物。是输水建筑物的首部建筑，如进水闸、扬水站等。

（5）整治建筑物。用以整治河道，改善河道的水流条件，防止对河道的冲刷等，如丁坝、顺坝、导流堤、护岸等。

（6）专门建筑物。专门为灌溉、发电、供水、过坝需要而修建的建筑物，如电站厂房、沉沙池、船闸、升船机、鱼道、筏道等。

2. 按建筑物的使用时间分类

(1)永久性建筑物。在运用期长期使用,根据其在整体工程中的重要性又分为主要建筑物和次要建筑物。主要建筑物是指该建筑物失事后将造成下游灾害或严重影响工程效益,如闸、坝、泄水建筑物、输水建筑物及水电站厂房等;次要建筑物是指失事后不致造成下游灾害和对工程效益影响不大且易于检修的建筑物,如挡土墙、导流墙、工作桥及护岸等。

(2)临时性建筑物。仅在工程施工期间使用,如围堰、导流建筑物等。

有些水工建筑物在枢纽中的作用并不是单一的,如溢流坝既能挡水,又能泄水;水闸既可挡水,又能泄水,还可作取水之用。

(二)水工建筑物的特点

码 1-8　水工建筑物的特点

1. 受自然条件制约多

地形、地质、水文、气象等对工程选址、建筑物选型、施工、枢纽布置和工程投资影响很大。

2. 工作条件复杂

水的作用形成了水工建筑物复杂的工作条件:挡水建筑物蓄水以后,承受很大的水压力、浪压力、冰压力、地震动水压力等水平推力,建筑物的稳定性影响极大;通过水工建筑物和地基的渗流,不仅产生渗透压力影响建筑物强度和稳定,还可能产生侵蚀和渗透破坏;当水流通过水工建筑物下泄时,高速水流可能引起建筑物的空蚀、振动,以及对下游河床和两岸的冲刷;对于特定的地质条件,水库蓄水后可能诱发地震,进一步恶化建筑物的工作条件。

3. 施工条件复杂

兴建水工建筑物,第一,需要解决好施工导流问题,要求在施工期间,在保证建筑物安全的前提下,河水应能顺利下泄,满足必要的通航要求,这是水利工程设计和施工中的一个重要课题;第二,工程进度紧迫,工期也比较长,截流、度汛需要抢时间、争进度,否则将导致工期拖延;第三,施工技术复杂,水工建筑物的施工受气候影响较大,例如:大体积混凝土的温度控制和复杂的地基较难以处理,填土工程要求一定的含水量和一定的压实度,雨季施工有很大的困难;第四,地下、水下工程多,排水施工难度比较大;第五,交通运输比较困难,高山峡谷地区更为突出等。

4. 对周围环境有影响

水工建筑物在建设过程中,需要大量的土地、水资源和建筑材料,导致植被破坏、水源枯竭、生物栖息地丧失,同时水工建筑物尤其是挡水建筑物建成后,会对周边的水文环境、水质、水生态等产生长期影响。

5. 对国民经济的影响巨大

水利工程建设项目规模大、综合性强、组成建筑物多、投资巨大。尤其是大型水利工程,大坝高、库容大,担负着重要的防洪、发电、供水等任务,一旦出现堤坝溃决等险情,将对下游工农业生产造成极大损失,甚至给下游人民群众的生命财产带来灭顶之灾。所以,必须高度重视水工建筑物的安全性。同时,工程的建设和运用将改变河道的水文和小区域气候,对河中水生生物和两岸植物的繁殖和生长产生一定的影响,即对沿河的生态环境产生影响。

三、知识点测试

登录智慧职教 MOOC 学院进行资源学习,并完成本任务知识点测试;或扫描二维码完成本任务知识点测试。

码 1-9　项目一任务二知识点测试

四、技能训练

(1)“十四五”期间,我国水利建设的重点是什么?

(2)结合实际工程,分析水对水工建筑物的影响。

任务三　水利枢纽与布置

【学习目标】

1. 掌握水利枢纽的概念、类型和组成。
2. 能正确进行水利枢纽布置。
3. 感受大国重器及新时代治水思路。
4. 树立工程整体思维和工程伦理意识。

【思政素材】

码 1-10　三峡水利枢纽工程

码 1-11　水利遗产与水利文化

为了综合利用水资源,达到防洪、灌溉、发电、供水、航运等目的,需要修建几种不同类型的建筑物,以控制和支配水流,满足国民经济发展的需要,而由不同水工建筑物组成的综合体称为水利枢纽。

码 1-12　水利枢纽

水利枢纽按其作用可分为蓄水枢纽、引水枢纽等。

一、蓄水枢纽

蓄水枢纽是为了解决来水与用水在时间和水量分配上存在的

矛盾,修建的以挡水建筑物为主体的建筑物综合运用体。一般由挡水、泄水、放水及某些专门性建筑物组成。通过修建大坝调蓄天然来水,用于汛期防洪、枯水期灌溉、城镇引水等,如湖北的丹江口水利枢纽,见图 1-1。

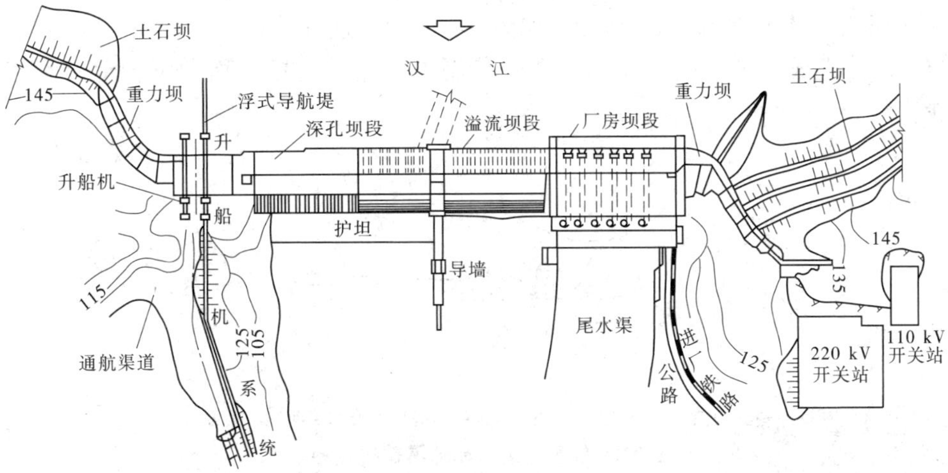

图 1-1　丹江口水利枢纽布置图

丹江口水利枢纽是南水北调中线渠首蓄水工程,具有防洪、灌溉、发电、航运、渔业等综合效益。其主要组成部分如下:

(1)拦河坝。为宽缝重力坝(副坝为黏土斜墙堆石坝),用以截断水流、挡水蓄水,形成水库。总库容 209 亿 m^3,水电站装机容量 90 万 kW。

(2)深孔坝段、溢流坝段。用以宣泄洪水期河道入库洪量超过水库调蓄能力的多余洪水,以保证大坝及有关建筑物安全。

(3)水电站建筑物。用以将水能转变为电能。

(4)升船机。作用是向上下游运送过坝船只。

二、引水枢纽

引水枢纽是在河道上修建拦河闸(坝)等水工建筑物,调节水位和流量,以保证引水的质量和数量。其作用是获取符合水量及水质要求的河水,以满足灌溉、工业及生活用水的要求,并防止泥沙进入渠道。

引水枢纽根据是否具有拦河建筑物可分为无坝引水枢纽和有坝引水枢纽两大类。

(一)无坝引水枢纽

当河道枯水时期的水位和流量能满足引水要求时,不必在河床上修建拦河建筑物,只需在河流的适当地点开渠,并修建必要的建筑物自流引水,这种取水枢纽称为无坝引水枢纽。其优点是工程简单、投资少、施工比较容易、工期短、收效快,并且对河床演变的影响较小。缺点是不能控制河道水位和流量,枯水期引水保证率低。

无坝引水枢纽的水工建筑物有进水闸、冲沙闸、沉沙池及上下游整治建筑物等。当有航运、漂木和渔业等要求时,还应考虑设置船闸、筏道和鱼道等。

根据情况不同有三种布置形式,即位于弯道凹岸的渠首、引水渠式渠首和导流堤式渠首。

1. 位于弯道凹岸的渠首

当河床稳定、河岸土质坚硬时,可将渠首进水闸建在河流弯道的凹岸,利用弯道环流原理,引取表层较清水流,排走底沙,如图 1-2 所示。这种渠首由拦沙坎、进水闸及沉沙设施等部分组成。进水闸的作用主要是控制入渠流量。拦沙坎和沉沙池的作用都是防沙。

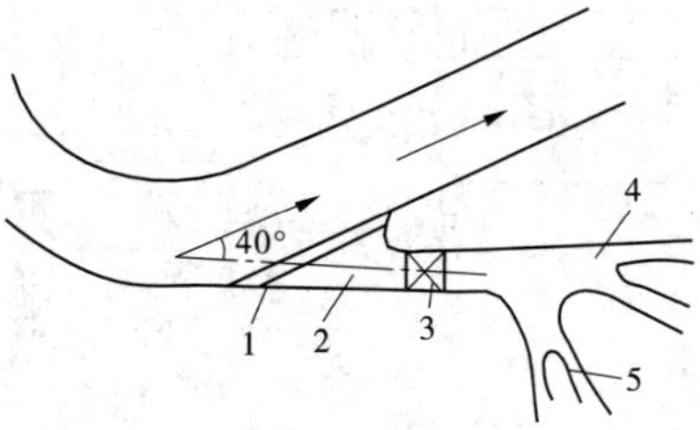

1—拦沙坎;2—引水渠;3—进水闸;4—东沉沙条渠;5—西沉沙条渠。

图 1-2 位于弯道凹岸的渠首布置图

2. 引水渠式渠首

当河岸土质较差易受水流冲刷而变形时,可将进水闸设在距河岸有一定距离的地方,使其不受河岸变形的影响,如图 1-3 所示。

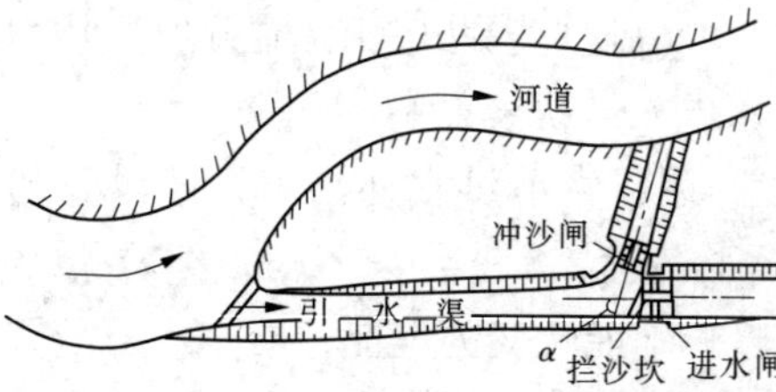

图 1-3 引水渠式渠首布置图

取水口处设简易的拦沙设施,以防止泥沙入渠。在取水口和进水闸之间用引水渠相连。引水渠兼作沉沙渠,并在沉沙渠的末端,按正面引水、侧面排沙的原则布置进水闸和冲沙闸。冲沙闸用来冲洗沉沙渠内的泥沙,使泥沙重归河道。一般冲沙闸与引水渠水流方向的夹角为 30°~60°。冲沙闸底板高程比进水闸低 0.5~1.0 m。在进水闸前还要设一道拦沙坎,以利导沙。为了冲洗引水渠中沉淀的泥沙,一般要求引水渠的长度加上冲沙闸后泄水渠的长度应小于引水渠进口到泄水渠出口处的河道长度,以便利用水力冲洗淤积在引水渠中的泥沙。

这种渠首的主要缺点是引水渠沉积泥沙后,冲沙效率不高。为了保证引水,常常需要用人工或机械辅助清淤。为了减轻引水渠的淤积,一般应在引水渠的入口处修建简单的拦沙设施。

3. 导流堤式渠首

在山区河流坡降较陡、引水量较大及不稳定的河流上,为控制河道流量,保证引水防沙，一般采用导流堤式渠首，如图 1-4 所示。该渠首由导流堤、进水闸及泄水冲沙闸等组成。导流堤的作用是束窄水流、抬高水位，以保证水流平顺地流入进水闸。进水闸的作用是控制入渠流量。泄水冲沙闸除宣泄部分洪水外，平时也可用来排沙。

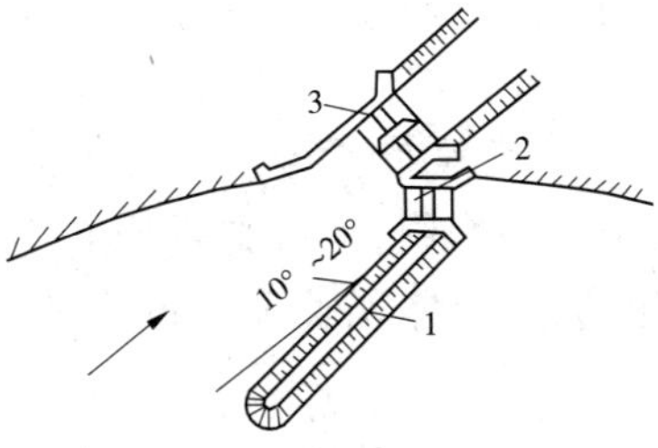

1—导流堤；2—泄水冲沙闸；3—进水闸。

图 1-4　导流堤式渠首布置图

我国古代著名的水利工程都江堰引水枢纽工程如图 1-5 所示。整个渠首位置选择在岷江天然弯道上。它由百丈堤、金刚堤、飞沙堰、宝瓶口等建筑物组成。金刚堤的最前端是分水鱼嘴，作用主要是分水和导流，它把岷江分为内江和外江。

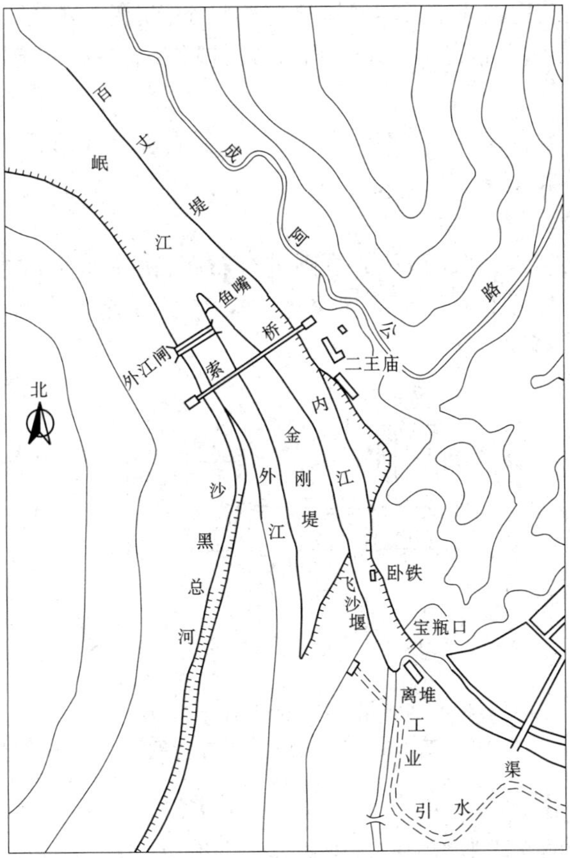

图 1-5　都江堰引水枢纽平面布置图

在洪水时期,内江和外江水量的分配比例大约为 4∶6,大部分洪水从外江流走以保证灌区的安全;在枯水时期,内外江的分水比例恰好相反,大部分江水进入内江,保证了灌区用水。宝瓶口由人工凿开玉垒山而成,由于岩石坚硬,能抵抗水流的冲击,并可以控制引取所需的水量。飞沙堰建在进水口前的导流堤上,用以宣泄进入内江的多余水量,排走泥沙,并保持宝瓶口所需要的水位。百丈堤位于导流堤上游,除引导江水外,还保护河岸免受冲刷。因整个工程布置合理,各建筑物能互相紧密配合,相互调节,起到了分水、泄洪、引水和防沙的作用,使成都平原农田可以自流灌溉,成为旱涝保收的富饶地区。这座工程的建造,充分体现了我国古代劳动人民具有无穷的智慧和高度的科学技术水平。

(二)有坝引水枢纽

当河道枯水时期的流量能满足引水要求,但河道水位较低不能自流引水时,需修建壅水坝(或拦河闸)以抬高水位满足自流引水的要求,这种具有壅水坝的引水枢纽,称为有坝引水枢纽。有坝引水枢纽一般由拦河壅水建筑物(壅水坝或拦河闸)、进水闸、冲沙闸、防排沙设施及上下游河道整治措施等建筑物组成。有坝取水枢纽的优点是工作可靠,引水保证率高,便于引水防沙和综合利用,故应用较广。但相对无坝引水枢纽来说,工程复杂,投资较多,拦河建筑物破坏了天然河道的自然状态,改变了水流、泥沙的运动规律,尤其是在多泥沙河流上,如果布置不合理,会引起渠首附近上下游河道的变形,影响渠首的正常运行。

有坝引水枢纽布置形式有沉沙槽式渠首、人工弯道式渠首、底栏栅式渠首、底部冲沙廊道式渠首和两岸引水式渠首。

1. 沉沙槽式渠首

这种渠首按侧面引水、正面排沙的原则进行布置,由壅水坝、冲沙闸、沉沙槽、导水墙及进水闸等组成,如图 1-6 所示。沉沙槽式渠首的布置结构简单,施工容易,造价较低。

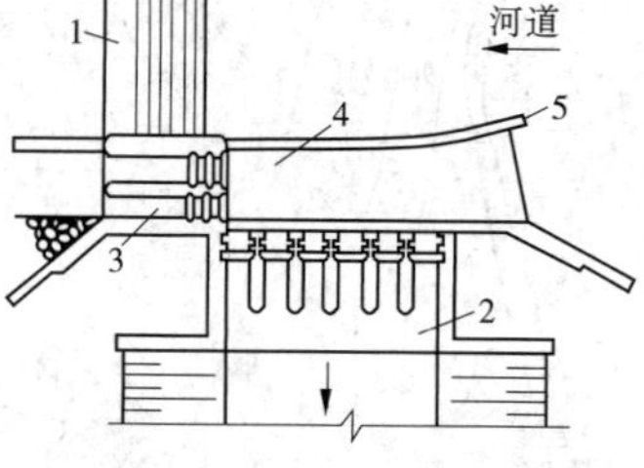

1—壅水坝;2—进水闸;3—冲沙闸;4—沉沙槽;5—导水墙。

图 1-6　沉沙槽式渠首布置图

2. 人工弯道式渠首

这种渠首是将弯曲河段整治为有规则的人工弯道,利用弯道环流原理,在弯道末端按正面引水、侧面排沙的原则布置进水闸和冲沙闸,以引取表层清水,排走底层泥沙,以达到引水排沙的目的。该渠首由人工弯道、进水闸、冲沙闸、泄洪闸及下游排沙道等组成,见图 1-7。

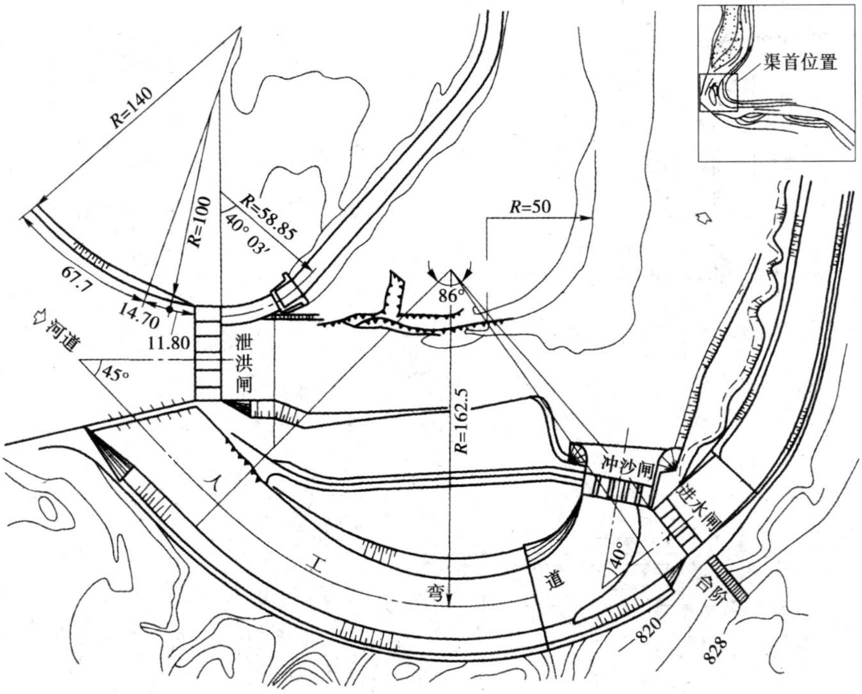

图 1-7　人工弯道式渠首布置图　（单位：m）

3. 底栏栅式渠首

在山溪河道上，河床坡度较陡，水流中带有大量的卵石、砾石及粗沙，为防止大量泥沙入渠，常采用底栏栅式渠首。

这种渠首的主要建筑物由底栏栅坝、溢流堰、泄洪冲沙闸、导沙坎及上下游导流堤等组成，见图 1-8。

4. 底部冲沙廊道式渠首

由于河道中水流泥沙沿深度分层的特点，将水流沿垂直方向划分为表层及底层两个部分，进水闸引取表层较清水流，而含沙量较高的底层水流则经过冲沙廊道或泄洪冲沙闸排到下游，这种分层取水的渠首布置常称为底部冲沙廊道式渠首，见图 1-9。由于廊道冲沙所需水量较少，常用于缺少冲沙流量的河流。当冲沙廊道用于宣泄部分洪水时，则需水量较多。这种枢纽要求坝前水位能形成较大的水头，使水流在廊道内产生 4~6 m/s 的冲沙流速。

5. 两岸引水式渠首

当河道两岸都需要引水时，常在拦河（溢流）坝两端分别建造沉沙槽式取水口，以满足两岸引水要求。实践证明，这种渠首常有一岸取水口被泥沙堵塞。为此，通常采用在一岸集中引水，然后用坝内输水管道向对岸输水，或用跨河渡槽或在河床内埋设涵洞向对岸输水。

这种从一岸取水并向对岸输水的方式，虽然结构复杂，但运用情况良好，不仅有利于水量调配，还便于管理。

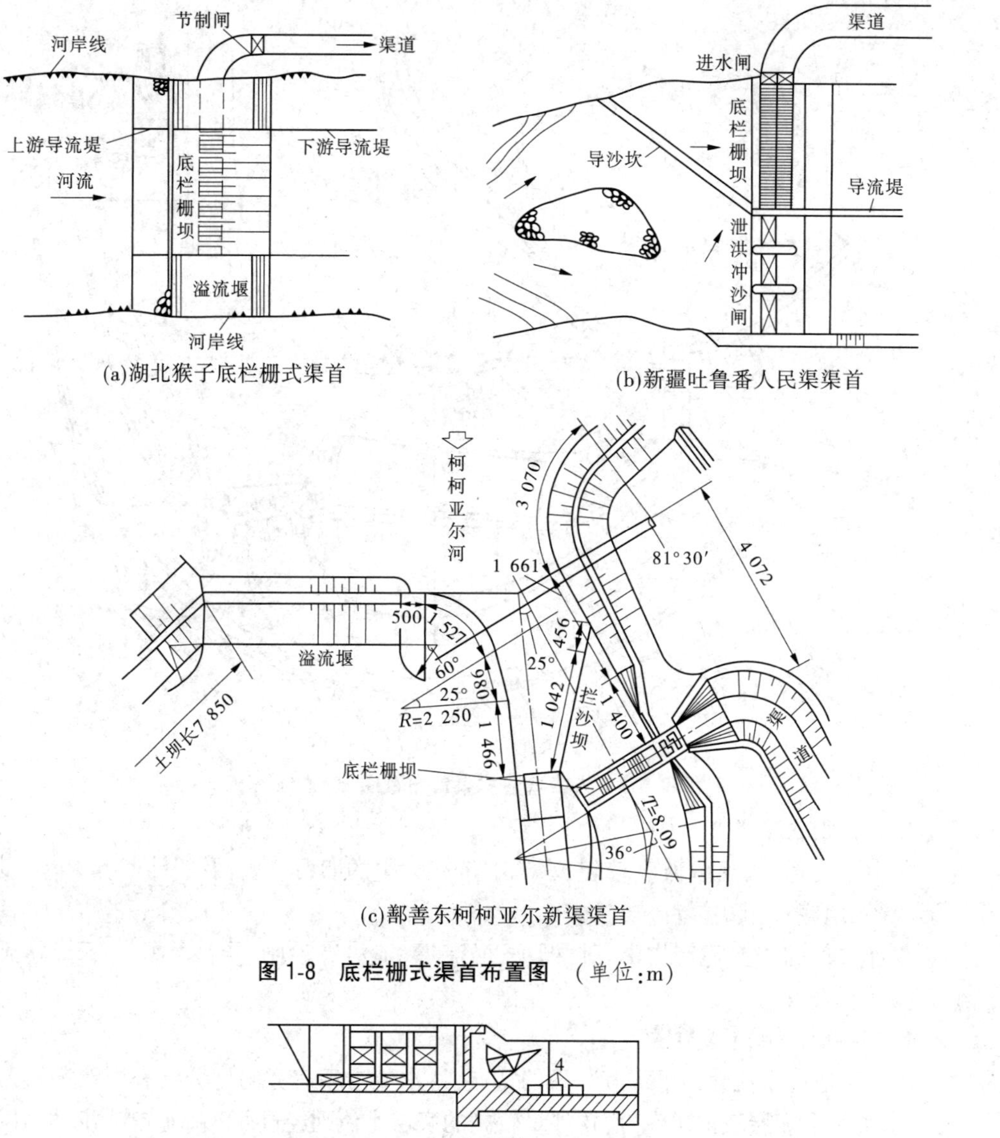

(a)湖北猴子底栏栅式渠首

(b)新疆吐鲁番人民渠渠首

(c)鄯善东柯柯亚尔新渠渠首

图 1-8　底栏栅式渠首布置图　(单位:m)

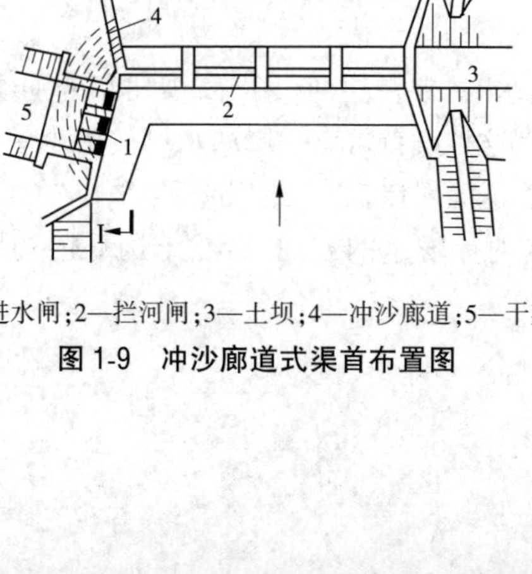

1—进水闸;2—拦河闸;3—土坝;4—冲沙廊道;5—干渠。

图 1-9　冲沙廊道式渠首布置图

三、知识点测试

登录智慧职教 MOOC 学院进行资源学习，并完成本任务知识点测试；或扫描二维码完成本任务知识点测试。

码 1-13　项目一任务三知识点测试

四、技能训练

（1）参照三峡水利枢纽工程布置示意图（见图 1-10），说明三峡工程各部分的组成、布置和作用。

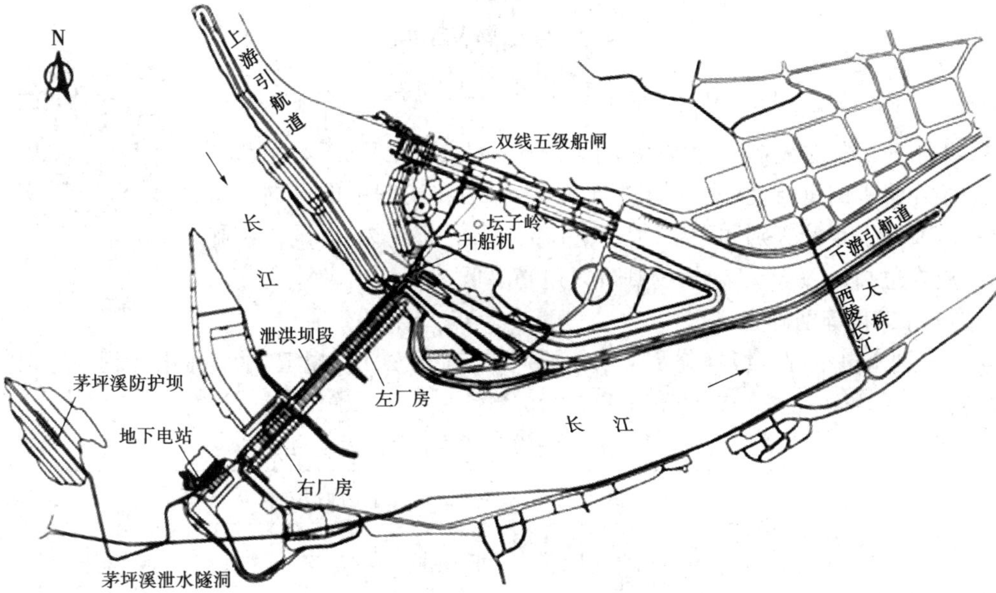

(a) 三峡水利枢纽平面布置图

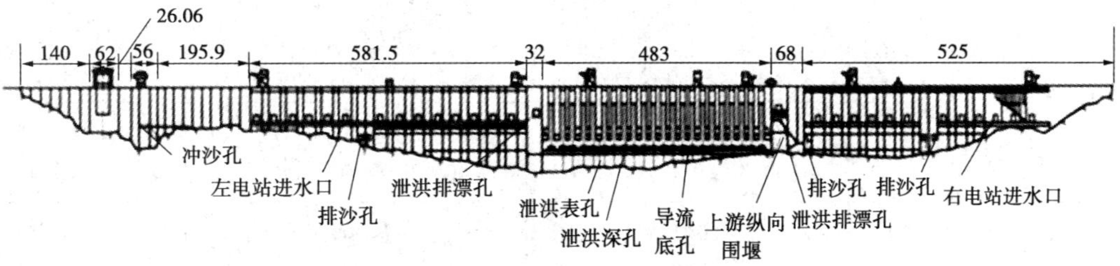

(b) 三峡水利枢纽上游立视图

图 1-10　三峡水利枢纽工程布置示意图　（单位：m）

（2）收集都江堰工程资料，分析都江堰工程的取水原理。

任务四　工程等级划分与洪水标准确定

【学习目标】

1. 掌握水利工程与水工建筑物等级划分的目的、依据。
2. 掌握洪水标准确定的方法。
3. 能根据资料正确确定工程等别、建筑物级别及洪水标准。
4. 培养规范意识及严肃认真的学习态度。

【思政素材】

码 1-14　王牌水利重器

一、水利水电工程等别和水工建筑物级别

码 1-15　工程等级划分

为了使工程达到既安全又经济的目的，应根据其规模、效益及其在国民经济中的重要性将水利水电工程分等，再将工程中的不同建筑物按其所属工程的等别和重要性分级。级别高的建筑物，对设计及施工的要求也高，级别低的建筑物则可以适当降低。

(一)工程等别确定

《水利水电工程等级划分及洪水标准》(SL 252—2017)规定，水利水电工程的等别应根据其工程规模、效益和在经济社会中的重要性按表 1-1 确定。

表 1-1　水利水电工程分等指标

工程等别	工程规模	水库总库容/亿 m^3	防洪			治涝	灌溉	供水		发电
			保护人口/万人	保护农田面积/万亩	保护区当量经济规模/万人	治涝面积/万亩	灌溉面积/万亩	供水对象重要性	年引水量/亿 m^3	发电装机容量/MW
Ⅰ	大(1)型	≥10	≥150	≥500	≥300	≥200	≥150	特别重要	≥10	≥1 200
Ⅱ	大(2)型	<10，≥1.0	<150，≥50	<500，≥100	<300，≥100	<200，≥60	<150，≥50	重要	<10，≥3	<1 200，≥300
Ⅲ	中型	<1.0，≥0.1	<50，≥20	<100，≥30	<100，≥40	<60，≥15	<50，≥5	比较重要	<3，≥1	<300，≥50

续表 1-1

工程等别	工程规模	水库总库容/亿 m^3	防洪			治涝	灌溉	供水		发电
			保护人口/万人	保护农田面积/万亩	保护区当量经济规模/万人	治涝面积/万亩	灌溉面积/万亩	供水对象重要性	年引水量/亿 m^3	发电装机容量/MW
Ⅳ	小(1)型	<0.1,≥0.01	<20,≥5	<30,≥5	<40,≥10	<15,≥3	<5,≥0.5	一般	<1,≥0.3	<50,≥10
Ⅴ	小(2)型	<0.01,≥0.001	<5	<5	<10	<3	<0.5		<0.3	<10

注:1. 水库总库容是指水库最高水位以下的静库容;治涝面积指设计治涝面积;灌溉面积指设计灌溉面积;年引水量指供水工程渠首设计年均引(取)水量。

2. 保护区当量经济规模指标仅限于城市保护区;防洪、供水中的多项指标满足 1 项即可。

3. 按供水对象的重要性确定工程等别时,该工程应为供水对象的主要水源。

对于综合利用的水利水电工程,当按各综合利用项目的分等指标确定的等别不同时,应按其中的最高等别确定整个工程的等别。

(二)水工建筑物级别确定

1. 永久性水工建筑物级别

水利水电工程的永久性水工建筑物的级别,应根据其所在工程的等别或永久性水工建筑物的分级指标综合分析确定。但需注意:

(1)综合利用水利水电工程中承担单一功能的单项建筑物的级别,应按其功能、规模确定;承担多项功能的建筑物级别,应按规模指标较高的确定。

(2)失事后损失巨大或影响十分严重的水利水电工程的 2~5 级主要永久性水工建筑物,经论证并报主管部门批准,建筑物级别可提高一级;水头低、失事后造成损失不大的水利水电工程的 1~4 级主要永久性水工建筑物,经论证并报主管部门批准,建筑物级别可降低一级。

(3)对 2~5 级的高填方渠道、大跨度或高排架渡槽、高水头倒虹吸等永久性水工建筑物,经论证后建筑物级别可提高一级,但洪水标准不予提高。

(4)当永久性水工建筑物采用新型结构或其基础的工程地质条件特别复杂时,对 2~5 级建筑物可提高一级设计,但洪水标准不予提高。

(5)穿越堤防、渠道的永久性水工建筑物的级别,不应低于相应堤防、渠道的级别。

(6)水库及水电站工程的永久性水工建筑物级别,应根据其所在工程的等别和永久性水工建筑物的重要性,按表 1-2 确定。水库大坝按表 1-2 规定为 2 级、3 级,当坝高超过表 1-3 规定的指标时,其级别可提高一级,但洪水标准可不提高。水库工程中最大高度超过 200 m 的大坝建筑物,其级别应为 1 级,其设计标准应专门研究论证,并报上级主管部门审查批准。

表 1-2　永久性水工建筑物级别

工程等别	主要建筑物	次要建筑物
Ⅰ	1	3
Ⅱ	2	3
Ⅲ	3	4
Ⅳ	4	5
Ⅴ	5	5

表 1-3　水库大坝提级指标

级别	坝型	坝高/m
2	土石坝 混凝土坝、浆砌石坝	90 130
3	土石坝 混凝土坝、浆砌石坝	70 100

(7)拦河闸永久性水工建筑物的级别,应根据其所属工程的等别确定。当按规定为 2 级、3 级,其校核洪水过闸流量分别大于 5 000 m^3/s、1 000 m^3/s 时,其建筑物级别可提高一级,但洪水标准可不提高。

(8)防洪工程中堤防永久性水工建筑物的级别,应根据其保护对象的防洪标准按表 1-4 确定。当经批准的流域、区域防洪规划另有规定时,应按其规定执行。

表 1-4　堤防永久性水工建筑物级别

防洪标准/[重现期(年)]	≥100	<100,≥50	<50,≥30	<30,≥20	<20,≥10
堤防级别	1	2	3	4	5

(9)治涝、排水工程中的排水渠(沟)永久性水工建筑物级别,应根据设计流量按表 1-5 确定。治涝、排水工程中的水闸、渡槽、倒虹吸、管道、涵洞、隧洞、跌水与陡坡等永久性水工建筑物级别,应根据设计流量按表 1-6 确定。

表 1-5　排水渠(沟)永久性水工建筑物级别

设计流量/(m^3/s)	主要建筑物	次要建筑物
≥500	1	3
<500,≥200	2	3
<200,≥50	3	4
<50,≥10	4	5
<10	5	5

表 1-6 排水渠系永久性水工建筑物级别

设计流量/(m^3/s)	主要建筑物	次要建筑物
≥300	1	3
<300,≥100	2	3
<100,≥20	3	4
<20,≥5	4	5
<5	5	5

注:设计流量指建筑物所在断面的设计流量。

2. 临时性水工建筑物级别

(1)水利水电工程施工期使用的临时性挡水、泄水等水工建筑物的级别,应根据保护对象、失事后果、使用年限和临时性挡水建筑物规模,按表 1-7 确定。

表 1-7 临时性水工建筑物级别

级别	保护对象	失事后果	使用年限/年	临时性挡水建筑物规模	
				围堰高度/m	库容/亿 m^3
3	有特殊要求的 1 级永久性水工建筑物	淹没重要城镇、工矿企业、交通干线或推迟工程总工期及第一台(批)机组发电,推迟工程发挥效益,造成重大灾害和损失	>3	>50	>1.0
4	1 级、2 级永久性水工建筑物	淹没一般城镇、工矿企业或影响工程总工期和第一台(批)机组发电,推迟工程发挥效益,造成较大经济损失	<3,≥1.5	<50,≥15	<1.0,≥0.1
5	3 级、4 级永久性水工建筑物	淹没基坑,但对总工期及第一台(批)机组发电影响不大,对工程发挥效益影响不大,经济损失较小	<1.5	<15	<0.1

(2)当临时性水工建筑物根据表 1-7 指标分属不同级别时,其级别应按其中最高级别确定。但列为 3 级临时性水工建筑物,符合该级别规定的指标不得少于两项。

(3)当利用临时性水工建筑物挡水发电、通航时,经过技术经济论证,3 级以下临时性水工建筑物的级别可提高一级。

(4)失事后造成损失不大的 3 级、4 级临时性水工建筑物,其级别经论证后可适当降低。

二、洪水标准

水利水电工程永久性水工建筑物的洪水标准,应按山区、丘陵区和平原、滨海区分别确定。

当山区、丘陵区水库工程永久性挡水建筑物的挡水高度低于 15 m,且上下游最大水头差小于 10 m 时,其洪水标准宜按平原、滨海区标准确定;当平原、滨海区水库工程永久性挡水建筑物的挡水高度高于 15 m,且上下游最大水头差大于 10 m 时,其洪水标准宜按山区、丘陵区标准确定,其消能防冲洪水标准不低于平原、滨海区标准。

当江河采取梯级开发方式,在确定各梯级水库工程的永久性水工建筑物的设计洪水与校核洪水标准时,还应结合江河治理和开发利用规划,统筹研究,相互协调。

堤防、渠道上的闸、涵、泵站及其他建筑物的洪水标准,不应低于堤防、渠道的防洪标准,并应留有安全裕度。

(一)水库及水电站工程永久性水工建筑物洪水标准

(1)山区、丘陵区水库工程的永久性水工建筑物的洪水标准,应按表 1-8 确定。

表 1-8　山区、丘陵区水库工程永久性水工建筑物洪水标准

<table>
<tr><th colspan="2" rowspan="2">项目</th><th colspan="5">永久性水工建筑物级别</th></tr>
<tr><th>1</th><th>2</th><th>3</th><th>4</th><th>5</th></tr>
<tr><td colspan="2">设计洪水标准/[重现期(年)]</td><td>1 000~500</td><td>500~100</td><td>100~50</td><td>50~30</td><td>30~20</td></tr>
<tr><td rowspan="2">校核洪水标准/[重现期(年)]</td><td>土石坝</td><td>可能最大洪水(PMF)或 10 000~5 000</td><td>5 000~2 000</td><td>2 000~1 000</td><td>1 000~300</td><td>300~200</td></tr>
<tr><td>混凝土坝、浆砌石坝</td><td>5 000~2 000</td><td>2 000~1 000</td><td>1 000~500</td><td>500~200</td><td>200~100</td></tr>
</table>

(2)平原、滨海区水库工程的永久性水工建筑物洪水标准,应按表 1-9 确定。

表 1-9　平原、滨海区水库工程永久性水工建筑物洪水标准

项目	永久性水工建筑物级别				
	1	2	3	4	5
设计洪水标准/[重现期(年)]	300~100	100~50	50~20	20~10	10
校核洪水标准/[重现期(年)]	2 000~1 000	1 000~300	300~100	100~50	50~20

(3)挡水建筑物采用土石坝和混凝土坝混合坝型时,其洪水标准应采用土石坝的洪水标准。

(4)对土石坝,当失事后对下游将造成特别重大灾害时,1 级永久性水工建筑物的校核洪水标准,应取可能最大洪水(PMF)或重现期 10 000 年一遇;2~4 级永久性水工建筑物的校核洪水标准,可提高一级。

(5)对混凝土坝、浆砌石坝永久性水工建筑物,当洪水漫顶将造成极严重的损失时,1

级永久性水工建筑物的校核洪水标准，经专门论证并报主管部门批准，可取可能最大洪水（PMF）或重现期 10 000 年标准。

（6）山区、丘陵区水库工程的永久性泄水建筑物消能防冲设计的洪水标准，可低于泄水建筑物的洪水标准，根据永久性泄水建筑物的级别，按表 1-10 确定，并应考虑在低于消能防冲设计洪水标准时可能出现的不利情况。对超过消能防冲设计标准的洪水，允许消能防冲建筑物出现局部破坏，但必须不危及挡水建筑物及其他主要建筑物的安全，且易于修复，不致长期影响工程运行。

表 1-10　山区、丘陵区水库工程的消能防冲建筑物设计洪水标准

永久性泄水建筑物级别	1	2	3	4	5
设计洪水标准/[重现期(年)]	100	50	30	20	10

（7）平原、滨海区水库工程的永久性泄水建筑物消能防冲设计洪水标准，应与相应级别泄水建筑物的洪水标准一致，按表 1-9 确定。

（8）水电站厂房永久性水工建筑物洪水标准，应根据其级别，按表 1-11 确定。河床式水电站厂房挡水部分或水电站厂房进水口作为挡水结构组成部分的洪水标准，应与工程挡水前沿永久性水工建筑物的洪水标准一致，按表 1-8 确定。

表 1-11　水电站厂房永久性水工建筑物洪水标准

水电站厂房级别		1	2	3	4	5
山区、丘陵区/[重现期(年)]	设计	200	200~100	100~50	50~30	30~20
	校核	1 000	500	200	100	50
平原、滨海区/[重现期(年)]	设计	300~100	100~50	50~20	20~10	10
	校核	2 000~1 000	1 000~300	300~100	100~50	50~20

（9）当水库大坝施工高程超过临时性挡水建筑物顶部高程时，坝体施工期临时度汛的洪水标准，应根据坝型及坝前拦洪库容，按表 1-12 确定。根据失事后对下游的影响，其洪水标准可适当提高或降低。

表 1-12　水库大坝施工期洪水标准

坝型	拦洪库容/亿 m^3			
	≥10	<10，≥1.0	<1.0，≥0.1	<0.1
土石坝/[重现期(年)]	≥200	200~100	100~50	50~20
混凝土坝、浆砌石坝/[重现期(年)]	≥100	100~50	50~20	20~10

(10)水库工程导流泄水建筑物封堵期间，进口临时挡水设施的洪水标准应与相应时段的大坝施工期洪水标准一致。水库工程导流泄水建筑物封堵后，如永久性泄洪建筑物尚未具备设计泄洪能力，坝体洪水标准应分析坝体施工和运行要求后按表 1-13 确定 。

表 1-13　水库工程导流泄水建筑物封堵后坝体洪水标准

坝型		大坝级别		
		1	2	3
混凝土坝、浆砌石坝/[重现期(年)]	设计	200~100	100~50	50~20
	校核	500~200	200~100	100~50
土石坝/[重现期(年)]	设计	500~200	200~100	100~50
	校核	1 000~500	500~200	200~100

(11)水电站副厂房、主变压器场、开关站、进厂交通设施等的洪水标准，应按表 1-11 确定。

(二)拦河闸永久性水工建筑物洪水标准

(1)拦河闸、挡潮闸挡水建筑物及其消能防冲建筑物设计洪(潮)水标准，应根据其建筑物级别按表 1-14 确定。

表 1-14　拦河闸、挡潮闸永久性水工建筑物洪(潮)水标准

永久性水工建筑物级别		1	2	3	4	5
洪水标准/[重现期(年)]	设计	100~50	50~30	30~20	20~10	10
	校核	300~200	200~100	100~50	50~30	30~20
潮水标准/[重现期(年)]		≥100	100~50	50~30	30~20	20~10

注:对具有挡潮工况的永久性水工建筑物按表中潮水标准执行。

(2)潮汐河口段和滨海区水利水电工程永久性水工建筑物的潮水标准，应根据其级别按表 1-14 确定。对于 1 级、2 级永久性水工建筑物，若确定的设计潮水位低于当地历史最高潮水位时，应按当地历史最高潮水位校核。

(三)治涝、排水、灌溉和供水工程永久性水工建筑物洪水标准

(1)治涝、排水、灌溉和供水工程永久性水工建筑物的设计洪水标准，应根据其级别按表 1-15 确定。

表 1-15　治涝、排水、灌溉和供水工程永久性水工建筑物设计洪水标准

建筑物级别	1	2	3	4	5
设计洪水标准/[重现期(年)]	100~50	50~30	30~20	20~10	10

(2)治涝、排水、灌溉和供水工程中的渠(沟)道永久性水工建筑物可不设校核洪水标准。治涝、排水、灌溉和供水工程的渠系建筑物的校核洪水标准，可根据其级别按表 1-16

确定，也可视工程具体情况和需要研究确定。

表 1-16　治涝、排水、灌溉和供水工程永久性水工建筑物校核洪水标准

建筑物级别	1	2	3	4	5
校核洪水标准/[重现期(年)]	300～200	200～100	100～50	50～30	30～20

(3)治涝、排水、灌溉和供水工程中泵站永久性水工建筑物的洪水标准，应根据其级别按表 1-17 确定。

表 1-17　治涝、排水、灌溉和供水工程泵站永久性水工建筑物洪水标准

永久性水工建筑物级别		1	2	3	4	5
洪水标准/[重现期(年)]	设计	100	50	30	20	10
	校核	300	200	100	50	20

(四)临时性水工建筑物洪水标准

临时性水工建筑物洪水标准，应根据建筑物的结构类型和级别，按表 1-18 的规定综合分析确定。临时性水工建筑物失事后果严重时，应考虑发生超标准洪水时的应急措施。

表 1-18　临时性水工建筑物洪水标准

建筑物结构类型	临时性水工建筑物级别		
	3	4	5
土石结构/[重现期(年)]	50～20	20～10	10～5
混凝土、浆砌石结构/[重现期(年)]	20～10	10～5	5～3

三、知识点测试

登录智慧职教 MOOC 学院进行资源学习，并完成本任务知识点测试；或扫描二维码完成本任务知识点测试。

码 1-16　项目一任务四知识点测试

四、技能训练

某水利水电工程总库容 1.08 亿 m^3，黏土心墙堆石坝，最大坝高 98 m，灌溉面积 3 万 hm^2，电站装机容量 4.2 万 kW，引水式电站岸边式厂房，岸坡溢洪道。施工导流采用一次拦断河床，上下游土石围堰，隧洞导流，上游围堰高 37 m，下游围堰高 18 m，主体工程施工期 4.5 年，大坝第 2 年年末填筑高度为 39 m，确定工程等别及水工建筑物的级别和洪水标准。

项目二

重力坝

任务一　认识重力坝

【学习目标】

1. 熟悉重力坝的工作原理。
2. 掌握重力坝的特点、类型和适用情况。
3. 能正确分析重力坝安全挡水的原因。
4. 学习重力坝的发展史,树立水利遗产保护的意识。

【思政素材】

码 2-1　长江三峡水利枢纽　　码 2-2　黄藏寺水利枢纽　　码 2-3　丰满水电站

重力坝是由混凝土或浆砌石修筑的大体积挡水建筑物,在世界坝工史上是最古老,也是采用最多的坝型之一,如图 2-1 所示。其横剖面基本上呈三角形。重力坝坝轴线一般为直线,垂直坝轴线方向设缝,将坝体分成许多独立的坝段,防止因坝基发生不均匀沉陷和因温度变化而引起坝体开裂。结构受力形式为固结于坝基上的悬臂梁。为防止漏水,在缝内设置多道止水。坝基需要布置防渗排水设施。

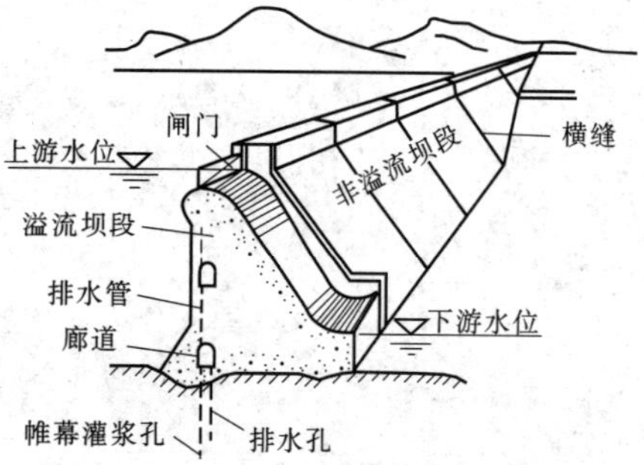

图 2-1　混凝土重力坝示意图

重力坝在水压力及其他荷载作用下,主要依靠坝体自重产生的抗滑力来满足稳定要求;同时,依靠坝体自重产生的压力来抵消由于水压力所引起的拉应力以满足强度要求。

随着施工技术的发展和机械化水平的提高,重力坝的坝高、坝型、结构、材料、施工方法等均发生了很大的变化。

我国已建的重力坝:刘家峡 148 m,新安江 105 m,三门峡 106 m,丹江口 110 m,三峡 175 m,龙滩 216.5 m,其中龙滩为碾压混凝土重力坝。

一、重力坝的特点

(一)优点

(1)工作安全,运行可靠。重力坝剖面尺寸大,坝内应力较小,筑坝材料强度较高,耐久性好。因此,抵抗洪水漫顶、渗漏、侵蚀、地震和战争等破坏的能力都比较强。据统计,在各种坝型中,重力坝失事率相对较低。

码 2-4　重力坝的特点与分类

(2)对地形、地质条件适应性强。任何形状的河谷都可以修建重力坝。对地质条件要求相对较低,一般修建在岩基上,当坝高不大时,也可修建在土基上。

(3)泄洪方便,导流容易。可采用坝顶溢流,也可在坝内设泄水孔,不需设置溢洪道和泄水隧洞,枢纽布置紧凑。在施工期可以利用坝体导流,不需另设导流隧洞。

(4)施工方便,维护简单。大体积混凝土,可以采用机械化施工,在放样、立模和混凝土浇筑等环节都比较方便。在后期维护、扩建、补强、修复等方面也比较简单。

(5)受力明确,结构简单。重力坝沿坝轴线用横缝分成若干坝段,各坝段独立工作,结构简单,受力明确,稳定和应力计算都比较简单。

(二)缺点

(1)坝体剖面尺寸大,材料用量多,材料的强度不能得到充分发挥。

(2)坝体与坝基接触面积大,坝底扬压力大,扬压力的作用会抵消部分坝体重量的有效压力,对坝体稳定不利,故需采用各种有效的防渗排水设施,以减小扬压力,节省工程量。

(3)坝体体积大,混凝土在凝结过程中产生大量水化热和硬化收缩,将引起不利的温度应力和收缩应力。因此,在浇筑混凝土时,需要有较严格的温度控制措施。

二、重力坝的分类

(一)按坝的高度分类

坝高低于 30 m 的为低坝,高于 70 m 的为高坝,介于 30~70 m 的为中坝。坝高是指坝基最低面(不含局部有深槽或井、洞部位)至坝顶路面的高度。

(二)按泄水条件分类

有溢流重力坝(简称为溢流坝)和非溢流重力坝(简称为非溢流坝)。溢流坝段和坝内设有泄水孔的坝段统称为泄水坝段,非溢流坝段也叫挡水坝段。

(三)按筑坝材料分类

有混凝土重力坝和浆砌石重力坝。

混凝土重力坝是一种整体性较好的刚性坝,结构简单,施工方便,坝体重量大、耗料多,易产生过大扬压力。又分为现浇混凝土重力坝和碾压混凝土重力坝。

浆砌石重力坝具有就地取材、节省水泥、节省模板、不需要另设温控措施、施工技术简单易于掌握等优点,因而在中小型水利工程中得到广泛应用。但由于人工砌筑,砌体质量不易均匀,防渗性能差,且修整、砌筑机械化程度较低,施工期较长,耗费劳动力,因此在大型工程中较少采用。

(四)按施工方法分类

有浇筑混凝土重力坝和碾压混凝土重力坝。碾压混凝土重力坝剖面与实体重力坝剖面类似。

(五)按坝体结构形式分类

有实体重力坝、宽缝重力坝、空腹(腹孔)重力坝、预应力锚固重力坝、装配式重力坝、支墩坝(平板坝、连拱坝、大头坝)等,见图 2-2、图 2-3。

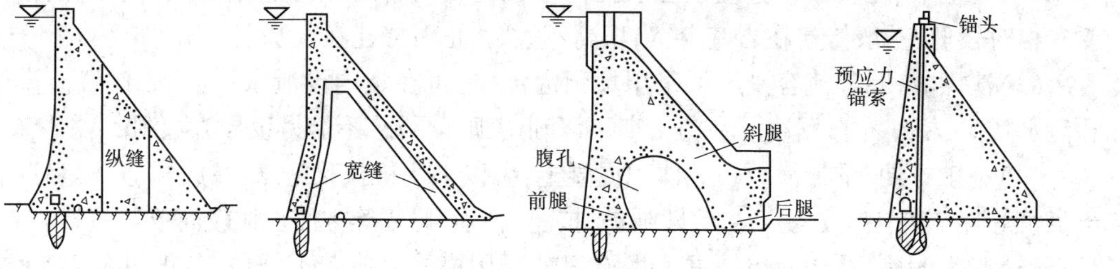

(a)实体重力坝　(b)宽缝重力坝　(c)空腹(腹孔)重力坝　(d)预应力锚固重力坝

图 2-2　重力坝的形式

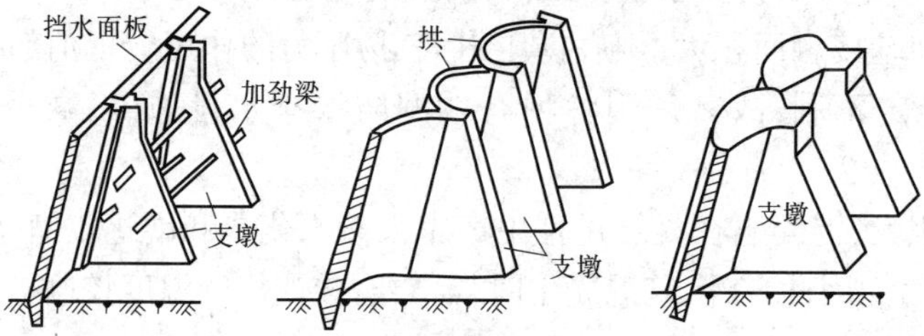

(a)平板坝　(b)连拱坝　(c)大头坝

图 2-3　支墩坝的形式

码 2-5　空腹重力坝　码 2-6　宽缝重力坝　码 2-7　淌水崖水库大坝

三、知识点测试

登录智慧职教 MOOC 学院进行资源学习，并完成本任务知识点测试；或扫描二维码完成本任务知识点测试。

码 2-8　项目二任务一知识点测试

四、技能训练

(1)重力坝的工作原理是什么？

(2)重力坝的工作特点有哪些？你认为有哪些途径和方法可以改进实体重力坝存在的缺点？

(3)重力坝有哪些类型？

任务二 非溢流坝的剖面设计

【学习目标】

1. 了解重力坝基本剖面的形状和参数。
2. 掌握非溢流重力坝实用剖面的类型和适用情况。
3. 能正确进行非溢流重力坝剖面设计。
4. 培养严谨规范的学习态度，树立创新意识、质量意识和安全意识。

【思政素材】

码 2-9 龙潭沟大坝俯拍视频

码 2-10 三峡水利工程动画

码 2-11 陈厚群：用初心筑稳每一座高坝

一、剖面设计的基本原则

(1)满足稳定和强度要求，保证大坝安全。

(2)工程量小，造价低。

(3)结构合理，运用方便。

(4)利于施工，方便维修。

剖面拟订的步骤为：拟订基本剖面→根据运用以及其他要求，确定实用剖面→按规范要求对实用剖面进行应力分析和稳定验算→修正和计算后，得到合理的设计剖面。

二、重力坝的基本剖面

码 2-12 大坝模型漫游

重力坝的基本剖面是指只考虑满足稳定和强度要求，不考虑使用要求，满足挡水的最小剖面。重力坝承受的主要荷载是自重、静水压力和扬压力，控制剖面尺寸的主要指标是稳定和强度要求。作用于上游面的水平水压力呈三角形分布，而且三角形剖面外形简单，随着深度加大，底面和基础接触面积增大，稳定性好，重力坝的基本剖面是上游近于垂直的三角形，见图 2-4。

根据《混凝土重力坝设计规范》(NB/T 35026—2022)，重力坝的基本剖面一般上游坝坡坡率 $n=0\sim0.25$，下游坝坡坡率 $m=0.6\sim0.8$。

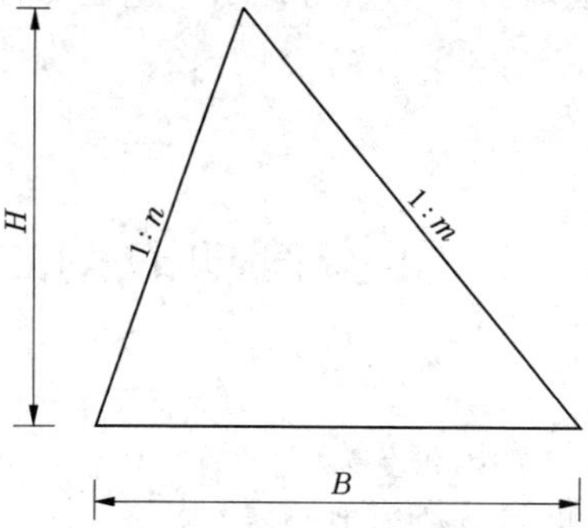

图 2-4　重力坝的基本剖面

三、非溢流坝的剖面

非溢流坝的剖面，是在基本剖面的基础上，根据作用在坝体上的全部荷载及运用条件，考虑坝顶交通、设备和防浪墙布置、施工和检修等综合需要，修改优化而成的。

码 2-13　非溢流重力坝剖面确定

（一）坝顶宽度

为了满足运用、施工和交通的需要，坝顶必须有一定的宽度。当有交通要求时，应按交通要求布置。一般情况下，坝顶宽度可采用坝高的 8%～10%，且坝顶最小宽度不宜小于 5 m。当坝顶布置移动式启闭机时，坝顶宽度要满足安装门机轨道的要求。

（二）坝顶高程

为了交通和运用管理的安全，非溢流重力坝的坝顶应高于校核洪水位，坝顶上游的防浪墙顶的高程应高于波浪顶高程，其与正常蓄水位或校核洪水位的高差 Δh，可按下式计算：

$$\Delta h = h_{1\%} + h_z + h_c \tag{2-1}$$

式中　Δh ——坝顶或防浪墙顶至正常蓄水位、设计洪水位或校核洪水位、水库静水位的高差，m；

$h_{1\%}$ ——累计频率为 1% 的波浪高度，m，根据《水工建筑物荷载标准》（GB/T 51394—2020）的有关规定计算；

h_z ——波浪中心线至正常蓄水位或校核洪水位的高差，m，根据《水工建筑物荷载标准》（GB/T 51394—2020）的有关规定计算；

h_c ——安全加高，m，可根据表 2-1 确定。

码 2-14　波浪要素计算

表 2-1　安全加高 h_c

单位：m

运用情况	坝的级别		
	1	2	3
设计情况（基本情况）	0.7	0.5	0.4
校核情况（特殊情况）	0.5	0.4	0.3

波浪的几何要素，如图 2-5(a)所示，波高 h_1 为波峰到波谷的高度；波长 L 为波峰到波峰的距离；波浪中心线高出静水面一定高度 h_z。目前，波浪几何要素主要用半经验公式确定。

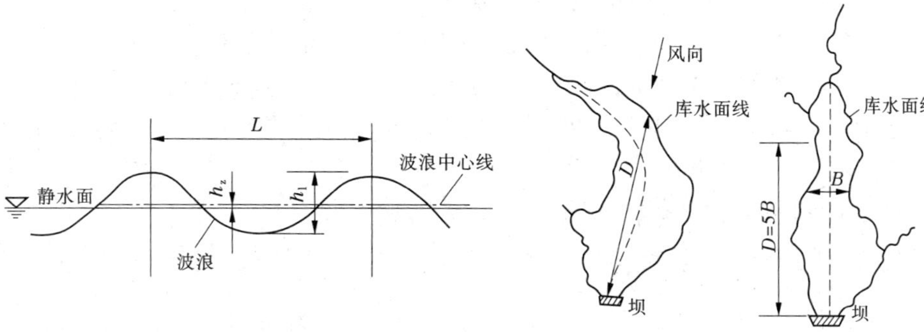

(a)波浪几何要素　　(b)风区长度

图 2-5　波浪几何要素及风区长度

对于峡谷水库，推荐采用官厅水库公式(适用于吹程 $D<20$ km，风速 $v_0<20$ m/s)计算：

$$\frac{gh_1}{v_0^2} = 0.0076 v_0^{-\frac{1}{12}} \left(\frac{gD}{v_0^2}\right)^{\frac{1}{3}} \tag{2-2}$$

$$\frac{gL}{v_0^2} = 0.331 v_0^{-\frac{1}{2.15}} \left(\frac{gD}{v_0^2}\right)^{\frac{1}{3.75}} \tag{2-3}$$

$$h_z = \frac{\pi h_1^2}{L} \operatorname{cth} \frac{2\pi H}{L} \tag{2-4}$$

式中　v_0——计算风速，m/s，水库基本组合时，应采用重现期 50 年的年最大风速，偶然组合时，应采用年最大风速的多年平均值，年最大风速采用水面上空 10 m 高度处 10 min 平均风速的年最大值；

D——风区长度(有效吹程)，m，是指风作用于水域的长度，当沿风向两侧的水域较宽时，为计算点到对岸的直线距离，当风区长度内水面有局部缩窄且缩窄处的宽度 B 小于 12 倍计算波长时，用风区长度 $D=5B$，同时也不小于计算点到缩窄处的直线距离，水域不规则时，按规范《水工建筑物荷载标准》(GB/T 51394—2020)要求计算；

H——坝前平均水深，m。

官厅水库公式所得波高 h_1，当 $gD/v_0^2=20\sim250$ 时，为累计频率 5%的波高，推算累计频率为 1%的波高 $h_{1\%}$ 时应乘 1.24；当 $gD/v_0^2=250\sim1\,000$ 时，为累计频率 10%的波高，推算 $h_{1\%}$ 的波高时应乘 1.41。其他频率的波高，详见《水工建筑物荷载设计规范》(DL 5077—1997)。

坝顶高程或坝顶上游防浪墙顶高程按下式计算，并选用较大值：

$$\text{坝顶或防浪墙顶高程} = \text{设计洪水位} + \Delta h_{\text{设}} \tag{2-5}$$

$$\text{坝顶或防浪墙顶高程} = \text{校核洪水位} + \Delta h_{\text{校}} \tag{2-6}$$

式中，$\Delta h_{\text{设}}$、$\Delta h_{\text{校}}$ 应分别计算。

当坝顶设防浪墙时，坝顶高程不得低于相应的静水位，防浪墙顶高程不得低于波浪顶高程。

(三)上下游坝坡

坝体上游面可为铅直面、斜面或折面。实体重力坝上游坝坡宜采用 1∶0.2~1∶0,宽缝重力坝的上游坝坡可适当放缓。坝坡采用折面时,折坡点高程应结合电站进水口、泄水孔等布置,以及下游坝坡优选确定,折坡点一般位于 1/3~2/3 坝前水深处。

下游坝坡可采用一个或几个坡度,应根据稳定和应力要求并结合上游坝坡同时选定。下游坝坡宜采用 1∶0.8~1∶0.6。

(四)非溢流坝的剖面形式

非溢流坝的剖面形式主要有三种,见图 2-6。

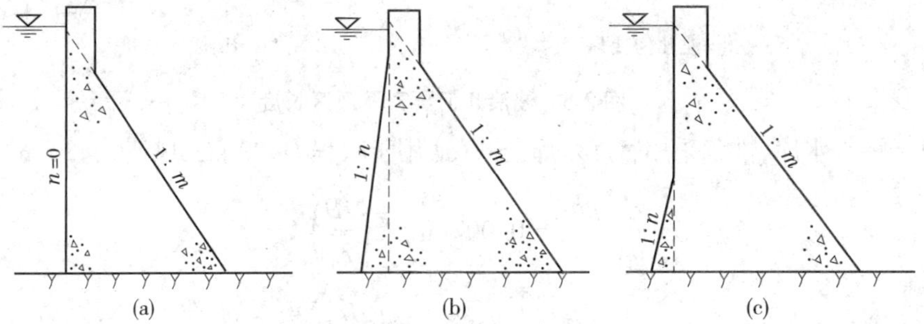

图 2-6 非溢流坝的剖面形式

(1)铅直坝面[见图 2-6(a)]。上游坝面为铅直面,便于施工,利于布置进水口、闸门和拦污设备,但是可能会使下游坝面产生拉应力,此时可修改下游坝坡系数 m 值。

(2)斜坡坝面[见图 2-6(b)]。当坝基条件较差时,可利用斜面上的水重,提高坝体的稳定性。

(3)折坡坝面[见图 2-6(c)]。是最常用的实用剖面。既可利用上游坝面的水重增加稳定,又可利用折坡点以上的铅直面布置进水口,还可以避免空库时下游坝面产生拉应力。

坝底一般应按规定置于坚硬新鲜岩基上,100 m 以下重力坝坝基灌浆廊道距岩基和上游坝面应不小于 5 m。

(五)坝顶结构布置

坝顶结构位于基本剖面上部。坝顶结构布置(见图 2-7)的原则:安全、经济、合理、实用。

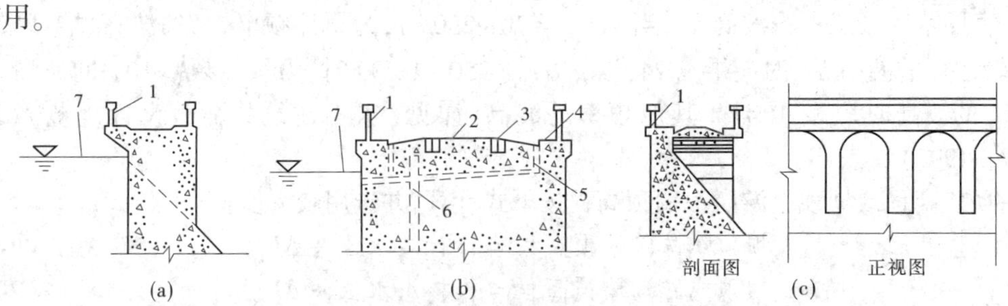

1—防浪墙;2—公路;3—起重机轨道;4—人行道;5—坝顶排水管;6—坝体排水管;7—最高水位。

图 2-7 坝顶结构布置

坝顶结构形式：①坝顶部分伸向上游；②坝顶部分伸向下游，并做成拱桥或桥梁结构形式；③坝顶建成矩形实体结构，必要时为移动式闸门启闭机铺设隐形轨道。

坝顶排水：一般都排向上游。

坝顶防浪墙：高度一般为 1.2 m，厚度应能抵抗波浪及漂浮物的冲击，与坝体牢固地连在一起，防浪墙在坝体分缝处也留伸缩缝，缝内设止水。

四、案例分析

（一）基本资料

地质条件：河床高程 332 m，覆盖层深 2～3 m，风化层厚 1～2 m，无特殊不利地质构造。河床可利用高程为 327 m。

水文条件：本工程为Ⅲ等。永久性重要建筑物为 3 级，按相关规范要求，采用 50 年一遇洪水设计，500 年一遇洪水校核。水文数据如表 2-2 所示。

表 2-2　水文数据

特征水位	上游水位/m	下游水位/m	库容/万 m^3	溢流坝泄量/(m^3/s)
校核洪水位	386.7	335.2	1 200	1 680
设计洪水位	385.4	334.3	1 140	1 250
正常蓄水位	383.5	331.7	895	
死水位	350.0			

气象条件：本地区多年平均最大风速为 14 m/s，50 年重现期的最大风速取多年平均最大风速的 1.5 倍，水库吹程为 2.6 km。

枢纽总体布置：根据地形、地质、天然建筑材料等因素，本工程选用混凝土重力坝方案，重力坝由非溢流坝段和溢流坝段组成。

（二）非溢流坝剖面的设计

1. 坝高确定

波浪要素按官厅水库公式计算，计算结果如表 2-3 所示。

表 2-3　防浪墙高程计算

计算情况	水位/m	v_0/(m/s)	D/km	$h_{5\%}$/m	L/m	$h_{1\%}$/m	h_z/m	h_c/m	Δh/m ($\Delta h=h_{1\%}+h_z+h_c$)	防浪墙顶高程/m
正常蓄水位	383.5	21.00	2.60	1.03	10.62	1.27	0.48	0.50	2.25	385.75
校核洪水位	386.7	14.00	2.60	0.62	7.08	0.77	0.26	0.40	1.43	388.13

经过比较可知防浪墙顶高程为 388.13 m，因此坝顶高程为防浪墙顶高程减去防浪墙高度 1.2 m，则坝顶高程为 386.93 m，高于水库校核洪水位。

坝高 = 386.93-327 = 59.93(m)。

2. 坝顶宽度

考虑交通要求,坝顶宽度取 7.0 m。

3. 坝面坡度

上游坝面采用上部铅直、下部倾斜,折点高程为 356.96 m,坡度为 1∶0.2;下游坡面采用基本三角形顶点与校核洪水位齐平的剖面形式,则折坡处向上延伸与校核洪水位相交,坡度为 1∶0.7,则下游折点高程为 376.70 m。

4. 坝底宽度

由上下游折坡点的高程、坡度、坝顶宽度等几何关系可以求得坝底宽度为 47.78 m,底宽与坝高比为 0.8,在 0.7~0.9。所以,坝底宽度符合要求。

5. 地基防渗与排水设施拟定

由于防渗的需要,坝基面须设置防渗帷幕和排水孔,其中心线在坝基面处距离坝踵分别为 6.9 m、10 m。初步拟定非溢流坝剖面及尺寸如图 2-8 所示。

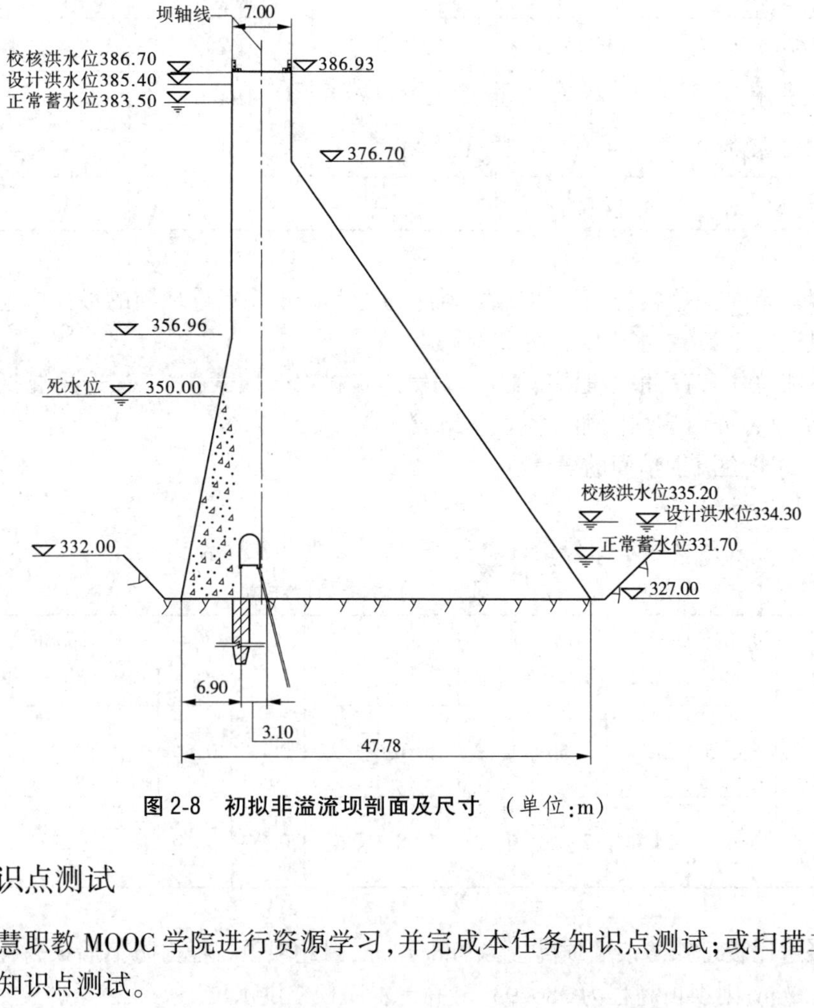

图 2-8 初拟非溢流坝剖面及尺寸 (单位:m)

五、知识点测试

登录智慧职教 MOOC 学院进行资源学习,并完成本任务知识点测试;或扫描二维码完成本任务知识点测试。

码 2-15　项目二任务二知识点测试

六、技能训练

(一)基本资料

某山区水库,工程等别为Ⅱ等,拦河大坝为 2 级建筑物。多年平均最大风速 14 m/s,50 年一遇最大风速 20 m/s,风区长度 5 km。水库设计洪水位 103 m,校核洪水位 103.5 m。坝基高程为 50 m。坝底与基岩之间的摩擦系数 f=0.3。设坝后式水电站,坝身设进水管道。

(二)要求

(1)拟定基本剖面。

(2)确定设计洪水位、校核洪水位情况下的超高。

(3)初步设计非溢流坝剖面。

任务三　溢流坝的剖面设计

【学习目标】

1. 了解溢流坝剖面设计的要求。
2. 掌握溢流坝坝顶曲线的组成及布置要求。
3. 能正确进行溢流坝剖面设计。
4. 培养严谨规范的学习态度,树立创新意识、质量意识和安全意识。

【思政素材】

码 2-16　匠心水利工程　　码 2-17　丹江口水库大坝　　码 2-18　郑守仁:国之重器有巨匠

溢流坝,既是挡水建筑物,又是泄水建筑物。因此,坝体剖面设计除要满足稳定和强度要求外,还要满足泄水的要求,同时要考虑下游的消能问题。当溢流坝段在河床上的位置确定后,先选择合适的泄水方式,并根据洪水标准和运用要求确定孔口尺寸及溢流堰顶高程。

一、溢流坝的设计要求

溢流坝是枢纽中最重要的泄水建筑物之一，将规划库容所不能容纳的大部分洪水经坝顶泄向下游，以便保证大坝安全。溢流坝应满足泄洪的设计要求：

(1)有足够的孔口尺寸、良好的孔口体形和泄水时具有较大的流量系数。

(2)使水流平顺地通过坝体，不允许产生不利的负压和振动，避免发生空蚀现象。

(3)保证下游河床不产生危及坝体安全的冲坑和冲刷。

(4)溢流坝段在枢纽中的位置，应使下游流态平顺，不产生折冲水流，不影响枢纽中其他建筑物的正常运行。

(5)有灵活控制水流下泄的设备，如闸门、启闭机等。

二、溢流坝的泄水方式

溢流坝的泄水方式有坝顶开敞溢流式和孔口溢流式两种，如图 2-9 所示。

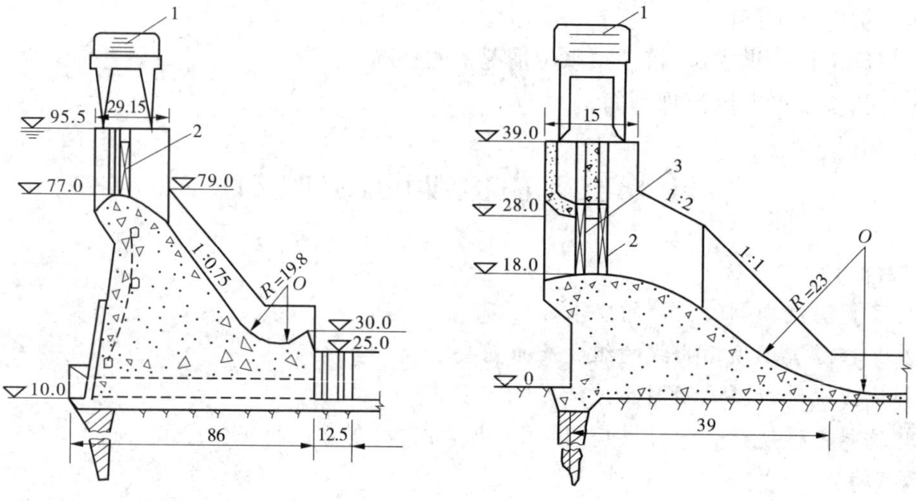

(a)坝顶开敞溢流式　　(b)孔口溢流式

1—门机；2—工作闸门；3—检修门。

图 2-9 溢流坝泄水方式（单位：m）

(一)坝顶开敞溢流式

不设闸门时，堰顶高程等于水库的正常蓄水位，泄水时，靠壅高库内水位增加下泄量，这种情况增加了库内的淹没损失和非溢流坝的坝顶高程及坝体工程量。坝顶溢流不仅可以用于排泄洪水，还可以用于排泄其他漂浮物。它结构简单，可自动泄洪，管理方便，适用于洪水流量较小、淹没损失不大的中小型水库。

码 2-19　大坝泄洪

设有闸门时，闸门顶高程虽高于水库正常蓄水位，但堰顶高程较低，可利用闸门不同开启度调节库内水位和下泄流量，减少上游淹没损失和非溢流坝的高度及坝体的工程量。

与深孔闸门比较，堰顶闸门承受的水头较小，其孔口尺寸较大，闸门的操作、检修均比深孔闸门方便。随着库水位的升高，下泄流量增加较快，具有较大的超泄能力。在大中型水库工程中得到广泛的应用。

(二)孔口溢流式

在闸墩上部设置胸墙，既可利用胸墙挡水，又可减少闸门的高度和降低堰顶高程。它可以根据洪水预报提前放水，腾出较大的防洪库容，提高水库的调洪能力。当库水位低于胸墙下缘时，下泄水流流态与堰顶开敞溢流式相同；当库水位高于孔口一定高度时，呈大孔口出流。胸墙多为钢筋混凝土结构，常固接在闸墩上，也有做成活动式的。

三、溢流坝的剖面设计

溢流坝的基本剖面呈三角形。上游坝面可以做成铅直面，也可以做成折坡面。溢流面由顶部曲线段、中间直线段和底部反弧段三部分组成，见图 2-10。

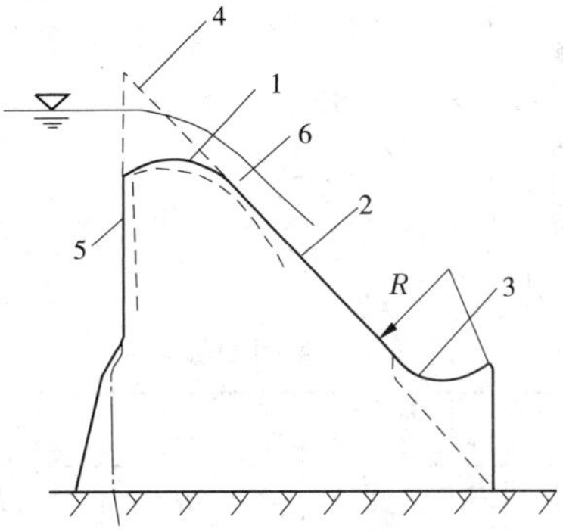

码 2-20 溢流重力坝剖面确定

1—顶部曲线段；2—直线段；3—反弧段；4—基本剖面；5—薄壁堰；6—薄壁堰溢流水舌。

图 2-10 溢流坝的剖面

溢流坝剖面设计要求：①有较高的流量系数，泄流能力大；②水流平顺，不产生不利的负压和空蚀破坏；③形体简单、造价低、便于施工。

(一)溢流坝的堰面曲线

1. 顶部曲线段

溢流坝的堰面曲线常采用非真空剖面曲线。采用较广泛的非真空剖面曲线有克-奥曲线和幂曲线(或称 WES 幂曲线)两种。克-奥曲线定出的剖面较肥大，常超出稳定和强度的需要，克-奥曲线不给出曲线方程，只给定曲线坐标值，插值计算和施工放样均不方便。而幂曲线给定的曲线方程，便于计算和放样。克-奥曲线流量系数为 0.48~0.49，幂曲线流量系数最大可达 0.502，所以幂曲线在堰面曲线设计中得到广泛应用。

1) 开敞式堰面堰顶下游堰面曲线

开敞式堰面堰顶下游堰面曲线采用 WES 幂曲线，见图 2-11。

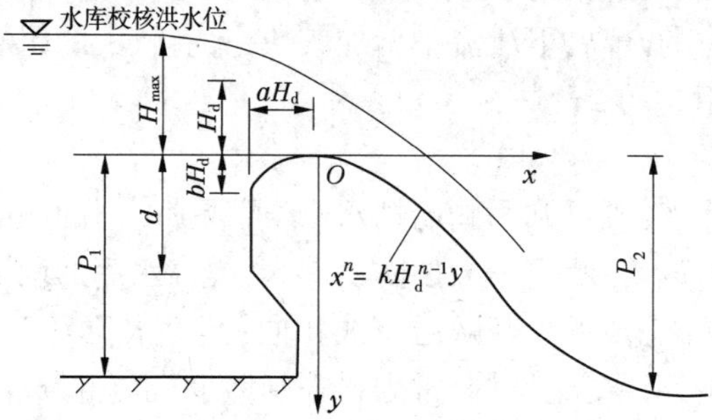

图 2-11　堰顶下游堰面曲线

WES 幂曲线方程为

$$x^n = kH_d^{n-1}y \tag{2-7}$$

式中　H_d——定型设计水头，m，可根据容许负压的大小按堰顶最大作用水头 H_{max} 的 75%～95%计算，水头大者取下限，小者可取上限值，主要由堰面负压值控制；

x、y——以溢流堰顶点为坐标原点的横纵坐标；

n——与上游堰坡有关的指数，见表 2-4；

k——参数，当 $P_1/H_d>1.0$ 时 k 值见表 2-4，当 $P_1/H_d \leq 1.0$ 时取 $k=2.0 \sim 2.2$，其中 P_1 为上游堰高，见图 2-11。

表 2-4　堰面曲线参数

上游面坡度 $\Delta y/\Delta x$	k	n	R_1	a	R_2	b
3∶0(铅直)	2.000	1.850	$0.5H_d$	$0.175H_d$	$0.2H_d$	$0.282H_d$
3∶1	1.936	1.836	$0.68H_d$	$0.139H_d$	$0.21H_d$	$0.237H_d$
3∶2	1.939	1.810	$0.48H_d$	$0.115H_d$	$0.22H_d$	$0.214H_d$
3∶3	1.873	1.776	$0.45H_d$	$0.119H_d$	—	—

2）开敞式堰面堰顶上游堰面曲线

开敞式堰面堰顶上游堰面曲线可采用下列三种曲线：

（1）双圆弧曲线，见图 2-12。图 2-12 中 R_1、R_2、k、n、a、b 等参数见表 2-4。

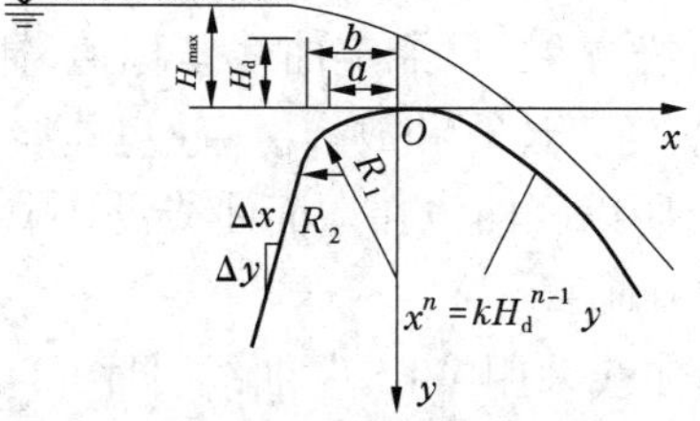

图 2-12　堰顶上游堰面为双圆弧曲线，下游为幂曲线

(2)三圆弧曲线,上游堰面铅直,见图 2-13。

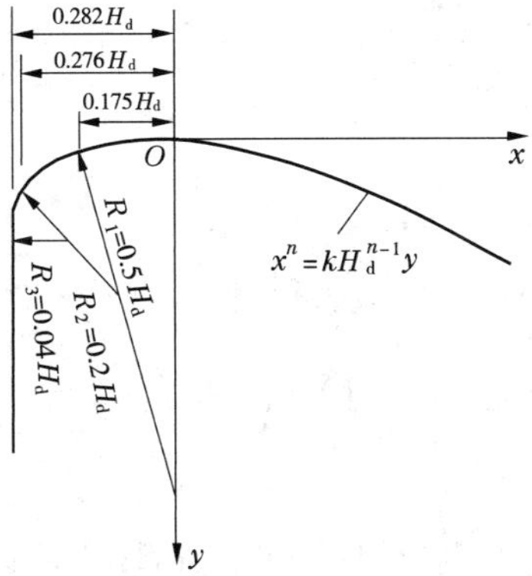

图 2-13 堰顶上游堰面为三圆弧曲线,下游为幂曲线

(3)椭圆曲线,见图 2-11。椭圆曲线方程为

$$\frac{x^2}{(aH_d)^2} + \frac{(bH_d - y)^2}{(bH_d)^2} = 1.0 \tag{2-8}$$

式中 aH_d、bH_d——椭圆曲线的长半轴和短半轴(当 $P_1/H_d \geqslant 2.0$ 时,$a=0.28 \sim 0.30$,$a/b=0.87+3a$;当 $P_1/H_d<2.0$ 时,$a=0.215 \sim 0.28$,$b=0.127 \sim 0.163$;当 P_1/H_d 取小值时,a 与 b 相应取小值)。

上游堰面采用倒悬堰顶时,应满足 $d > H_{max}/2$,见图 2-11。

选择 WES 实用堰堰面曲线定型设计水头时,还应结合堰面允许负压综合确定。堰顶附近的最小相对压力 h_{min}/H_d 与相对水头 H_{max}/H_d 和上、下游相对堰高 P_1/H_d 及 P_2/H_d 有关,见表 2-5。

表 2-5 WES 实用堰堰顶附近最小相对压力 h_{min}/H_d

H_d/H_{max}	0.60	0.65	0.70	0.75	0.775	0.80	0.825	0.85	0.875	0.90	0.95	1.00
h_{min}/H_d	-1.00	-0.80	-0.60	-0.45	-0.40	-0.30	-0.25	-0.20	-0.15	-0.10	-0.05	0

注:本表适用于 $P_1/H_d \geqslant 1.33$ 情况,其他情况参见《混凝土重力坝设计规范》(SL 319—2018)。

3)带胸墙孔口式实用堰堰面曲线

当校核洪水位情况下最大作用水头 H_{max}(孔口中心线上)与孔口高 D 的比值 $H_{max}/D>1.5$,或闸口全开时,属孔口泄流。设计堰面曲线采用抛物线(见图 2-14),方程为

图 2-14 带胸墙孔口式实用堰堰面曲线

$$y=\frac{x^2}{4\varphi^2H_d} \tag{2-9}$$

式中 H_d——定型设计水头,m,一般取孔口中心线至水库校核洪水位水头的75%~95%;

φ——孔口收缩断面上的流速系数,一般取 $\varphi=0.96$,若孔前设有检修闸门槽取$\varphi=0.95$;

x、y——以溢流堰顶点为坐标原点的坐标。

坐标原点上游段可采用单圆曲线、复合圆曲线或椭圆曲线与上游坝面连接,胸墙底缘也可采用圆弧或椭圆曲线外形,原点上游曲线与胸墙底缘曲线应通盘考虑,当 $1.2<\frac{H_{max}}{D}<1.5$ 时,应通过试验确定。

上述 WES 幂曲线和抛物线两种堰面曲线是根据定型设计水头确定的,当宣泄校核洪水时,堰面出现负压值应不超过 3~6 mH_2O($1\ mH_2O=9.8$ kPa)。

2. 中间直线段

中间直线段的上端与堰顶曲线相切,下端与反弧段相切,坡度与非溢流坝段的下游坡相同。

3. 底部反弧段

溢流坝面反弧段是使沿溢流面下泄水流平顺转向的工程设施,通常采用圆弧曲线,当采用挑流消能时,反弧半径 $R=(4\sim10)h$,h 为校核洪水闸门全开时反弧最低点的水深。反弧最低点的流速愈大,要求反弧半径愈大。当流速小于 16 m/s 时,取下限;流速大时,宜采用较大值。当采用底流消能,反弧段与护坦相连时,宜采用上限值。

(二)溢流坝剖面的绘制

溢流坝的剖面:在基本剖面基础上,结合堰面曲线修改而成,在绘制剖面时往往会出现溢流坝堰面曲线超出基本剖面和落在基本剖面以内两种情况。

1. 溢流坝堰面曲线超出基本剖面

在坚固完好的岩基上,会出现该种情况,设计时需对基本剖面进行修正,见图 2-15(a)。

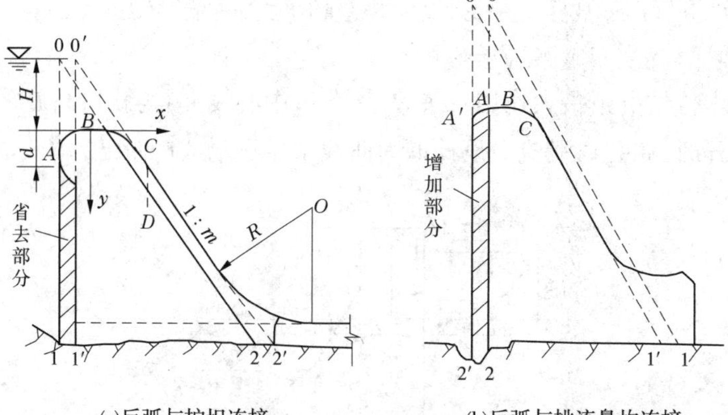

图 2-15 溢流坝剖面绘制

先绘出基本剖面△012，根据溢流坝的定型设计水头和选定的堰面曲线形式，点绘出堰面曲线 $ABCD$，将三角形△012 平移至今△0′1′2′位置，使下游边 0′2′与溢流坝面的切线重合，坝上游阴影部分可以省去。为了不影响堰顶泄流，保留高度 d 的悬臂实体，且要求 $d \geq 0.5H_{max}$（H_{max} 为堰顶最大作用水头）。

2. 溢流坝堰面曲线落在基本剖面以内

当坝基摩擦系数较大时，会出现该种情况。为了满足与基本剖面协调的要求，可将失去的部分坝体体积补上，通常是在溢流坝顶加一斜直线 AA'，使之与溢流曲线相切于 A 点，增加上游阴影部分坝体体积，同时也满足坝体稳定和强度要求。

3. 具有挑流鼻坎的溢流坝

当鼻坎超出基本剖面以外时，如图 2-16 所示。当 $l/h>0.5$ 时，须核算 $B—B'$ 截面处的应力；若拉应力较大，可考虑在 $B—B'$ 截面处设置结构缝，把鼻坎与坝体分开；若拉应力不大，也可采用局部加强措施，不设结构缝。

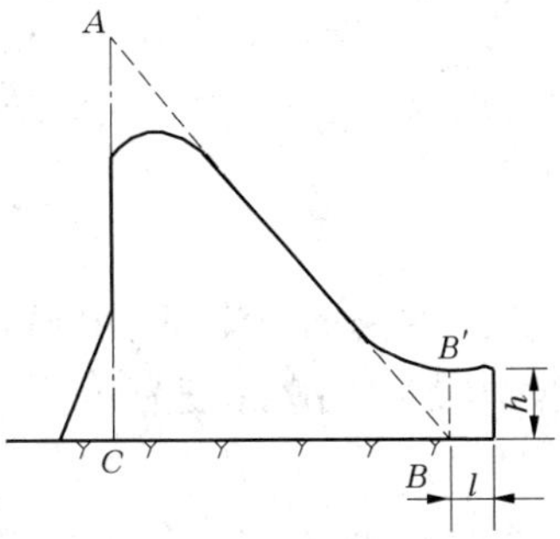

图 2-16　挑流鼻坎结构缝

溢流坝和非溢流坝的上游坝面宜协调一致，以免产生坝段之间的侧向水压力，使坝段稳定、强度计算复杂化。溢流坝的下游坝面，则不强求与非溢流坝面完全一致对齐，只要两者各自保持一致对齐即可。

四、溢流坝的孔口布置

溢流坝的孔口设计涉及很多因素，如洪水设计标准、下游防洪要求、库水位壅高的限制、泄水方式、堰面曲线，以及枢纽所在地段的地形、地质条件等。设计时，先选定泄水方式，拟订若干个泄水布置方案（除堰面溢流外，还可配合坝身泄水孔或泄洪隧洞泄流），初步确定孔口尺寸，按规定的洪水设计标准进行调洪演算，求出各方案的防洪库容、设计洪水位和校核洪水位及相应的下泄流量，然后估算淹没损失和枢纽造价，进行综合比较，选出最优方案。

（一）洪水标准

详见本书项目一永久性水工建筑物的洪水标准。

（二）单宽流量的确定

单宽流量 q 的大小是溢流重力坝设计中一个很重要的控制性指标。单宽流量一经选定，就可以初步确定溢流坝段的净宽和堰顶高程。单宽流量愈大，下泄水流的动能愈集中，消能问题就愈突出，下游局部冲刷会愈严重，但溢流前缘短，对枢纽布置有利。因此，一个经济而又安全的单宽流量，必须综合地质条件、下游河道水深、枢纽布置和消能工设计多种因素，通过技术经济比较后选定。工程实践表明，对于软弱岩石常取 $q=20\sim50$ $m^3/(s \cdot m)$；中等坚硬的岩石取 $q=50\sim100$ $m^3/(s \cdot m)$；特别坚硬的岩石取 $q=100\sim150$ $m^3/(s \cdot m)$；地质条件好、堰面铺筑石防冲、下游尾水较深和消能效果好的工程，可以选取更大的单宽流量。

(三)孔口尺寸的确定

溢流坝孔口尺寸主要包括孔口净宽 B、孔口总宽 $B_{总}$、堰顶高程、孔口数量等。

溢流坝孔口尺寸主要取决于通过溢流孔口的下泄洪水流量 Q,根据设计和校核情况下的洪水来量,经调洪演算确定下泄洪水流量 $Q_{总}$,再减去泄水孔和其他建筑物下泄流量之和 Q_0,即得 Q

$$Q = Q_{总} - \alpha Q_0 \quad (\mathrm{m^3/s}) \tag{2-10}$$

式中 Q_0——经由电站、船闸及其他泄水孔下泄的流量;

α——系数,考虑电站部分运行,或由于闸门障碍等因素对下泄流量的影响,正常运用时取 0.75~0.90,校核情况下取 1.0。

单宽流量 q 确定以后,溢流孔净宽 B(不包括闸墩厚度)为

$$B = \frac{Q}{q} \quad (\mathrm{m}) \tag{2-11}$$

装有闸门的溢流坝,用闸墩将溢流段分隔为若干个等宽的孔。设孔口总数为 n,孔口宽度 $b=B/n$,闸墩厚度为 d,则溢流前缘总宽度 $B_{总}$为:

$$B_{总} = nb + (n-1)d \quad (\mathrm{m}) \tag{2-12}$$

堰顶水头 H_w 的计算分为以下两种情况:

(1)采用开敞式溢流坝泄流时:

$$Q = Cm\varepsilon\sigma_s B\sqrt{2g}H_w^{\frac{3}{2}} \quad (\mathrm{m^3/s}) \tag{2-13}$$

式中 B——溢流孔净宽,m;

m——流量系数,见表 2-6;

ε——侧收缩系数,根据闸墩厚度及闸墩头部形状而定。初设时可取 0.90~0.95;

σ_s——淹没系数,视淹没程度而定,不淹没时取 1.0;

g——重力加速度,9.81 m/s^2;

H_w——计入行近流速的堰顶水头,m;

C——上游坡面影响修正系数,当上游面铅直时,C 取 1.0。

表 2-6 流量系数 m 值

H_w/H_d	0.4	0.5	0.6	0.7	0.8	0.9	1.0	1.1	1.2	1.3
m	0.436	0.451	0.464	0.476	0.486	0.494	0.501	0.507	0.510	0.513

注:1. 本表适用于 $P_1/H_d \geqslant 1.33$ 情况,其他情况参见《混凝土重力坝设计规范》(SL 319—2018)。

2. P_1 为上游堰高,m;H_d 为定型设计水头,m。

(2)采用孔口泄流时:

$$Q_{溢} = \mu A_k\sqrt{2gH_w} \quad (\mathrm{m^3/s}) \tag{2-14}$$

式中 A_k——出口处的面积,m^2;

H_w——自由出流时为孔口中心处的作用水头,淹没出流时为上下游水位差,m;

μ——孔口或管道的流量系数,初期设计时对设有胸墙的堰顶高孔,当 $H_w/D=2.0\sim2.4$(D 为孔口高,m)时,取 $\mu=0.74\sim0.82$,对深孔取 $\mu=0.83\sim0.93$,当为有

压流时,μ 值应计算沿程水头损失及局部水头损失后确定。

用设计洪水位减去堰顶水头 H_w(此时堰顶水头应扣除流速水头)即得堰顶高程。

五、溢流坝的消能防冲

溢流坝下泄的水流具有很大的动能,若不妥善处理,势必导致下游河床被严重冲刷,甚至造成岸坡坍塌和大坝失事。因此,坝后采取合理的消能措施对枢纽布置、大坝安全及工程造价都具有重要意义。

消能措施的设计原则如下:

(1)尽量使下泄水流的大部分动能消耗在水流内部的紊动中,以及水流与空气的摩擦上。

(2)不产生危及坝体安全的河床或岸坡的局部冲刷。

(3)下泄水流平稳,不影响枢纽中其他建筑物的正常运行。

(4)结构简单,工作可靠。

(5)工程量小,造价低。

消能方式:底流消能、挑流消能、面流消能和消力戽消能等。

消能形式的选择:根据水头及单宽流量的大小、下游水深及其变幅、坝基地质、地形条件和枢纽布置情况等,经技术经济比较后选定。

(一)底流消能

底流消能是在坝下设置消力池、消力坎或综合式消力池和其他辅助消能设施,促使下泄水流在限定的范围内产生水跃,见图 2-17。主要通过水流内部的漩滚、摩擦、掺气和撞击达到消能的目的,以减轻对下游河床的冲刷。底流消能工作可靠,但工程量较大,多用于低水头、大流量的溢流重力坝。

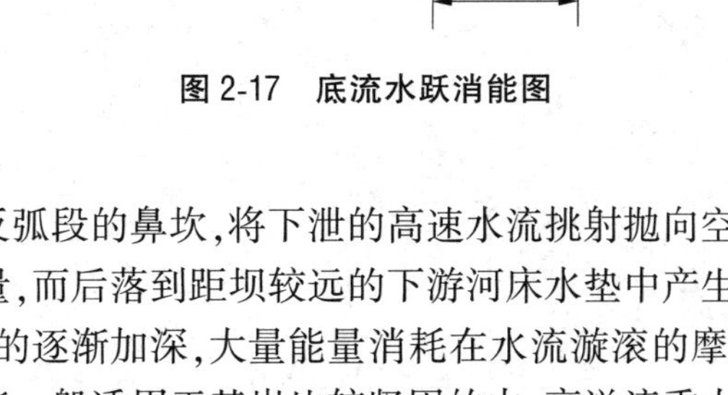

图 2-17 底流水跃消能图

(二)挑流消能

利用溢流坝下游反弧段的鼻坎,将下泄的高速水流挑射抛向空中,抛射水流在掺入大量空气时消耗部分能量,而后落到距坝较远的下游河床水垫中产生强烈的漩滚,并冲刷河床形成冲坑,随着冲坑的逐渐加深,大量能量消耗在水流漩滚的摩擦之中,冲坑也逐渐趋于稳定。鼻坎挑流消能一般适用于基岩比较坚固的中、高溢流重力坝。

挑流消能设计内容,主要包括确定挑流鼻坎的形式、鼻坎高程、挑射角度(简称挑角)、反弧半径,估算挑射距离(简称挑距)和最大冲坑水垫厚度。

1. 挑流鼻坎的形式、鼻坎高程及挑射角度的确定

挑流鼻坎的形式，一般有连续式、差动式等，如图 2-18 所示。

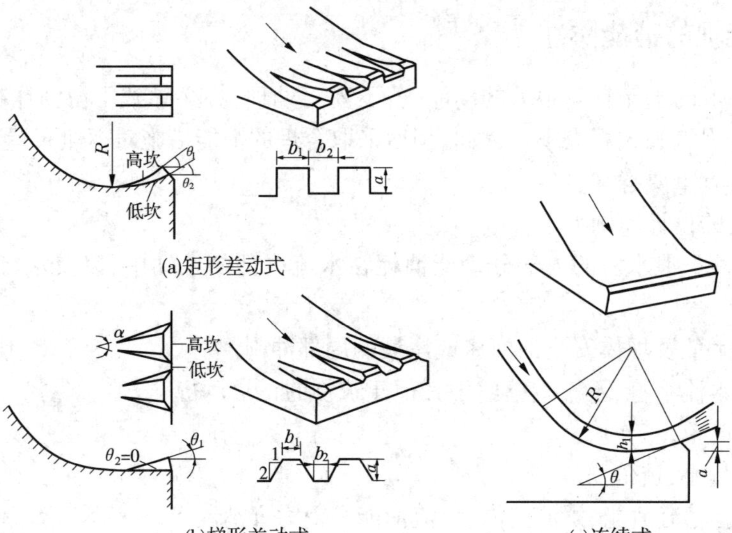

图 2-18　挑流鼻坎示意图

差动式设置高低坎，射流挑离鼻坎时上下分散，加剧了挑射水舌在空气中的掺气和碰撞，提高了消能效果，减小了冲刷坑深度。但冲坑最深点距坝底较近，鼻坎上流态复杂，特别在高速水流作用下易于空蚀。

差动式鼻坎的上齿坎挑角和下齿坎挑角的差值以 5°~10°为宜；上齿宽度和下齿宽度之比宜大于 1.0，齿高差以 1.5 m 为宜，高坎侧宜设通气孔。

连续式构造简单，易于施工，水流平顺，不易空蚀，水流雾化较轻，但掺气作用较差，主要适用于尾水较深，基岩较为均一、坚强及溢流前沿较长的泄水建筑物。

在我国的工程实践中，连续式鼻坎应用较为广泛。其鼻坎的最低高程，一般应高于下游最高水位 1~2 m。其挑射角度多采用 15°~35°。

2. 估算挑射距离

如图 2-19 所示，连续式挑流鼻坎的水舌挑射距离，可按下式估算：

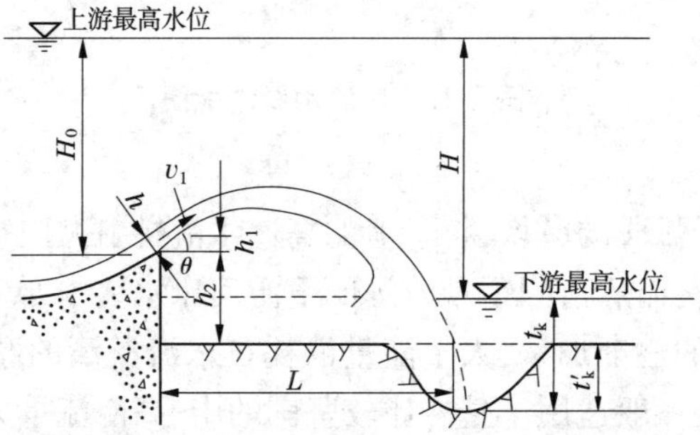

图 2-19　连续式挑流鼻坎的水舌及冲刷坑示意图

$$L=\frac{1}{g}\left[v_1^2\sin\theta\cos\theta+v_1\cos\theta\sqrt{v_1^2\sin^2\theta+2g(h_1+h_2)}\right] \tag{2-15}$$

式中　L——水舌挑射距离，m，挑流鼻坎下垂直面到冲刷坑最深点的水平距离；

v_1——坎顶水面流速，m/s，按鼻坎处平均流速 v 的 1.1 倍计，即 $v_1=1.1v=1.1\varphi\sqrt{2gH_0}$，$H_0$ 为水库水位至坎顶的落差，φ 为堰面流速系数；

θ——鼻坎的挑角，(°)；

h_1——坎顶垂直方向水深，m，$h_1=h/\cos\theta$，h 为坎顶平均水深；

h_2——坎顶至河床面高差，m，如冲坑已经形成，作为计算冲坑进一步发展时，可算至坑底。

3. 估算最大冲坑水垫厚度

关于最大冲坑水垫厚度，目前尚无精确计算公式，工程中常用下式进行估算，见图 2-19。

$$t_k=\alpha q^{0.5}H^{0.25} \tag{2-16}$$

式中　t_k——水垫厚度，自水面算至坑底，m；

q——单宽流量，$m^3/(s\cdot m)$；

H——上下游水位差，m；

α——冲刷系数，坚硬完整的岩石取 $\alpha=0.9\sim1.2$，坚硬但完整性较差的岩石取 $\alpha=1.2\sim1.5$，软弱破碎、裂隙发育的基岩取 $\alpha=1.5\sim2.0$。

最大冲坑水垫厚度 t_k 求出后，根据河床水深即可求出最大冲刷坑深度 t_k'。

挑流消能的安全挑距，应不影响坝趾基岩稳定。冲刷坑最低点距坝趾的距离应大于 2.5 倍的坑深。水舌入水宽度应不影响冲刷两侧岸坡或其他建筑物的稳定。

(三)面流消能

面流消能(见图 2-20)利用鼻坎将高速水流挑至尾水表面，在主流表面与河床之间形成反向漩滚，使高速水流与河床隔开，避免了对临近坝趾处河床的冲刷。由于表面主流沿水面逐渐扩散及反向漩滚的作用，产生消能效果。

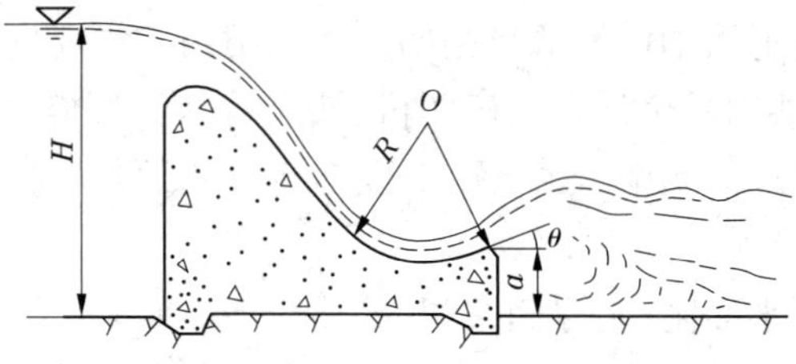

图 2-20　面流消能示意图

面流消能适用于下游尾水较深(大于跃后水深)，水位变幅不大，下泄流量变化范围不大，以及河床和两岸有较高抗冲能力的情况。它的缺点是对下游水位和下泄流量变幅有严格的限制，下游水流波动较大，在较长距离内不够平稳，影响发电和航运。

(四)消力戽消能

消力戽(见图 2-21)的构造类似于挑流消能设施，但其鼻坎潜没在水下，下泄水流在

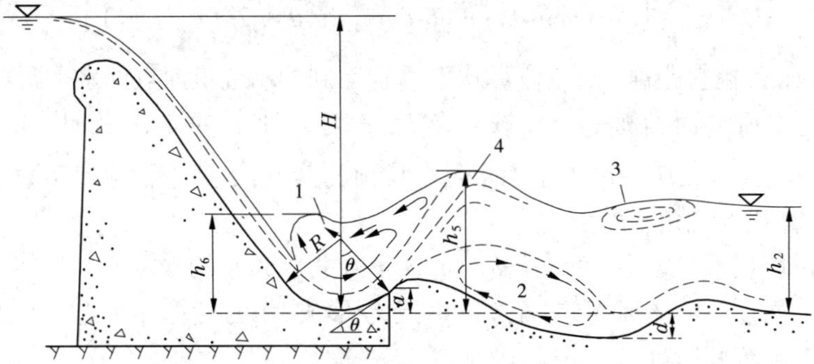

1—戽内漩滚;2—戽后底部漩滚;3—下游表面漩滚;4—戽后涌浪。

图 2-21　消力戽

被鼻坎挑到水面(形成涌浪)的同时,还在消力戽内、消力戽下游的水流底部及消力戽下游的水流表面形成三个漩滚,即所谓"一浪三滚"。消力戽的作用主要在于使戽内的漩滚消耗大量能量,并将高速水流挑至水面,以减轻对河床的冲刷。消力戽下游的两个漩滚也有一定的消能作用。由于高速主流在水流表面,故不需做护坦。

消力戽设计既要避免因下游水位过低出现自由挑流,造成严重冲刷,也需避免因下游水位过高,淹没太大,急流潜入河底淘刷坝脚。设计时可参考有关文献,针对不同流量进行水力计算,以确定反弧半径、鼻坎高度和挑射角度。

六、溢流坝的上部结构

(一)闸门和启闭机

溢流坝上闸门有工作闸门、检修闸门。工作闸门用来调节下泄流量;检修闸门用于短期挡水,以便对工作闸门、建筑物及机械设备进行检修。工作闸门一般设在溢流堰顶,有时为了使溢流面更陡一些,可将闸门设在距堰顶不远的下游处。检修闸门和工作闸门之间应留有 1~3 m 的净距,以便进行检修。全部溢流孔常备有 1~2 个检修闸门,交替使用。

常用的工作闸门有平面闸门和弧形闸门。平面闸门的主要优点是:结构简单,闸墩受力条件好,各孔口可以共用一个活动式启闭机;缺点是:启门力较大,闸墩较厚。弧形闸门的主要优点是:启门力较小,闸墩较薄,无门槽,水流平顺;缺点是:闸墩较长,且受力条件较差。

检修闸门可以采用平面闸门、浮箱闸门、叠梁。

启闭机有活动式的和固定式的。活动式启闭机多用于平面闸门,可以兼用于起吊工作闸门和检修闸门。固定式启闭机固定在工作桥上,多用于弧形闸门。

(二)闸墩和工作桥

闸墩用来分孔,承受闸门传来的水压力,支撑工作桥和交通桥,如图 2-22 所示。

闸墩的平面形状应使水流平顺,减小孔口的侧收缩。上游端常采用半圆形或椭圆形;下游端一般用流线型,有时也采用半圆形或宽尾墩。

闸墩上游端可与坝体上游面齐平,也可外悬于坝顶,以满足上部结构布置的要求。

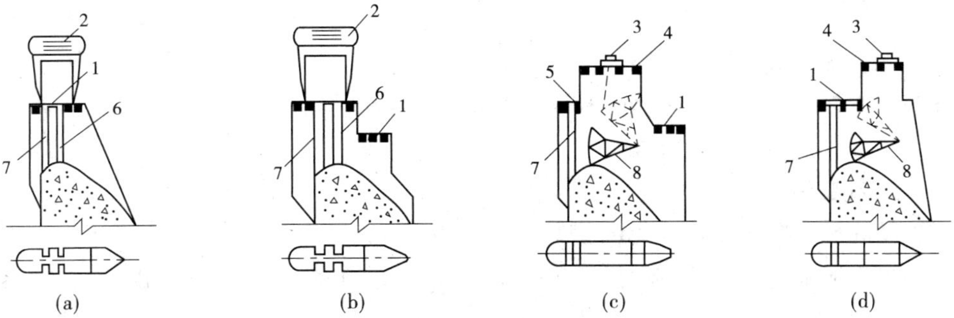

1—公路桥；2—门机；3—启闭机；4—工作桥；5—便桥；6—工作闸门槽；7—检修闸门槽；8—弧形闸门。

图 2-22　溢流坝顶布置图

闸墩厚度与闸门形式有关。采用平面闸门时需要设门槽，工作闸门槽深 0.5~2.0 m，宽 1~4 m，门槽处的闸墩厚度不得小于 1~1.5 m，以保证有足够的强度。弧形闸门闸墩的最小厚度为 1.5~2.0 m。如果是缝墩，墩厚要增加 0.5~1.0 m。由于闸墩较薄，需要配置受力钢筋和温度钢筋。

闸墩的长度和高度，应满足布置闸门、工作桥、交通桥和启闭机械的要求。平面闸门多用活动式启闭机，轨距一般在 10 m 左右。当交通要求不高时，工作桥可兼作交通桥用；否则，需另设交通桥。门机高度应能将闸门吊出门槽。在正常运用中，闸门提起后可用锁定装置挂在闸墩上。弧形闸门一般采用固定式启闭机，要求闸门吊至溢流水面以上，工作桥应有相应的高度。交通桥则要求与非溢流坝坝顶齐平。为了改善水流条件，闸墩需向上游伸出一定长度，并将这部分做到溢流坝顶以下约一半堰顶水深处。

溢流坝两侧设边墩，一方面起闸墩的作用，另一方面也起分隔溢流坝与非溢流坝的作用，见图 2-23。边墩从坝顶延伸到坝趾，边墩高度由溢流水深决定，导墙应考虑溢流水面上由水流冲击波和掺气所引起的水深增高，一般高出水面 1~1.5 m。当采用底流消能时，导墙需延长到消力池末端。当溢流坝与电站并列时，导墙长度要延伸到厂房后一定的范围，以减少尾水对电站运行的影响。为防止温度裂缝，在导墙上每隔一定距离做一道伸缩缝。导墙顶厚为 0.5~2.0 m，下部厚度由结构计算确定。

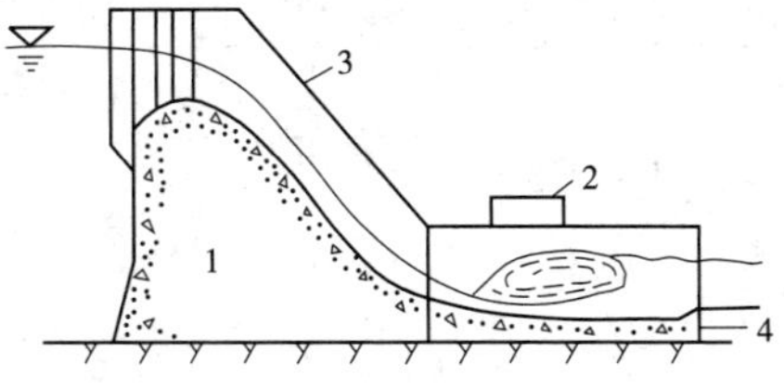

1—溢流坝；2—水电站；3—边墩；4—护坦。

图 2-23　边墩和导墙

(三)横缝的布置

溢流坝段的横缝，有以下两种布置方式：①缝设在闸墩中间，当各坝段间产生不均匀沉降时，不致影响闸门启闭，工作可靠，缺点是闸墩厚度较大；②缝设在溢流孔跨中，闸墩成为整体墩，可使大跨度弧形闸门支铰结构得到加强，但易受地基不均匀沉降的影响。

七、案例分析

(一)基本资料

基本资料与项目二任务二中案例分析的基本资料相同。

泄水方式采用开敞式溢流。

(二)孔口设计

1. 溢流前沿净宽 B 及单宽流量 q 的确定

该工程地基岩石比较坚硬,单宽流量取 $q=50 \sim 100\ m^3/(s \cdot m)$。由 $B=Q/q$ 确定净宽,计算如表 2-7 所示。

表 2-7　孔口净宽计算

计算情况	流量/(m^3/s)	单宽流量/[m^3/(s·m)]	净宽/m
校核情况	1 680.00	50.00~100.00	33.60~16.80
设计情况	1 250.00	50.00~100.00	25.00~12.50

由表 2-7 可知,溢流坝前沿总净宽 B 取 24 m,孔口数为 3 个,每个孔宽度为 8 m。

2. 溢流前沿总长度的确定

闸墩的墩头形状为上游半圆形、下游圆弧曲线形。中墩厚度 d 取 2.54 m,则前沿总宽 $B_{总}=nb+(n-1)d=3\times8+2\times2.54=29.08$(m)。

3. 堰顶高程的确定

堰流公式:$Q=m\varepsilon\sigma_s B\sqrt{2g}H_w^{\frac{3}{2}}$

初定 $m=0.502,\varepsilon=0.95,\sigma_s=1.0$,计算 H_w 时忽略行近流速水头,则堰顶高程为计算水位减去相应的堰上水头。计算结果如表 2-8 所示。

表 2-8　堰顶高程计算

计算情况	流量/(m^3/s)	侧收缩系数	流量系数	孔口净宽/m	对应上游水位/m	堰上水头 H_w/m	堰顶高程/m
校核情况	1 680.00	0.95	0.502	24.00	386.70	10.32	376.38
设计情况	1 250.00	0.95	0.502	24.00	385.40	8.47	376.93

根据表 2-8 取堰顶高程为 376.38 m。

4. 定型设计水头的确定

堰上最大水头 $H_{max}=H_{校}-H_{堰}=386.70-376.38=10.32$(m);

定型设计水头 $H_d=(75\% \sim 95\%)H_{max}=7.74 \sim 9.80$ m,取 $H_d=9.50$ m;

由 $H_d/H_{max}=0.92, P_1/H_d=5.20>1.33$,查表 2-5 得:

堰顶附近最小压力$=(-0.075H_d)=(-0.075)\times9.50=-0.71\ m>-6\ m$,符合要求。

5. 泄流能力校核

由堰流公式 $Q=m\varepsilon\sigma_s B_0\sqrt{2g}H_w^{\frac{3}{2}}$ 校核堰的泄流能力。

其中,堰流为自由出流,则 $\sigma_s = 1.0$。

侧收缩系数按经验公式计算:$\varepsilon = 1 - 2[K_a + (n-1)K_p]H_0/(nb)$,边墩形状系数 $K_a = 0.1$;中闸墩形状系数 K_p 由闸墩的头部形式、H_0/H_d 及闸墩头部与堰上游面的相对位置决定。

流量系数 m 取决于上游堰高与设计水头之比 P_1/H_d、堰顶全水头与设计水头之比 H_0/H_d 及上游面的坡度。计算结果如表 2-9、表 2-10 所示。

表 2-9　有关系数计算

计算情况	P_1/H_d	H_0/H_d	m/m_d	K_p	K_a
校核洪水位	5.20	1.09	1.025	0.01	0.1
设计洪水位	5.20	0.95	0.992	0.02	0.1

注:$m_d = 0.502$。

表 2-10　泄流能力校核计算

计算情况	流量系数 m	侧收缩系数 ε	净宽/m	堰上水头 H_0/m	设计流量/(m^3/s)	计算流量/(m^3/s)	误差/%
校核洪水位	0.515	0.90	24.00	10.32	1 680.00	1 625.62	-3.34
设计洪水位	0.498	0.89	24.00	9.02	1 250.00	1 282.59	2.54

由表 2-10 可知,误差小于 5%,说明孔口设计符合要求。

(三)溢流面曲线设计

(1)堰顶上游采用三圆弧的半径及其坐标值如下:

$R_1 = 0.50H_d = 4.75$(m);

$x_1 = -0.175H_d = -1.662$(m);

$R_2 = 0.20H_d = 1.90$(m);

$x_2 = -0.276H_d = -2.622$(m);

$R_3 = 0.04H_d = 0.38$(m);

$x_3 = -0.282H_d = -2.679$(m)。

(2)堰顶下游采用 WES 幂曲线,曲线方程为

$$x^{1.85} = 2.0H_d^{0.85}y$$

(3)下游直线坡率 $m = 0.7$。

(4)反弧段半径 $R = 21.0$ m。

(5)剖面绘制:绘出其基本剖面,由于上游侧超出基本剖面,故需要将溢流坝做成堰顶突向上游以满足溢流曲线的要求,倒悬高度为 6.00 m,如图 2-24 所示。

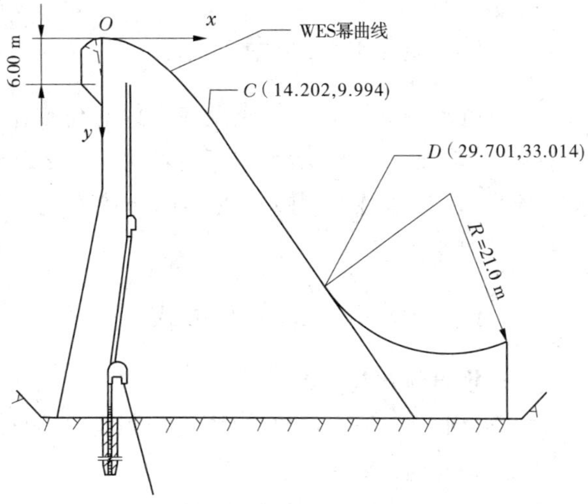

图 2-24　溢流坝剖面

八、知识点测试

登录智慧职教 MOOC 学院进行资源学习，并完成本任务知识点测试；或扫描二维码完成本任务知识点测试。

码 2-21　项目二任务三知识点测试

九、技能训练

某溢流坝采用 WES 型实用堰，溢流宽度 70 m，设 7 孔，闸墩系数 $\zeta_0=0.45$，边坡系数 $\zeta_k=0.70$，设计流量 $Q=5\ 500\ m^3/s$，相应的上下游水位分别是 55.0 m 和 32.0 m。坝址处上游河道宽 160 m，河床高程 22.0 m，溢流坝上游面直立，下游末端挑坎坎顶高程 29.0 m。

试设计开敞式溢流坝的堰面曲线。

任务四　重力坝坝身泄水孔设计

【学习目标】

1. 掌握重力坝坝身泄水孔的作用和组成。
2. 掌握重力坝坝身泄水孔的形式和布置要求。
3. 能进行泄水孔的体形设计。
4. 树立工程规范、安全意识。

一、坝身泄水孔的作用

坝身泄水孔的进口全部淹没在设计水位以下，随时可以放水，故又称深式泄水孔。其作用有：①预泄洪水，增大水库的调蓄能力；②放空水库以便检修；③排放泥沙，减少水库淤积，延长水库使用寿命；④向下游供水，满足发电、航运和灌溉要求；⑤施工导流。

二、坝身泄水孔的组成及形式

(一) 坝身泄水孔的组成

坝身泄水孔一般由进口段、闸门控制段、孔身段和出口消能段组成。

(二) 坝身泄水孔的形式

按孔身水流条件，坝身泄水孔可分为无压和有压两种类型。前者指泄水时除进口附近一段为有压外,其余部分均处于明流无压状态,见图2-25。后者是指闸门全开时,整个管道都处于满流承压状态,见图2-26。无压泄水孔的有压段包括进口段、门槽段和压坡段三个部分,压坡段末端设工作闸门;有压泄水孔的进口段之后为事故检修门槽段,其后接平坡段或小于1∶10的缓坡段,工作闸门设在出口端,其前为压坡段。

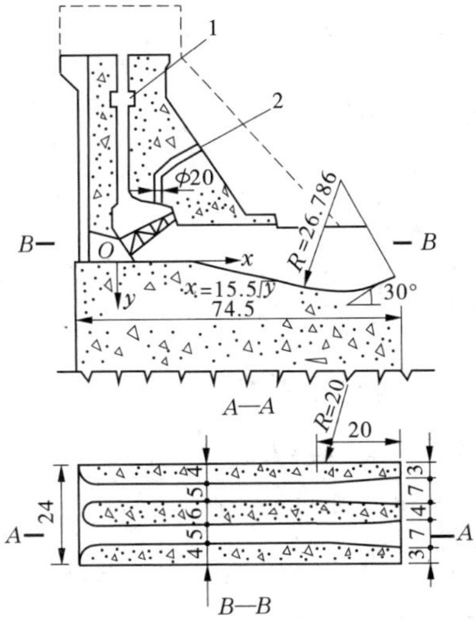

1—启闭机廊道;2—通气孔。

图2-25　无压泄水孔　(单位:m)

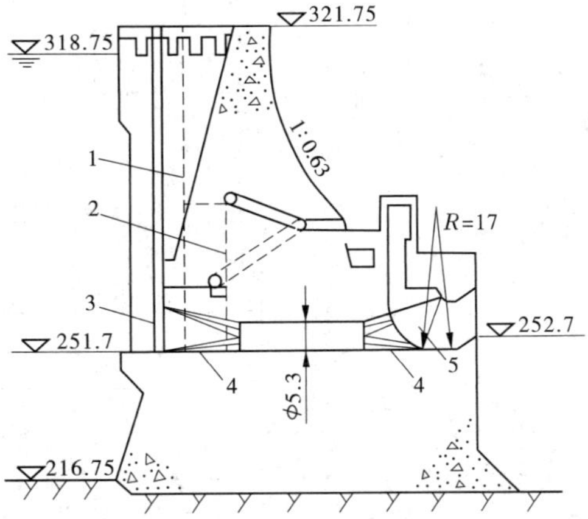

1—通气孔;2—平压管;3—检修门槽;4—渐变段;5—工作闸门。

图2-26　有压泄水孔　(单位:m)

发电引水孔应为有压泄水孔,其他用途的泄水孔,可以是有压的也可以是无压的。有压泄水孔的工作闸门一般都设在出口,孔内始终保持满水有压状态。无压泄水孔的工作闸门和检修闸门都设在进口,工作闸门后的孔口断面扩大抬高,以保证门后为无压明流。

三、坝身泄水孔的布置

坝身泄水孔应根据其用途、枢纽布置要求、地形地质条件和施工条件等因素进行布置。泄水孔宜布置在河槽部位,以便下泄水流与下游河道衔接。当河谷狭窄时,宜设在溢流坝段;当河谷较宽时,则可考虑布置于非溢流坝段。其进口高程在满足泄洪任务的前提下,应尽量高些,以减小进口闸门上的水压力。

灌溉孔应布置在灌区一岸的坝段上,以便与灌溉渠道连接,其进口高程则应根据坝后渠首高程来确定,必要时,也可根据泥沙和水位情况分层设置进水口。

排沙底孔应尽量靠近电站、灌溉孔的进水口及船闸闸首等需要排沙的部位。

发电进水口的高程,应根据水力动能设计要求和泥沙条件确定,一般设于水库最低工作水位以下1倍孔口高度处,并应高出淤沙高程1 m以上。

为放空水库而设置的放水孔、施工导流孔,一般均布置得较低。

四、坝身泄水孔的体形与构造

(一)有压泄水孔

1. 进水口的体形

为使水流平顺、减少水头损失、避免孔壁空蚀,进口形状应尽可能符合流线变化规律,工程中宜采用四侧或顶、侧面椭圆曲线进水口。有压泄水孔典型布置如图 2-27 所示。

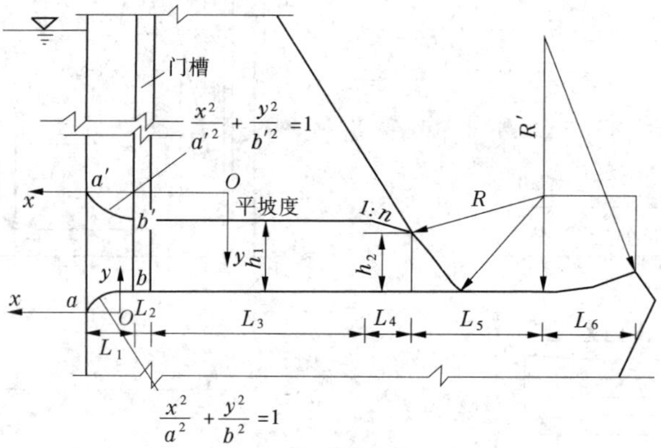

图 2-27　有压泄水孔典型布置

2. 出水口

有压泄水孔的出口控制着整个泄水孔内的内水压力状况。为消除负压,避免出现空蚀破坏,宜将出口断面缩小,收缩量大致为孔身面积的 10%~15%,并将孔顶降低,孔顶坡比可取 1:10~1:5。

3. 孔身断面及渐变段

有压泄水孔的断面一般为圆形,但进出口部分为适应闸门要求应为矩形断面,故圆形、矩形断面间应设渐变段过渡连接。

4. 闸门槽

有压泄水孔出口的工作闸门,一般采用不设门槽的弧形闸门,而进口检修闸门常采用平面闸门。若闸门槽体形设计不当,很容易产生空蚀。对高水头的情况,闸门槽应用如图 2-28 所示的形状。

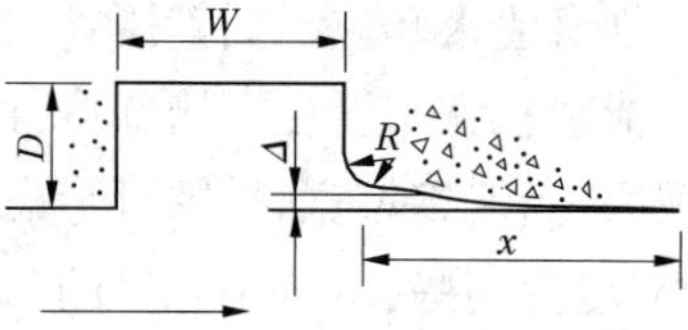

$W/D=1.6\sim1.8$;$\Delta/D=0.05\sim0.08$;
$R/D=0.1$;$x/\Delta=10\sim12$。

图 2-28　闸门槽形状

5. 通气孔

通气孔的作用是关闭检修闸门后,开工作闸门放水,向孔内充气;检修完毕后,关闭工作闸门,向闸门之间充水时排气。通气孔的断面面积由计算确定,但宜大于充水管或排水管的过水断面面积。为防止发生事故,通气孔的进口必须与闸门启闭室分开,以免影响工作人员的安全。

(二)无压泄水孔

无压泄水孔在平面上宜做直线布置,其过水断面多为矩形。

1. 进水口体形

无压泄水孔的有压段与有压泄水孔的相应段体形、构造基本相同,如图 2-29 所示。压坡段的坡度一般为 1∶4~1∶6,压坡段的长度一般为 3~6 m。

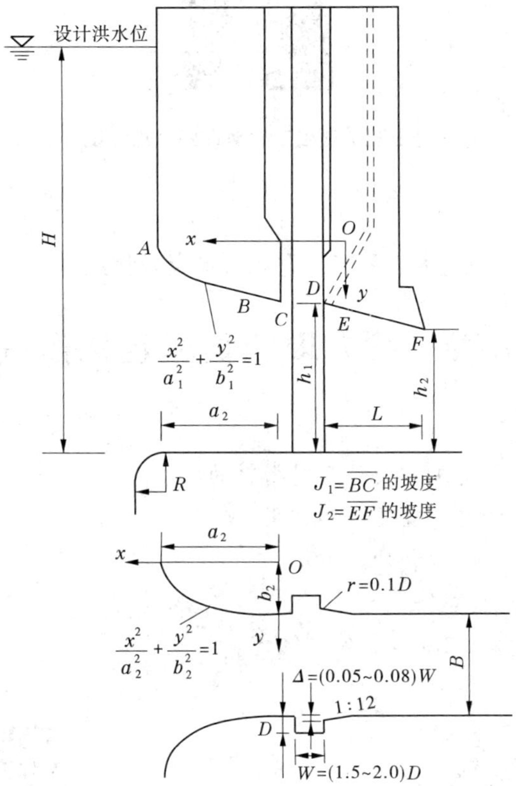

图 2-29　无压泄水孔有压段布置

2. 明流段

为使水流平顺无负压,明流段的竖曲线通常设计为抛物线。明流段的孔顶在水面以上应有足够的余幅,当孔身为矩形时,顶部高出水面的高度取最大流量时不掺气水深的 30%~50%;当孔顶为圆拱形时,拱脚距水面的高度可取不掺气水深的 20%~30%。明流段的反弧段,一般采用圆弧式,末端鼻坎高程应高于该处下游水位以保证发生自由挑流。

3. 通气孔与平压管

检修闸门后的通气孔布置要求与有压泄水孔完全相同。除此之外,为使明流段流态稳定,还应在工作闸门后设通气孔(见图 2-25),向明流段不断补气。通气孔的断面面积由计算确定,一般取泄水孔断面面积的 0.5%~1.0%,且宜大于充水管或排水管的过水断面面积。平压管是埋在坝体内部,平衡检修闸门两侧水压以减少启门力的输水管道。平压管的直径按最长充水时间不超过 8 h 确定。

五、知识点测试

登录智慧职教 MOOC 学院进行资源学习,并完成本任务知识点测试;或扫描二维码完成本任务知识点测试。

码 2-22 项目二任务四知识点测试

六、技能训练

查阅资料,分析我国三峡大坝的泄水孔布置情况及作用。

任务五 重力坝的材料及构造设计

【学习目标】

1. 掌握重力坝各部位的工作条件及对材料的要求。
2. 掌握重力坝坝体构造布置类型和作用。
3. 掌握重力坝分缝的类型和处理方法。
4. 能正确识读重力坝工程图。
5. 树立工程安全意识,培养工程伦理意识。

【思政素材】

码 2-23 苏丹麦洛维大坝

码 2-24 淌水崖大坝

重力坝的建筑材料主要是混凝土。对于水工混凝土,除应满足设计对强度的要求外,还应根据其工作条件、地区气候等具体情况,满足抗渗、抗冻、抗冲耐磨、抗腐蚀和抗裂等耐久性要求。

一、混凝土重力坝的材料分区

由于坝体各部分的工作条件不同,因此对混凝土强度等级、抗渗、抗冻、抗冲耐磨、抗腐蚀和抗裂等性能要求也不同,为了节省和合理使用水泥,通常将坝体不同部位按不同工作条件分区,分区厚度尺寸最小为 2~3 m。图 2-30 为重力坝的两种坝段分区情况。

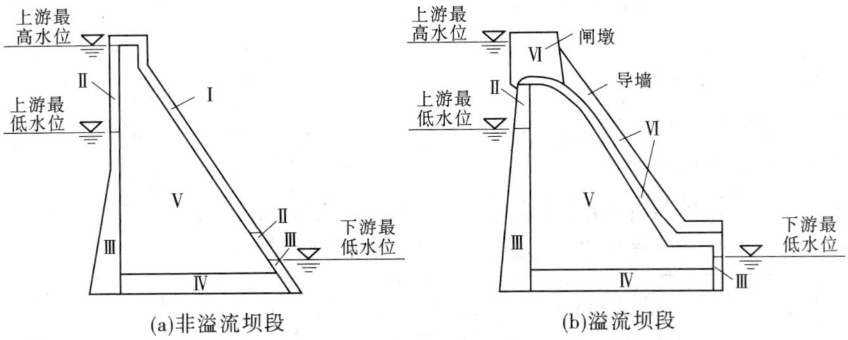

图 2-30　坝体混凝土分区示意图

Ⅰ区为上、下游水位以上坝体外部表面混凝土；

Ⅱ区为上、下游水位变化区的坝体外部表面混凝土；

Ⅲ区为上、下游最低水位以下坝体外部表面混凝土；

Ⅳ区为坝体基础混凝土；

Ⅴ区为坝体内部混凝土；

Ⅵ区为抗冲刷部位(如溢洪道溢流面、泄水孔、导墙和闸墩等)的混凝土。

码 2-25　重力坝的构造

大坝混凝土分区性能要求见表 2-11。

表 2-11　大坝混凝土分区性能要求

分区	强度	抗渗	抗冻	抗冲刷	抗侵蚀	低热	最大水灰比	选择各分区的主要因素
Ⅰ	+	—	++	—	—	+	+	抗冻
Ⅱ	+	+	++	—	+	+	+	抗冻、抗裂
Ⅲ	++	++	+	—	+	+	+	抗渗、抗裂
Ⅳ	++	+	+	—	+	++	+	抗裂
Ⅴ	++	+	+	—	—	++	+	—
Ⅵ	++	—	++	++	++	+	+	抗冲耐磨

注:有“++”的项目为选择各区等级的主要控制因素,有“+”的项目为需要提出要求的,有“—”的项目为不需提出要求的。

二、重力坝混凝土材料选取

(一)混凝土的强度等级

普通混凝土强度等级是按标准方法制作养护的立方体试件,在 28 d 龄期用标准试验方法测得的具有 95%保证率的抗压强度标准值确定的,混凝土强度随着龄期延长而增长。坝体常态混凝土强度标准值的龄期一般采用 90 d,碾压混凝土可采用 180 d 龄期,因此在规定混凝土强度设计值时,应同时规定设计龄期。

选择混凝土强度等级时,应考虑温度、渗透压力及局部应力集中所产生的影响。坝体内部混凝土的强度等级不应低于 $C_{90}10$,过流表面混凝土的强度等级不应低于 $C_{28}30$。对于坝体内部的导流底孔、引水管、泄水孔等大孔口孔壁周围的混凝土以及地震设计烈度 8

度以上的坝体混凝土，其强度等级应适当提高。

应该注意的是，同一浇筑块中混凝土强度等级不宜超过两种，等级差不宜超过两级。

(二)混凝土的耐久性

(1)抗渗性。大坝的上游面、基础层和下游水位以下的坝面均为防渗部位。其混凝土应具有抵抗压力水渗透的能力。抗渗性能通常用“W”，即抗渗等级表示。常态混凝土抗渗等级的最小允许值应根据所在部位和水力坡降，按表 2-12 采用。

表 2-12　常态混凝土抗渗等级的最小允许值

项次	部位	水力坡降	抗渗等级
1	坝体内部		W2
2	坝体其他部位按水力坡降考虑时	$i<10$	W4
		$10\leqslant i<30$	W6
		$30\leqslant i<50$	W8
		$i\geqslant 50$	W10

注：1. i 为水力坡降；

2. 承受侵蚀水作用的建筑物，其抗渗等级应进行专门的试验研究，但不得低于 W4；

3. 根据坝体承受水压力作用的时间，也可采用 90 d 龄期的试件测定大坝混凝土抗渗等级。

(2)抗冻性。混凝土的抗冻性能指混凝土在饱和状态下，经多次冻融循环而不破坏，不严重降低强度的性能。通常用“F”，即抗冻等级来表示。抗冻等级一般根据气候分区、冻融循环次数、表面局部气候条件、水分饱和程度、结构构件重要性和检修的难易程度，由表 2-13 查取。

表 2-13　大坝抗冻等级

气候分区	严寒		寒冷		温和
年冻融循环次数/次	≥100	<100	≥100	<100	—
1. 受冻严重且难于检修部位：流速大于 25 m/s、过冰、多沙或多推移质过坝的溢流坝；深孔或其他输水部位的过水面及二期混凝土	F400	F300	F300	F200	F100
2. 受冻严重但有检修条件部位：混凝土重力坝上游面冬季水位变化区；流速小于 25 m/s 的溢流坝、泄水孔的过水面	F300	F250	F200	F150	F50
3. 受冻较重部位：混凝土重力坝外露阴面部位	F250	F200	F150	F150	F50
4. 受冻较轻部位：混凝土重力坝外露阳面部位	F200	F150	F100	F100	F50
5. 混凝土重力坝水下部分或内部混凝土	F50				

注：1. 严寒指最冷月平均气温小于-10 ℃；寒冷指最冷月平均气温大于或等于-10 ℃，但小于或等于-3 ℃；温和指最冷月平均气温大于-3 ℃。

2. 年冻融循环次数分别按一年内气温从+3 ℃以上降至-3 ℃以下，然后回升至+3 ℃以上的交替次数和一年中日平均气温低于-3 ℃期间设计预定水位的涨落次数统计，并取其中的大值。

3. 冬季水位变化区指运行期内可能遇到的冬季最低水位以下 0.5~1.0 m，冬季最高水位以上 1.0 m(阳面)、2.0 m(阴面)、4.0 m(水电站尾水区)。

4. 阳面指冬季大多为晴天，平均每天有 4 h 以上阳光照射，不受山体或建筑物遮挡的表面，当不满足条件时，均为阴面。

5. 最冷月份平均气温低于-25 ℃地区的混凝土抗冻级别宜根据具体情况研究确定。

(3)抗冲耐磨性。指抵抗高速水流或挟沙水流的冲刷、抗磨损的能力。目前,尚未制定出定量的技术标准,一般而言,对于有抗磨要求的混凝土,应采用高强度混凝土或高强硅粉混凝土,其抗压强度等级不应低于C20,要求高的则不应低于C30。

(4)抗腐蚀性。指抵抗环境水的侵蚀性能。大坝Ⅰ~Ⅵ区混凝土的水灰比不宜大于表2-14所列数值。当环境水具有腐蚀性时,应选择抗腐蚀性较好的水泥,外部水位变化区及水下混凝土的水灰比可较表2-14减少0.05。

表2-14　混凝土最大水灰比

气候分区	大坝混凝土分区					
	Ⅰ	Ⅱ	Ⅲ	Ⅳ	Ⅴ	Ⅵ
严寒和寒冷地区	0.50	0.45	0.50	0.50	0.60	0.45
温和地区	0.55	0.50	0.55	0.55	0.60	0.45

(5)抗裂性。为防止大体积混凝土结构产生温度裂缝,除采用合理分缝、分块和温控措施外,应选用发热量最低的水泥、合理的掺合料,减少水泥用量,提高混凝土的抗裂性能。

三、重力坝坝体的防渗与排水

(一)坝体防渗

在混凝土重力坝坝体上游面和下游面最高水位以下部分,多采用一层具有防渗、抗冻、抗腐蚀的混凝土作为坝体防渗设施,防渗指标根据水头和防渗要求而定,防渗厚度一般为1/20~1/10水头,但不小于2 m。

(二)坝体排水设施

坝体上游面防渗层的下游应设置铅直或近乎铅直的排水管系统,以减小坝体渗透压力。排水管下部应通至纵向排水廊道,上部应通至上层廊道或坝顶(或溢流面)以下。排水管可采用拔管、钻孔、塑料盲沟或预制无砂混凝土管,排水管间距为2~3 m,管径为150~200 mm。排水管幕距上游坝面的距离一般为作用水头的1/25~1/15,且不小于2.0 m。坝体排水构造见图2-31。

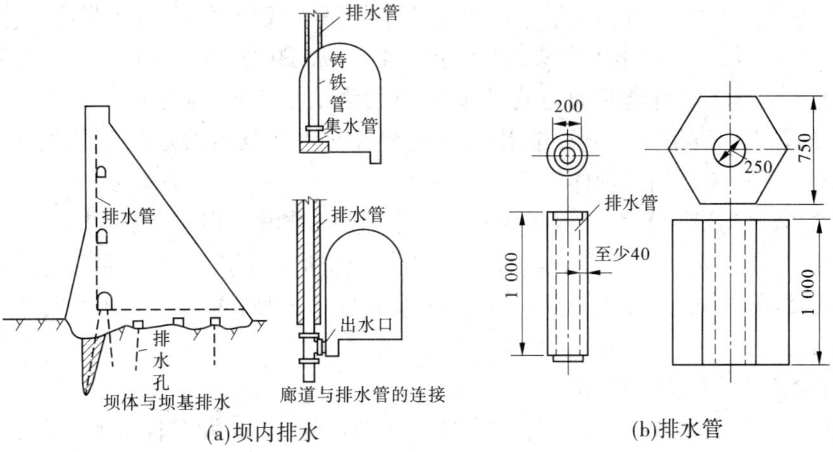

图2-31　重力坝内部排水构造　(单位:mm)

渗入排水管的水汇集到下层纵向廊道后，沿集水沟或集水管汇入集水井，再通过水泵抽排或自流方式排向下游。

四、重力坝的坝内廊道系统

为了满足基础灌浆、排水、安全监测、检查维修、运行操作、坝内交通、施工需要，在重力坝坝体内部应设置不同用途的廊道，这些廊道相互连通，构成了重力坝坝体内部廊道系统，如图 2-32 所示。

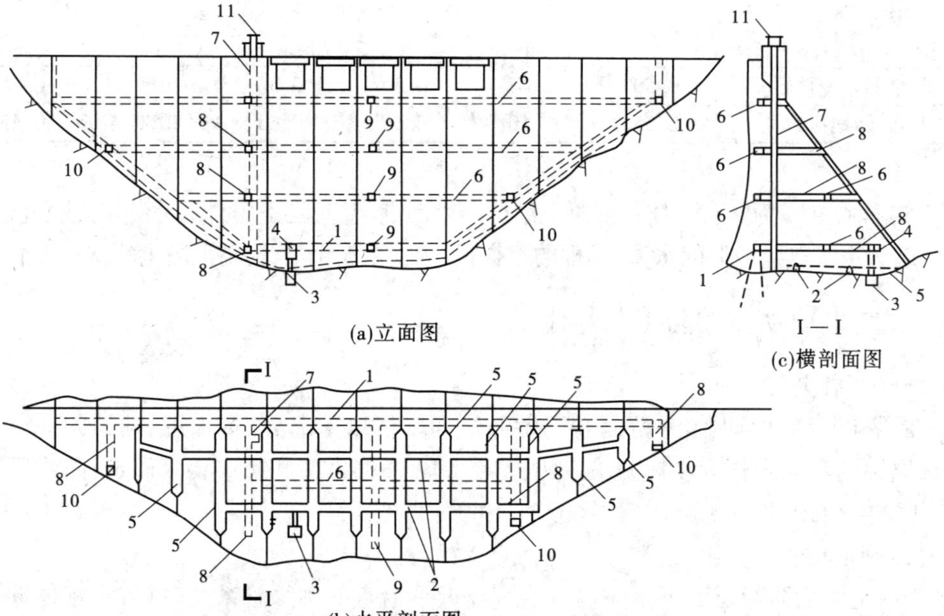

(a)立面图　(c)横剖面图　(b)水平剖面图

1—坝基灌浆排水廊道；2—基面排水廊道；3—集水井；4—水泵室；5—横向排水廊道；6—检查廊道；7—电梯井；8—交通廊道；9—观测廊道；10—进出口；11—电梯塔。

图 2-32　坝内廊道系统

(一)基础灌浆廊道

高坝、中坝内必须设置基础灌浆廊道。为了保证灌浆质量，提高灌浆压力，要求距上游面应有 0.05~0.1 倍的作用水头，且不小于 4~5 m；距基岩面不小于 1.5 倍的廊道宽度，一般取 5 m 以上。廊道断面为城门洞形，宽度为 2.5~3 m，高度为 3~3.5 m，以便满足灌浆作业的要求。廊道上游侧设排水沟，下游侧设排水孔及扬压力观测孔，在廊道最低处设集水井，以便自流或抽排坝体渗水。

基础灌浆廊道随坝基面由河床向两岸逐渐升高，坡度应缓于 45°，以便钻孔、灌浆及其设备的搬运。当两岸坡度陡于 45°时，基础灌浆廊道可分层布置，并用竖井连接。当岸坡较长时，每隔适当的距离设一段平洞，为了灌浆施工方便，每隔 50~100 m，宜设置横向灌浆机室。

(二)检查和坝体排水廊道

为检查、观测和坝体排水的方便，需要沿坝高每隔 30 m 设置检查和排水廊道一层。断面形式采用城门洞形，最小宽度 1.2 m，最小高度 2.2 m，廊道上游壁至上游坝面的距离应满足防渗要求且不小于3 m。对设引张线的廊道宜在同一高程上呈直线布置。廊道与泄水孔、导流底孔净距不宜小于3~5 m。廊道内的上游侧设排水沟。

为了检查、观测的方便，坝内廊道要相互连通，各层廊道左右岸各有一个出口，要求与竖井、电梯井连通。

对于坝体断面尺寸较大的高坝，为了检查、观测和交通的方便，尚需另设纵向和横向的廊道。此外，还可根据需要设专门性廊道。

五、重力坝的分缝与止水

为了满足运用和施工的要求，防止温度变化和地基不均匀沉降导致坝体开裂，需要合理分缝。常见的有横缝、纵缝、水平施工缝。

(一)横缝

垂直于坝轴线，将坝体分成若干个坝段的缝为横缝，沿坝轴线15~20 m设一道横缝，缝宽的大小主要取决于河谷地形、地基特性、结构布置、温度变化、浇筑能力等，缝宽一般为1~2 cm。横缝分永久性和临时性两种。

1.永久性横缝

永久性横缝是为了使各坝段独立工作而设置的与坝轴线垂直的铅直缝面。缝内不设缝槽、不灌浆，但要设置止水，缝宽应大于该地区最大温差引起膨胀的极限值1 cm。夏季施工和冬季施工时所留的缝宽是不相同的。在温度最高时，不允许缝间产生挤压力。

常用的止水设施有止水片、沥青止水井、缝间填料等。

(1)止水片。常用的有紫铜片、塑料带、橡胶带等。紫铜片厚一般为1.0~1.6 mm，每侧埋入混凝土的长度不小于200~250 mm，距坝面1~2 m，深入基岩300~500 mm。橡胶止水和塑料止水适应变形能力较强，在气候温和地区可用塑料止水，在寒冷地区则可采用橡胶止水。

(2)沥青止水井。位于两片止水片之间，有方形和圆形两种，边长和直径为200~300 mm。井内灌注由Ⅱ号或Ⅲ号石油沥青、水泥和石棉粉组成的填料。井内设有蒸汽或电热设备，沥青老化时，加热可使沥青从井底流出，重新填料。

(3)缝间填料。可采用沥青杉木板、沥青油毡等。缝口用聚氯乙烯胶泥、混凝土塞、沥青封堵。

对于高坝的横缝止水常采用两道金属止水片和一道防渗沥青井，如图2-33所示。

对于中、低坝的横缝止水可适当简化。如中坝第二道止水片可采用橡胶或塑料带等。低坝经论证也可采用一道止水片。

2.临时性横缝

临时性横缝在缝面设置键槽，埋设灌浆系统，施工后灌浆连接成整体。临时性横缝主要用于以下几种情况：①对横缝的防渗要求很高时；②陡坡上的重力坝段，即岸坡较陡，将各坝段连成整体，改善岸坡坝段的稳定性；③不良坝基上的重力坝，即软弱破碎带上的各坝段，横缝灌浆后连成了整体，增加坝体刚度；④强地震区(设计烈度在8度以上)的坝体，将坝段连成整体，可提高坝体的抗震性。当岸坡坝基开挖成台阶状，坡度陡于1∶1时，应按临时性横缝处理。

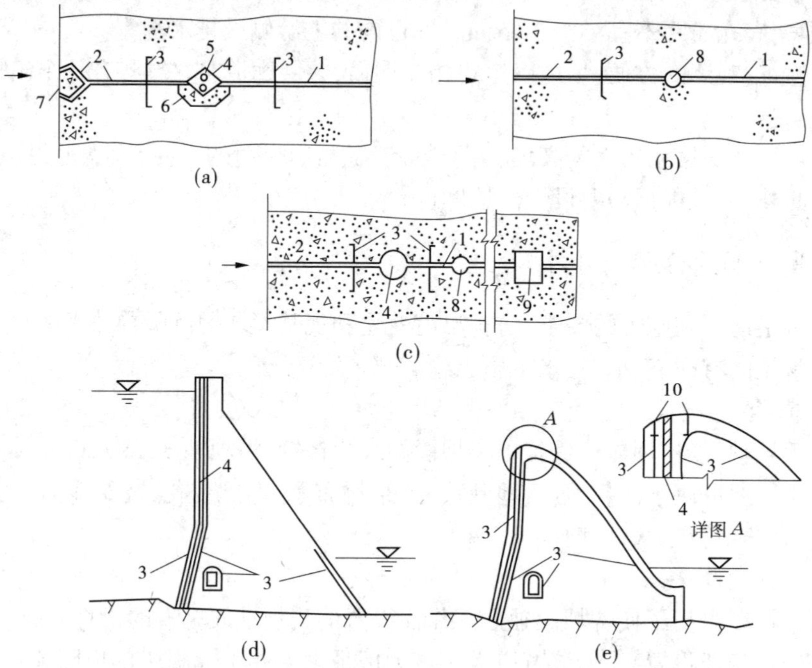

1—横缝;2—沥青油毡;3—止水片;4—沥青井;5—加热电极;
6—预制块;7—钢筋混凝土塞;8—排水井;9—检查井;10—闸门底槛预埋件。

图 2-33 横缝止水构造示意图

(二)纵缝

平行于坝轴线的缝称为纵缝。设置纵缝的目的:适应混凝土的浇筑能力和减少施工期的温度应力,待温度正常之后进行接缝灌浆。

纵缝按结构布置形式分为铅直纵缝、斜缝和错缝,见图 2-34。

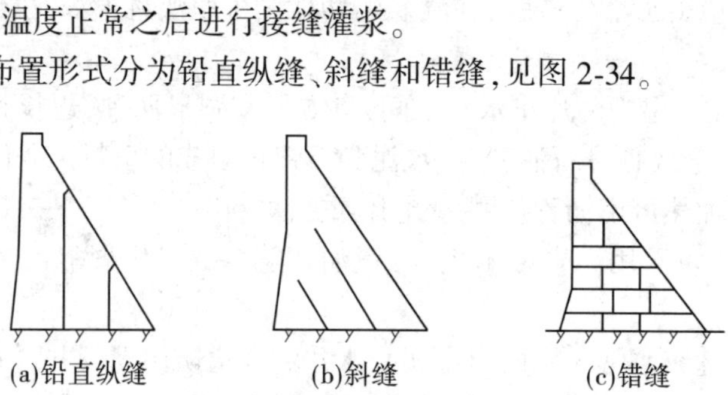

图 2-34 纵缝形式

1. 铅直纵缝

纵缝方向是铅直的为铅直纵缝,是最常用的一种形式,缝的间距根据混凝土的浇筑能力和温度控制要求确定,缝距一般为 15~30 m,纵缝不宜过多。

为了很好地传递压力和剪力,纵缝面上设呈三角形的键槽,槽面与主应力方向垂直,在缝面上布置灌浆系统。

待坝体温度稳定,缝张开到 0.5 mm 以上时进行灌浆。灌浆沿高度 10~15 m 分区,缝体四周设置止浆片,止浆片用镀锌铁片或塑料片(厚 1~1.5 cm、宽 24 cm)。严格控制灌浆压力为 0.35~0.45 MPa,回浆压力为 0.2~0.25 MPa,压力太高会在坝块底部造成过大拉应力而破坏，压力太低不能保证质量。

纵缝两侧坝块的浇筑应均衡上升，一般高差控制在 5~10 m，以防止温度变化、干缩变形造成缝面挤压剪切，键槽出现剪切裂缝。

2. 斜缝

斜缝大致按满库时的最大主应力方向布置，因缝面剪应力小，不需要灌浆。中国的安砂水电站重力坝成功地采用了这种方法，斜缝在距上游坝面一定距离处终止，并采取并缝措施，如布置垂直缝面的钢筋、并缝廊道等。斜缝的缺点是：施工干扰大，相邻坝块的浇筑间歇时间及温度控制均有较严格的限制，故目前中高坝中较少采用。

3. 错缝

浇筑块之间像砌砖一样把缝错开，每块厚度 3~4 m（基岩面附近减至 1.5~2 m），错缝间距为 10~15 m，缝位错距为 1/3~1/2 浇筑块的厚度。错缝不需要灌浆，施工简便，整体性差，可用于中小型重力坝中。

近年来世界坝工由于温度控制和施工水平的不断提高，发展趋势是不设纵缝，通仓浇筑，施工进度快，坝体整体性好。

（三）水平施工缝

坝体上下层浇筑块之间的结合面称为水平施工缝。一般浇筑块厚度为 1.5~4.0 m，靠近基岩面用 0.75~1.0 m 的薄层浇筑，利于散热、减少温升，防止开裂。纵缝两侧相邻坝块水平施工缝不宜设在同一高程，以增强水平截面的抗剪强度。上下层浇筑间歇 3~7 d，上层混凝土浇筑前，必须对下层混凝土凿毛，冲洗干净，铺 2~3 cm 强度较高的水泥砂浆后浇筑。水平施工缝的处理应高度重视，施工质量关系到大坝的强度、整体性和防渗性，否则将成为坝体的薄弱层面。

六、知识点测试

登录智慧职教 MOOC 学院进行资源学习，并完成本任务知识点测试；或扫描二维码完成本任务知识点测试。

码 2-26　项目二任务五知识点测试

七、技能训练

结合重力坝工程设计案例，识读重力坝的构造图。

任务六　重力坝的荷载计算与组合

【学习目标】

1. 掌握作用于重力坝上荷载的概念及对建筑物的影响。
2. 掌握重力坝荷载组合的类型。
3. 能正确计算作用于重力坝上的各种荷载。
4. 树立规范、标准意识和严谨做事的态度。

荷载(作用)是重力坝设计的主要依据之一,荷载可按作用随时间的变异分为三类:永久作用、可变作用和偶然作用。水工结构设计时应根据相关规范规定的计算方法的不同正确选用代表值。永久作用和可变作用的代表值采用作用的标准值;偶然作用的代表值除《水工建筑物荷载设计规范》(DL 5077—1997)规定的外,还应按有关标准的规定,或结合观测资料及工程经验综合分析确定。

码 2-27　重力坝的荷载与组合

(1)永久作用。包括坝体自重和永久性设备的自重、淤沙压力(有排沙设施时可列为可变作用)、土压力。

(2)可变作用。包括静水压力、扬压力(包括渗透压力和浮托力)、动水压力(包括水流离心力、水流冲击力、脉动压力等)、浪压力、冰压力(包括静冰压力和动冰压力)、风雪荷载、机动荷载。

(3)偶然作用。包括地震荷载、校核洪水位时的静水压力。

一、重力坝的荷载

重力坝的荷载主要包括:①自重;②静水压力;③动水压力;④淤沙压力;⑤浪压力;⑥扬压力;⑦冰压力;⑧地震荷载;⑨其他荷载。

计算单元:单位坝长(1 m)或一个坝段。

计算依据:《水工建筑物荷载设计规范》(DL 5077—1997)。

(一)自重(包括永久设备自重)

单位长度坝体自重 W(kN/m)标准值计算公式:

$$W = A\gamma_c \tag{2-17}$$

式中　A——计算单元坝体横剖面的面积(m^2),常将坝体剖面分解成矩形、三角形计算,见图 2-35(a);

γ_c——坝体混凝土的重度,kN/m^3,根据选定的配合比通过实验确定,一般采用 23.5~24.0 kN/m^3。

计算自重时,坝上永久性的固定设备,如闸门、固定式启闭机的重量也应计算在内,坝内较大的孔洞应该扣除。

(二)静水压力

静水压力是作用在上、下游坝面的主要荷载,分解为垂直水压力 P_V(kN/m)和水平水

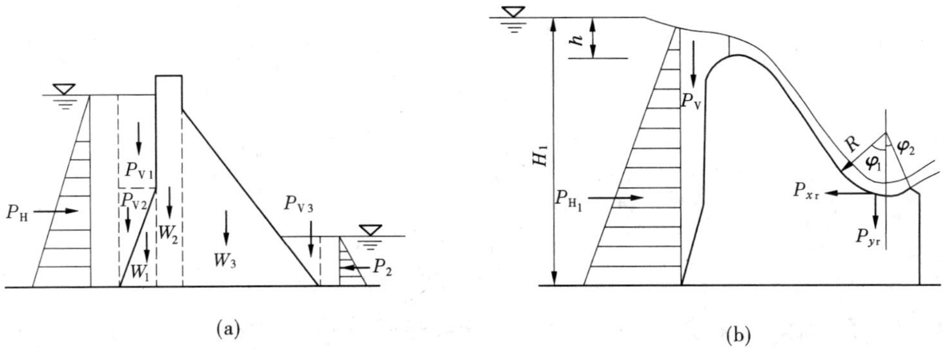

图 2-35 坝体自重和坝面水压力计算图

压力 P_H(kN/m)。溢流堰前水平水压力以 P_{H_1}(kN/m)表示。单位坝长上的静水压力标准值按以下公式计算：

$$P_V = A_w \gamma_w \tag{2-18}$$

$$P_H = \frac{1}{2}\gamma_w H^2 \tag{2-19}$$

$$P_{H_1} = \frac{1}{2}\gamma_w (H_1^2 - h^2) \tag{2-20}$$

式中 A_w——坝坡面、坝踵处垂线与水面围成的面积，m^2；

H——计算点处的作用水头，m；

h——堰顶溢流水深，m；

γ_w——水的重度，kN/m^3。

(三)动水压力

溢流坝下游反弧段，在高速水流作用下的时均压力和脉动压力叫作动水压力。单位坝长上的动水压力的水平分力标准值 P_{xr}(N/m)和垂直分力标准值 P_{yr}(N/m)为

$$P_{xr} = \rho_w q v(\cos\varphi_2 - \cos\varphi_1) \tag{2-21}$$

$$P_{yr} = \rho_w q v(\sin\varphi_2 + \sin\varphi_1) \tag{2-22}$$

式中 q——相应设计状况下反弧段上的单宽流量，$m^3/(s \cdot m)$；

ρ_w——水的密度，kg/m^3；

v——反弧段最低点处的断面平均流速，m/s；

φ_1、φ_2——反弧段圆心竖线左、右的中心角，取其绝对值。

P_{xr} 和 P_{yr} 的作用点可近似地认为在反弧段长度的中点，见图 2-35。

因溢流坝顶和坝面上的脉动压力对坝体稳定和坝内应力影响很小，可以不计；当引起结构振动和影响结构安全时应计入。

(四)淤沙压力

入库水流挟带的泥沙在水库中淤积，淤积在坝前的泥沙对坝面产生的压力叫作淤沙压力，见图 2-36。

淤积的规律是从库首至坝前，随水深的增加而流速减小，沉积的粒径由粗到细，坝前

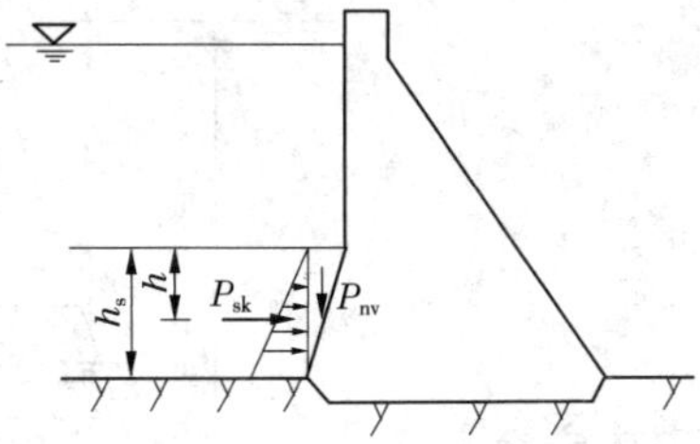

图 2-36 淤沙压力计算图

淤积的是极细的泥沙，淤积泥沙的深度和内摩擦角随时间在变化，一般计算年限取 50~100 年。

单位坝长上的水平淤沙压力标准值 P_{sk}(kN/m)为

$$P_{sk} = \frac{1}{2}\gamma_{sb}h_s^2\tan^2(45° - \frac{\varphi_s}{2})$$

$$\gamma_{sb} = \gamma_{sd} - (1 - n)\gamma_w \tag{2-23}$$

式中 γ_{sb}——淤沙的浮重度，kN/m³；

γ_{sd}——淤沙的干重度，kN/m³；

n——淤沙的孔隙率；

h_s——坝前估算的泥沙淤积厚度，m；

φ_s——淤沙的内摩擦角，(°)。

当上游坝面倾斜时，应计入竖向淤沙压力，按淤沙的浮重度计算。

(五)浪压力

水库表面波浪对建筑物产生的拍击力叫作浪压力。浪压力的影响因素较多，呈动态变化，可取不利情况计算标准值。

临界水深 H_{cr} 的计算公式为

$$H_{cr} = \frac{L}{4\pi}\ln(\frac{L + 2\pi h_{1\%}}{L - 2\pi h_{1\%}}) \tag{2-24}$$

三种波态情况的浪压力分布(见图 2-37)不同，浪压力计算公式如下：

(1)深水波。当坝前水深大于半波长，即 $H>L/2$ 时，波浪运动不受库底的约束，见图 2-37(a)。单位坝长上的浪压力标准值为

$$P_L = \frac{\gamma_w L}{4}(h_{1\%} + h_z) \quad (\text{kN/m}) \tag{2-25}$$

式中 $h_{1\%}$、L、h_z——根据项目二任务二有关公式计算。

(2)浅水波。当坝前水深小于半波长而大于临界水深 H_{cr}，即 $L/2>H>H_{cr}$ 时，波浪运动受到库底的影响，见图 2-37(b)。单位坝长上的浪压力标准值为

$$P_L = \frac{1}{2}[(h_{1\%} + h_z)(\gamma_w H + p_{Lf}) + Hp_{Lf}]$$

$$p_{Lf} = \gamma_w h_{1\%}\operatorname{sech}\frac{2\pi H}{L} \tag{2-26}$$

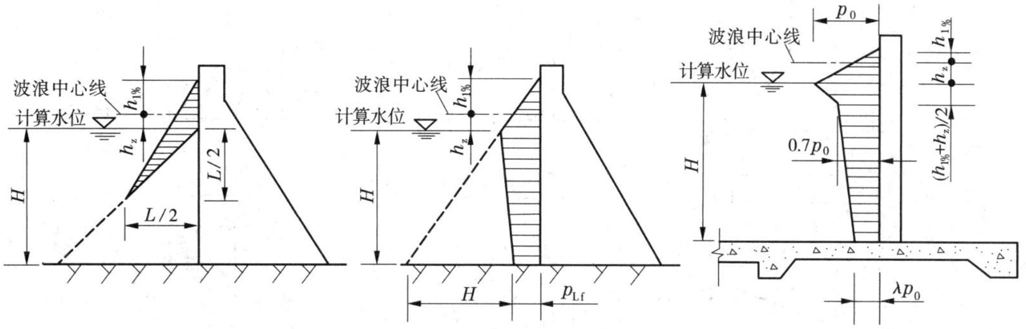

(a)深水波　　(b)浅水波　　(c)破碎波

图 2-37　波浪压力分布

式中　p_{Lf}——水下底面处浪压力剩余强度,kN/m^2。

(3)破碎波。当坝前水深小于临界水深,即 $H<H_{cr}$ 时,波浪发生破碎,见图 2-37(c)。单位坝长上的浪压力标准值为

$$P_L = \frac{p_0}{2}[(1.5 - 0.5\lambda)h_{1\%} + (0.7 + \lambda)H] \tag{2-27}$$

$$p_0 = K_0\gamma_w h_{1\%}$$

式中　λ——水下底面处浪压力强度折减系数,当 $H\leqslant 1.7h_{1\%}$ 时采用 0.6,当 $H>1.7h_{1\%}$ 时采用 0.5。

p_0——计算水位处的浪压力强度,kN/m^2;

K_0——建筑物底坡影响系数,与 i 有关,见表 2-15。

表 2-15　河底 i 对应的 K_0 值

底坡 i	1/10	1/20	1/30	1/40	1/50	1/60	1/80	<1/100
K_0 值	1.89	1.61	1.48	1.41	1.36	1.33	1.29	1.25

(六)扬压力

扬压力包括渗透压力和浮托力两部分。渗透压力是由上下游水位差产生的渗流而在坝内或坝基面上形成的向上的压力。浮托力是由下游水深淹没坝体计算截面而产生的向上的压力。扬压力分布图形,要根据水工结构的形式、地基地质条件和防渗排水设备等情况分别确定。

码 2-28　坝基面扬压力计算

1. 坝底面的扬压力

岩基上坝底面的扬压力按以下三种情况确定:

(1)当坝基设有防渗帷幕和排水幕时,坝底面上游(坝踵)处的扬压力作用水头为 H_1,排水孔中心线处为 $H_2+\alpha H(H=H_1-H_2)$,下游(坝趾)处为 H_2,其间各段依次用直线连接,如图 2-38(a)、(b)、(c)、(d)所示。

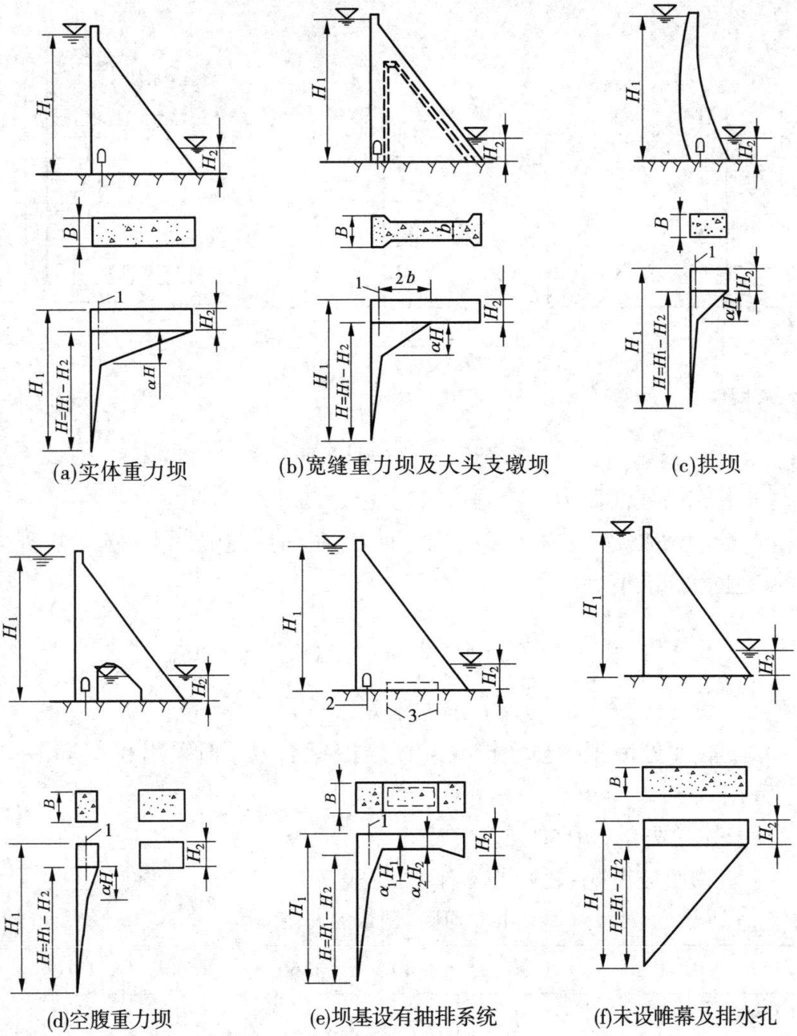

1—排水孔中心线；2—主排水孔；3—副排水孔。

图 2-38　坝底面扬压力分布图

(2)当坝基设有防渗帷幕、上游主排水孔，并设有下游副排水孔及抽排系统时，坝底面上游处的扬压力作用水头为 H_1，下游坝趾处为 H_2，主、副排水孔中心线处分别为 $\alpha_1 H_1$、$\alpha_2 H_2$，其间各段依次用直线连接，如图 2-38(e)所示。

(3)当坝基无防渗帷幕、排水幕时，坝底面上游处的扬压力作用水头为 H_1，下游处为 H_2，其间用直线连接，如图 2-38(f)所示。

上述情况中，渗透压力强度系数 α、扬压力强度系数 α_1 及残余扬压力强度系数 α_2 可参照表 2-16 采用。应注意，对河床坝段和岸坡坝段，α 取值不同，后者计及三向渗流作用，α_2 取值应大些。

表 2-16　坝底面的渗透压力和扬压力强度系数

坝型及部位		坝基处理情况		
		设置防渗帷幕及排水孔	设置防渗帷幕及主、副排水孔并抽排	
部位	坝型	渗透压力强度系数 α	主排水孔前的扬压力强度系数 α_1	残余扬压力强度系数 α_2
河床坝段	实体重力坝	0.25	0.20	0.50
	宽缝重力坝	0.20	0.15	0.50
	大头支墩坝	0.20	0.15	0.50
	空腹重力坝	0.25	—	—
	拱坝	0.25	0.20	0.50
岸坡坝段	实体重力坝	0.35	—	—
	宽缝重力坝	0.30	—	—
	大头支墩坝	0.30	—	—
	空腹重力坝	0.35	—	—
	拱坝	0.35	—	—

2. 坝体内部的扬压力

由于坝体混凝土是透水的，在水头差的作用下，产生坝体渗流，引起坝内扬压力。坝体内计算截面上扬压力分布见图 2-39。坝体内部排水管处渗透压力强度系数 α_3 按下列情况采用：实体重力坝 $\alpha_3=0.2$；宽缝重力坝、大头支墩坝的宽缝部位 $\alpha_3=0.15$。

（七）冰压力

冰对建筑物的作用力称为冰压力。冰压力分静冰压力和动冰压力两种。静冰压力是水库表面结冰后，体积增加约 9%，在气温回升时，冰盖加速膨胀，受到坝面和库岸的约束，在坝面上产生的压力。动冰压力是冰盖解冻，冰块顺风顺水漂流撞击在坝面、闸门或闸墩上的撞击力。

冰压力的计算详见《水工建筑物荷载标准》（GB/T 51394—2020）。

（八）地震荷载

地震会引起对水工建筑的动力作用，包括地震惯性力、地震动水压力和地震动土压力等。在地震区建坝，必须考虑地震的影响。地震对建筑物的影响程度，常用地震烈度表示。地震烈度分为 12 度。地震烈度越大，对建筑物的破坏越大，抗震设计要求越高。

在考虑地震作用时，常用到地震的基本烈度和设计烈度两个概念。基本烈度是指建筑物所在地区一定时期内（约 100 年），可能遇到的地震最大烈度。设计烈度指抗震设计时采用的地震烈度。一般采用基本烈度作为设计烈度。但对于 1 级挡水建筑物可根据工程的重要性和遭受的危害性，其设计烈度可比基本烈度提高 1 度；对设计烈度在 6 度以下

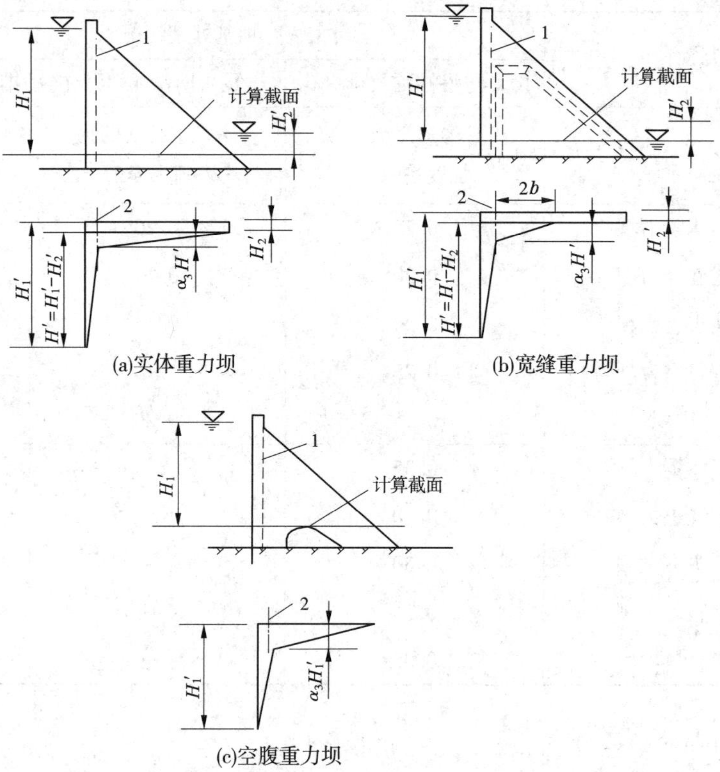

1—坝内排水管;2—排水管中心线。

图 2-39　坝体内计算截面上扬压力分布

时,设计时可不考虑地震作用;对基本烈度为 6 度或 6 度以上地区,坝高超过 200 m 或库容大于 100 亿 m^3 的大型工程,以及基本烈度为 7 度及 7 度以上的地区,坝高超过 150 m 的大(1)型工程,其抗震设防应进行专门的地震危险性分析评定。

码 2-29　重力坝扬压力动画

《水工建筑物抗震设计标准》(GB 51247—2018)规定,水工建筑物的工程抗震设防类别,应根据其重要性和工程场地基本烈度按表 2-17 的规定确定。

表 2-17　工程抗震设防类别

工程抗震设防类别	建筑物级别	场地地震基本烈度
甲	1 级(壅水和重要泄水)	≥6
乙	1 级(非壅水)、2 级(壅水)	
丙	2 级(非壅水)、3 级	≥7
丁	4 级、5 级	

1. 地震惯性力

地震时,重力坝随地壳做加速运动,产生了地震惯性力。地震惯性力的方向是任意的,一般情况下只考虑水平向地震作用,对于设计烈度为 8、9 度的 1、2 级重力坝,应同时计入水平和竖向地震作用,但对竖向地震惯性力尚需乘 0.5 的耦合系数。

采用拟静力法计算地震作用效应时,沿建筑物高度作用于质点 i 的水平向地震惯性力代表值应按下式计算:

$$F_i = \frac{\alpha_h \xi G_{Ei} \alpha_i}{g} \tag{2-28}$$

式中 F_i——作用在质点 i 的水平向地震惯性力代表值;

g——重力加速度;

ξ——地震作用的效应折减系数,一般取 0.25;

G_{Ei}——集中在质点 i 的重力作用标准值;

α_h——水平向设计地震加速度代表值,见表 2-18;

α_i——质点 i 的动态分布系数,计算重力坝地震作用效应时,由下式确定:

$$\alpha_i = 1.4 \times \frac{1 + 4(h_i/H)^4}{1 + 4\sum_{j=1}^{n} \frac{G_{Ej}}{G_E}(h_j/H)^4} \tag{2-29}$$

式中 n——坝体计算质点总数;

H——坝高,溢流坝的 H 应算至闸墩顶;

h_i、h_j——质点 i、j 的高度;

G_{Ej}——质点 j 的重力作用标准值;

G_E——产生地震惯性力的建筑物总重力作用的标准值。

表 2-18 水平向设计地震加速度代表值

设计烈度	7	8	9
α_h	$0.1g$	$0.2g$	$0.4g$

注:$g=9.81\ m/s^2$。

2. 地震动水压力

地震时,坝前、坝后的水随着震动,形成作用在坝面上的激荡力。

采用拟静力法计算重力坝地震作用效应时,直立面水深 h 处的地震动水压力代表值 $P_w(h)$ 按下式计算:

$$P_w(h) = \alpha_h \xi \psi(h) \rho_w H_1 \tag{2-30}$$

式中 $\psi(h)$——水深 h 处的地震动水压力分布系数,由表 2-19 查取;

H_1——水深。

表 2-19 地震动水压力分布系数 $\psi(h)$

h/H_1	0	0.1	0.2	0.3	0.4	0.5	0.6	0.7	0.8	0.9	1.0
$\psi(h)$	0	0.43	0.58	0.68	0.74	0.76	0.76	0.75	0.71	0.68	0.67

单位宽度坝面总地震动水压力作用点位于水面以下 0.54H_1 处，其代表值 F_0 为

$$F_0 = 0.65\alpha_h \xi \rho_w H_1^{\ 2} \tag{2-31}$$

当迎水坝面倾斜，且与水平夹角为 θ 时，上述动水压力代表值应乘折减系数 η_c：

$$\eta_c = \frac{\theta}{90} \tag{2-32}$$

（九）其他荷载

常见的其他荷载有土压力、温度荷载、灌浆压力、风荷载、雪荷载等。

土压力分主动土压力和被动土压力，根据具体情况确定。

温度荷载是指建筑物受环境温度变化、水泥水化热的产生或散失时受坝基和其他结构约束而产生的温度应力。正常运用期靠合理设置温度缝来消除温度应力；施工期靠采用低热水泥、采取温控措施等来消除温度应力。虽然在稳定计算和应力分析时不计入，但结构设计时应引起重视。

灌浆压力应在施工时严格控制，防止因压力太大破坏建筑物。

风荷载、雪荷载、车辆荷载等，在重力坝全部荷载中占比很小，一般忽略不计。但这些荷载对某些局部结构是非常重要的。例如：溢流坝坝顶桥梁、启闭机房、启闭机架等，在结构分析计算时，必须计入这些荷载。

以上荷载计算详见《水工建筑物荷载标准》（GB/T 51394—2020）。

二、荷载组合

作用于重力坝上的荷载，除坝体自重外，其余荷载大小和出现的概率都有一定的变化。因此，在进行荷载组合时，应分析各种荷载出现的概率、结构的重要性、同时作用的可能性而进行荷载组合。

（一）荷载作用

（1）坝体及其上永久设备的自重，包括永久机械设备、闸门、起重设备及其他的自重。

（2）发电为主的水库，上游正常蓄水位（或施工期临时挡水位），按功能运用要求建筑物泄放最小流量的下游水位，排水及防渗设施正常工作时的水荷载，包括下列荷载：①大坝上、下游面的静水压力；②扬压力。

（3）大坝淤沙压力。

（4）大坝上、下游侧土压力。

（5）防洪为主的水库，按防洪高水位及相应的下游水位的水荷载[取代（2）]，且排水及防渗设施正常工作的水荷载，包括下列荷载：①大坝上、下游面的静水压力；②扬压力；③相应泄洪时的动水压力。

（6）浪压力，包括下列荷载：①取 50 年一遇风速引起的浪压力；②多年平均最大风速引起的浪压力。

（7）冰压力。

（8）预应力锚固荷载。

（9）其他出现机会较多的作用。

（10）建筑物泄放校核洪水（偶然状况）流量时，上、下游水位的水荷载[取代（2）或

(5)],且排水及防渗设施正常工作,包括下列荷载:①坝上、下游面的静水压力;②扬压力;③相应泄洪时动水压力。

(11)地震作用。

(12)其他出现机会很少的作用。

(二)荷载组合

《混凝土重力坝设计规范》(NB/T 35026—2022)规定,进行承载能力极限状态设计时,混凝土重力坝应考虑基本组合和偶然组合两种作用效应组合。持久状况下进行正常使用极限状态设计时,采用作用的基本组合及偶然组合中校核洪水情况进行计算。

将以上各种荷载的作用组合列入表 2-20。

表 2-20　荷载组合

<table>
<tr><th rowspan="2">设计状况</th><th rowspan="2">作用组合</th><th rowspan="2">主要考虑情况</th><th colspan="11">荷载</th><th rowspan="2">说明</th></tr>
<tr><th>自重</th><th>静水压力</th><th>扬压力</th><th>淤沙压力</th><th>浪压力</th><th>冰压力</th><th>动水压力</th><th>土压力</th><th>预应力锚固荷载</th><th>地震作用</th><th>其他荷载</th></tr>
<tr><td rowspan="3">持久状况</td><td rowspan="3">基本组合</td><td>1. 正常蓄水位情况</td><td>(1)</td><td>(2)</td><td>(2)</td><td>(3)</td><td>(6)①</td><td>—</td><td>—</td><td>(4)</td><td>(8)</td><td>—</td><td>(9)</td><td>以发电为主的水库,土压力根据坝体外是否有填土而定(下同)</td></tr>
<tr><td>2. 防洪高水位情况</td><td>(1)</td><td>(5)</td><td>(5)</td><td>(3)</td><td>(6)①</td><td>—</td><td>(5)</td><td>(4)</td><td>(8)</td><td>—</td><td>(9)</td><td>以防洪为主的水库,正常蓄水位较低</td></tr>
<tr><td>3. 冰冻情况</td><td>(1)</td><td>(2)</td><td>(2)</td><td>(3)</td><td>—</td><td>(7)</td><td>—</td><td>(4)</td><td>(8)</td><td>—</td><td>(9)</td><td>静水压力及扬压力按相应冬季库水位计算</td></tr>
<tr><td>短暂状况</td><td>基本组合</td><td>施工期临时挡水</td><td>(1)</td><td>(2)</td><td>(2)</td><td>(3)</td><td>—</td><td>—</td><td>—</td><td>(4)</td><td>(8)</td><td>—</td><td>(9)</td><td>—</td></tr>
<tr><td rowspan="2">偶然状况</td><td rowspan="2">偶然组合</td><td>1. 校核洪水</td><td>(1)</td><td>(9)</td><td>(9)</td><td></td><td>(6)②</td><td>—</td><td>(9)</td><td>(4)</td><td>(8)</td><td>—</td><td>(9)</td><td>—</td></tr>
<tr><td>2. 地震</td><td>(1)</td><td>(2)</td><td>(2)</td><td>(3)</td><td>(6)②</td><td>—</td><td>—</td><td>(4)</td><td>(8)</td><td>(11)</td><td>(9)</td><td>静水压力、扬压力和浪压力按正常水位计算,有论证时可另作规定</td></tr>
</table>

注:1. 应根据各种作用同时发生的概率,选择计算中最不利的组合。

2. 根据地质和其他条件,如考虑运用时排水设备易于堵塞,须经常维修时,应考虑排水失效的情况,作为偶然组合。

3. 其他出现机会很少的作用(12),作为一种偶然作用,根据工程实际情况确定。

(三) 荷载作用分项系数

根据荷载作用的特点,有不同的分项系数,常用荷载作用的分项系数见表 2-21。

表 2-21　作用分项系数

序号	作用类型		分项系数
1	自重(永久作用)		1.00
2	水压力	(1)静水压力	1.00
		(2)动水压力:时均压力、离心力、冲击力、脉动压力	1.05、1.10、1.10、1.00
3	扬压力	(1)渗透压力	1.20(实体重力坝)、1.10(宽缝、空腹重力坝)
		(2)浮托力	1.00
		(3)扬压力(有抽排)	1.10(主排水孔之前)
		(4)残余扬压力(有抽排)	1.20(主排水孔之后)
4	淤沙压力		1.20
5	浪压力		0.9(对结构有利时)或 1.4
6	预应力锚固荷载		

注:其他作用分项系数见《水工建筑物荷载标准》(GB/T 51394—2020)的有关规定。

三、知识点测试

登录智慧职教 MOOC 学院进行资源学习,并完成本任务知识点测试;或扫描二维码完成本任务知识点测试。

码 2-30　项目二任务六知识点测试

四、技能训练

1. 某混凝土重力坝为 3 级建筑物,上游坝坡取折坡形,折坡点位于坝高的 2/3 处,即 169.3 m 高程,如图 2-40 所示。在此以上坝坡铅直,在此以下坝坡坡率 n 取 0.2;下游坝坡坡率 m 取 0.7,坝顶宽度 5.0 m。防洪高水位 177.2 m,相应下游水位 154.3 m;校核洪水位 177.8 m,相应下游水位 154.7 m;正常高水位 176.0 m,相应下游水位 154.0 m;死水位 160.4 m,淤沙高程 160.4 m;淤沙的浮重度 $\gamma_s = 8\ kN/m^3$,内摩擦角 $\varphi = 18°$;

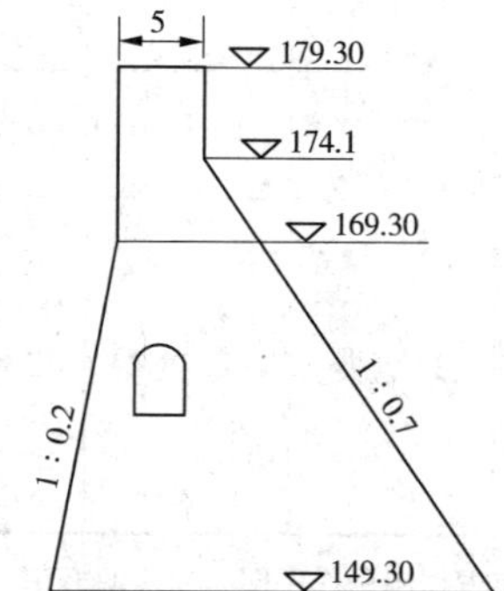

图 2-40　非溢流重力坝剖面　(单位:m)

混凝土重度 γ_c = 24 kN/m³。河床基岩面高程为 149. 3 m，地基为较完整的微风化花岗片麻岩，坝基设帷幕灌浆和排水孔，帷幕及排水孔中心线距上游坝脚分别为 5. 3 m 和 6. 8 m。地震设计烈度为 7 度，50 年一遇风速 22. 5 m/s，水库吹程 D = 3 km。试分析其荷载组合。

2. 某混凝土实体重力坝，为 5 级水工建筑物，位于地震区，地震设计烈度为 7 度。上游坝坡垂直，下游坝坡坡为 1∶0. 8。坝顶高程 20. 00 m，坝顶宽度 5. 0 m，坝基高程为 0. 00 m，典型剖面如图 2-41 所示，坝段长度为 15 m。设计洪水位 15. 00 m，相应下游水位 4. 00 m；正常蓄水位为 12 m，下游无水。混凝土重度 γ_c = 24 kN/m³，水的重度 γ_w = 10 kN/m³。

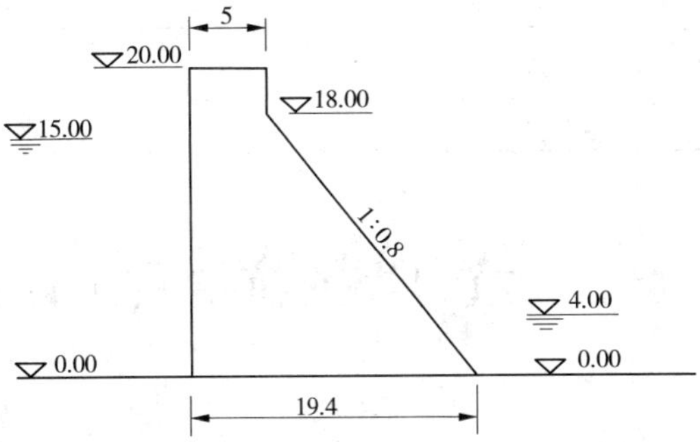

图 2-41　典型剖面　（单位：m）

问题：

(1) 分析中间坝段正常蓄水位情况下荷载组合情况。

(2) 分析边段地震情况下的荷载组合情况（只说明荷载名称）。

(3) 计算该坝段的自重大小和对坝底中心 O 点的力臂。

(4) 计算正常蓄水位情况下上、下游的水压力大小和对坝底中心 O 点的力臂。

(5) 计算作用于坝基面上正常蓄水位情况下的扬压力大小和对坝底中心 O 点的力臂。

(6) 将以上的荷载填入表 2-22。

表 2-22　重力坝正常蓄水位情况下的荷载计算

力的名称		垂直力/kN		水平力/kN		对坝底中心 O 点的力臂/m	力矩/(kN · m)	
		↓	↑	→	←		顺时针	逆时针
自重	自重 1							
	自重 2							
	自重 3							
上游水压力	水平水压力							
	竖直水压力							

续表 2-22

力的名称		垂直力/kN		水平力/kN		对坝底中心 O 点的力臂/m	力矩/(kN · m)	
		↓	↑	→	←		顺时针	逆时针
下游水压力	水平水压力							
	竖直水压力							
扬压力	渗透动水压力							
	浮托力							
合计								

任务七　重力坝的抗滑稳定计算

【学习目标】

1. 掌握重力坝稳定计算的方法。
2. 能正确对坝基面进行稳定分析。
3. 掌握提高坝体抗滑稳定的方法。
4. 树立规范、标准意识，培养工匠精神。

码 2-31　重力坝滑动动画

一、抗滑稳定计算截面的选取

重力坝抗滑稳定计算主要是核算坝基面、坝体折坡处的截面、坝体削弱部位及其他需要计算截面的滑动稳定性。另外，当坝基内有软弱夹层、缓倾角结构面时，也应核算其深层滑动稳定性。

二、重力坝抗滑稳定计算

码 2-32　重力坝抗滑稳定分析

混凝土重力坝抗滑稳定计算应采用以分项系数表达的概率极限状态设计法或单一安全系数法；本书主要讲解以分项系数表达的概率极限状态设计法，单一安全系数法详见《混凝土重力坝设计规范》(NB/T 35026—2022)。

重力坝的抗滑稳定计算应以承载能力极限状态分别按基本组合和偶然组合计算，认为滑动面为胶结面，滑动体为刚体。此时滑动面上的滑动力为效应函数，阻滑力为抗力函数，并认为承载能力达到极限状态时刚体处于极限平衡状态。

(一)极限状态设计基本组合表达式

$$\gamma_0\psi S(\gamma_G G_k, \gamma_Q Q_k, \alpha_k) \leqslant \frac{1}{\gamma_d} R\left(\frac{f_k}{\gamma_m}, \alpha_k\right) \tag{2-33a}$$

或

$$\eta = \frac{1}{\gamma_d} R\left(\frac{f_k}{\gamma_m}, \alpha_k\right) / \gamma_0\psi S(\gamma_G G_k, \gamma_Q Q_k, \alpha_k) \geqslant 1 \tag{2-33b}$$

(二)极限状态设计偶然组合表达式

$$\gamma_0\psi S(\gamma_G G_k, \gamma_Q Q_k, A_k, \alpha_k) \leqslant \frac{1}{\gamma_d} R\left(\frac{f_k}{\gamma_m}, \alpha_k\right) \tag{2-34a}$$

或

$$\eta = \frac{1}{\gamma_d} R\left(\frac{f_k}{\gamma_m}, \alpha_k\right) / \gamma_0\psi S(\gamma_G G_k, \gamma_Q Q_k, A_k, \alpha_k) \geqslant 1 \tag{2-34b}$$

式中 $S(\cdot)$——作用效应函数;

$R(\cdot)$——结构构件抗力函数;

γ_0——结构重要性系数,对应于结构安全系数分别为Ⅰ、Ⅱ、Ⅲ级的结构及构件,可分别取 1.1、1.05、1.0;

ψ——设计状况系数,对于持久设计状况、短暂设计状况、偶然设计状况,可分别取 1.0、0.95、0.85;

γ_G——永久作用分项系数,见表 2-21;

γ_Q——可变作用分项系数,见表 2-21;

G_k——永久作用标准值;

Q_k——可变作用标准值;

α_k——几何参数标准值,可作为定值处理;

f_k——材料性能的标准值;

γ_m——材料性能分项系数,见表 2-23;

γ_d——基本组合结构系数,见表 2-24;

A_k——偶然作用代表值;

η——抗力作用比系数。

(三)接触面抗滑稳定限状态下的作用效应函数和抗力函数计算公式

1. 坝体混凝土与基岩接触面

$$S(\cdot) = \sum P_R \tag{2-35a}$$

$$R(\cdot) = f_R' \sum W_R + c_R' A_R \tag{2-35b}$$

式中 $\sum P_R$——坝基面上全部切向作用之和,kN;

$\sum W_R$——坝基面上全部法向作用之和,kN;

f_R'——坝基面抗剪断摩擦系数设计值;

c_R'——坝基面抗剪断凝聚力设计值,kPa;

A_R——坝基面的面积,m^2。

表 2-23　材料性能分项系数

序号	材料性能			分项系数	说明
1	抗剪断强度	混凝土/基岩	摩擦系数 f'_{Rk} 凝聚力 c'_{Rk}	1.7 2.0	
		混凝土/混凝土	摩擦系数 f'_{Ck} 凝聚力 c'_{Ck}	1.7 2.0	包括常态混凝土和碾压混凝土层面
		基岩/基岩	摩擦系数 f'_{dk} 凝聚力 c'_{dk}	1.7 2.0	
		结构面	摩擦系数 f'_{dk} 凝聚力 c'_{dk}	1.2 4.3	
2	混凝土强度		抗压强度 f_{Ck}	1.5	

表 2-24　结构系数

序号	项目	结构系数	说明
1	抗滑稳定极限状态设计式	1.5	包括建基面、层面、深层滑动面
2	混凝土抗压、抗拉极限状态设计式	1.8	—
3	混凝土温度应力极限状态设计式	1.5	—

2. 坝体混凝土层面

$$S(\cdot) = \sum P_C \tag{2-36a}$$

$$R(\cdot) = f'_C \sum W_C + c'_C A_C \tag{2-36b}$$

式中　$\sum P_C$——计算层面上全部切向作用力之和,kN;

$\sum W_C$——计算层面上全部法向作用力之和,kN;

f'_C——混凝土层面抗剪断摩擦系数设计值;

c'_C——混凝土层面抗剪断凝聚力设计值;

A_C——计算层面截面积,m^2。

(四)深层抗滑稳定计算

当坝基岩体内存在软弱结构面、缓倾角裂隙及坝下游经冲刷形成临空面等情形时,应核算深层抗滑稳定,具体计算公式见《混凝土重力坝设计规范》(NB/T 35026—2022)。

(五)抗剪断参数的选取

f'_R、f'_C,c'_R、c'_C 的值,直接关系到工程的安全性和经济性,必须合理地选用,具体选用规定见《混凝土重力坝设计规范》(NB/T 35026—2022)。

三、提高坝体抗滑稳定的工程措施

除增加坝体自重外,提高坝体抗滑稳定的工程措施主要有以下几种。

(一)利用水重

当坝底面与基岩间的抗剪强度参数较小时,常将上游坝面做成倾向上游的斜面,利用坝面上的水重来提高坝体的抗滑稳定性。但应注意,上游坝面的坡度不宜过缓;否则,在上游坝面容易产生拉应力,对坝体强度不利。

(二)采用有利的开挖轮廓线

开挖坝基时,最好利用岩面的自然坡度,使坝基面倾向上游,见图 2-42(a)。有时,有意将坝踵高程降低,使坝基面倾向上游[见图 2-42(b)],但这种做法将加大上游水压力,增加开挖量和混凝土浇筑量,故很少采用。当坝基比较坚固时,可以开挖成锯齿状,形成局部的倾向上游的斜面,见图 2-42(c),这种方法已广泛采用。

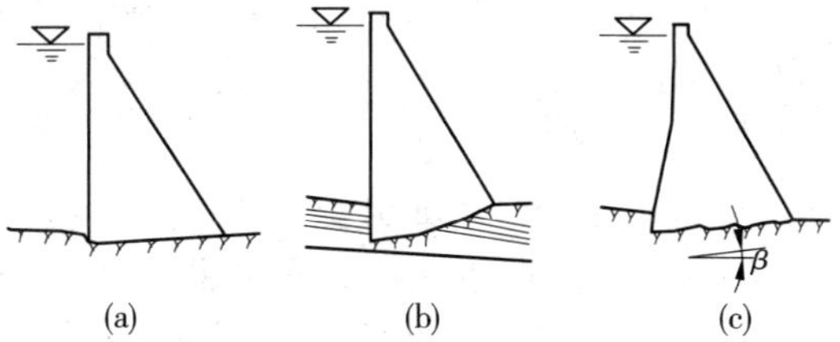

图 2-42　坝基开挖轮廓

(三)设置齿墙

如图 2-43(a)所示,当基岩内有倾向下游的软弱面时,可在坝踵部位设齿墙,切断较浅的软弱面,迫使可能的滑动面由 abc 成为 $a'b'c'$,这样既增大了滑动体的重量,同时也增大了抗滑体的抗力。如在坝趾部位设置齿墙,将坝趾放在较好的岩层上[见图 2-43(b)],则可更多地发挥抗力体的作用,在一定程度上改善了坝踵应力,同时由于坝趾的压应力较大,设在坝趾下齿墙的抗剪能力也会相应增加。

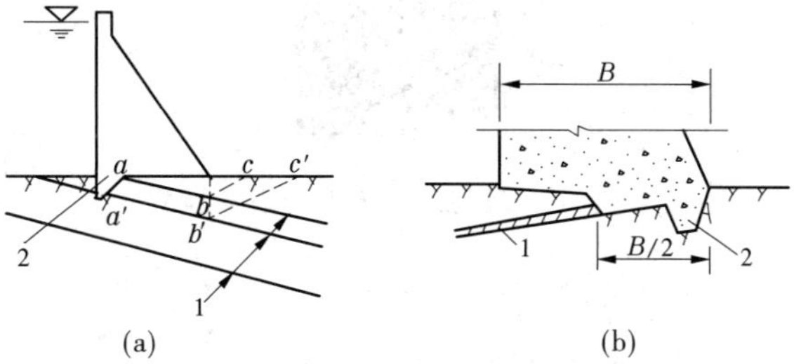

1—泥化夹层;2—齿墙。

图 2-43　齿墙设置

(四)抽水措施

当下游水位较高,坝体承受的浮托力较大时,可考虑在坝基面上设置排水系统,定时抽水以减少坝底浮托力,见图 2-44。

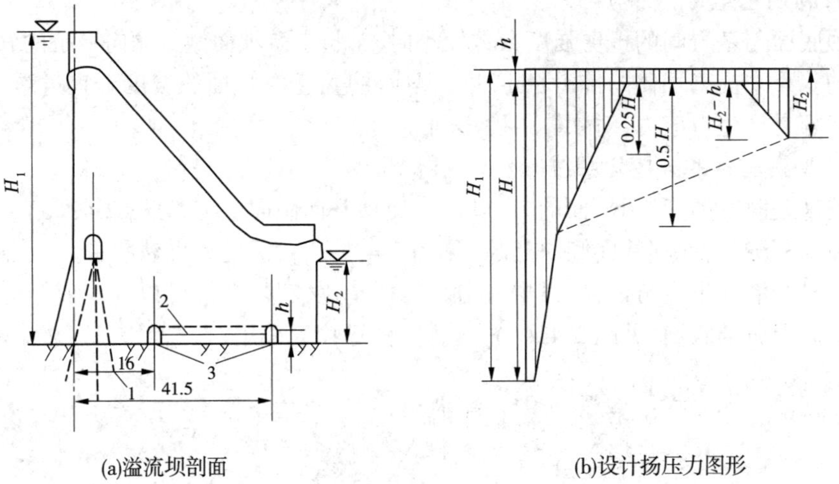

1—主排水孔;2—横向排水廊道;3—纵向排水廊道。

图 2-44　有抽水设施的坝底扬压力分布图　(单位:m)

(五)加固地基

加固地基的措施有帷幕灌浆、固结灌浆,以及断层、软弱夹层的处理等。

(六)防渗排水

在坝基内布置防渗帷幕、排水幕,保证排水畅通,降低扬压力,有利于稳定。

四、知识点测试

登录智慧职教 MOOC 学院进行资源学习,并完成本任务知识点测试;或扫描二维码完成本任务知识点测试。

码 2-33　项目二任务七知识点测试

五、技能训练

1. 根据任务六重力坝的荷载计算与荷载组合技能训练 1 的计算成果,用承载能力极限状态法核算基本组合(防洪高水位情况)时坝体沿坝基面的抗滑稳定性能。

2. 根据任务六重力坝的荷载计算与荷载组合技能训练 2 的计算成果,用安全系数法验算坝体沿坝基面滑动的可能性。

任务八　重力坝的应力计算

【学习目标】

1. 了解重力坝应力计算的目的。
2. 掌握应力分析的方法。
3. 能对坝基面进行应力分析。
4. 树立规范、标准意识，培养工匠精神。

重力坝应力分析的目的是检验大坝在施工期和运用期是否满足强度要求，同时也为混凝土强度等级分区和某些部位的配筋提供依据；验算坝体断面是否合理；为设计坝内廊道、管道、孔口、坝体分缝等提供周边应力数据。

一、应力分析方法

码 2-34　重力坝的应力分析

重力坝的应力分析应分别按承载能力极限状态及正常使用极限状态进行计算。承载能力极限状态，对坝体结构及坝基岩体进行强度计算；正常使用极限状态，按材料力学进行坝体上、下游面混凝土拉应力计算。

材料力学法计算坝体应力，首先在坝的横剖面上截取若干个控制性水平截面进行应力计算。一般情况应在坝基面、折坡处、坝体削弱部位（如廊道、泄水管道、坝内有孔洞的部位），以及认为需要计算坝体应力的部位截取计算截面。

对于实体重力坝，常在坝体最高处沿坝轴线取单位坝长（1 m）作为计算对象，选定荷载组合，确定计算截面，进行应力计算。

用材料力学法计算对坝体的基本假定：

（1）假定坝体混凝土为均质、连续、各向同性的弹性材料。

（2）视坝段为固接于坝基上的悬臂梁，不考虑地基变形对坝体应力的影响，并认为各坝段独立工作，横缝不传力。

（3）假定坝体水平截面上的正应力 σ_y 按直线分布，不考虑廊道等对坝体应力的影响。

计算图形及应力与荷载的方向见图 2-45。

二、重力坝应力控制

用材料力学法计算应力时，其应力值应满足《混凝土重力坝设计规范》（NB/T 35026—2022）规定的强度指标。一般情况下，坝体的最大和最小应力都出现在上下游坝面，所以应首先校核坝体边缘应力是否满足强度要求。

混凝土重力坝应按承载能力极限状态验算坝趾和坝体选定截面下游端点的抗压强度，按正常使用极限状态验算满库时的坝体上游面拉应力和空库时的下游面拉应力。

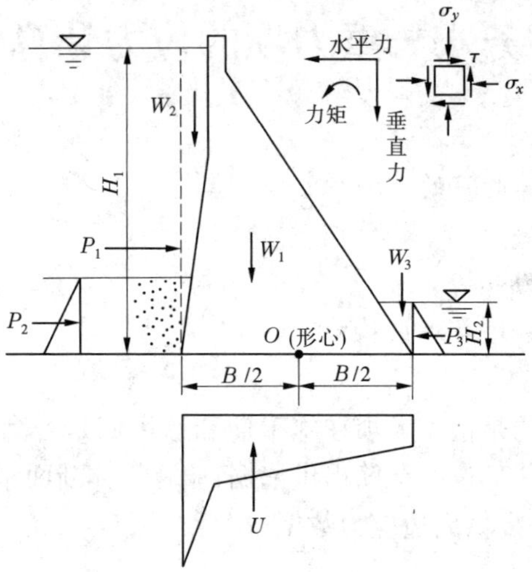

图 2-45　坝体应力计算图

三、重力坝应力计算

(一)承载能力极限状态设计

1. 承载能力极限状态设计

基本组合表达式见式(2-33a),偶然组合表达式见式(2-34a)。

2. 坝趾抗压强度作用效应和抗力表达式

$$S(\cdot)=\frac{\sum W_{\mathrm{R}}}{A_{\mathrm{R}}}-\frac{\sum M_{\mathrm{R}}T_{\mathrm{R}}}{J_{\mathrm{R}}} \tag{2-37}$$

$$R(\cdot)=f_{\mathrm{C}}/\gamma_{\mathrm{m}} \quad 或 \quad R(\cdot)=f_{\mathrm{R}}/\gamma_{\mathrm{m}} \tag{2-38}$$

式中　$\sum W_{\mathrm{R}}$——坝基面上全部法向作用之和,kN,向下为正;

$\sum M_{\mathrm{R}}$——全部法向作用对坝基面形心的力矩之和,kN · m,逆时针方向为正;

A_{R}——坝基底面面积,m^2;

T_{R}——坝基面形心轴到下游面的距离,m;

J_{R}——坝基面对形心轴的惯性矩,m^4;

f_{C}——坝基面混凝土允许抗压强度,MPa;

f_{R}——基岩允许承载力,MPa;

γ_{m}——材料性能分项系数。

3. 坝体抗压强度作用效应和抗力表达式

坝体抗压强度作用效应为最大主压应力,抗力为混凝土允许抗压强度。最大主应力计算详见《混凝土重力坝设计规范》(NB/T 35026—2022)附录 F。

(二)正常使用极限状态设计

正常使用极限状态表达式为

$$\gamma_0 S(G_{\mathrm{k}},Q_{\mathrm{k}},f_{\mathrm{k}},\alpha_{\mathrm{k}})\leqslant C \tag{2-39}$$

(1)运用期不考虑地震时,坝踵及坝体上游面作用效应为垂直正应力,抗力为0。

$$S(\cdot)=\frac{\sum W_R}{A_R}\pm\frac{\sum M_R T_R}{J_R} \quad 或 \quad S(\cdot)=\frac{\sum W_C}{A_C}\pm\frac{\sum M_C T_C}{J_C} \tag{2-40a}$$

$$R(\cdot)=0 \tag{2-40b}$$

(2)施工期,坝趾处作用效应为垂直正应力,抗力为不大于0.1 MPa的拉应力。

$$S(\cdot)=\frac{\sum W_R}{A_R}-\frac{\sum M_R T_R}{J_R} \tag{2-41a}$$

$$R(\cdot)=-0.1\ \text{MPa} \tag{2-41b}$$

式中 $\sum W_R$、$\sum W_C$——坝基面、坝体截面以上法向作用之和(方向以向下为正);

$\sum M_R$、$\sum M_C$——坝基面、坝体截面上全部作用对截面形心力矩之和(以逆时针为正);

A_R、A_C,J_R、J_C,T_R、T_C——坝基面和坝体截面的面积,惯性矩,截面形心轴至上游边缘的矩离。

(3)施工期,下游坝面处作用效应为主拉应力,抗力为不大于0.2 MPa的主拉应力。主拉应力的计算见《混凝土重力坝设计规范》(NB/T 35026—2022)附录F。

核算坝体上游面的垂直应力应采用长期组合进行计算。正常使用极限状态计算中,作用效应函数中的作用均用作用的标准值或代表值。

四、案例分析

某高山峡谷地区规划的水利枢纽,拟定坝型为混凝土重力坝,其任务以防洪为主,兼顾灌溉、发电,为3级建筑物,试根据提供的资料设计非溢流坝剖面。具体设计过程扫描以下二维码进行学习。

码2-35 案例分析

五、知识点测试

登录智慧职教MOOC学院进行资源学习,并完成本任务知识点测试;或扫描二维码完成本任务知识点测试。

码2-36 项目二任务八知识点测试

任务九　重力坝地基处理

【学习目标】

1. 掌握重力坝对地基的要求。
2. 掌握岩石地基加固和防渗处理的方法。
3. 能正确分析岩石地基存在的问题,正确选用处理方法。
4. 领悟隐蔽工程对建筑物安全的影响,培养规范严谨的学习态度。

【思政素材】

码 2-37　龙潭沟大坝

一、重力坝对地基的要求

码 2-38　岩石地基处理

坝区天然基岩,不同程度地存在风化、节理、裂隙,甚至断层、破碎带和软弱夹层等缺陷,对这些不利的地质条件必须采取适当的处理措施。处理后的地基应满足下列要求:

(1)应具有足够的强度,以承受坝体的压力。

(2)应具有良好的整体性和均匀性,以满足坝基抗滑稳定的要求和减少不均匀沉降。

(3)应具有足够的抗渗性,以满足渗透稳定要求,控制渗流量,降低渗透压力。

(4)应具有足够的耐久性,以防止地基在各种因素的长期作用下发生恶化。

统计资料表明,重力坝的失事有 40%是因为地基问题造成的。地基处理对重力坝的经济、安全至关重要,要与工程的规模和坝体的高度相适应。

二、坝基的开挖与清理

坝基开挖与清理的最终目的是将坝体坐落在坚固、稳定的地基上。高坝可建在新鲜、微风化或弱风化下部基岩上;中坝可建在弱风化中部基岩上;低坝可建在弱风化中部-上部基岩上。同一工程中的两岸地形较高部位对岩基要求可适当放宽。

重力坝建基面的开挖形状应根据地形地质条件及上部结构要求确定,建基面上、下游高差不宜过大,并宜略向上游倾斜。若基础面高差过大或向下游倾斜,应开挖成带钝角的大台阶状,台阶的高差应与混凝土浇筑块的尺寸和分缝的位置相协调,并和坝趾处的坝体混凝土厚度相适应。对地形高差悬殊部位的坝体应调整坝段的分缝或做必要的处理。

两岸岸坡坝段建基面的形状,在平行坝轴线方向宜开挖成有一定宽度的台阶状,或采取其他结构措施，确保坝体侧向稳定。

坝基中存在的局部工程地质缺陷，如表层夹泥裂隙、风化囊、断层破碎带、节理密集带、岩溶充填物及浅埋的软弱夹层等均应结合坝基开挖予以挖除，或局部挖除后再进行处理。

三、坝基的加固处理

坝基加固的目的如下：①提高基岩的整体性和弹性模量。②减少基岩受力后的不均匀变形。③提高基岩的抗压强度、抗剪强度。④降低坝基的渗透性。

（一）坝基的固结灌浆

当基岩在较大范围内节理裂隙发育或较破碎而挖除不经济时，可对坝基进行低压浅层灌水泥浆加固，这种灌浆称为固结灌浆，固结灌浆可提高基岩的整体性和强度，降低地基的透水性。工程试验表明，节理裂隙较发育的基岩固结灌浆后，弹性模量可提高 2 倍以上。一般在坝体浇筑 5 m 左右时，采用较高强度等级的膨胀水泥浆进行固结灌浆。

固结灌浆的范围主要根据坝基的地质条件、岩石破碎程度及坝基受力情况而定。当基岩较好时，可仅在坝基上、下游应力较大的区域进行，坝基岩石普遍较差而坝又较高的情况下，则多进行坝基全面积固结灌浆。有的工程甚至在坝基以外一定范围内，也进行固结灌浆。固结灌浆孔的布置，采用梅花形的排列，孔距、排距随岩石破碎情况而定，一般为 3~4 m，孔深一般为 5~8 m，见图 2-46。局部地区及坝基应力较大的高坝基础，必要时可适当加深，帷幕上游区宜配合帷幕深度确定，一般采用 8~15 m。灌浆时，先用稀浆，而后逐步加大浆液的稠度，灌浆压力一般为 0.2~0.4 MPa，在有混凝土盖重时为 0.4~0.7 MPa，以不掀动岩石为限。

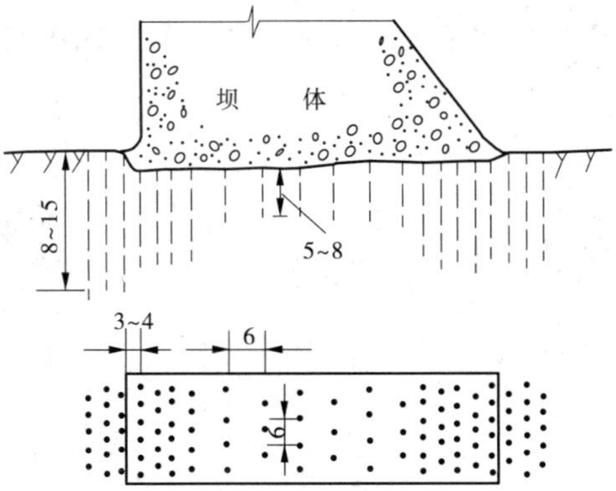

图 2-46 坝基固结灌浆孔的布置 （单位：m）

（二）坝基断层破碎带的处理

断层破碎带的强度低，压缩变形大，易产生不均匀沉降导致坝体开裂，若与水库连通，使渗透压力加大，将危及大坝安全。

1. 垂直河流方向的陡倾角断层破碎带

这种情况对漏水影响不大，要改善其力学特性。采用开挖回填混凝土的措施，如做成混凝土塞或混凝土拱进行加固，如图 2-47(a)所示。当软弱带的宽度小于 2~3 m 时，混凝土塞的高度(开挖深度)一般可采用软弱带宽度的 1~1.5 倍,且不小于 1 m,或根据计算确定。塞的两侧可挖成 1∶1~1∶0.5 斜坡,以便将坝体的压力经混凝土塞(或拱)传到两侧完整的基岩上。

2. 顺河流方向的陡倾角断层破碎带

这种情况,首先沿整个坝基设置水平混凝土塞改善应力性能;其次在破碎带与防渗帷幕线交点处,设置近似垂直而较深的混凝土塞;最后在塞下接较深的防渗帷幕,如图 2-47(b)所示。

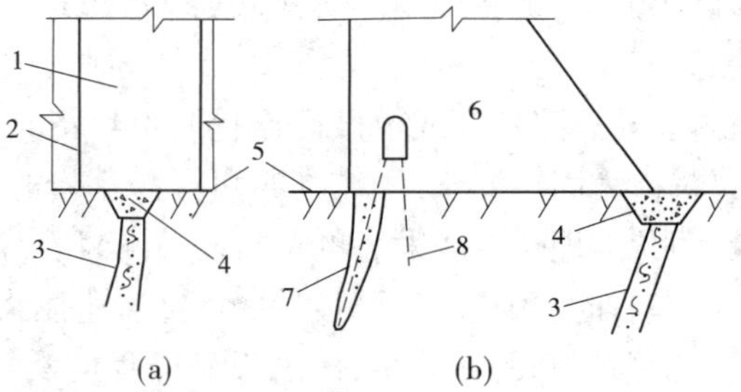

1—坝段;2—伸缩缝;3—断层破碎带;4—混凝土塞;5—岩基面;
6—坝体;7—灌浆帷幕;8—排水孔幕。

图 2-47　陡倾角断层破碎带处理

3. 缓倾角断层破碎带

这种情况同时存在强度、防渗和滑动问题,除加厚表层混凝土塞外,还应考虑其下面埋深部分对沉降和稳定的影响。必要时可以采用开挖若干个斜井和平洞,斜井和平洞应大于破碎带宽度,回填混凝土,形成由混凝土斜塞和水平塞组成的刚性骨架,封闭该范围内的破碎物,以阻止其产生挤压变形和减少地下渗流的破坏作用,如图 2-48 所示。

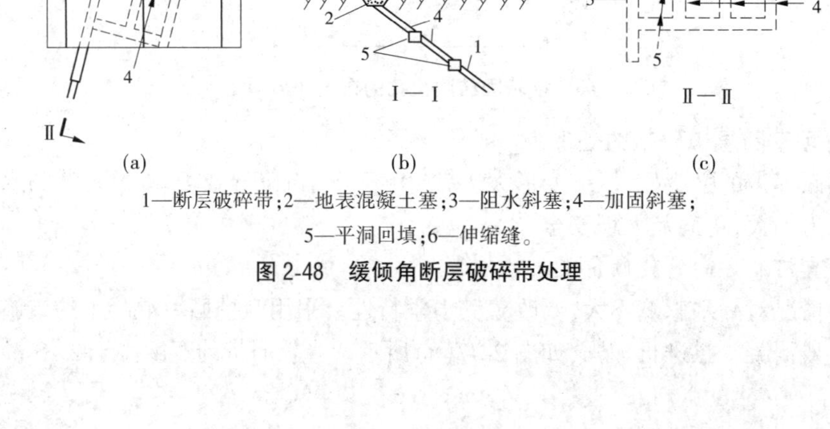

1—断层破碎带;2—地表混凝土塞;3—阻水斜塞;4—加固斜塞;
5—平洞回填;6—伸缩缝。

图 2-48　缓倾角断层破碎带处理

(三)软弱夹层的处理

岩石层间软弱夹层厚度较小,遇水容易发生软化或泥化,致使抗剪强度降低,不利于坝体的抗滑稳定,特别是倾角小于30°的连续软弱夹层,更为不利。

对浅埋的软弱夹层,多用明挖换基法将夹层挖除,回填与坝基强度等级相近的混凝土。对埋藏较深的软弱夹层,应根据夹层的埋深、产状、厚度,充填物的性质,结合工程情况分别采用混凝土塞、混凝土深齿墙、预应力锚索、混凝土抗滑桩等措施加固。

(1)设置混凝土塞。对埋藏较深、较厚、倾角平缓的软弱夹层,在层间打洞设置混凝土塞,起混凝土键的作用,见图2-49(a)。

(2)设置混凝土齿墙。对埋深较浅的软弱夹层,在坝趾和坝踵处设置混凝土齿墙,切断软弱夹层直达完整基岩,见图2-49(b)。

(3)预应力锚索加固。对于软弱夹层层数较多,位置较深,走向平行,夹层较薄的坝基,在岩基内采用预应力锚索加固,以加大岩体抗滑力,见图2-49(c)。

(4)设置混凝土抗滑桩。在坝趾下游侧岩体内设置钢筋混凝土抗滑桩,穿过软弱夹层固定在完整的岩基上,抗滑作用比较明显。

实践证明,在同一工程中,根据具体情况,常采用多种不同的处理方法。

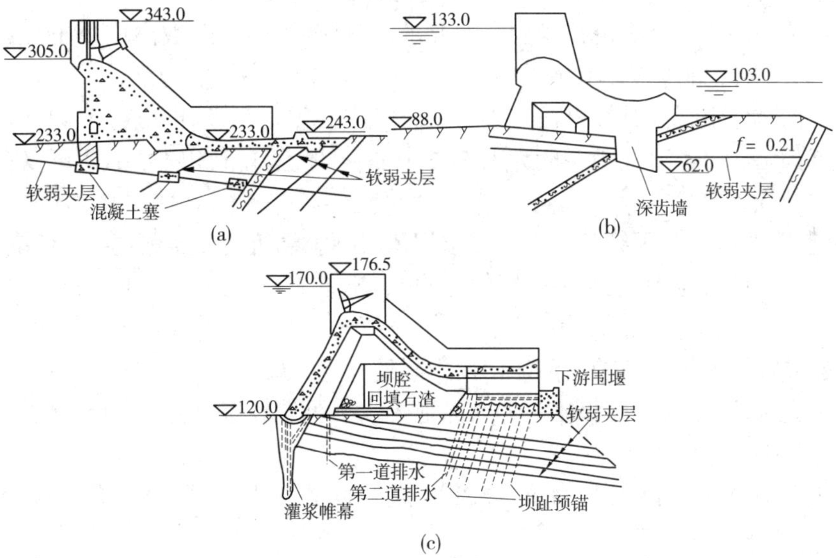

图2-49 软弱夹层的处理 (高程:m)

四、坝基的防渗与排水

(一)帷幕灌浆

帷幕灌浆是最好的防渗方法,可降低渗透水压力,减少渗流量,防止坝基产生机械或化学管涌。常用的灌浆材料有水泥浆和化学浆,应优先采用膨胀水泥浆。化学浆可灌性好,抗渗性好,但价格昂贵。

码2-39 帷幕灌浆

防渗帷幕布置在靠近上游坝面的坝轴线附近,自河床向两岸延伸,见图2-50。

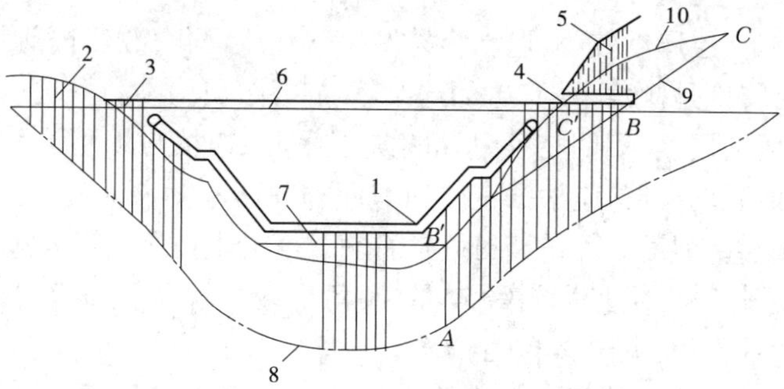

1—灌浆廊道;2—山坡钻进;3—坝顶钻进;4—灌浆平洞;5—排水孔;6—正常蓄水位;
7—原河水位;8—防渗帷幕底线;9—原地下水位线;10—蓄水后地下水位线。

图 2-50　防渗帷幕沿坝轴线的布置

防渗帷幕的深度应根据作用水头、工程地质、地下水文特性确定:坝基内透水层厚度不大时,帷幕可穿过透水层,深入相对隔水层 3~5 m。相对隔水层较深时,帷幕深度常为坝高的 0.3~0.7 倍,形成河床部位深、两岸浅的帷幕布置形式。

防渗帷幕的厚度应当满足抗渗稳定的要求,即帷幕内的渗透坡降应小于容许的渗透坡降[J]。防渗帷幕厚度应以浆液扩散半径组成区域的最小厚度为准,厚度与排数有关,中高坝可设两排以上,低坝设一排,多排灌浆时一排必须达到设计深度,两侧其余各排可取设计深度的 1/2~1/3。孔距一般为 1.5~3.0 m,排距宜比孔距略小。还可以在上游坝踵处加一排补强。

帷幕灌浆,应在坝基固结灌浆后并要求坝体混凝土浇筑到一定的高度(有盖重)后施工。灌浆压力在孔底应大于 2~3 倍坝前静水头,帷幕表层段应大于 1~1.5 倍坝前静水头,但应以不破坏岩体为原则。

防渗帷幕伸入两岸的范围由河床向两岸延伸一定距离,与两岸不透水层衔接起来,当两岸相对不透水层较深时,可将帷幕伸入原地下水位线与最高库水位交点。

(二)坝基排水

降低坝基底面的扬压力,可在防渗帷幕后设置主排水孔幕和辅助排水孔幕,见图 2-51。

主排水孔幕在防渗帷幕下游一侧,在坝基面处与防渗帷幕的距离应大于 2 m,见图 2-52。主排水孔幕一般向下游倾斜,与帷幕呈 10°~15°夹角。主排水孔孔距为 2~3 m,孔径为 150~200 mm,孔径过小容易堵塞,孔深可取防渗帷幕深度的 0.4~0.6 倍,高中坝的排水孔深不宜小于 10 m。

主排水孔幕在帷幕灌浆后施工。排水孔穿过坝体部分要预埋钢管,穿过坝基部分待帷幕灌浆后才能钻孔。渗水通过排水沟汇入集水井,自流或抽排向下游。

辅助排水孔幕高坝一般可设 2~3 排,中坝可设 1~2 排,布置在纵向排水廊道内,孔距 3~5 m,孔深 6~12 m。有时还在横向排水廊道或在宽缝内设排水孔。纵横交错、相互连通就构成了坝基排水系统,如图 2-52 所示。如下游水位较深,历时较长,要在靠近坝趾处

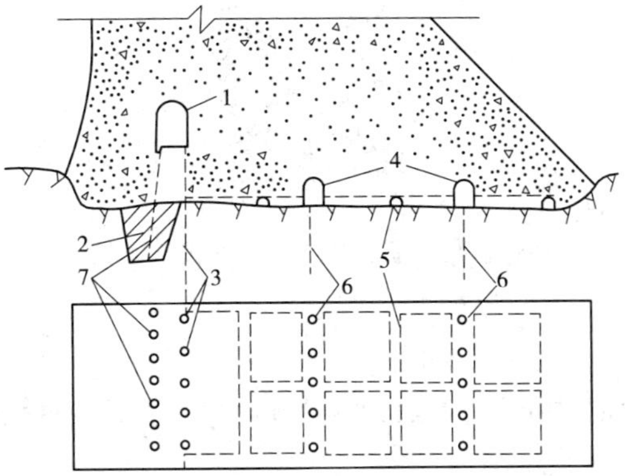

1—灌浆排水廊道;2—灌浆帷幕;3—主排水孔幕;4—纵向排水廊道;
5—半圆管;6—辅助排水孔幕;7—灌浆孔。

图 2-51　坝基排水系统

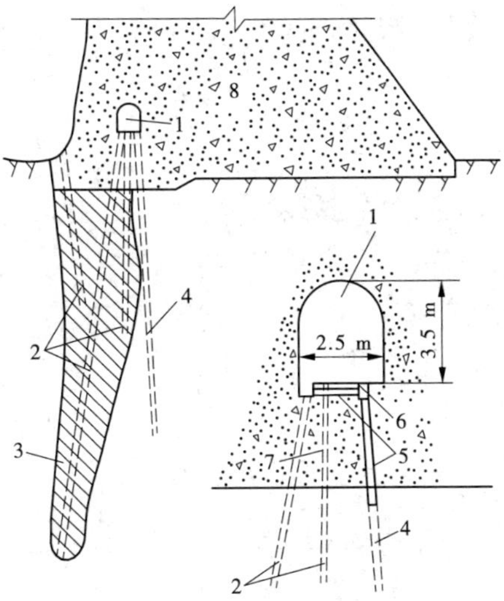

1—坝基灌浆排水廊道;2—灌浆孔;3—灌浆帷幕;4—排水孔幕;
5—排水钢管;6—三通;7—预埋钢管;8—坝体。

图 2-52　防渗帷幕和排水幕布置

增设一道防渗帷幕,坝基排水系统要靠抽排。

五、知识点测试

登录智慧职教 MOOC 学院进行资源学习,并完成本任务知识点测试;或扫描二维码完成本任务知识点测试。

码 2-40　项目二任务九知识点测试

六、技能训练

结合智慧职教 MOOC 中龙潭沟水库的视频材料，分析该重力坝坝基的地质情况，以及采取的处理措施。

项目三

土石坝

任务一　认识土石坝

【学习目标】

1. 掌握土石坝的工作特点。
2. 掌握碾压式土石坝的类型、组成和适用情况。
3. 能正确分析土石坝的发展趋势和土石坝存在的问题。
4. 树立水利遗产保护意识，传承水利文化。

【思政素材】

码 3-1　戴村坝

码 3-2　土石坝溃坝

码 3-3　世界第一大坝罗贡坝

土石坝是指由当地土料、石料或混合料，经过抛填、碾压等方法堆筑成的挡水坝。当坝体材料以土和砂砾为主时，称土坝；以石渣、卵石、爆破石料为主时，称堆石坝；当两类材料均占相当比例时，称土石混合坝。由于筑坝材料主要来自坝区，故又称当地材料坝。

土石坝历史悠久，在世界各地得到广泛应用和发展，其主要原因如下：

码 3-4　土石坝

(1)可以就地取材，节约大量水泥、木材和钢材，几乎任何土石料均可筑坝。

(2)能适应各种不同的地形、地质和气候条件。

(3)大功率、多功能、高效率施工机械的发展，提高了土石坝的施工质量，加快了进度，降低了造价，促进了高土石坝建设的发展。

(4)岩土力学理论、试验手段和计算技术的发展，提高了大坝分析计算的水平，加快了设计进度，进一步保障了大坝设计的安全可靠性。

(5)高边坡、地下工程结构、高速水流消能防冲等设计和施工技术的综合发展，对加速土石坝的建设和推广也起了重要的促进作用。

一、土石坝的特点和设计要求

码 3-5　土石坝的特点和类型

土石坝坝体主要由散粒体的土料、砂砾、石渣、石料等构成，坝体是散粒体结构。因此，土石坝与其他坝型相比，在稳定、渗流、冲刷、沉陷等方面具有不同的特点和设计要求。

(一)稳定方面

土石坝的基本剖面为梯形或者复式梯形。由于填筑坝体的土石料为松散体，抗剪强度低,上、下游坝坡平缓,坝体体积和重量都大,因此土石坝不会产生水平整体滑动。土石坝失稳的形式,主要是坝坡的滑动或坝坡连同部分坝基一起滑动。

为保证土石坝在各种条件下都能保持稳定,应合理设计坝坡和防渗排水设备。

(二)渗流方面

土石坝挡水后,在坝体内形成由上游向下游的渗流,渗流不仅使水库损失水量,还易引起管涌、流土等渗透变形。坝体内渗流的水面线叫作浸润线,如图 3-1 所示。浸润线以下的土料承受着渗透动水压力,并使土的内摩擦角和凝聚力减小,对坝坡稳定不利。

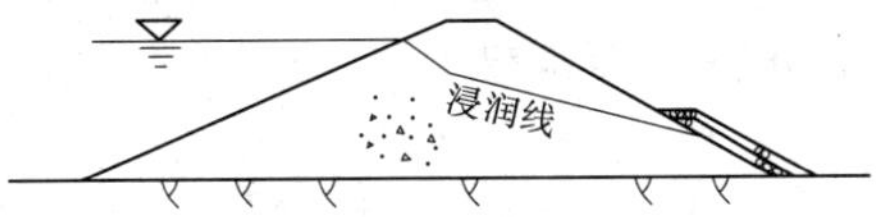

图 3-1　浸润线

坝体与坝基、两岸及其他非土质建筑物的结合面,易产生集中渗流,因此设计土石坝时必须采取防渗措施以减少渗漏,保证坝体的渗透稳定性,并做好各种结合面的处理,避免产生集中渗流,保证工程安全。

(三)冲刷方面

土石坝为散粒体结构,抗冲能力很低。坝体上、下游的波浪在水位变化范围内冲刷坝坡;波浪有可能沿坝坡爬升冲刷坝顶;雨水会造成坝顶和坝坡的冲刷;季节气温变化,也可能使坝坡受到冻结膨胀和干裂的影响。为防止上述不利影响,应采取以下相应的工程措施:

(1)在土石坝上、下游坝坡设置护坡,坝顶及下游坝面布置排水措施,以免风浪、雨水及气温变化带来的有害影响。

(2)坝顶在最高库水位以上留一定的超高或设置防浪墙,以防止洪水漫过坝顶造成事故。

(3)布置泄水建筑物时,进、出口离坝坡有一定距离,以免泄水时对坝坡产生淘刷。

(四)沉陷方面

由于土石料存在较大的孔隙,且易产生相对移动,因此在自重及水压力作用下,会有较大沉陷。沉陷使坝的高度不足,不均匀沉陷还将导致土石坝裂缝,横缝对坝体极为不利。为防止竣工时坝顶低于设计高程和产生裂缝,施工时应严格控制碾压标准并预留沉陷量,可按坝高的 1%~2%预留沉陷值。

二、土石坝的分类

土石坝常按坝高、施工方法、筑坝材料及防渗体位置进行分类。

(一)按坝高分类

土石坝按坝高可分为低坝、中坝和高坝。高度在 30 m 以下的为低坝,高度在 30~70 m 的为中坝,高度超过 70 m 的为高坝。土石坝的坝高应从坝体防渗体(不含混凝土防渗墙、灌浆帷幕、截水墙等坝基防渗设施)底部或坝轴线部位的建基面算至坝顶(不含防浪墙),取其大者。

（二）按施工方法分类

土石坝按施工方法可分为碾压土石坝、水力冲填坝、定向爆破堆石坝三种。

1. 碾压土石坝

碾压土石坝是将土石料按设计要求分层填筑碾压而成。根据土料的分布情况又可分为均质土坝、土质防渗体土石坝、人工材料防渗体土石坝。

2. 水力冲填坝

水力冲填坝是以水力为动力完成土料的开采、运输和填筑全部工序而建成的坝。其施工方法是用机械抽水到高出坝顶的土场，以水冲击土料形成泥浆，然后通过泥浆泵将泥浆送到坝址，再经过沉淀和排水固结而筑成坝体。这种坝因填筑质量难以保证，目前在国内外很少采用。

3. 定向爆破堆石坝

定向爆破堆石坝是按预定要求埋设炸药，使爆出的大部分土石料抛向预定的地点而形成的坝。这种坝填筑防渗部分比较困难，除苏联外，其他国家极少采用。我国已建有40多座，最高的为陕西省石砭峪水库大坝，坝高82.5 m。

（三）按筑坝材料和防渗体位置分类

1. 土坝

土坝是指坝体的绝大部分都由土料筑成的坝。根据土料的分布情况又可分为以下几种：

（1）均质坝。坝体基本上是由均一的壤土筑成的，整个坝体用以防渗并保持自身的稳定，见图3-2（a）。由于黏性土抗剪强度较低，因此多用于低坝。

（2）黏土心墙坝和黏土斜墙坝。用透水性较大的土料做坝的主体，用透水性极小的黏土做防渗体的坝。防渗体设在坝体中央的或稍向上游的称为黏土心墙坝［见图3-2（b）］或黏土斜心墙坝［见图3-2（c）］，防渗体设在上游面的称为黏土斜墙坝［见图3-2（d）］。

码 3-6　斜墙堆石坝

（3）人工材料心墙和斜墙坝。防渗体由沥青混凝土、钢筋混凝土或其他人工材料建成的坝。按其位置也可分为心墙或斜墙两种。图3-2（e）为钢筋混凝土（或称刚性）心墙坝的示意图。

（4）多种土质坝。坝的主体（不包括防渗体、排水体和护坡等）由几种不同的土料建成。

2. 土石混合坝

上述多种土质坝中，粗粒土改用砂砾石料筑成的坝，或用土石混合在一起的材料筑成的坝，称为土石混合坝。根据防渗体的位置和材料的不同，也可分为心墙的、斜墙的和人工材料防渗的，见图3-2（f）～（j）。

码 3-7　心墙堆石坝

3. 堆石坝

除防渗体外，坝体的绝大部分或全部由石料堆筑起来的称为堆石坝，见图3-2（k）。按防渗体的布置，同样也有斜墙坝、心墙坝［见图3-2（l）］两种。

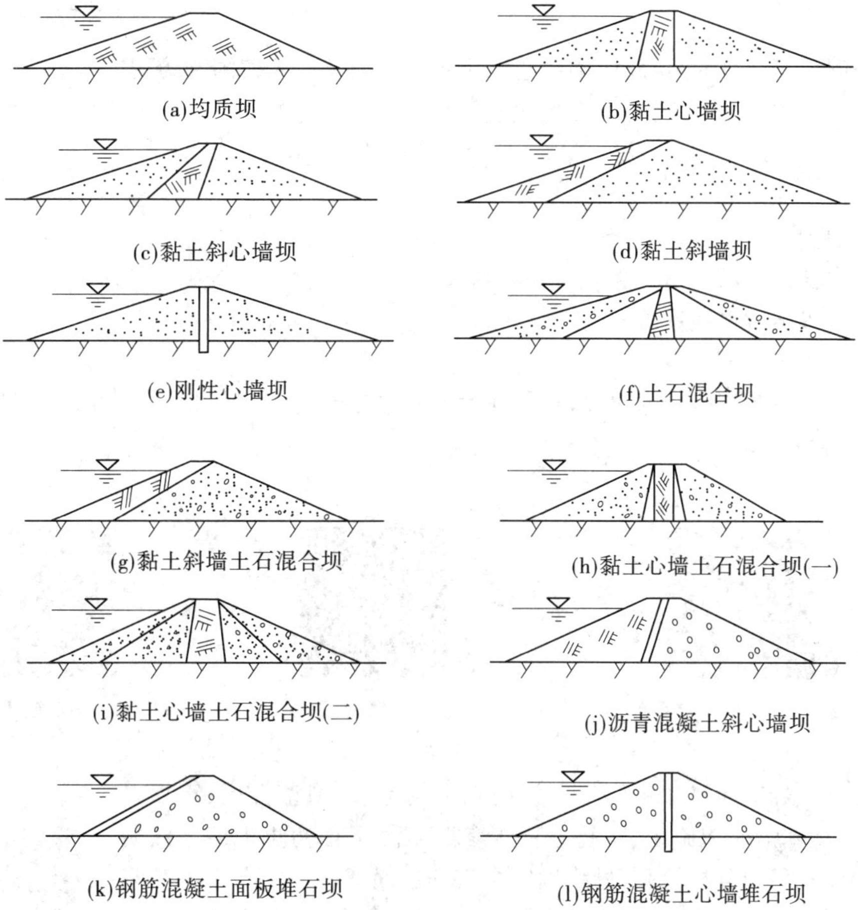

图 3-2　土石坝类型示意

在以上这些坝型中,用得最多的是斜墙或斜心墙土石坝,特别是斜心墙的土石混合坝,在改善坝身应力状态和避免裂缝方面具有良好的效能,高土石坝中应用得更多。

三、知识点测试

登录智慧职教 MOOC 学院进行资源学习,并完成本任务知识点测试;或扫描二维码完成本任务知识点测试。

码 3-8　项目三任务一知识点测试

四、技能训练

查阅资料,整理分析新中国成立后土石坝建设及除险加固的历程。

任务二 土石坝剖面设计

【学习目标】

1. 掌握土石坝剖面布置的内容和方法。
2. 掌握土石坝坝坡的确定。
3. 能正确确定土石坝剖面。
4. 树立规范做事的意识,培养严谨细致的学习态度。

【思政素材】

码 3-9 日照水库漫游

码 3-10 戴村坝(二)

码 3-11 小浪底土石坝动画

土石坝的剖面尺寸主要根据坝高和坝的等级、坝型,以及筑坝材料特性、坝基情况和施工、运行条件等参照实际工程初步拟定。然后通过渗流和稳定分析检验,最终确定合理的剖面形状。土石坝的基本剖面是梯形,基本尺寸主要包括坝顶高程、坝顶宽度、上下游坡度。

码 3-12 土石坝的剖面确定

一、坝顶高程

坝顶高程根据正常运用和非常运用的静水位加相应的超高 Y(见图 3-3),按下列公式确定:

$$\nabla_{顶} = \nabla_{静水} + Y \tag{3-1}$$

$$Y = R + e + A \tag{3-2}$$

$$e = \frac{Kv^2D}{2gH_m}\cos\beta \tag{3-3}$$

式中 Y——坝顶在静水位以上的超高,m;

R——波浪在坝坡上的最大垂直爬高,m;

e——最大风壅水面高度,即风壅水面超出原库水位高度的最大值,m;

H_m——坝前水域平均水深,m;

K——综合摩阻系数,计算时一般取 3.6×10^{-6};

β——风向与水域中线(或坝轴线的法线)的夹角,(°);

v——计算风速,m/s,正常运用条件下采用年最大风速多年平均值的 1.5 倍,非常

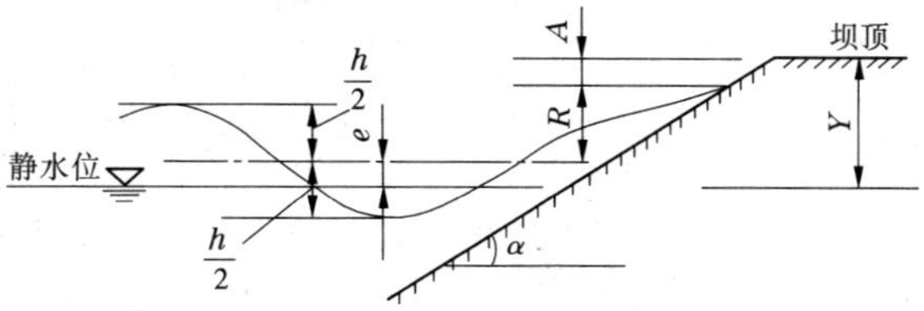

图 3-3　坝顶超高图

运用条件下采用年最大风速的多年平均值；

D——风区长度，m；

A——安全加高，m，根据坝的等级和运用情况，按表 3-1 确定。

式(3-1)～式(3-3)适用于 $v<20$ m/s、$D<20$ km 的情况。

表 3-1　安全加高 A 值　单位：m

运用情况		坝的级别			
		1	2	3	4、5
设计		1.50	1.00	0.70	0.50
校核	山区、丘陵区	0.70	0.50	0.40	0.30
	平原、滨海区	1.00	0.70	0.50	0.30

小型水库工程的波浪爬高 R，可根据《小型水利水电工程碾压式土石坝设计规范》(SL 189—2013)计算，由平均波高 h_m 与坝迎水面前水深的比值 h_m/H，按表 3-2 规定的系数计算。

表 3-2　波浪爬高与平均波浪爬高的比值(R/R_m)

h_m/H	<0.1	0.1～0.3	>0.3
R/R_m	1.84	1.75	1.61

平均爬高 R_m 根据以下情况计算：

(1)当 $m=1.5\sim5.0$ 时，计算公式为

$$R_m = \frac{K_\Delta K_W}{\sqrt{1+m^2}}\sqrt{h_m L_m} \tag{3-4}$$

式中　R_m——平均波浪爬高，m；

m——坡度系数，若坡角为 α，$m=\cot\alpha$；

h_m——平均波高，m；

L_m——平均坡长，m；

K_Δ——坝坡的糙率渗透性系数，按表 3-3 确定；

K_W——经验系数，按表 3-4 确定。

表 3-3　糙率渗透性系数 K_Δ

护面类型	K_Δ	护面类型	K_Δ
光滑不透水护面(沥青混凝土)	1.00	砌石	0.75~0.80
混凝土或混凝土板	0.90	抛填两层块石(不透水基础)	0.60~0.65
草皮	0.85~0.90	抛填两层块石(透水基础)	0.50~0.55

表 3-4　经验系数 K_W

$v_0/\sqrt{gH}$	≤1	1.5	2	2.5	3	3.5	4	≥5
K_W	1.00	1.02	1.08	1.16	1.22	1.25	1.28	1.30

(2)当 $m \leq 1.25$ 时,计算公式为

$$R_m = K_\Delta K_W R_0 h_m \tag{3-5}$$

式中　R_0——无风情况下,平均坡高 $h_m = 1.0$ m 时,光滑不透水护面($K_\Delta = 1.00$)的爬高值,由表 3-5 查得。

表 3-5　R_0 值

m	0	0.5	1.0	1.25
R_0	1.24	1.45	2.20	2.50

(3)当 $1.25 < m < 1.5$ 时,可由 $m = 1.25$ 和 $m = 1.5$ 的计算值按内插法确定。

当来波波向线与坝轴线的法线成 β 夹角时,波浪爬高按正向来波计算,爬高乘折减系数 K_β,见表 3-6。

表 3-6　斜向坡折减系数 K_β

β/(°)	0	10	20	30	40	50	60
K_β	1	0.98	0.96	0.92	0.87	0.82	0.76

坝顶高程应分别按以下三种情况计算,取其最大值:

(1)正常蓄水位或设计洪水位+正常运用情况的坝顶超高;

(2)校核洪水位+非常运用情况的坝顶超高;

(3)正常蓄水位+非常运用情况的坝顶超高+地震安全加高。

坝顶设防浪墙时,超高值 Y 是指静水位与墙顶的高差。

坝顶高程是指坝体沉降稳定后的数值。施工沉降值一般为坝高的 1%。

码 3-13　主坝加固横断面

二、坝顶宽度

坝顶宽度应根据运行、施工、构造、交通和人防等方面的要求综合研究后确定。

当无特殊交通要求时,高坝的坝顶最小宽度可选用10~15 m,中低坝可选用5~10 m。

坝顶宽度必须考虑心墙或斜墙顶部及反滤层布置的需要。在寒冷地区,坝顶还须有足够的厚度以保护黏性土料防渗体免受冻害。

三、坝坡

土石坝的坝坡坡度对坝体稳定及工程量大小起着很重要的作用。影响坝坡大小的因素主要有坝型、坝高、坝体和坝基材料的性质、坝体所承受的荷载,以及坝的施工情况和运用条件等。

一般情况下,上游坝坡经常浸在水中,工作条件不利,所以当上、下游坝坡采用同一种土料时,上游坝坡比下游坝坡缓。心墙坝上、下游坝壳多采用强度较高的非黏性土填筑,所以其坝坡一般比均质坝陡。塑性斜墙坝上游坝坡较缓,下游坝坡则和心墙坝相仿。地基条件好、土料碾压密实的,坝坡可以陡些,反之则应放缓。黏性土料的稳定坝坡为一曲面,上部坡陡,下部坡缓,所以用黏性土料做成的坝坡,常沿高度分成数段,每段10~30 m,从上而下逐渐放缓,相邻坡率差值取0.25或0.5。砂土和堆石的稳定坝坡为一平面,可采用均一坡率。当坝基或坝体土料沿坝轴线分布不一致时,应分段采用不同坡率,在各段之间设过渡区,使坝坡缓慢变化。

在变坡处可根据需要确定是否设置马道,碾压土石坝上、下游坝坡常沿高程每隔10~30 m设置一条马道,其宽度不小于1.5 m,用以拦截雨水,防止冲刷坝面,同时也兼作交通、检修和观测之用,还有利于坝坡稳定。马道一般设在坡度变化处。

土石坝坝坡确定的步骤是:根据经验用类比法初步拟定,再经过核算、修改及技术经济比较后确定。坝坡经验值见表3-7。

表3-7　坝坡经验值

类型			上游坝坡	下游坝坡
土坝坝高/m	<10		1:2.00~1:2.50	1:1.50~1:2.00
	10~20		1:2.25~1:2.75	1:2.00~1:2.50
	20~30		1:2.50~1:3.00	1:2.25~1:2.75
	>30		1:3.00~1:3.50	1:2.50~1:3.00
分区坝	心墙坝	堆石(坝壳)	1:1.70~1:2.70	1:1.50~1:2.50
		土料(坝壳)	1:2.00~1:3.00	1:2.00~1:3.00
	斜墙坝		石质比心墙坝缓0.2;土质缓0.5	取值比心墙坝可适当偏陡

四、案例分析

(一)基本资料

新建塘坝位于山东临沂山区,工程等别为Ⅴ等,主要建筑物级别为5级,次要建筑物级别为5级。塘坝设计洪水标准20年一遇,校核洪水标准100年一遇。塘坝流域中心处多年平均最大 24 h 降雨量 $H_{24}=118$ mm。

大坝采用黏土心墙坝,要求黏土心墙底部嵌入岩基不小于 1.5 m,顶部不设防浪墙。

大坝迎水坡设计坡比为 1∶2.5,背水坡为 1∶2.0。

坝基高程为 80.0 m。

(二)水文水利计算

1.计算方法

根据《山东省小型水库洪水核算办法》,采用经验公式图表查算法推算设计洪水。

2.设计雨期的确定

设计雨期根据对水库流域内暴雨特性及产汇流规律进行分析,该水库入库洪水均不超过 24 h,确定设计雨期为 24 h。

3.设计暴雨量的推算

塘坝流域中心处多年平均最大 24 h 降雨量 $H_{24}=118$ mm,变差系数 $C_v=0.57$,取 $C_s=3.5C_v$,各设计频率的暴雨量 H_{24P} 成果见表 3-8。

表 3-8 塘坝各设计频率暴雨量计算成果

频率/%	K_P	H_{24P}/mm
1	3.06	361.1
5	2.14	252.5

4.设计洪水的推求

(1)流域特征参数 K:

$$K=L/(J^{1/3}\times F^{2/5}) \tag{3-6}$$

式中 K——流域特征参数;

L——干流长度,m,$L=1.0$ km;

J——平均干流比降,m/m,$J=0.13$ m/m;

F——流域面积,km²,$F=0.42$ km²。

经计算,$K=2.79$。

(2)单位面积最大洪峰流量 q_m:根据设计暴雨及流域特征参数 K,查泰沂山南山区 $q_m\sim H\sim K$ 图,得各频率单位面积最大洪峰流量 q_m,成果见表 3-9。

表 3-9 塘坝各设计频率单位面积最大洪峰流量成果

频率/%	1	5
q_m/[m³/(s·km²)]	50.4	36.6

(3)设计最大洪峰流量 Q_m:

$$Q_m=q_m\times F \tag{3-7}$$

式中 Q_m——洪峰流量,m³/s;

q_m——单位面积最大洪峰流量,m³/(s·km²);

F——流域面积,km²,$F=0.42$ km²。

计算的各频率最大洪峰流量 Q_m 成果见表 3-10。

表 3-10　塘坝各设计频率最大洪峰流量成果

频率/%	1	5
$Q_m/(m^3/s)$	21.2	15.4

(4)洪水总量 W:

$$W = 0.1 \times R \times F \tag{3-8}$$

式中　W——洪水总量,万 m^3;

R——净雨深,mm;

F——流域面积,km^2,$F=0.42\ km^2$。

净雨深 R 由 $P+P_a \sim R$ 关系图查得,其中 $P=0.75H_{24P}$,$P_a=40$ mm。各设计频率洪水总量计算成果见表 3-11。

表 3-11　塘坝各设计频率洪水总量计算成果

频率/%	1	5
P/mm	270.8	189.4
$P+P_a$/mm	310.8	229.4
R/mm	242.8	163.4
W/万 m^3	10.2	6.9

5. 坝顶高程计算

1)坝顶超高的计算

坝顶超高按照《小型水利水电工程碾压式土石坝设计规范》(SL 189—2013)计算,计算如下:

$$Y = R + A \tag{3-9}$$

式中　Y——坝顶超高,m;

R——波浪爬高,m;

A——安全加高,m。

(1)波浪爬高 R:

$$R = 3.2K_{\Delta}h\tan\alpha \tag{3-10}$$

式中　K_{Δ}——坡面糙率,取 0.8。

h——波高。

$$\tan\alpha = 1/m_{上} = 0.4(m_{上} = 2.5) \tag{3-11}$$

设计洪水位:平均波高 $h_m=0.30$ m($v_{风}=24$ m/s;$D=600$ m;$H_m=9.18$ m),经计算平均波浪爬高 $R_m=0.37$ m,波浪爬高 $R=0.68$ m。

正常蓄水位:平均波高 $h_m=0.28$ m($v_{风}=24$ m/s;$D=500$ m;$H_m=8.00$ m),经计算平均波浪爬高 $R_m=0.31$ m,波浪爬高 $R=0.58$ m。

校核洪水位:平均波高 $h_m=0.20$ m($v_{风}=16$ m/s;$D=600$ m;$H_m=9.46$ m),经计算平

均波浪爬高 R_m=0.13 m，波浪爬高 R=0.25 m。

(2)安全加高 A：正常运用条件下 A 取 0.50 m；非常运用条件下 A 取 0.3 m。

(3)坝顶超高 Y 的计算：

$$\begin{aligned}&\text{正常蓄水位情况} \quad Y_{\text{正常}}=0.58+0.5=1.08(\text{m})\\&\text{设计洪水位情况} \quad Y_{\text{设计}}=0.68+0.5=1.18(\text{m})\\&\text{校核洪水位情况} \quad Y_{\text{校核}}=0.25+0.3=0.55(\text{m})\end{aligned} \tag{3-12}$$

2)坝顶高程计算

根据相关规范，坝顶高程等于水库静水位与坝顶超高之和，分别按以下运用条件计算，取其最大值：

(1)设计洪水位或正常蓄水位加正常运用条件的坝顶超高；

(2)校核洪水位加非常运用条件的坝顶超高；

(3)正常蓄水位加非常运用条件的坝顶超高加地震安全加高(地震安全加高取 1.0 m)。

根据上述几种情况分别计算坝顶高程，计算结果见表 3-12。

表 3-12　塘坝坝顶高程计算成果

水位	运用情况	洪水位/m	坝顶超高/m	核算坝顶高程/m
设计洪水位	正常运用	94.18	1.18	95.36
正常蓄水位	正常运用	93.00	1.08	94.08
正常蓄水位	非常运用	93.00	1.55	94.55
校核洪水位	非常运用	94.46	0.55	95.01

因此，坝顶高程不应低于 95.36 m。

五、知识点测试

登录智慧职教 MOOC 学院进行资源学习，并完成本任务知识点测试；或扫描二维码完成本任务知识点测试。

码 3-14　项目三任务二知识点测试

六、技能训练

某水库设计洪水位和校核洪水位分别为 118.7 m 和 120.0 m，风区长度为 2.0 km，坝址区多年平均最大风速为 18 m/s。土坝上游坝坡为 1∶3，干砌石护坡，2 级建筑物，防浪墙高度为 1.2 m。不考虑地震情况，确定土坝坝顶高程。

任务三　土石坝构造设计

【学习目标】

1. 掌握土石坝坝顶构造布置要求。
2. 掌握土石坝常见黏土防渗体的布置要求。
3. 掌握土石坝排水体布置形式和要求。
4. 掌握土坝上、下游护坡类型。
5. 能很熟练地阅读土坝工程图。
6. 树立工程安全意识，培养工程伦理意识。

【思政素材】

码 3-15　日照水库

码 3-16　大坝细部构造

土石坝的构造主要包括坝顶、防渗体、排水设施和护坡等部分。

码 3-17　土石坝的构造

码 3-18　坝顶构造

一、坝顶

土石坝坝顶一般都做护面，可采用碎石、砂砾石或铺渣油，以防雨水冲刷。如作交通用，则应满足道路的设计要求。

坝顶上游侧常设防浪墙，防浪墙可用混凝土或浆砌石修建，应有足够的坚固性，且底部应与防渗体紧密结合，墙身应设置伸缩缝。混凝土面板堆石坝的防浪墙一般兼有挡水作用，故伸缩缝内应设止水。防浪墙的高度一般为 1.0~1.2 m。

在坝顶下游侧宜设置路缘石，结合坝顶排水，路缘石应设置排水口，坝顶路面可向上、下游分别倾斜 2%~3%，当设防浪墙时，只向下游倾斜。如有条件，可在坝顶上游侧设置照明设备。

坝面布置与坝顶结构力求经济实用，在建筑艺术处理方面美观大方。坝顶构造布置见图 3-4。

二、防渗体

设置防渗体的目的是减少通过坝体和坝基的渗漏量，降低浸润线，以增加下游坝坡的稳定性；降低渗透坡降以防止渗透变形。土石坝的防渗体有心墙、斜心墙、斜墙、铺盖、截水墙等。

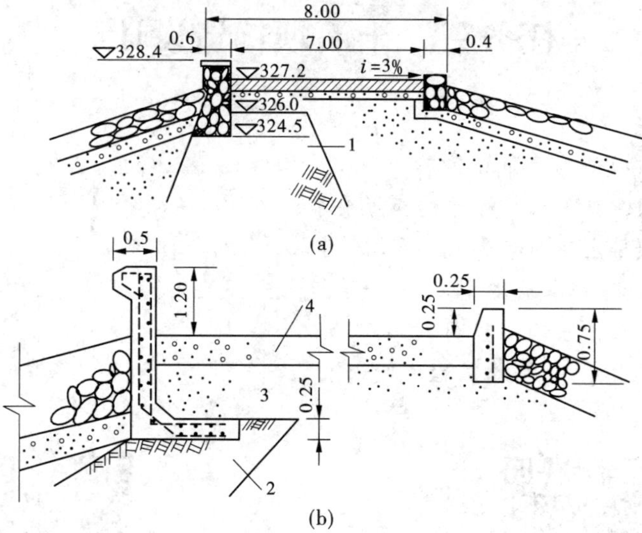

1—心墙;2—斜墙;3—回填土;4—路面。

图 3-4　坝顶构造布置　(单位:m)

(一)黏土心墙

心墙一般布置在坝体中部,有时稍偏上游并稍微倾斜,以便和坝顶的防浪墙相连接,如图 3-5 所示。

码 3-19　防渗体

心墙坝顶部厚度一般不小于 3 m,底部厚度不宜小于作用水头的 1/4。黏土心墙两侧边坡多在 1∶0.15~1∶0.3,心墙的顶部应高出设计洪水位 0.3~0.6 m,且不低于校核洪水位,当有可靠的防浪墙时,心墙顶部高程也不应低于设计洪水位。心墙顶与坝顶之间应设有保护层,厚度不小于该地区的冰结或干燥深度,同时不宜小于 1.0 m。心墙与坝壳之间应设置过渡层,岩石地基上的心墙,一般还要设混凝土垫座,或修建 1~3 道混凝土齿墙。齿墙的高度为 1.5~2.0 m,切入岩基的深度常为 0.2~0.5 m,有时还要在下部进行帷幕灌浆,如图 3-6 所示。

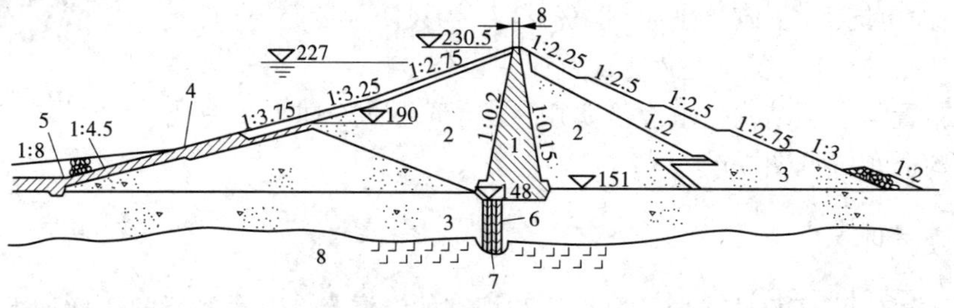

1—黏土心墙;2—半透水材料;3—砂卵石;4—施工时挡水斜墙;5—盖层;
6—混凝土防渗墙;7—灌浆帷幕;8—玄武岩。

图 3-5　黏土心墙坝　(单位:m)

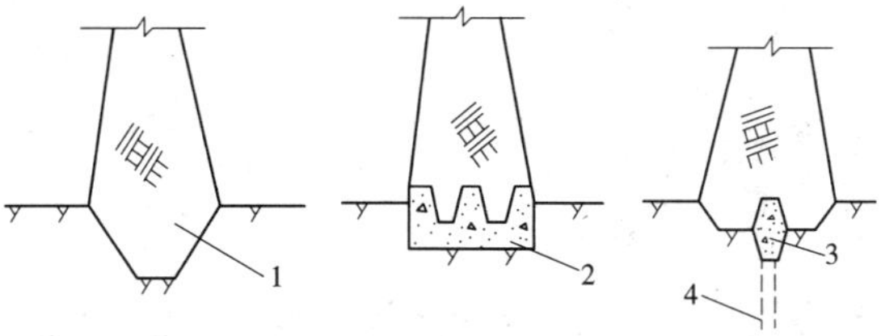

1—截水槽;2—混凝土垫座;3—混凝土齿墙;4—灌浆孔。

图 3-6 心墙与地基的连接

(二)黏土斜墙

黏土斜墙位于上游坝坡处,见图 3-7。墙顶厚不宜小于 3.0 m,底厚不宜小于作用水头的 1/5。墙顶应高出设计洪水位 0.6~0.8 m,且不低于校核洪水位。同样,如有可靠的防浪墙,斜墙顶部也不应低于设计洪水位。斜墙顶部和上游坡都必须设保护层,厚度不得小于冰冻和干燥深度,一般为 2~3 m。一般情况下,内坡不宜陡于 1∶2.0,外坡常在 1∶2.5 以上。斜墙与保护层及下游坝体之间,应根据需要分别设置过渡层。

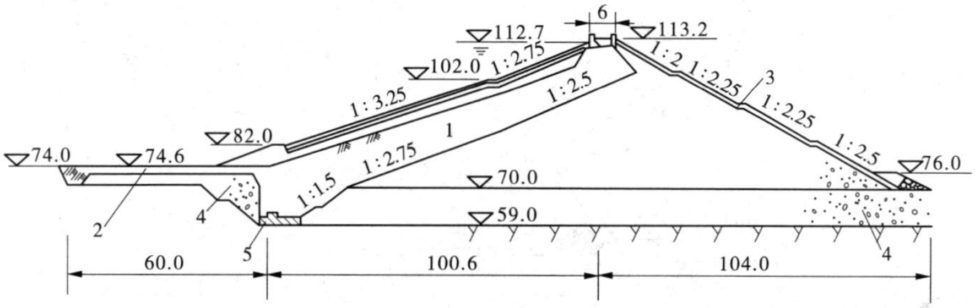

1—黏土斜墙;2—黏土铺盖;3—砂砾半透水层;4—砂砾石土基;5—混凝土盖板齿墙。

图 3-7 黏土斜墙坝 (单位:m)

(三)非土料防渗体

其他非土料防渗体有钢筋混凝土、沥青混凝土、土工膜、木板、钢板、浆砌块石和塑料薄膜等,较常用的沥青混凝土和钢筋混凝土,将在堆石坝中介绍。

三、排水设施

坝体排水设施的作用是排除坝体渗水,降低下游坝壳内浸润线及孔隙水压力,防止坝坡冻胀破坏与渗透变形,增加下游坝坡的稳定性。

排水设施应具有充分的排水能力,防止被泥沙堵塞,以保证任何情况下都能自由地排出全部渗水,在排水设施与坝体、土基结合处,都应设置反滤层。常用的坝体排水有以下几种形式。

码 3-20 坝体排水

(一)贴坡排水

紧贴下游坝坡的表面布置,它由 1~2 层堆石或砌石筑成,在石块与坝坡之间设置反滤层,如图 3-8 所示。

贴坡排水顶部应高出浸润线逸出点 1.5 m 以上,且应使坝体浸润线在冻结深度以下。

排水设备的厚度应大于冻结深度，其下部与坝脚排水沟相接。

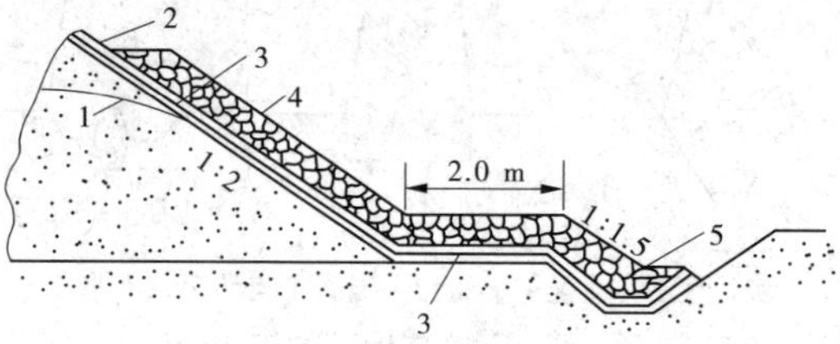

1—浸润线；2—护坡；3—反滤层；4—排水体；5—排水沟。

图 3-8　贴坡排水

这种排水设备不能降低浸润线，但用料较少，构造简单，便于检修，能防止浸润线出逸点以下坝坡产生渗透变形，适用于浸润线较低的坝和下游无水的中小型土石坝。

（二）棱体排水

在下游坝脚处用块石堆成棱体，在棱体石块和坝体与地基土体之间设置反滤层，如图 3-9 所示。

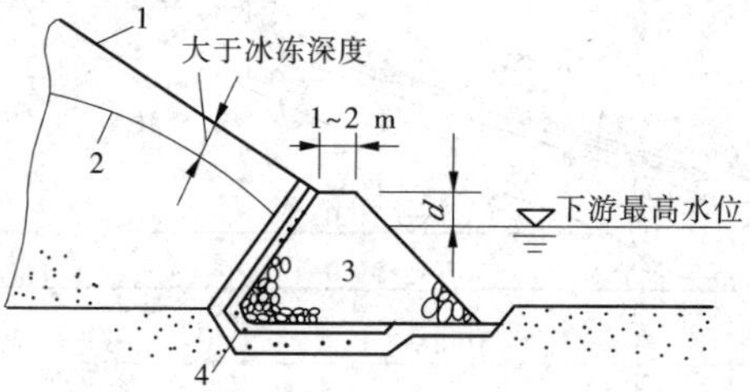

1—下游坝坡；2—浸润线；3—棱体排水；4—反滤层。

图 3-9　堆石棱体排水

棱体排水顶部高程应超出下游最高水位，超出高度应大于波浪沿坡面的爬高，对于 1、2 级坝不小于 1.0 m，对于 3~5 级坝不小于 0.5 m，并使坝体浸润线距坝坡的距离大于冰冻深度。棱体内坡可取 1∶1.0，外坡取 1∶1.5 或更缓。棱体顶宽应满足施工和观测需要，不宜小于 1.0 m。

棱体排水能降低浸润线，防止坝坡冻胀和渗透变形，保护下游坝脚不受尾水冲刷，且有支持坝体稳定的作用，较可靠，但石料用量较大，费用较高，对坝体施工有干扰，检修也困难。土石坝的河槽部分常用这种排水体。

（三）褥垫排水

它是将石块沿坝基面平铺并伸展到坝体内的排水设施，采用层厚 0.4~0.5 m 的块石，并用反滤层包裹，如图 3-10 所示。

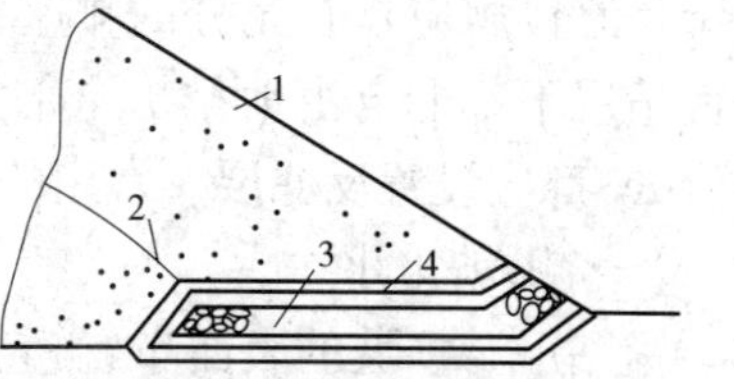

1—护坡；2—浸润线；3—排水体；4—反滤层。

图 3-10　褥垫排水

褥垫伸入坝体内的长度应根据渗流计算确定，对黏性土均质坝不大于坝底宽的 1/2。当下游水位低于排水设施时，降低浸润线的效果显著，还有助于坝基排水固结。但当坝基产生不均匀沉陷时,褥垫排水层易遭断裂,而且检修困难,施工时有干扰。

(四)管式排水

管式排水是一种将排水暗管埋入坝体内部的一种排水形式,见图3-11。暗管可以是带孔的陶瓦管、混凝土管或钢筋混凝土管,还可以是由碎石堆筑而成的。平行于坝轴线的集水管收集渗水,经由垂直于坝轴线的横向排水管排向下游,横向排水管的间距为15~20 m。

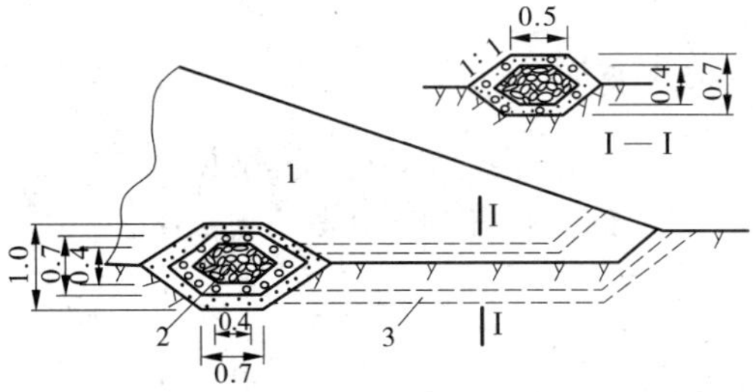

1—坝体;2—集水管;3—横向排水管。

图3-11 管式排水 (单位:m)

管式排水的优缺点与褥垫排水相似。虽然排水效果不如褥垫排水好,但用料少。一般用于土石坝岸坡及台地地段,因为这里坝体下游经常无水,排水效果好。

(五)综合式排水

为充分发挥各种形式排水的优点,降低造价,在实际工程中常根据具体情况采用几种排水形式组合在一起的综合式排水,见图3-12。

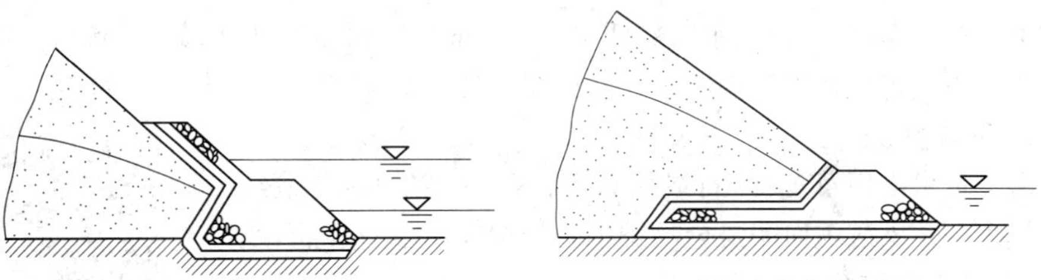

(a)贴坡与棱体排水结合 (b)褥垫与棱体排水结合

图3-12 综合式排水

四、土石坝的护坡与坝坡排水

土石坝的上游面容易受波浪淘刷、顺坝水流冲刷、冰冻和漂浮物的损害;下游面受雨水、水下部位的风浪、动物、冰冻、水流、干裂等因素的破坏。因此,上、下游坝坡必须设置护坡。

(一)上游护坡

上游护坡可采用抛石、干砌石、浆砌石、混凝土块(板)或沥青混凝土,如图3-13、图3-14所示,其中以砌块石护坡最常用。根据风浪大小,

码3-21 上游护坡

干砌石护坡可采用单层砌石或双层砌石,单层砌石厚 0.3~0.35 m,双层砌石厚 0.4~0.6 m,下面铺设 0.15~0.25 m 厚的碎石或砾石垫层。

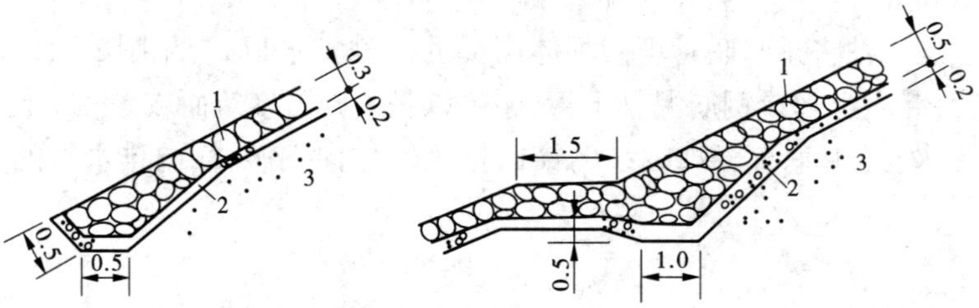

(a)护坡坡角　　(b)马道

1—干砌石;2—垫层;3—坝体。

图 3-13　干砌石护坡　(单位:m)

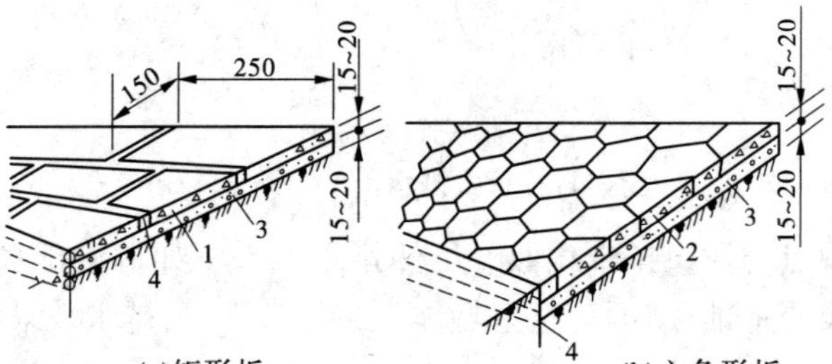

(a)矩形板　　(b)六角形板

1—矩形混凝土板;2—六角形混凝土板;3—碎石或砾石;4—结合缝。

图 3-14　混凝土板护坡　(单位:cm)

护坡范围上至坝顶,下至水库最低水位 2.5 m 以下,4、5 级坝可减至 1.5 m,不高的坝或最低水位不确定时常护至坝底。上游护坡在马道及坡脚应设置基座以增加稳定性。

(二)下游护坡

下游护坡可采用草皮、碎石或块石等,其中草皮护坡是最经济的形式之一。下游坝面需要全部护砌。如坝体为堆石、碎石或卵石填筑,可不设护坡。

码 3-22　下游护坡

(三)坝坡排水

为防止雨水冲刷,在下游坝坡上常设置纵横连通的排水沟,见图 3-15。沿土石坝与岸坡的连接处,也应设置排水沟以拦截山坡上的雨水。坝面上纵向排水沟沿马道内侧布置,用浆砌石或混凝土板铺设成矩形或梯形。横向排水沟可每隔 50~100 m 设置一条,总数不少于两条。排水沟断面一般深 0.2 m、宽 0.3 m,可采用浆砌石或混凝土块砌筑。

五、案例分析

某黏土心墙堆石坝为 2 级建筑物,坝顶高程 563.20 m,无防浪墙。黏土心墙底高程 511.00 m,相应心墙底宽 11.50 m;心墙顶高程 561.80 m;水库正常蓄水位 560.00 m,相应

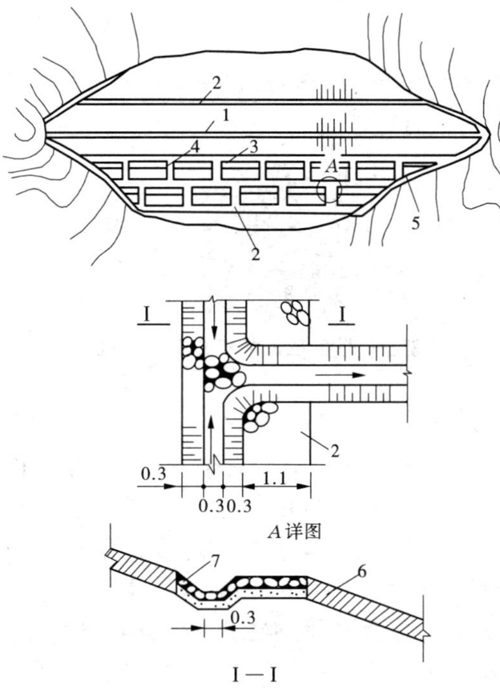

1—坝顶;2—马道;3—纵向排水沟;4—横向排水沟;
5—岸坡排水沟;6—草皮护坡;7—浆砌石排水沟。

图 3-15　坝坡排水　(单位:m)

下游水位 515.00 m;设计洪水位 560.50 m,相应下游水位 518.00 m;校核洪水位 561.40 m,相应下游水位 519.10 m。不考虑风浪爬高、地震及坝体沉降的影响。

分析:心墙底部厚度、心墙顶部高程能不能满足要求?

解:根据《碾压式土石坝设计规范》(SL 274—2020)中第 5.5.2 条,土质防渗体底部厚度,心墙不宜小于水头的 1/4。

正常蓄水位下心墙底部厚度不宜小于:(560.00−515.00)/4=11.25(m)<11.50 m。

设计洪水位下心墙底部厚度不宜小于:(560.50−518.00)/4=10.63(m)<11.50 m。

校核洪水位下心墙底部厚度不宜小于:(561.40−519.10)/4=10.58(m)<11.50 m。

SL 274—2020 中第 5.5.3 条规定,土质防渗体心墙顶部在正常运用条件静水位以上超高不应低于 3 m 且不应低于非常运用条件的静水位。本工程不考虑风浪爬高、地震及坝体沉降的影响。

正常蓄水位下心墙顶部高程应为:560.00+3=563.00(m)>心墙顶高程 561.80 m。

设计洪水位下心墙顶部高程应为:560.50+3=563.50(m)>心墙顶高程 561.80 m。

校核洪水位为 561.40 m<心墙顶高程 561.80 m。

由以上计算可知,心墙底部厚度满足要求。心墙顶部高程在正常运用条件下不满足要求。

六、知识点测试

登录智慧职教 MOOC 学院进行资源学习，并完成本任务知识点测试；或扫描二维码完成本任务知识点测试。

码 3-23　项目三任务三知识点测试

七、技能训练

基本资料：某水库总库容为 50 万 m^3，灌溉面积为 2 000 亩。水库设计洪水位为 58.3 m，波浪沿坝坡垂直爬高为 0.7 m，波浪中心线距静水位高度为 0.2 m；校核洪水位为 59.0 m，波浪沿坝坡垂直爬高为 0.5 m，波浪中心线距静水位高度为 0.2 m；正常蓄水位为 57.2 m，波浪沿坝坡垂直爬高为 0.7 m，波浪中心线距静水位高度为 0.2 m。坝基为岩石，坝基面高程为 30.00 m。大坝为黏土心墙坝，大坝土体均采用机械碾压。

问题：

(1)依据《水利水电工程等级划分及洪水标准》(SL 252—2017)，确定水库的等别和土坝的级别。

(2)确定坝顶高程(不考虑防浪墙)。

(3)确定土坝上、下游坝坡。

(4)确定黏土心墙的断面尺寸。

(5)防渗心墙与坝基面如何连接？

(6)按比例绘制土坝典型剖面图。

任务四　筑坝材料选择与填筑标准确定

【学习目标】

1. 掌握土石坝各部分对材料的要求和适宜土料。
2. 掌握黏性土、非黏性土填筑标准及施工控制。
3. 能正确选用黏性土和非黏性土的填筑标准。
4. 树立保护水利遗产、传承水利文化的意识。

【思政素材】

码 3-24　埃及阿斯旺土石坝

码 3-25　千年水利

就地取材是土石坝的特点。坝体附近土石料的种类及工程性质、料场的分布、储量、开采和运输是进行土石坝设计的重要依据。选择筑坝土石料应遵循如下原则：

(1)填筑坝体的土石料应具有与其使用目的相适应的物理力学性质,并且有较好的长期稳定性。

(2)在不影响工程安全的前提下,优先使用坝址附近的材料和枢纽建筑物的开挖料,少占或不占农田。

(3)便于开采、运输。

一、坝体各组成部分对材料的要求

由于土石坝的坝壳、防渗体、排水体等组成部分承担的任务和所处的工作条件不同,所以土石坝对材料的要求也有所不同。

(一)均质坝对土料的要求

均质坝不设置专门的防渗体,土料除具有一定的抗剪强度外,还应具有一定的抗渗性能,其渗透系数不宜大于 10^{-4} cm/s;水溶盐的含量,按质量计不大于3%,有机质的含量不大于5%。最常用的土料是砂质黏土和壤土。

码 3-26　土石坝组成结构

(二)防渗设施对土料的要求

作为坝体防渗体的土料首先应该具有足够的防渗性,渗透系数不大于 10^{-5} cm/s,它与坝壳材料的渗透系数之比应该最小,最好不大于1/1 000。防渗土料还应该有一定的塑性,以便适应坝体和坝基的变形而不产生裂缝。一般塑性指数为7~20的适宜于作防渗材料。塑性指数过大,则黏粒含量太多,不宜用来防渗。浸水后膨胀软化较大的黏土及开挖压实困难的干硬性黏土应尽量不用。防渗体对杂质含量的要求也比对坝体材料的要求高,一般要求有机质含量不超过2%,水溶性盐(按质量计)不大于3%。

下列几种黏性土不宜作为防渗体的土料:①塑性指数大于20和液限大于40%的冲积黏土;②膨胀土;③开挖、压实困难的干硬黏土;④冻土;⑤分散性土。

(三)心墙坝和斜墙坝对坝壳材料的要求

坝壳土石料主要是为了保持坝体的稳定性,要求有较高的抗剪强度,一般没有防渗要求,所以很少用黏土或壤土、砂壤土建造,而多用粒径级配较好的中砂、粗砂、砂石、卵石及其他透水性高、抗剪强度较大的混合料。均匀的砂料,特别是颗粒较细的砂料,不均匀系数在1.5~2.6时,极易产生液化,高坝尽量不用,在地震区更应忌用。砂石土和风化料也可作为坝壳材料,但要进行适当的布置和必要的处理。图3-16为理想的土料颗粒级配曲线,设计时可供参考。

(四)排水设施和砌石护坡对石料的要求

排水设施和砌石护坡所用的石料,应有较高的抗水性(即在水中不软化、溶蚀),抗冻性和耐风化力强,石料的抗压强度不低于49 MPa,软化系数不小于0.75~0.85,岩石的孔隙率不大于3%。岩石尺寸应满足设计要求,块石形状应比较方正,最长边与最短边比值一般为1.5~2.0。新鲜的岩浆岩、某些新鲜的沉积岩及变质岩均可用作排水设施、护坡的材料。

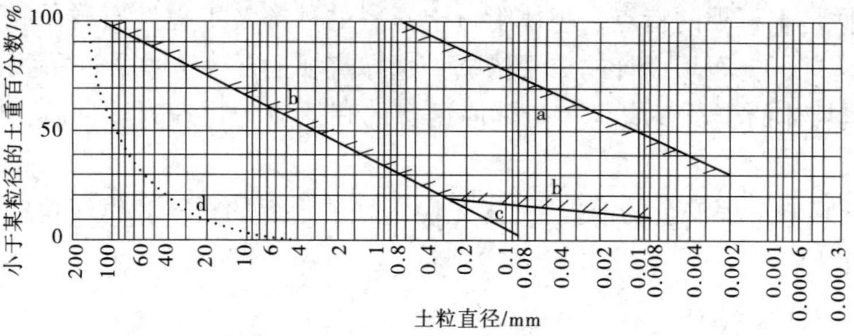

a—心墙、斜墙土料；a～b—均质土坝及厚心墙坝的土料范围；

b～c—优良透水料；d—密实度最佳的透水料。

图 3-16　理想的颗粒级配曲线

二、土石料的填筑标准

土石料的填筑标准是指土料的压实程度及其适宜含水量。一般情况下，土石料压得越密实，即干密度越大，其抗剪强度、抗渗性、抗压缩性也越好，可使坝坡较陡、剖面缩小。但过大的密实度，需要增加碾压费用，往往不一定经济，工期还可能延长。因此，应综合分析各种条件，并通过试验，合理地确定土料的填筑标准，达到既安全又经济的目的。

(一)黏性土的填筑标准

对含砾和不含砾的黏性土料，填筑标准应以压实度和最优含水率作为设计控制指标。设计干重度应以击实最大干重度乘压实度求得。1 级坝、2 级坝和 3 级坝以下高坝的压实度不应低于 98%，3 级中坝、低坝及 3 级以下中坝压实度不应低于 96%。

码 3-27　土石坝筑坝材料与填筑标准

土料的压实度受击实功能的控制，同时又随含水量而变化。在一定的压实功能条件下达到最佳压实效果的含水量称为最优含水量。填土所能达到的干重度与击实功能和含水量的关系见图 3-17。最优含水量多在塑限附近，黏性土的填筑含水量控制在最优含水量附近。

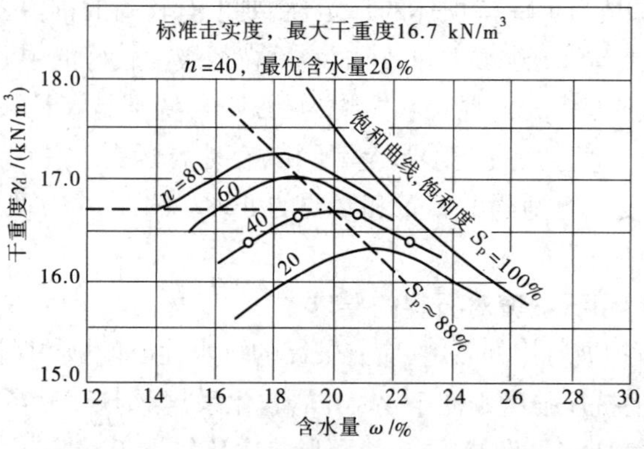

图 3-17　黏性土击实曲线

初步设计时，可用类比法，即参考已建成的相似土石坝的资料来选定设计干密度和含水量，并通过击实试验、现场试验和施工实践逐步改进。

（二）砂砾石和砂的填筑标准

砂砾石和砂是填筑坝体或坝壳的主要材料之一，对它的填筑密度也应有严格的要求，以便提高其抗剪强度和变形模量，增加坝体稳定和减小变形，防止砂土料的液化。它的压密程度一般与含水量关系不大，而与粒径级配和压实功能有密切关系。填筑标准以相对密度 D_r 作为设计控制指标。

$$D_r = \frac{e_{max} - e}{e_{max} - e_{min}} \tag{3-13}$$

式中　e_{max}、e_{min}——最大孔隙比与最小孔隙比；

e——设计孔隙比。

为了便于施工控制，常将相对密度 D_r 换算成干重度 γ_d，即

$$\gamma_d = \frac{\gamma_{dmax}\gamma_{dmin}}{(1 - D_r)\gamma_{dmax} + D_r\gamma_{dmin}} \tag{3-14}$$

式中　γ_{dmin}、γ_{dmax}——最小干重度和最大干重度，两者均可由试验得出。

设计时，应当选定所要求的密实度。对于砂砾石，相对密度要求不低于 0.75，砂的相对密度不应低于 0.70，反滤料宜为 0.70。砂砾料中粗粒料含量小于 50%时，应保证粒径小于 5 mm 的细料的相对密度，也符合上述要求。地震区的相对密度设计标准，应符合 GB 51247—2018 的规定，浸润线以上材料的相对密度不应低于 0.75，浸润线以下材料的相对密度不应低于 0.80。

三、知识点测试

登录智慧职教 MOOC 学院进行资源学习，并完成本任务知识点测试；或扫描二维码完成本任务知识点测试。

码 3-28　项目三任务四知识点测试

四、技能训练

根据给定的土石坝施工图，分析土石坝的剖面尺寸、构造布置和土石料的填筑标准。

任务五　土石坝的渗流分析

【学习目标】

1. 了解土石坝渗流分析的目的。
2. 掌握均质土石坝渗流计算的方法。
3. 掌握土体渗透变形的类型和特点。
4. 掌握土石坝防止渗透变形的措施。
5. 能进行不透水地基上均质土坝渗流分析。
6. 培养严谨细致的学习态度,树立规范、标准的安全意识。

【思政素材】

码 3-29　大堤出现管涌紧急抢险

码 3-30　土坝溃坝过程

一、渗流分析的任务和方法

(一)渗流分析的任务

(1)确定坝体浸润线及其下游逸出点的位置,绘制坝体及坝基内的等势线分布图或流网图。

(2)确定坝体与坝基的单宽渗流量和总渗流量。

(3)确定下游坝壳与坝基面之间的渗透比降,坝坡出逸段的出逸比降,以及不同土层之间的渗透比降。

(4)确定库水位降落时上游坝坡内的浸润线位置或孔隙压力。

(5)确定坝肩的等势线、渗流量和渗透比降。

(二)渗流计算的方法

土石坝渗流计算的方法可分为公式计算法和流网法两大类。公式计算法分为流体力学法和水力学法;流网法的流网可用作图、数值分析和模型试验绘制。下面主要介绍均质土坝渗流计算的水力学法。

码 3-31　均质土坝渗流分析

采用水力学法计算时,做了如下一些假定:坝体土是均质的,坝体内每点在各方向的渗透系数都是常数;渗透水流为二元稳定流,属层流运动,符合达西定律;渗透水流是渐变流,等势线上各点的水头是常数。

(三)渗流分析的工况

渗流计算工况应涵盖土石坝运行时各种不利的运行情况,《碾压式土石坝设计规范》

(SL 274—2020)规定，一般需计算的工况有：①上游正常蓄水位与下游相应的最低水位；②上游设计洪水位与下游相应的最高水位；③上游校核洪水位与下游相应的最高水位；④库水位降落时上游坝坡稳定最不利的水位组合。

码 3-32　堆石坝渗水动画

二、渗流分析的水力学法

(一)均质坝的渗流计算

1. 不透水地基均质坝，下游无排水设备或设贴坡排水设备的渗流计算

不透水地基均质坝，下游无排水设备或设贴坡排水设备，下游水深为 H_2。

计算时将坝体剖面分为上游楔形体、中间段和下游楔形体三段，见图 3-18。B'点为浸润线逸出点，以 O 点为坐标原点，建立如图 3-18 所示的坐标系。

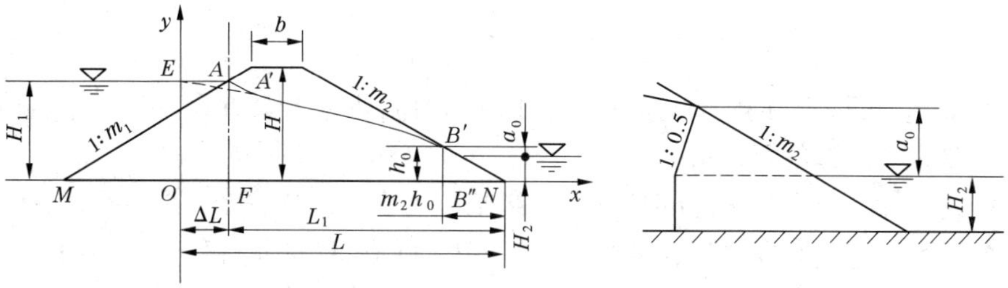

(a)上游坝身段计算图　　(b)下游坝脚处渗流计算图

图 3-18　均质坝无排水或设贴坡排水的渗流计算

通过中间坝体的单宽渗流量 q_1 和浸润线方程式的计算公式为

$$q_1 = K\frac{H_1^2 - (H_2 + a_0)^2}{2(L - m_2h_0)} \tag{3-15}$$

$$y = \sqrt{H_1^2 - \frac{2q_1}{K}x} \tag{3-16}$$

$$\Delta L = \frac{m_1}{1 + 2m_1}H_1 \tag{3-17}$$

$$L = \Delta L + L_1 \tag{3-18}$$

式中　H_1——上游水深，m；

m_1、m_2——上、下游坝坡系数，如为变坡则取平均值；

a_0——浸润线在下游坝坡上的逸出点距下游水位的高度，m；

h_0——浸润线在下游坝坡上逸出点的高度，m；

K——坝体土料渗透系数，m/s；

ΔL——上游楔形体段折算的等效矩形宽度，m；

L_1——水库水面与上游坝坡交点至下游坝趾之间的水平距离，m；

x、y——浸润线任意点的坐标值。

试验研究认为，下游水位以上的坝身段与楔形体段以 1:0.5 的等势线为分界面，下游水位以下部分以铅直面作为分界面，与实际情况更相近。通过下游楔形体的渗流量计算

公式如下：

通过下游楔形体上部的渗流量 q'_2 为

$$q'_2=\int_0^{a_0}K\frac{y}{(m_2+0.5)y}\mathrm{d}y=K\frac{a_0}{m_2+0.5} \tag{3-19}$$

通过下游楔形体下部的渗流量 q''_2 为

$$q''_2=K\frac{a_0H_2}{(m_2+0.5)a_0+\dfrac{m_2H_2}{1+2m_2}} \tag{3-20}$$

通过下游楔形体的总渗流量 q_2 为

$$q_2=q'_2+q''_2=K\frac{a_0}{m_2+0.5}\left(1+\frac{H_2}{a_0+a_mH_2}\right) \tag{3-21}$$

$$a_m=\frac{m_2}{2(m_2+0.5)^2} \tag{3-22}$$

不透水地基均质坝，无排水或设贴坡排水时的渗流计算步骤如下：

(1) 选取典型计算断面。

(2) 按式(3-17)、式(3-18)分别计算 ΔL、L 值。

(3) 根据水流连续原理，将式(3-15)和式(3-21)联立，计算 a_0 和 q 值。

(4) 按式(3-16)列出浸润线方程，确定各点的坐标，绘出从 B' 到 E 之间的浸润线。

(5) 在上游坝肩下 A 点处按流线趋势，用光滑曲线和绘出的浸润线平顺连接起来，就得到该断面的完整浸润线。

2. 不透水地基上设有棱体排水设备、下游有水的均质土坝渗流计算

计算如图 3-19 所示，建立坐标系，坝体渗流量 q、浸润线方程式和单宽可按下列公式计算：

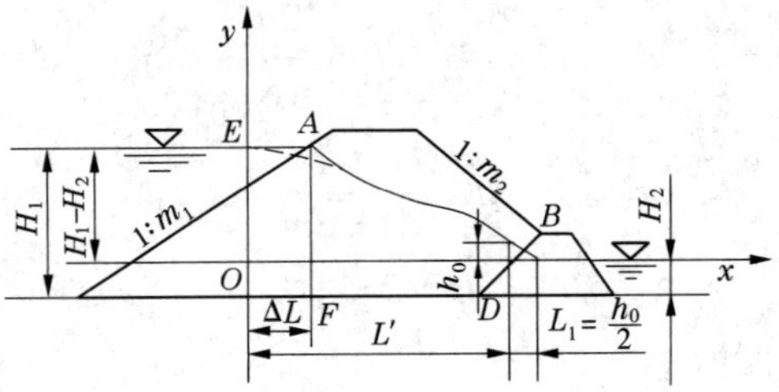

图 3-19 设棱体排水的渗流计算

$$q=K\frac{H_1^2-(h_0+H_2)^2}{2L'} \tag{3-23}$$

$$h_0=\sqrt{L'^2+(H_1-H_2)^2}-L' \tag{3-24}$$

$$y=\sqrt{H_1^2-\frac{2q}{K}x} \tag{3-25}$$

式中　L'——折算矩形上游面至排水体上游坡与下游水位交点之间的水平距离，m；

h_0——下游水位与排水体上游坡交点处的浸润线高度，m；

H_2——下游水深，m；

其余符号意义与无排水设备情况相同。

3. 有限深度透水地基上的均质土坝渗流计算

如图 3-20 所示，对坝体和地基渗透系数相近的均质土坝，可先假定地基不透水，按上述方法确定坝体的渗流量 q_1 和浸润线；坝体浸润线可不考虑坝基渗透的影响，仍用地基不透水情况下算出的结果，然后再假定坝体不透水，计算坝基的渗流量 q_2；最后将 q_1 和 q_2 相加，即可近似地得到坝体坝基的渗流量。当坝体的渗透系数大于坝基渗透系数的 1% 时，认为坝体是不透水的；反之，当坝基的渗透系数小于坝体渗透系数的 1%时，认为坝基是不透水地基。

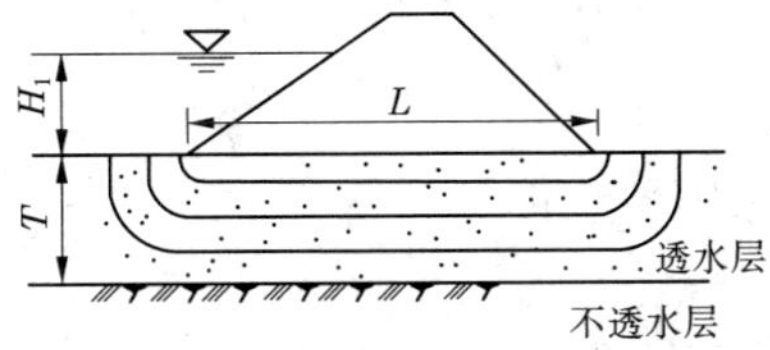

图 3-20　有限深度透水地基上的渗流计算

计算坝基的渗流量 q_2，其计算式如下：

$$q_2 = K_T \frac{H_1 T}{nL} \tag{3-26}$$

式中　K_T——坝基透水层土的渗透系数；

H_1——上游水深，m，当下游有水，水深为 H_2 时，应采用上、下游水位差，即用 $(H_1 - H_2)$ 代替 H_1；

L——排水设备前的坝底宽；

T——透水层厚度；

n——坝基渗径修正系数，可由表 3-13 查取。

表 3-13　坝基渗径修正系数 n 值

L/T	20	5	4	3	2	1
n	1.15	1.18	1.23	1.30	1.44	1.87

浸润线按式(3-16)计算，用这种近似方法计算的渗流量比实际值小，浸润线比实际的高。

(二) 心墙坝的渗流计算

有限深透水地基上的心墙坝，一般都有截水槽以拦截透水地基渗流。心墙土料的渗透系数 K_e 常比坝壳土料的渗透系数小得多，故可近似地认为上游坝壳中无水头损失，心墙前的水位仍为水库的水位。计算时一般分下述两段，如图 3-21 所示。

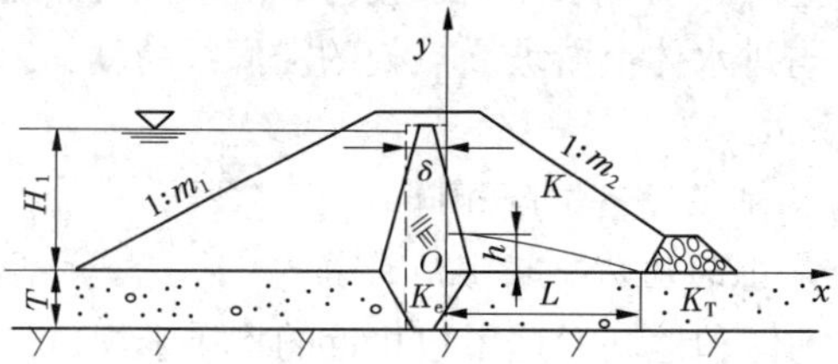

图 3-21 透水地基黏土心墙坝渗流计算

(1)心墙、截水墙段。其土料一般是均一的,可取平均厚度 δ 进行计算。若心墙后的浸润线高度为 h,则通过心墙、截水墙的渗流量 q_1 为

$$q_1 = K_e \frac{(H_1 + T)^2 - (h + T)^2}{2\delta} \tag{3-27}$$

式中 T——透水层厚度,m;

δ——心墙、截水墙平均厚度,m;

K_e——黏土心墙渗透系数,m/s;

其余符号含义同前。

(2)下游坝壳和坝基段。由于心墙后浸润线的位置较低,可近似地取浸润线末端与堆石棱体的上游端相交,然后用式(3-28)计算下游坝体和坝基的渗流量 q_2。

$$q_2 = K\frac{h^2}{2L} + K_T T\frac{h}{L + 0.44T} \tag{3-28}$$

按连续性 $q_1 = q_2 = q$,可由式(3-27)和式(3-28)求得 q 和 h。心墙后的浸润线可按下式近似计算:

$$y = \sqrt{h^2 - \frac{h^2}{L}x} \tag{3-29}$$

当下游有水时,可近似地假定浸润线逸出点在下游水面与堆石棱体内坡的交点处,用上述同样的方法进行计算。

(三)斜墙坝的渗流计算

有限深透水地基上的斜墙土坝,一般同时设有截水墙或铺盖。前者用于地基透水层较薄时截断透水地基渗流;后者用于透水地基较厚时延长渗径,减少渗透坡降,防止渗透变形。

1. 有截水墙的情况

布置如图 3-22(a)所示,它与心墙土坝的情况类似,也可分为两段:斜墙和截水墙段、坝体和坝基段。在计算前一段时,取斜墙和截水墙的平均厚度分别为 δ 和 δ_1。当斜墙后浸润线起点距坝底面的高度为 h 时,可取该点以下斜墙及截水墙上、下游面水头差都为 H_1-h,则通过第一段的渗流量 q_1 可近似地用下式计算:

$$q_1 = \frac{K_0(H_1^2 - h^2)}{2\delta\sin\alpha} + \frac{K_0(H_1 - h)}{\delta_1}T \tag{3-30}$$

第二段,即斜墙后的坝体和坝基段,当下游无排水或只设贴坡排水时,渗流量 q_2 为

$$q_2 = \frac{K(h^2 - H_2^2)}{2(L - m_2H_2)} + \frac{K_T(h - H_2)}{L + 0.44T}T \tag{3-31}$$

根据 $q_1 = q_2 = q$,可由式(3-30)和式(3-31)求得 q 和 h。当 $T=0$ 时,也可得出不透水地基上斜墙坝的渗流量计算公式。

斜墙后坝体浸润线方程为

$$y = \sqrt{\frac{L_1}{L_1 - m_1h}h^2 - \frac{h^2}{L_1 - m_1h}x} \tag{3-32}$$

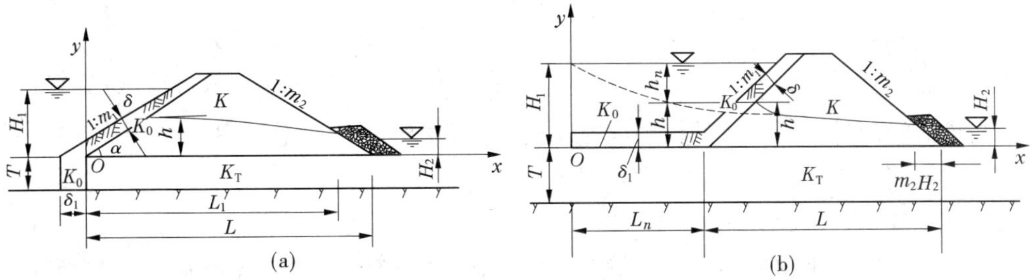

图 3-22　透水地基斜墙土坝渗流计算

2. 有铺盖的情况

布置如图 3-22(b)所示,当铺盖与斜墙的渗透系数比坝体和坝基的渗透系数小很多时,可近似地认为铺盖与斜墙是不透水的,并以铺盖末端为分界线,将渗流区分为两段进行计算。设坝体的浸润线起点高度为 h,可取第一段的水头损失为 H_1-h,则两段的渗流量计算公式为:

$$q_1 = K_T\frac{H_1 - h}{L_n + 0.44T}T \tag{3-33}$$

$$q_2 = K\frac{h^2 - H_2^2}{2(L - m_2H_2)} + K_T\frac{h - H_2}{L + 0.44T}T \tag{3-34}$$

同理由 $q_1=q_2=q$ 求解式(3-33)、式(3-34)可得出 q 和 h。

(四)总渗流量计算

计算总渗流量时,应根据地形及透水层厚度的变化情况,将土石坝沿坝轴线分为若干段,然后分别计算各段的平均单宽流量,则全坝的总渗流量 Q 可按下式计算:

$$Q = \frac{1}{2}[q_1l_1 + (q_1 + q_2)l_2 + \cdots + (q_{n-2} + q_{n-1})l_{n-1} + q_{n-1}l_n] \tag{3-35}$$

式中　l_1、l_2、…、l_n ——各段坝长;

q_1、q_2、…、q_n ——各断面的单宽流量。

三、土石坝的渗透变形及其防止措施

坝体和地基中的渗流,由于机械或化学作用,可能使土体产生局部破坏,称为渗透变

形。严重时可能导致工程失事,必须采取有效的防控措施。

(一)渗透变形的类型

1. 管涌

在渗流作用下,坝体或坝基中的细小颗粒被渗流带走逐步形成渗流通道的现象称为管涌,常发生在坝的下游坡或闸坝下游地基面渗流逸出处。没有凝聚力的无黏性砂土、砾石砂土中容易出现管涌;黏性土的颗粒之间存在有凝聚力(或称黏结力),渗流难以把其中的颗粒带走,一般不易发生管涌。

2. 流土

在渗流作用下,成块土体被掀起浮动的现象称为流土。它主要发生在黏性土及均匀非黏性土体的渗流出口处。发生流土时的水力坡降称为流土的破坏坡降。

3. 接触冲刷

当渗流沿两种不同土壤的接触面流动时,把其中细颗粒带走的现象,称为接触冲刷。接触冲刷可能使临近接触面的不同土层混合起来。

4. 接触流土和接触管涌

渗流方向垂直于两种不同土壤的接触面时,例如在黏土心墙(或斜墙)与坝壳砂砾料之间,坝体或坝基与排水设施之间,以及坝基内不同土层之间的渗流,可能把其中一层的细颗粒带到另一层的粗颗粒中去,称为接触管涌。当其中一层为黏性土,由于含水量增大凝聚力降低而成块移动,甚至形成剥蚀时,称为接触流土。

(二)管涌和流土的判别

黏性土一般不会发生管涌,因此无须判别。对于无黏性土,常用的判定方法有两种:

(1)以土体的不均匀系数 $\eta=d_{60}/d_{10}$ 判别($\eta<10$ 时为流土,$\eta>20$ 时为管涌;$10<\eta<20$ 时不定)。

(2)以级配曲线中粒径在 2 mm 及以下的细粒含量 P_2 判别($P_2>35\%$时为流土;$P_2<25\%$时为管涌;$25\%<P_2<35\%$时可能产生管涌也可能产生流土),并提出产生管涌或流土的细粒临界含量与孔隙率的关系为

$$P_2 = \alpha \frac{\sqrt{n}}{1+\sqrt{n}} \tag{3-36}$$

式中 P_2——粒径小于或等于 2 mm 的细粒临界含量,%;

α——修正系数,取 0.95~1.0;

n——土体孔隙率。

当土体的细粒含量$>P_2$ 时,可能产生流土;当土体的细粒含量$\leqslant P_2$ 时,则可能产生管涌。

(三)渗透变形的临界坡降、允许坡降

1. 管涌的临界坡降、允许坡降

在管涌发生过程中,使个别小颗粒土在空隙内开始移动的水力坡降,称为临界坡降。

对于大中型工程,应进行管涌试验,以求出实际产生管涌的临界坡降。对于中小型工程,当渗流方向由下向上时,可用南京水利科学研究院的经验公式推算:

$$J_c = \frac{42d_3}{\sqrt{K/n^3}} \tag{3-37}$$

式中　d_3——相应于粒径曲线上含量3%的粒径，cm；

K——渗透系数；

n——土壤孔隙率。

允许渗透坡降[J]，可根据建筑物的级别和土壤的类型选用安全系数2~3。[J]值还可参照不均匀系数η值选用：$10<\eta<20$的非黏性土，$[J]=0.20$；$\eta>20$的非黏性土，$[J]=0.10$。

2. 流土的临界坡降、渗透坡降

当渗流自下向上作用时，常采用由极限平衡得到的太沙基公式计算，即

$$J_B = (G-1)(1-n) \tag{3-38}$$

式中　G——土粒比重；

n——土的孔隙率。

J_B一般为0.8~1.2。南京水利科学研究院建议把式(3-38)乘1.17。允许渗透坡降[J_B]也要采用一定的安全系数，对于黏性土，可用1.5；对于非黏性土，可用2.0~2.5。

(四)防止渗透变形的措施

土体发生渗透变形主要取决于渗透坡降、土的颗粒组成和孔隙率等。因此，防止渗透变形的工程措施：一方面是降低渗透坡降从而减小渗流速度和渗流压力；另一方面是增强渗流逸出处土体抵抗渗透变形的能力。

常用的工程措施有：

(1)在上游侧设置水平与垂直防渗体，截阻渗流，延长渗径，全面降低渗透坡降。

(2)在下游侧设置排水沟或减压井，降低渗流出口处的渗流压力。

(3)对可能发生管涌的渗流地段，铺设反滤层，拦截可能被涌流挟带的细粒。

(4)对下游可能产生流土的地段，应加盖重，盖重下的保护层必须按反滤原则铺设。

反滤层一般是由2~3层不同粒径的非黏性土、砂和砂砾石组成的，如图3-23所示。

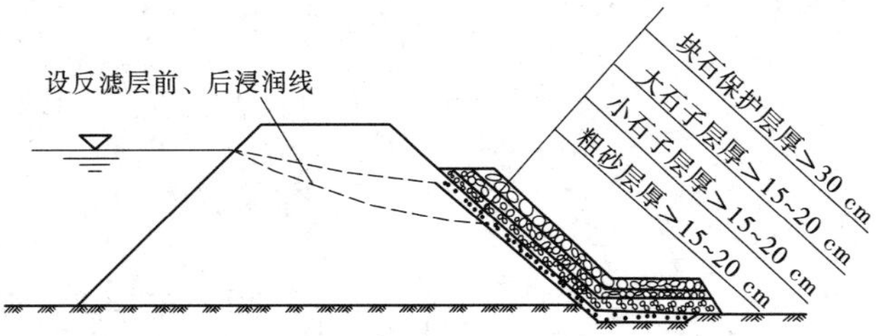

图3-23　反滤层示意图

层次排列应尽量与渗流的方向垂直，各层次的粒径则按渗流方向逐层增加，设置反滤层要遵循的原则如下：

(1)被保护土壤的颗粒不得穿过反滤层。

(2)各层的颗粒不得发生移动。

(3)相邻两层间,粒径较小的一层颗粒不得穿过粒径较大一层的孔隙。

(4)反滤层不能被堵塞,而且应该具有足够的透水性,以保证排水畅通。

(5)应保证耐久、稳定,其工作性能和效果应不随时间的推移和环境的改变而遭受破坏。

反滤层级配的设计,详见《碾压式土石坝设计规范》(SL 274—2020)。

四、案例分析

某水库大坝为均质土坝,上、下游坝坡坡比均为 1∶3,建在不透水的岩石地基上,无排水设备。坝顶高程为 224.50 m,正常蓄水位为 222.50 m,下游水位为 203.20 m,大坝基础高程为 202.50 m,见图 3-24。均质土坝的渗透系数 $K=1\times10^{-4}$ cm/s,浸润线上游坝坡进坝点至下游坝脚的水平投影距离 $l=77$ m。

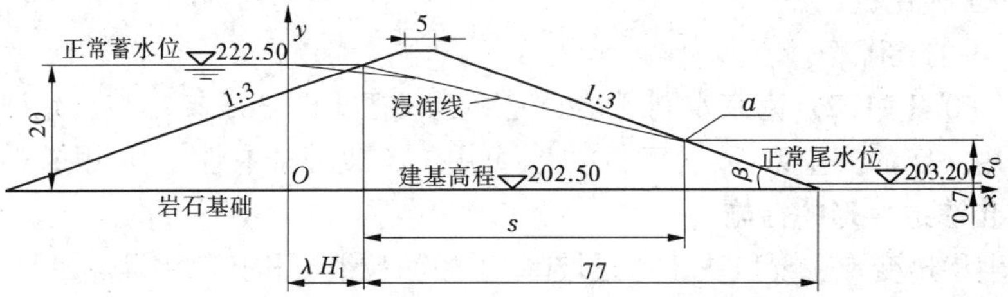

图 3-24 典型剖面计算图 (单位:m)

试求:

(1)坝体渗水逸出点的高度 a_0。

(2)通过坝体的单宽渗流量 q。

(3)浸润线方程。

解:均质土坝在不透水地基上,无排水设备,坝体单宽渗流量 q、渗出高度 a_0 采用下面两个公式联合求解:

$$q_1 = K\frac{H_1^2 - (H_2 + a_0)^2}{2[L - m_2(H_2 + a_0)]}$$

$$q_2 = K\frac{a_0}{m_2 + 0.5}\left(1 + \frac{H_2}{a_0 + a_m H_2}\right)$$

式中 $L = \lambda H_1 + 77 = \dfrac{m_1}{1 + 2m_1}H_1 + 77 = \dfrac{3}{1 + 2 \times 3} \times 20 + 77 = 85.57(\mathrm{m})$

$H_1=20$ m,$H_2=0.7$ m,经试算得:$a_0=7.09$ m。

$$q_1 = 1 \times 10^{-6} \times \frac{20^2 - (0.7 + 7.09)^2}{2 \times [85.57 - 3 \times (0.7 + 7.09)]} = 2.73 \times 10^{-6}[\mathrm{m^3/(s \cdot m)}]$$

浸润线方程:

$$y = \sqrt{H_1^2 - \frac{2q}{K}x} = \sqrt{20^2 - \frac{2 \times 2.73 \times 10^{-6}}{1 \times 10^{-6}}x} = \sqrt{400 - 5.46x}$$

五、知识点测试

登录智慧职教 MOOC 学院进行资源学习，并完成本任务知识点测试；或扫描二维码完成本任务知识点测试。

码 3-33　项目三任务五知识点测试

六、技能训练

1. 某均质土坝修建在不透水地基上，坝体下游设有棱体排水，坝体土料的渗透系数 $K=1\times10^{-8}$ m/s，坝体断面见图 3-25，计算坝体的渗流量，并绘制浸润线。

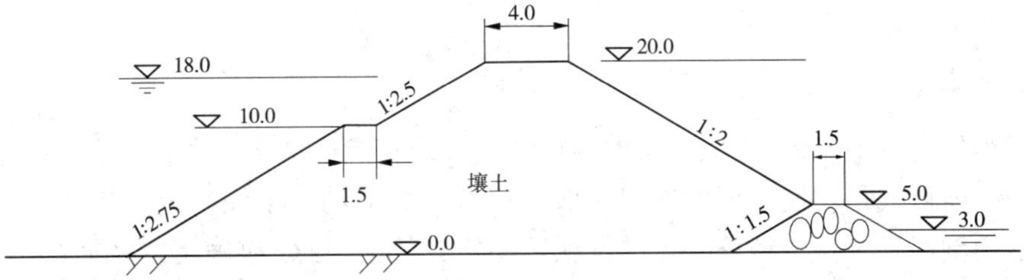

图 3-25　某均质土坝坝体断面　（单位：m）

2. 图 3-26 所示为某均质土坝剖面，坝体材料 $K=10^{-5}$ cm/s，请用水力学方法计算库水位 50 m、相应下游水位 5 m 的坝内浸润线，并用 1∶1 000 比例作图表示；库水位按 $v=3$ m/d 速度从 50 m 降低到 20 m，试用 1∶1 000 比例尺画出流网，并求在 30 m 处的渗透坡降，检验该处是否可能发生渗透变形。

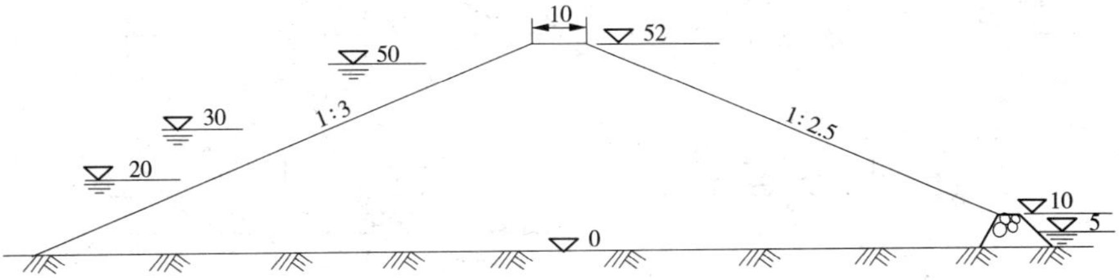

图 3-26　某均质土坝剖面　（单位：m）

任务六　土石坝的稳定分析

【学习目标】

1. 了解土坝坝坡失稳的形式。
2. 掌握土石坝稳定计算的方法和判断标准。
3. 能对圆弧滑动面进行稳定分析。
4. 培养科学、规范、标准的安全意识，具备工匠精神。

【思政素材】

码 3-34　河南“75 · 8”洪水警示录

码 3-35　土石坝滑坡事故

一、概述

土石坝作为一个整体，是依靠重力维持稳定的。在渗透动水压力和自重等作用下，坝体失稳的主要形式是坝坡或坝坡连同一部分坝基一起滑动。土坝稳定分析的目的，是验算所拟定的剖面是否安全经济。在进行坝坡稳定计算时，首先应确定滑裂面的形状。根据对斜坡坍滑的观察和研究，当斜坡或边坡发生滑动时，滑动面的形状是比较复杂的，黏性土近似于圆弧形；非黏性土近似于直线或折线形；而对于斜墙土坝，则往往是沿着斜墙与坝体的接触面或保护层沿斜墙之间的接触面的折线滑动的，见图 3-27。

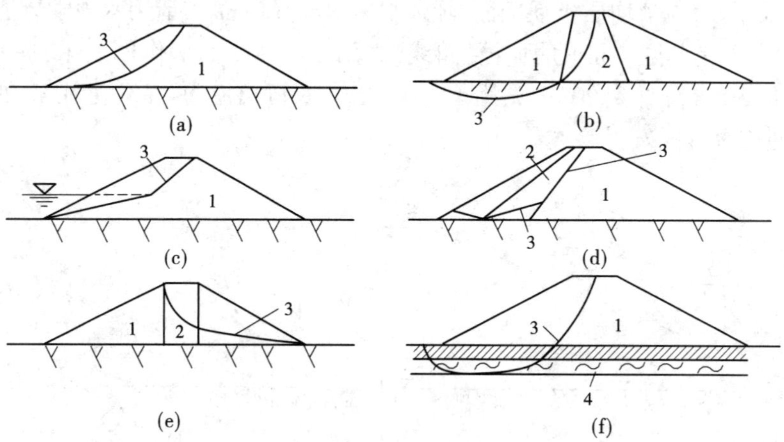

1—坝壳；2—防渗体；3—滑裂面；4—软弱层。

图 3-27　坝坡滑裂面形状

二、荷载组合及稳定安全系数的标准

码 3-36　均质土坝坝坡稳定分析

(一)荷载

土石坝稳定计算必须考虑的荷载有自重、渗透动水压力和地震惯性力等。

1. 自重

坝体自重一般在浸润线以上的土体按湿重度计算,浸润线以下、下游水位以上的按饱和重度计算,下游水位以下的按浮重度计算。

2. 渗透动水压力

动水压力的方向与渗透方向相同,作用在单位土体上的渗透动水压力为γJ,γ为水的重度,J为该处的渗透坡降。

3. 孔隙压力

这是黏性土体中常存在的一种力。黏性土在外荷载作用下产生压缩时,由于土内空气和水一时来不及排出,外荷载便由土粒及空隙中水和空气共同承担。土粒骨架承担的应力称为有效应力,它在土体滑动时能产生摩擦力,而水和空气承担的应力称为孔隙压力,它是不能产生摩擦力的。土体中的有效应力σ'为总应力σ与孔隙压力u之差,所以土体的有效抗剪强度为

$$\tau = c' + (\sigma - u)\tan\varphi' = c' + \sigma'\tan\varphi' \tag{3-39}$$

式中　φ'——内摩擦角;

c'——凝聚力。

孔隙压力的存在使土的抗剪强度降低,对于黏性填土或坝基,在施工期和水库水位降落期必须计算相应的孔隙压力,必要时,还要考虑施工末期孔隙压力消散的情况。

目前,考虑孔隙压力的方法有两种:一种是总应力法,即采用不排水剪的总强度指标φ_u、c_u来确定土的抗剪强度$\tau_u = c_u + \sigma\tan\varphi_u$。另一种是有效应力法,即先计算孔隙压力,再把它当作一组作用在滑弧上的外力来考虑,采用与有效应力相应的由排水剪或固结快剪试验求得的有效强度指标φ'、c'。

4. 地震惯性力

沿土石坝高度作用于质点i处的水平向地震惯性力Q可按下式计算:

$$Q = K_H C_z W_i \alpha_i \tag{3-40}$$

竖向地震惯性力V计算式为

$$V = \frac{2}{3} K_H C_z W_i \alpha_i \tag{3-41}$$

式中　K_H——水平向地震系数,当设计烈度为 7 度时$K_H = 0.1$,当设计烈度为 8 度时$K_H = 0.2$,当设计烈度为 9 度时$K_H = 0.4$;

C_z——地震效应折减系数,$C_z = \frac{1}{4}$;

W_i——集中在质点i的重量,kN;

α_i——质点i的动态分布系数,按图 3-28 选用,α_m为坝顶的动态分布系数,对于设计烈度为 7~9 度区的土石坝,α_m分别取 3.0、2.5、2.0。

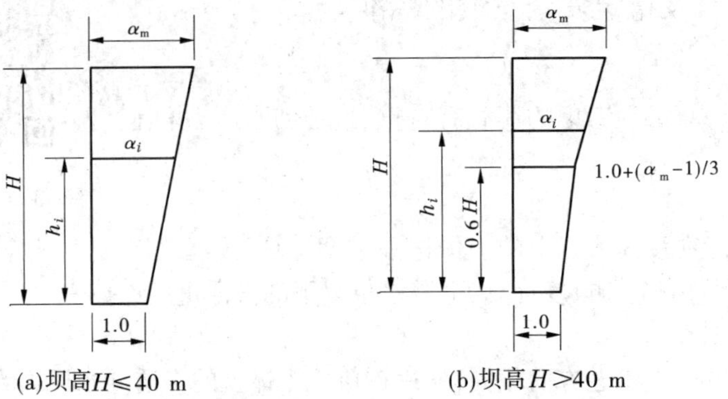

图 3-28　土石坝动态分布系数 α_i

(二)稳定计算情况

根据经验,应对以下几种荷载组合情况进行稳定计算。

1. 正常运用情况(设计情况)

(1)上游为正常蓄水位,下游为相应的最低水位,或上游为设计洪水位,下游为相应的最高水位时,在稳定渗流情况下的上、下游坝坡的稳定计算。

(2)水库水位正常降落时,上游坝坡的稳定计算。

2. 非常运用情况(校核情况)

(1)施工期,凡黏性填土均应考虑孔隙压力的影响,考虑孔隙压力消散的条件为填筑密度低,饱和度>80%,渗透系数 K 在 $10^{-7}\sim10^{-3}$ cm/s 之间的大体积填土。

(2)水库水位非常降落,如自校核洪水位降落,降落至死水位以下,大流量泄空等情况下的上游坝坡稳定计算。

(3)校核洪水位下有可能形成稳定渗流时的下游坝坡稳定计算。

(三)稳定安全系数标准

坝坡的抗滑稳定安全系数应不小于规定的数值。

采用计入条块间作用力的计算方法时,坝坡的抗滑稳定安全系数不小于表 3-14 所规定的数值。采用不计条块间作用力的瑞典圆弧法计算坝坡稳定时,对 1 级坝和 2 级以下的高坝,以及一些比较复杂的情况,这时的最小安全系数应比表 3-14 中的规定降低 8%。

表 3-14　容许最小抗滑稳定安全系数

运用条件	工程等级			
	1	2	3	4、5
正常运用	1.50	1.35	1.30	1.25
非常运用Ⅰ	1.30	1.25	1.20	1.15
非常运用Ⅱ	1.20	1.15	1.15	1.10

三、土料抗剪强度指标的选取

土石坝从施工期到运用期,坝体填土及地基土的抗剪强度都在不断变化。所以,土料的抗剪强度指标(内摩擦角 φ、凝聚力 c)的运用,关系到坝体的工程量和安全程度,至为重要。

一般情况下,黏性土的抗剪强度随固结度的增加而增加。稳定计算时应该采用黏性土固结后的强度指标。确定抗剪强度指标的方法有前述的有效应力法和总应力法两种,《碾压式土石坝设计规范》(SL 274—2020)规定,对Ⅰ级坝和Ⅱ级以下高坝在稳定渗流期必须采用有效应力法作为依据,Ⅲ级以下中低坝可采用两种方法的任一种,还提出了不同情况下确定抗剪强度指标的方法,见表 3-15。

表 3-15　抗剪强度指标的测定和应用

<table>
<tr><th>控制稳定的时期</th><th>强度计算方法</th><th colspan="2">土类</th><th>使用仪器</th><th>试验方法与代号</th><th>强度指标</th><th>试样起始状态</th></tr>
<tr><td rowspan="8">施工期</td><td rowspan="6">有效应力法</td><td colspan="2" rowspan="2">无黏性土</td><td>直剪仪</td><td>慢剪(S)</td><td rowspan="6">c'、φ'</td><td rowspan="8">填土:用填筑含水量和填筑密度的土;坝基土:用原状土</td></tr>
<tr><td>三轴仪</td><td>固结排水剪(CD)</td></tr>
<tr><td rowspan="4">黏性土</td><td rowspan="2">饱和度<80%</td><td>直剪仪</td><td>慢剪(S)</td></tr>
<tr><td>三轴仪</td><td>不排水剪测孔隙压力(UU)</td></tr>
<tr><td rowspan="2">饱和度≥80%</td><td>直剪仪</td><td>慢剪(S)</td></tr>
<tr><td>三轴仪</td><td>固结不排水剪测孔隙压力(CU)</td></tr>
<tr><td rowspan="2">总应力法</td><td rowspan="2">黏性土</td><td>渗透系数 $<10^{-7}$ cm/s</td><td>直剪仪</td><td>快剪(Q)</td><td rowspan="2">c_u、φ_u</td></tr>
<tr><td>任何渗透系数</td><td>三轴仪</td><td>不排水剪(UU)</td></tr>
<tr><td rowspan="4">稳定渗流期和水库水位降落期</td><td rowspan="4">有效应力法</td><td colspan="2" rowspan="2">无黏性土</td><td>直剪仪</td><td>慢剪(S)</td><td rowspan="4">c'、φ'</td><td rowspan="5">填土:用填筑含水量和填筑密度的土;坝基土:用原状土,但要预先饱和,而浸润线以上的土不需饱和</td></tr>
<tr><td>三轴仪</td><td>固结不排水剪(CD)</td></tr>
<tr><td colspan="2" rowspan="2">黏性土</td><td>直剪仪</td><td>慢剪(S)</td></tr>
<tr><td>三轴仪</td><td>固结不排水剪测孔隙压力(CU)</td></tr>
<tr><td>水库水位降落期</td><td>总应力法</td><td colspan="2">黏性土</td><td>三轴仪</td><td>固结不排水剪(CU)</td><td>c_{cu}、φ_{cu}</td></tr>
</table>

四、稳定分析方法

(一)圆弧滑动面法

土石坝设计中目前最广泛的圆弧滑动静力计算方法有瑞典圆弧法和简化的毕肖普法。

基本原理:假定滑动面为圆柱面,将滑动面内土体视为刚体,边坡失稳时该土体绕滑弧圆心 O 做旋转运动,计算时沿坝轴线取单宽按平面问题进行分析。由于土石坝工作条件复杂,滑动体内的浸润线又呈曲线状,而且抗剪强度沿滑动面的分布也不一定均匀,因此为了简化计算和得到较为准确的结果,实践中常采用条分法,即将滑动面上的土体按一定宽度分为若干个铅直土条,分别计算各土条对圆心 O 的抗滑力矩 M_r 和滑动力矩 M_s,再分别取其总和,其比值即为该滑动面的稳定安全系数 K:

$$K = \sum M_r / \sum M_s \tag{3-42}$$

1. 不计条块间作用力的瑞典圆弧法

以渗流稳定期,用有效应力法计算为例说明如下:

(1)将土条编号。土条宽度常取滑弧半径 R 的 1/10,即 $b=0.1R$。各块土条编号的顺序为:零号土条位于圆心之下,向上游(对下游坝坡而言)各土条的顺序为 1、2、3、…、n,往下游的顺序为−1、−2、…、m 见图 3-29。

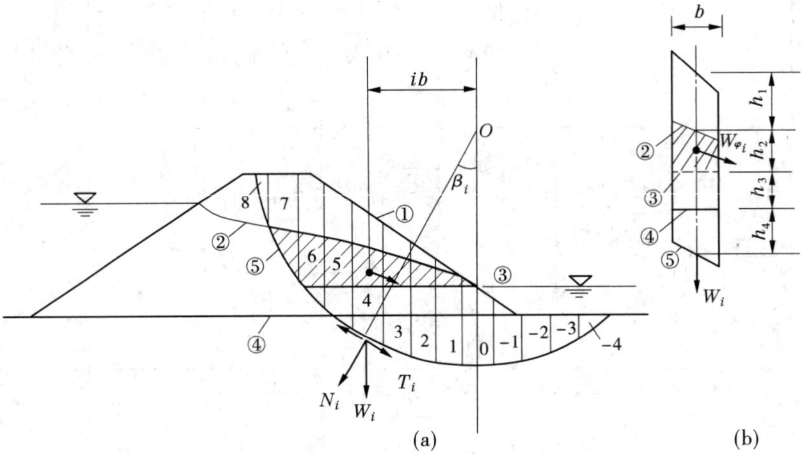

①—坝坡线;②—浸润线;③—下游水面;④—地基面;⑤—滑裂面。

图 3-29 圆弧滑动计算简图

(2)计算土条的重量 W_i。

计算抗滑力时,浸润线以上用湿重度,浸润线以下用浮重度:

$$W_i = [\gamma_1 h_1 + \gamma_3(h_2 + h_3) + \gamma_4 h_4]b \tag{3-43}$$

式中 $h_1 \sim h_4$——土条各分段的中线高度;

γ_1、γ_3、γ_4——坝体土的湿重度、浮重度和坝基土的浮重度。

计算滑动力时,下游水位与浸润线之间的土体用饱和重度,浸润线以上仍用湿重度,下游水位以下用浮重度计算。

(3)安全系数,计算公式为

$$K=\frac{\sum\{[(W_i\pm V)\cos\beta_i-ub\sec\beta_i-Q\sin\beta_i]\tan\varphi_i'+c_i'b\sec\beta_i\}}{\sum[(W_i\pm V)\sin\beta_i+M_c/R]} \quad (3\text{-}44)$$

式中 W_i——土条重量;

Q、V——水平和垂直地震惯性力(向上为负,向下为正);

u——作用于土条底面的孔隙压力;

β_i——条块重力线与通过此土条底面中点的半径之间的夹角;

b——土条宽度;

φ'、c'——土条底面的有效应力抗剪强度指标;

M_c——水平地震惯性力对圆心的力矩;

R——圆弧半径。

用总应力法分析坝体稳定时,略去公式含孔隙压力 u 的项,并将 φ'、c' 换成总应力强度指标。

2. 简化的毕肖普(Bishop)法

瑞典圆弧法不满足每一土条力的平衡条件,一般计算出的安全系数偏低。毕肖普法在这方面做了改进,近似考虑了土条间相互作用力的影响,其计算简图如图 3-30 所示。图 3-30 中 E_i 和 X_i 分别表示土条间的法向力和切向力;W_i 为土条自重,在浸润线上、下分别按湿重度和饱和重度计算;Q_i 为水平力,如地震力等;N_i 和 T_i 分别为土条底部的总法向力和总切向力。

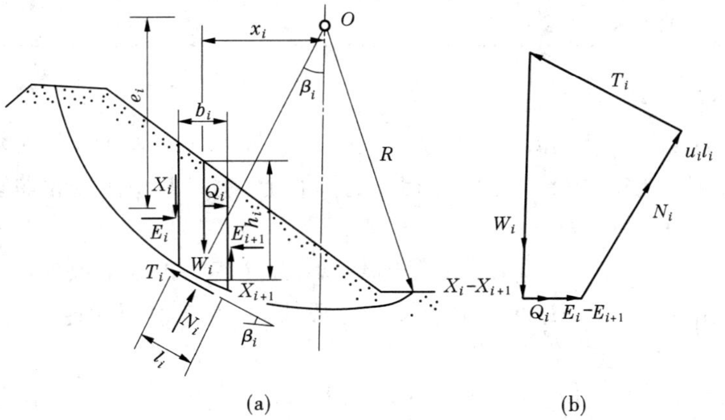

图 3-30 简化的毕肖普法

为使问题可解,毕肖普假设 $X_i=X_{i+1}$,即略去土条间的切向力,使计算工作量大为减少,而成果与精确法计算的仍很接近,故称简化的毕肖普法。安全系数计算公式为

$$K=\frac{\sum\{[(W_i\pm V)\sec\beta_i-ub\sec\beta_i]\tan\varphi_i'+c_i'b\sec\beta_i\}[1/(1+\tan\beta_i\tan\varphi_i'/K)]}{\sum[(W_i\pm V)\sin\beta_i+M_c/R]} \quad (3\text{-}45)$$

3. 最危险滑弧位置确定

如图 3-31 所示，首先由下游坝坡中点 *a* 引出两条直线，一条是铅直线，另一条与坝坡线成 85°角，再以 *a* 点为圆心，以 $R_{内}$、$R_{外}$ 为半径（$R_{内}$、$R_{外}$ 由表 3-16 查得）作两个圆弧，得到扇形 *bcdf*，然后按图示作直线 M_1M_2 并延长使其与扇形相交，交点为 *eg*。最危险的滑弧圆心就在扇形面积中的 *eg* 线附近。

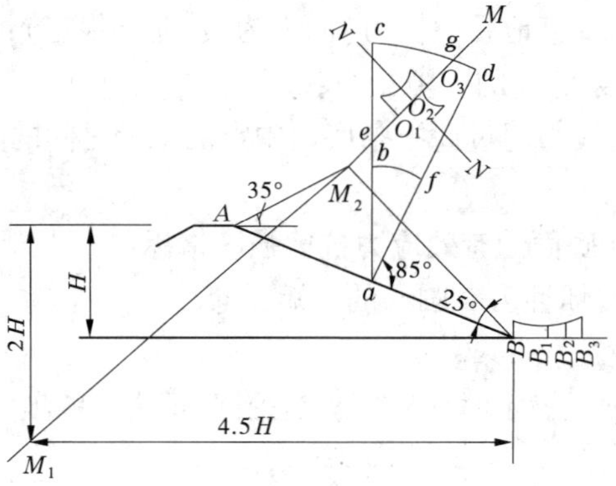

图 3-31　最危险滑弧求解

表 3-16　$R_{内}$、$R_{外}$ 值

坝坡	1∶1	1∶2	1∶3	1∶4
$R_{内}/H$	0.75	0.75	1.0	1.5
$R_{外}/H$	1.5	1.75	2.3	3.7

计算最小稳定安全系数的步骤如下：

（1）先在 *eg* 线上假定几个圆心 O_1、O_2、O_3 等，从每个圆心作滑弧通过坝脚点，按公式分别计算其 *K* 值。按比例将 *K* 值画在相应的圆心上，绘制 *K* 值的变化曲线，可找到该曲线上的最小 K_{min} 值，例如 O_2 点。

（2）通过 *eg* 线上 K_{min} 的点 O_2，作 *eg* 垂线 *N*—*N*，在 *N*—*N* 线上取数点为圆心，画弧仍通过 *B* 点，求出 *N*—*N* 线上最小的 K_{min} 值。一般认为，该 *K* 值即为通过 *B* 点的最小安全系数，并按比例画在 *B* 点。

（3）根据坝基土质情况，在坝坡上或坝脚外，再选数点 B_1、B_2、B_3 等，仿照上述方法，求出相应的最小安全系数 K_1、K_2、K_3 等，并标注在相应点上，与 *B* 点的 *K* 连成曲线找到 K_{min}。一般至少要计算 15 个滑弧才能得到答案。

（二）折线滑动面法

1. 非黏性土坝坡部分浸水的稳定计算

对于部分浸水的非黏性土坝坡，由于水上与水下土的物理性质不同，滑裂面不是一个平面，而是近似折线面，以图 3-32 所示心墙坝的上游坝坡为例，说明折线法按极限平衡理论计算安全系数的方法。

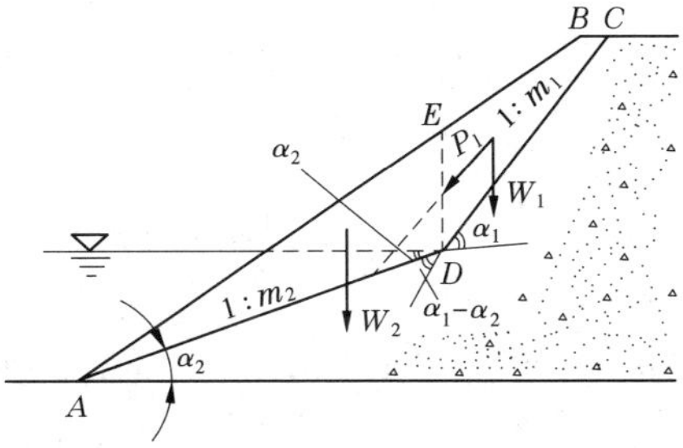

图 3-32　非黏性土坝坡部分浸水的稳定计算

图 3-32 中 ADC 为任一滑裂面，折点 D 在上游水位处，以铅直线 DE 将滑动土体分成两块，其重量分别为 W_1、W_2，假定两块土体间的作用力为 P_1，其方向平行于 DC 面，两块土体底面的抗剪强度内摩擦角分别为 φ_1、φ_2，则土块 $BCDE$ 沿 CD 滑动面和土体 ADE 沿 AD 滑动面的力的平衡式为

$$P_1 - W_1\sin\alpha_1 + \frac{1}{K}W_1\cos\alpha_1\tan\varphi_1 = 0 \tag{3-46}$$

$$\frac{1}{K}W_2\cos\alpha_2\tan\varphi_2 + \frac{1}{K}P_1\sin(\alpha_1 - \alpha_2)\tan\varphi_2 - W_2\sin\alpha_2 - P_1\cos(\alpha_1 - \alpha_2) = 0 \tag{3-47}$$

由以上两式联立，可以求得安全系数 K。K 值采用与不计条块间作用力的瑞典圆弧法相同的稳定安全系数标准。

为求得坝坡的稳定安全系数，应假定不同的 α_1、α_2 和上游水位，即先求出在某一水位和 α_2 下不同 α_1 值时的最小稳定安全系数，然后在同一水位下再假定不同的 α_2 值，重复上述计算可求出在这种水位下的最小稳定安全系数。一般还必须至少再假设两个水位，才能最后确定坝坡的最小稳定安全系数。

2. 斜墙坝上游坝坡的稳定计算

斜墙坝上游坝坡的稳定计算，包括保护层沿斜墙滑动和保护层连同斜墙沿坝体滑动两种情况，因为斜墙同保护层和斜墙同坝体的接触面是由两种不同的土料填筑的，接触面处往往强度低，有可能斜墙和保护层共同沿斜墙底面折线滑动，如图 3-33 所示，对厚斜墙还应计算圆弧滑动稳定。

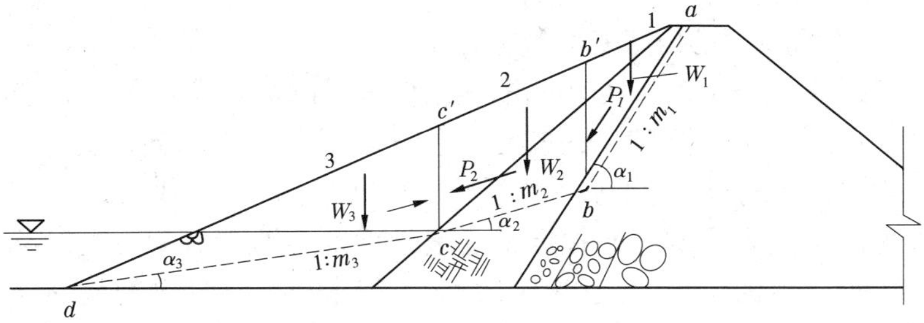

图 3-33　斜墙同保护层一起滑动的稳定计算

设试算滑动面 $abcd$，将滑动土体分成三块。土体重量分别为 W_1、W_2、W_3，滑面折线与水平面的夹角分别为 α_1、α_2、α_3，P_1、P_2 分别假定沿着 α_1、α_2 的方向，分别对三块土体沿滑动面方向进行力的平衡：

$$P_1 - W_1\sin\alpha_1 + \frac{1}{K}W_1\cos\alpha_1\tan\varphi_1 = 0 \tag{3-48}$$

$$P_2 - P_1\cos(\alpha_1 - \alpha_2) - W_2\sin\alpha_2 + \frac{1}{K}\{[W_2\cos\alpha_2 + P_1\sin(\alpha_1 - \alpha_2)]\tan\varphi_2 + c_2 l_2\} = 0 \tag{3-49}$$

$$P_2\cos(\alpha_2 - \alpha_3) + W_3\sin\alpha_3 - \frac{1}{K}[W_3\cos\alpha_3 + P_2\sin(\alpha_2 - \alpha_3)]\tan\varphi_3 = 0 \tag{3-50}$$

由以上三式联立，可以求得安全系数 K 值，K 值采用与计入条块间作用力的抗滑稳定计算方法相同的稳定安全系数标准。

求最危险滑动面方法原理同上。

3. 复合滑动面法

当滑动面通过不同土料时，常有直线与圆弧组合的形式。例如，厚心墙坝的滑动面，通过砂性土时为直线，通过黏性土时为圆弧。当坝基下不深处存在软弱夹层时，滑动面也可能通过软弱夹层而形成如图 3-34 所示的复合滑动面。

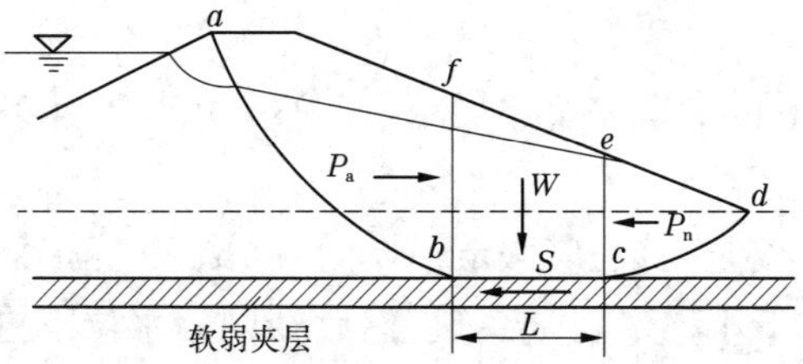

图 3-34 复合滑动面稳定计算

计算时，可将滑动土体分为 3 个区，土体 abf 的滑动推力为 P_a，土体 cde 的推力为 P_n，分别作用于 fb 和 ec 面上。由土体 $bcef$ 产生的抗滑力 S 作用于 bc 面上，稳定安全系数 K 可表示为

$$K = \frac{\text{抗滑力}}{\text{滑动力}} = \frac{S}{P_a - P_n} = \frac{W\tan\varphi + cL}{P_a - P_n} \tag{3-51}$$

式中 W——土体 $bcef$ 的自重；

φ、c——软弱夹层的内摩擦角和凝聚力。

求 P_a、P_n 时，可用条分法将两边的滑动土体 abf 和 cde 分成几个条块，并假定条块间的推力近似于水平。用上述试算法，拟定一个安全系数 K，推求各条块对下一块的推力（求 P_a 时从左块开始，求 P_n 时则从右块开始），得出 P_a 和 P_n 后代入式(3-51)，如果得到的 K 值与拟定的 K 值不同，则重新拟定 K，重复计算，直至两者相等为止。当然，也要多假定几个 ab 弧和 cd 弧的位置，经过多次试算，才能求出沿这种滑动面的最小稳定安全系数。

五、案例分析

基本资料：某均质土坝，见图 3-35，3 级建筑物，坝高 31.85 m，坝顶宽 7 m，上、下游坝坡分别为 1∶3、1∶3.25、1∶3.5 及 1∶2.75、1∶3、1∶3.25，筑坝材料为中粉质壤土，土料设计指标为：$\varphi=20.9°$，$c=15$ kPa，湿重度 $\gamma_m=19.5$ kN/m^3，浮重度 $\gamma'=10.5$ kN/m^3，饱和重度 $\gamma_{sat}=20.5$ kN/m^3，试求上游为正常高水位（水深 $H_1=27.52$ m），下游无水（假设下游水位与地基平）时，下游坝坡的稳定安全系数。

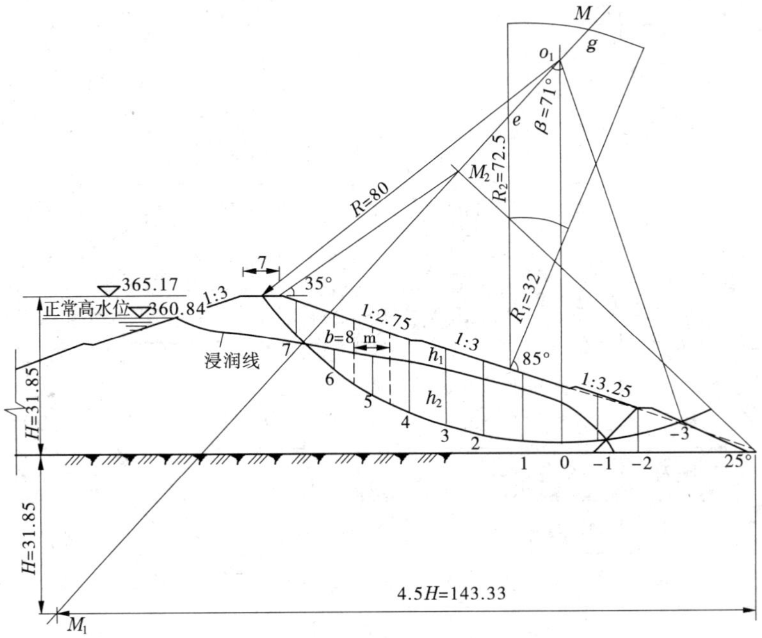

图 3-35　某均质土坝计算简图

解：取 1 m 坝长，采用列表法计算。

（1）按比例绘制坝体横剖面图，并将浸润线绘于图 3-35 上。

（2）确定最危险滑弧圆心的位置，见图 3-35。

（3）在 eg 线上任一点 O_1 为圆心，以半径 $R=80$ m 作圆弧。

（4）取土条宽度 $b=8$ m，将滑动土体分条，见图 3-35。将各土条的 $\sin\beta_i$ 和 $\cos\beta_i$ 值填入计算表 3-17。

（5）量出各土条中心线的各土条高度 h_{1i}、h_{2i}，填入表 3-17 中。第 8 号土条宽度 $b'=3$ m，高度 $h'=2.5$ m，不足一个土条 8 m 的宽度，需要换算成 $b=8$ m，高度 $h=b'h'/b=3\times2.5/8=0.94$ m 的土条；−3 号土条量出的宽度 $b'=5$ m，高 $h'=2.5$ m，同理换算成 $b=8$ m，高度 $h=b'h'/b=5\times2.5/8=1.6$ m 的土条。

（6）计算各土条的重量。

（7）$\tan\varphi=\tan20.9°=0.3819$

弧长 $\sum l_i = \frac{\pi R}{180}\theta = \frac{3.14 \times 80}{180} \times 71 = 99.0844(\mathrm{m})$

(8)将有关数据代入式(3-44),求得坝坡稳定安全系数为 $K=1.28$。

(9)选取其他滑弧,重复上述计算过程,即可求得最小稳定安全系数。其最小的稳定安全系数不得小于表 3-14 中规定的数值。

表 3-17　计算表

土条编号	$\sin\beta_i$	$\cos\beta_i$	h_{1i}	h_{2i}	$\gamma_m h_{1i}$	$\gamma' h_{2i}$	$\gamma_{sat} h_{2i}$	(⑥+⑦)× $\cos\beta_i \tan\varphi_i$	(⑥+⑧) × $\sin\beta_i$
①	②	③	④	⑤	⑥	⑦	⑧	⑨	⑩
0	0	1	4.05	8.75	78.98	91.88	179.38	65.59	0
1	0.1	0.99	4	10.5	78	110.25	215.25	71.17	29.33
2	0.2	0.98	4.5	11.5	87.75	120.75	235.75	78.03	64.70
3	0.3	0.95	4.5	11.5	87.75	120.75	235.75	75.65	97.05
4	0.4	0.92	5.5	10	107.25	105	205	74.57	124.90
5	0.5	0.87	7	7	136.5	73.5	143.5	69.77	140.00
6	0.6	0.80	7.5	3.5	146.25	36.75	71.75	55.91	130.80
7	0.7	0.71	7		136.5			37.01	95.55
8	0.8	0.6	0.94		18.33			4.2	14.66
-1	-0.1	0.99	7	2.5	136.5	26.75	51.25	61.53	-18.78
-2	-0.2	0.98	5.5		107.25			40.14	-21.45
-3	-0.3	0.95	1.6		31.2			11.32	-9.36
合计								644.89	647.4

六、知识点测试

登录智慧职教 MOOC 学院进行资源学习,并完成本任务知识点测试;或扫描二维码完成本任务知识点测试。

码 3-37　项目三任务六知识点测试

七、技能训练

1. 某均质土石坝坐落在不透水地基上，坝体上、下游坡均为 1∶2.5，坝高 45 m。坝壳渗透系数 $K=2.0\times10^{-2}$ cm/s，坝壳砂砾料力学指标为：水上 $\varphi=30°$，水下 $\varphi=28°$，湿重度 $\gamma_1=20.5$ kN/m^3，浮重度 $\gamma_2=12.4$ kN/m^3。试计算：①上游水深 $H_1=41$ m，下游水深 $H_2=3.0$ m 时，通过单宽坝段坝体的渗流量以及浸润线；②自己假定一条折线滑动面，求在上游水深为 35 m 时的坝体稳定安全系数（不考虑地震荷载）。

2. 某黏土心墙砂砾坝断面如图 3-36 所示，心墙底部为一厚度 90 cm 的截水墙，已知渗透系数分别为 $K_1=2.0\times10^{-2}$ cm/s，$K_2=2.16\times10^{-5}$ cm/s，坝壳力学指标为：水上 $\varphi=36°30'$（水下折减 2°），湿重度 $\gamma_{湿}=20.5$ kN/m^3，浮重度 $\gamma_{浮}=12.4$ kN/m^3，正常水位：上游 119.5 m，下游 53.0 m。

问题：

（1）试计算单位宽度坝段坝体及坝基的渗流量；

（2）列出浸润线方程，并绘制流网图；

（3）用折线法计算图示滑动面的安全系数。

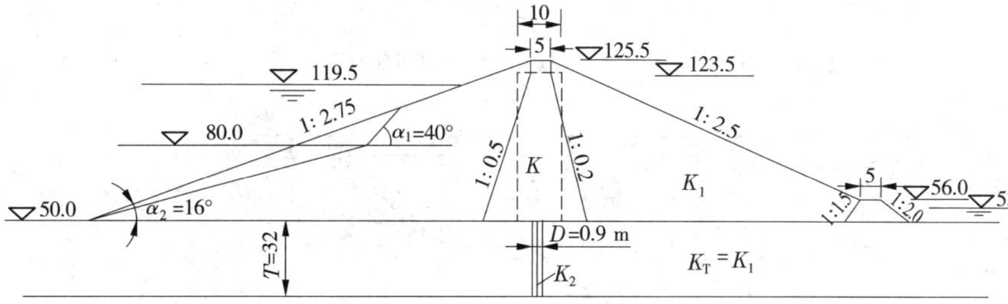

图 3-36　黏土心墙砂砾坝断面　（单位：m）

任务七　土石坝与坝基、岸坡及其他建筑物的连接设计

【学习目标】

1. 了解土石坝与坝基、岸坡及其他建筑物的接触面连接存在的问题。
2. 掌握土石坝与坝基接触面连接的措施。
3. 掌握土石坝与岸坡连接的措施。
4. 掌握土石坝与其他建筑物的接触面连接的方法。
5. 细节决定成败，培养工程安全、质量意识。

土石坝与坝基、岸坡及其他建筑物的接触面都是防渗的薄弱部位，必须妥善处理，使其结合紧密，避免产生集中渗流；保证坝体与河床及岸坡结合面的质量，不使其形成影响坝体稳定的软层面；并不至因岸坡形状或坡度不当引起坝体不均匀沉降而产生裂缝。

一、坝体与土质地基及岸坡的连接

坝体与土质地基及岸坡的连接必须做到以下几个方面：

(1)清除坝体与地基、岸坡接触范围内的草皮、树干、树根、含有植物的表土、蛮石、垃圾及其他废料，并将清理后的地基表面土层压实；

(2)对坝断面范围内的低强度、高压缩性软土及地震时易于液化的土层，进行清除或处理；

(3)防渗体必须坐落在相对不透水土基上，否则应采取适当的防渗处理措施；

(4)地基覆盖层与下游坝壳粗粒料(如堆石)接触处，应符合反滤层要求，否则必须设置反滤层，以防止地基土流失到坝壳中。

心墙和斜墙在与两端岸坡连接处应扩大其断面，加强连接处防渗的可靠性，扩大断面与正常断面之间应以渐变的形式过渡，并且岸坡应大致平顺，不应成台阶状、反坡或突然变坡，如图 3-37 所示，岸坡上缓下陡时，变坡角应小于 20°，岸坡不宜陡于 1∶1.5。

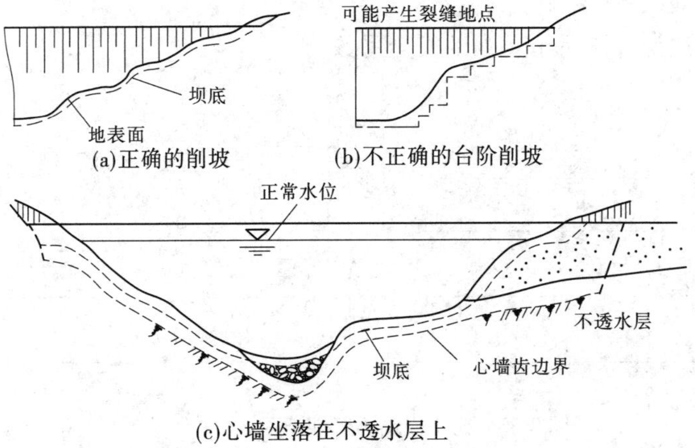

图 3-37　土石坝与岸坡的连接

二、坝体与岩石地基及岸坡的连接

坝体与岩石地基及岸坡的连接必须做到以下几个方面：

(1)坝断面范围内的岩石地基与岸坡，应清除表面松动石块、凹处积土和突出的岩石。

(2)土质防渗体和反滤层应与相对不透水的新鲜或弱风化岩石相连接。基岩面上一般宜设混凝土盖板、喷混凝土层或喷浆层，将基岩与土质防渗体分隔开来，以防止接触冲刷。

(3)对失水时很快风化变质的软岩石(如页岩、泥岩等)，开挖时应预留保护层(厚 10~15 cm)，待开始回填时，随挖除、随回填。

(4)土质防渗体与岩石或混凝土建筑物相接处，如防渗土料为细粒黏性土，则在邻近接触面 0.5~1.0 m 范围内,应控制在高于最优含水量不大于 3%的情况下填筑,在填土前用黏土浆抹面。如防渗土料为砾石土,邻近接触面应采用纯黏性土或砾石含量少的黏性土,在略高于最优含水量下填筑,使其结合良好并适应不均匀沉降。

在高坝防渗体底部混凝土盖板以下的基岩中,宜进行浅层铺盖式灌浆,以改善接触条件,在与防渗体接触的覆盖层中,也宜进行浅层铺盖式灌浆。

三、坝体与混凝土建筑物的连接

(一)土石坝与重力坝的连接

土石坝与重力坝常采用插入式连接,见图 3-38。这种连接形式结构简单,土石坝的坡脚要向重力坝方向延伸较长,故中高坝不适于直接与混凝土溢流坝相连接。

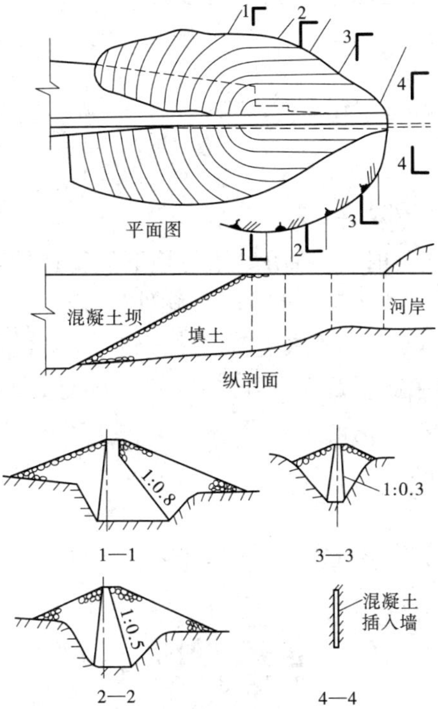

图 3-38 土石坝与重力坝的插入式连接

(二)土石坝与溢流坝(或船闸)的连接

土石坝与船闸、混凝土溢流坝和溢洪道连接时常采用翼墙式连接,如图 3-39 所示。图 3-39(a)上、下游翼墙在平面上为圆弧形;图 3-39(b)上游翼墙为圆弧形,下游翼墙为斜降式;图 3-39(c)上、下游翼墙均为斜降式。

为使接触面结合紧密,并具有良好的抗震性能,可采取以下措施:

(1)混凝土挡土墙宜采用 1:0.5 左右的坡度,使填土高度缓慢变化,避免裂缝。

(2)为避免土和混凝土两种不同类型结构地震时变形不协调,在结合部位脱开或产生间隙,宜尽可能增大接触面积,将土石坝的防渗体适当扩大。

(3) 在结合部位数米范围内设置良好的反滤层，一旦出现裂缝后使其可以自愈。

(4) 在寒冷地区，要防止因翼墙厚度和保护层厚度不足而使填土冻结。

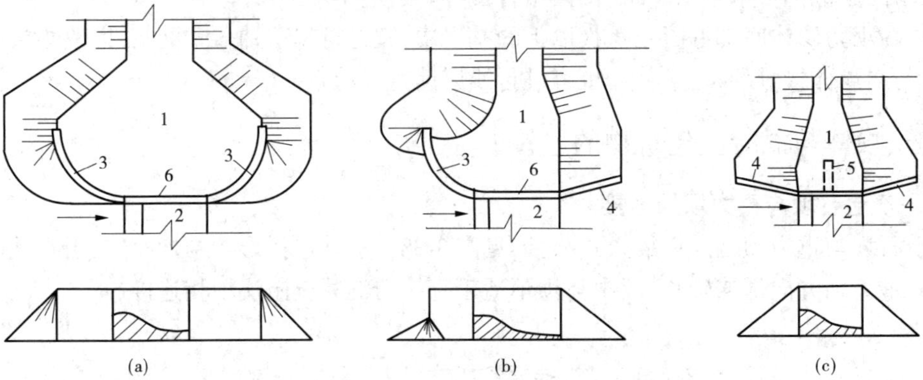

1—土石坝；2—溢流重力坝；3—圆弧形翼墙；4—斜降式翼墙；5—刺墙；6—边墩。

图 3-39　翼墙式连接

(三) 土石坝与坝下埋管的连接

土石坝下面埋设坝下涵管时，土质防渗体与坝下埋管连接处，应适当扩大防渗体断面，以延长渗径。在防渗体下游面与坝下涵管接触处，一定要做好反滤层，将涵管包起来。

坝下埋管周围均应仔细回填不透水土料，分层夯实。涵管本身必须设沉陷缝，做好止水，对于地震区的土石坝及中高土石坝，不得在软基上布置坝下埋管，低坝采用软基上的坝下埋管时，必须有充分的技术论证。

四、知识点测试

登录智慧职教 MOOC 学院进行资源学习，并完成本任务知识点测试；或扫描二维码完成本任务知识点测试。

码 3-38　项目三任务七知识点测试

五、技能训练

根据给定的黏土心墙土石坝施工图，说明土石坝与地基、岸坡以及与溢洪道连接处的处理方式，并分析其原因。

任务八　土石坝的地基处理

【学习目标】

1. 掌握土石坝对地基的要求。
2. 掌握砂砾石地基防渗处理的方法。
3. 能根据地基情况正确选择地基处理方法。
4. 领悟地基对建筑物安全的影响,培养规范、严谨的做事态度。

【思政素材】

码 3-39　小浪底大坝地基处理

码 3-40　两河口土石坝

土石坝对地基的要求比混凝土坝低,但地基的性质对土石坝的构造和尺寸却有很大影响。天然地基往往不能完全满足要求,如经常遇到深厚覆盖层地基,渗透性大、节理裂隙发育的岩层及软弱夹层、断层破碎带等地质条件复杂的地基,均需要进行处理,以保证工程运行安全。

土石坝地基处理的目的如下:

(1)改善地基的剪切特性,防止剪切破坏,减少剪切变形,保证地基不发生滑动。

(2)改善地基的压缩性能,减少不均匀沉降,以限制坝体裂缝的发生。

(3)减少地基的透水性,使地基以至坝身不产生渗透变形,并把渗流流量控制在允许的范围内。

(4)改善地基的动力特性,防止液化。

岩石地基的处理见重力坝部分,这里主要介绍非岩石地基的处理。

一、砂砾石地基处理

码 3-41　砂砾石地基处理

砂砾石地基一般强度较大,压缩变形较小,处理的主要问题是解决渗流问题,通常采取“上堵下排”的措施。“上堵”包括水平和铅直防渗措施,主要有黏土截水墙、混凝土防渗墙、板桩和帷幕灌浆,以及水平方向的防渗铺盖等;“下排”主要是排水减压,有减压井、反滤式排水沟及水平方向的反滤式盖重。所有这些措施既可以单独使用,也可以联合使用。

(一)黏性土截水墙

当覆盖层深度在 15 m 以内时,可开挖深槽直达不透水层或基岩,槽内回填黏性土而成截水墙(也称截水槽),心墙坝、斜墙坝常将防渗体向下延伸至不透水层而成截水墙,见图 3-40(a)。

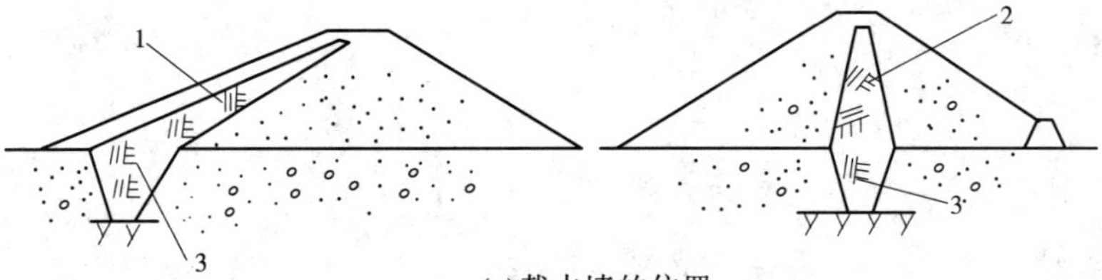

(a)截水墙的位置

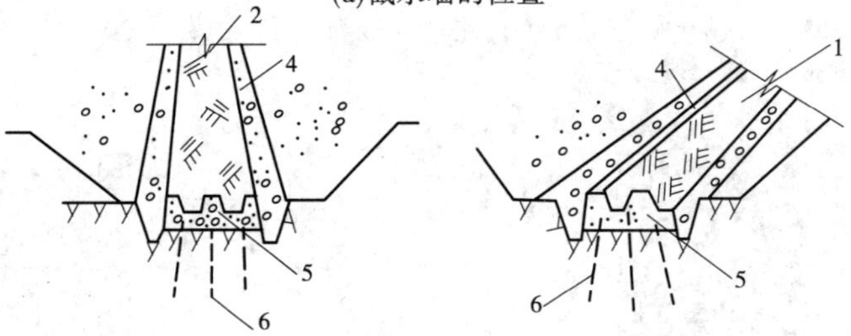

(b)截水墙与基岩的连接

1—黏土斜墙;2—黏土心墙;3—截水墙;4—过渡层;5—垫座;6—固结灌浆。

图 3-40　黏土截水墙

均质土坝也可以将坝体部分延伸至不透水层而成截水墙,见图 3-41。

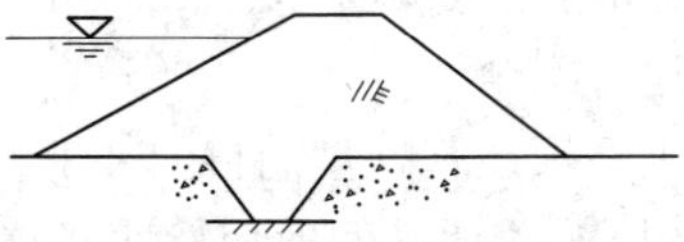

图 3-41　均质坝截水墙

截水墙底宽常根据回填土料的允许渗透坡降与基岩接触面抗渗流冲刷的允许坡降及施工条件确定。截水墙内回填黏土、重壤土时不小于 $0.1H$(H 为作用水头),中、轻壤土不小于 $0.2H$,且一般不小于 3 m,以利于施工。截水墙的土料应与其上部的心墙或斜墙一致。均质土坝截水墙所用土料应与坝体相同,其截水墙的位置宜设于距上游坝脚 1/3~1/2 坝底宽处。

截水槽底部与不透水层的接触面是防渗的薄弱环节。若不透水层为岩基,为了防止因槽底部接触面发生集中渗流而造成冲刷破坏,可在岩基建混凝土或钢筋混凝土齿墙;若岩石破碎,应在齿墙下进行帷幕灌浆,如图 3-40(b)所示。在截水槽回填时,应在齿墙表面和齿墙岩面抹黏土浆。对于中、小型工程,也可在截水槽底部基岩上挖一条齿槽以加长接触面的渗径,加强截水槽与基岩的连接。

截水墙结构简单、工作可靠、防渗效果好,得到了广泛的应用。缺点是槽身挖填和坝体填筑不便同时进行,若汛前要达到一定的坝高拦洪度汛,工期较紧。

(二)混凝土防渗墙

用钻机或开槽机在土层中凿成圆孔或槽孔,在孔中浇混凝土,最后连成一片,成为整体的混凝土防渗墙,适用于地基渗水砂砾石层深度较厚的情况,如图 3-42 所示。

码 3-42　防渗墙施工动画

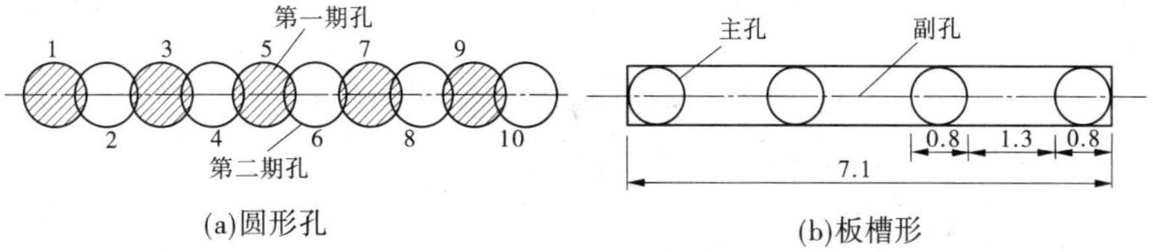

图 3-42　混凝土防渗墙的平面布置　（单位:m）

防渗墙厚度根据防渗和强度要求确定。按施工条件可在 0.6~1.3 m 之间选用(一般为 0.8 m),因受钻孔机具的限制,墙厚不能超过 1.3 m。混凝土防渗墙的允许坡降一般为 80~100,混凝土强度等级为 C15,抗渗等级 W6~W8,坍落度为 8~20 cm,水泥用量为 300 kg/m^3 左右。墙底应嵌入半风化岩内 0.5~1.0 m,顶端插入防渗体,插入深度应为坝前水头的 1/10,且不得小于 2 m。图 3-43 为我国碧口土石坝的混凝土防渗墙。

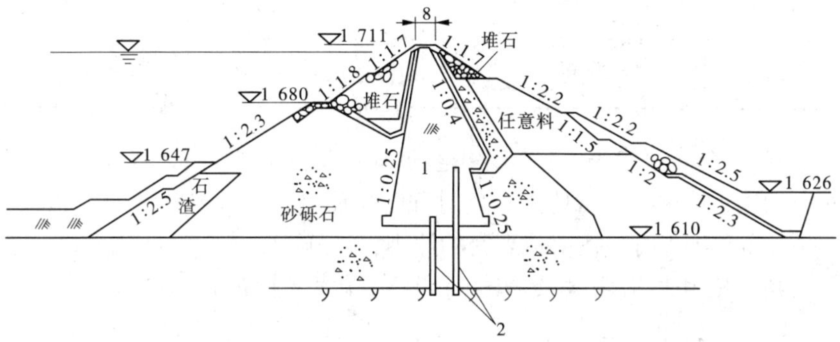

1—黏土心墙;2—混凝土防渗墙。

图 3-43　碧口土石坝的混凝土防渗墙　（单位:m）

(三)高压喷射注浆防渗墙

高压喷射注浆法(也称高喷灌浆法)是利用钻机将带有特殊喷嘴的注浆管钻进至土层的预定深度,用高压喷射流强力冲击破坏土体,喷出水泥浆与土体破坏后分离的土粒搅拌混合,经过凝结固化后,便在土中形成一定性能和形状的固结体。起到承载和防渗抗渗的目的。

码 3-43　槽型防渗墙施工

固结体的形状与喷射流的移动方向有关。高压喷射注浆法一般分为旋转喷射注浆法(简称旋喷法)、定向喷射注浆法(简称定喷法),还有摆喷注浆法(简称摆喷法)。定喷法和摆喷法通常用于地基防渗和边坡加固等工程。旋喷法主要用于地基加固,处理后的地基承载力有明显提高,地基土的变形性质也有改善。

高压喷射灌浆法的特点:成本较低,施工速度较快,固结体强度大,可靠性高等。

高压喷射灌浆孔距及布置形式的设计合理与否,对高压喷射灌浆的造价及质量影响很大。表 3-18 就是常用的几种孔距及布置形式。大值适用于细颗粒地层,小值适用于粗颗粒地层。在相同的工艺参数情况下,在中细砂、粉砂地层,孔距可大些,一般为 2.0~2.5

m；在砾卵石及卵漂石地层，孔距多采用 1.0～1.5 m；在中粗砂、壤土或杂填土层，孔距多采用 1.5～2.0 m。

表 3-18　高压喷射灌浆固结体特性指标

编号	名称	图形	孔距/m	厚度/cm	特点
1	折线形	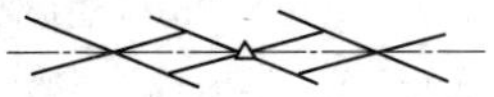	1.6～2.5	10～30	便于连接
2	微摆形	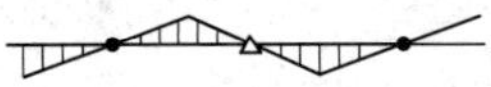	1.6～2.2	20～40	连接可靠、墙厚
3	交叉形	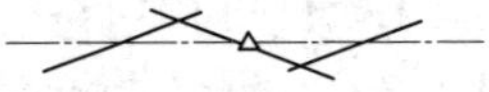	1.6～2.5	蜂窝状	连接结构稳定性好
4	直摆形	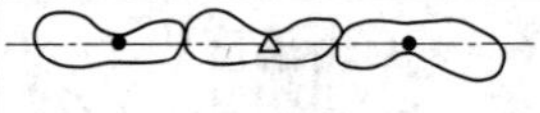	1.6～2.2	20～50	便于连接
5	摆定形	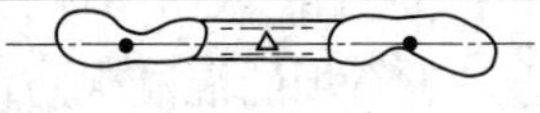	1.6～2.5	10～40	连接结构稳定性好
6	柱列形	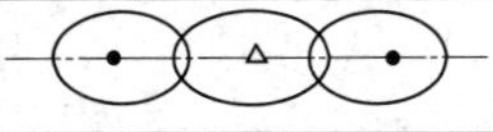	0.8～1.4	20～40	套接可靠性差
7	柱板形	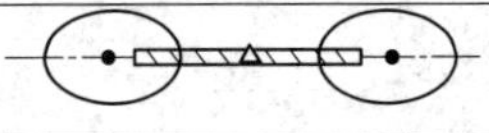	1.4～2.0	>10	便于连接，结构稳定性好

根据目前的工程实践经验，交叉形、折线形连接形式较为可靠，特别是其中的微摆喷法在堤防、土坝工程防渗中经常使用。喷射方向与轴向的夹角一般为 20°～30°，连接角度为 120°～140°，布孔施工时可按由疏到密的原则，分序施工，先喷一序孔，再喷二序孔。如遇到转折孔，则孔距和喷射角度要做适当调整，以确保转折孔与邻孔墙体之间的紧密连接。

以提高地基承载力为加固目的时，可按正方形、矩形或梅花形等布孔，孔距一般为旋喷桩径的 3～4 倍。对防渗工程多采用双排或三排布孔，使旋喷桩形成帷幕。旋喷桩的桩间距为 0.86R（R 为旋喷桩设计半径）、排距为 0.75R 时较为经济。

（四）深层搅拌防渗墙

深层搅拌法是用于加固饱和软土地基的一种较新的方法。它是利用水泥、石灰等材料作为固化剂，通过特制的深层搅拌机械边钻进边往软土中喷射浆液或雾状粉体，在地基深处就地将软土和固化剂（浆液或粉体）强制搅拌，使喷入软土中的固化剂与软土充分拌和在一起，由固化剂和软土之间所产生的一系列物理化学作用，形成抗压强度比天然土强度高得多，并由具有整体性、水稳性的水泥加固土桩柱体，由若干根这类加固土桩柱体和桩间土构成复合地基。也可根据需要，将深层搅拌桩柱体逐根紧密排列构成地下连续墙或作为防渗帷幕。成墙深度可达 30 m。

深层搅拌法由于将固化剂和原地基软土就地搅拌混合，因而最大限度地利用了原土，无须开采原材料，大量节约资源，施工速度快。

搅拌桩一般采用柱状、壁状、格栅状和块状等四种布桩形式，如图 3-44 所示。

当用于防渗时，可以将相邻的搅拌桩重叠搭接，形成防渗墙，具有较高的防渗性能。

（五）灌浆帷幕

当砂卵石层很厚，用上述三种方法都较困难或不够经济时，可采用灌浆帷幕防渗。灌

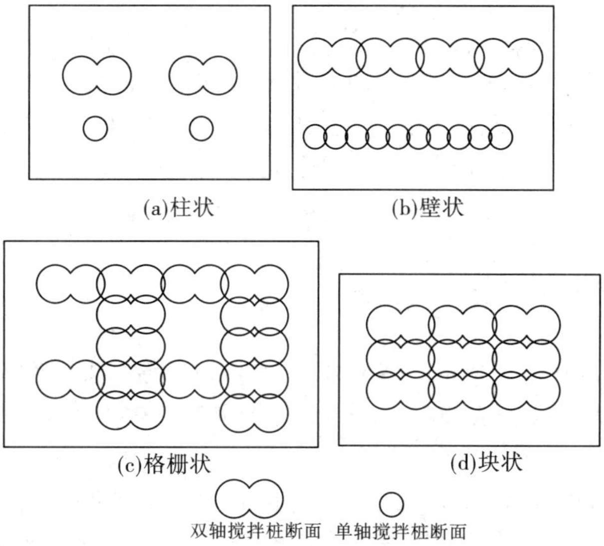

图 3-44　深层搅拌桩的加固形式

浆帷幕的施工方法是：先用旋转式钻机造孔，同时用泥浆固壁，钻完孔后在孔中注入填料，插入带孔的钢管，如图 3-45 所示，待填料凝固后，在带孔的钢管中置入双塞灌浆器，用一定压力将水泥浆或水泥黏土浆压入透水层的孔隙中。压浆可自下而上分段进行，分段可根据透水层性质采用 0.33～0.5 m 不等。待浆液凝固后，就形成了防渗帷幕。

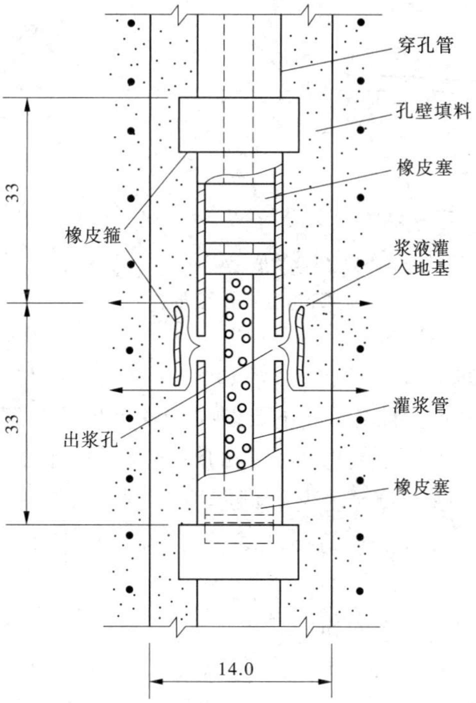

图 3-45　灌浆管结构示意图　（单位：cm）

砂卵石地基的可灌性,可根据地基的渗透系数、可灌比值 M 及小于 0.1 mm 颗粒含量等因素来评判。$M=D_{15}/d_{85}$,D_{15} 为某一粒径,在被灌土层中小于此粒径的土重占总土重的 15%,d_{85} 是另一粒径,在灌浆材料中小于此粒径的重量占总土重的 85%。一般认为,地基中小于 0.1 mm 的颗粒含量不超过 5%,或渗透系数 $K>10^{-2}$ cm/s 或 $M>10$,可灌水泥黏土浆;当渗透系数 $K>10^{-1}$ cm/s 或 $M>15$ 时,可灌水泥浆。

灌浆帷幕的厚度 T,根据帷幕最大作用水头 H 和允许水力坡降 $[J]$,按下式估算:

$$T=\frac{H}{[J]} \tag{3-52}$$

一般情况下,$[J]=3\sim4$。

灌浆帷幕的优点是灌浆深度大,这种方法的主要问题是对地基的适应性较差,有的地基如粉砂、细砂地基,不易灌进,而透水性太大的地基又往往耗浆量太大。

(六)防渗铺盖

这是由黏性土做成的水平防渗设施,是斜墙、心墙或均质坝体向上游延伸的部分。当采用垂直防渗有困难或不经济时,可考虑采用铺盖防渗。防渗铺盖构造简单,造价一般不高,但它不能完全截断渗流,只是通过延长渗径的办法,降低渗透坡降,减小渗透流量,所以对解决渗流控制问题有一定的局限性,其布置形式如图 3-46 所示。

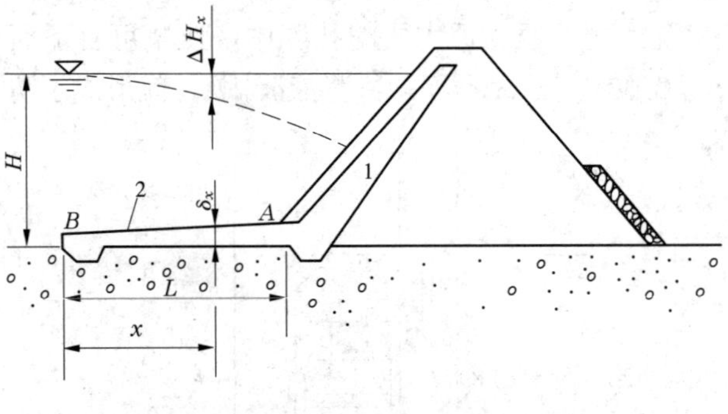

1—斜墙;2—铺盖。

图 3-46　水平铺盖

防渗铺盖材料常用黏土或砂质黏土,渗透系数应小于砂砾石层渗透系数的 1/100。铺盖长度一般为 4~6 倍水头,铺盖厚度主要取决于各点顶部和底部所受的水头差 ΔH_x 和土料的允许水力坡降$[J]$,即距上游端为 x 处的厚度应不小于 $\delta_x=\Delta H_x/[J]$,$[J]$值对于黏土可取 5~10,对壤土可取 3~5。上游端部厚度不小于 0.5 m,与斜墙连接处常达 3~5 m。铺盖表面应设保护层,铺盖与砂砾石地基之间应根据需要设置反滤层或垫层。

(七)排水减压措施

常用的排水减压设施有排水沟和排水减压井。

排水沟在坝趾稍下游平行坝轴线设置,沟底深入到透水的砂砾石层内,沟顶略高于地面,以防止周围表土的冲淤。按其构造,可分为明沟和暗管两种,如图 3-47、图 3-48 所示。两者都应沿渗流方向按反滤层布置,明沟沟底与下游的河道连接。

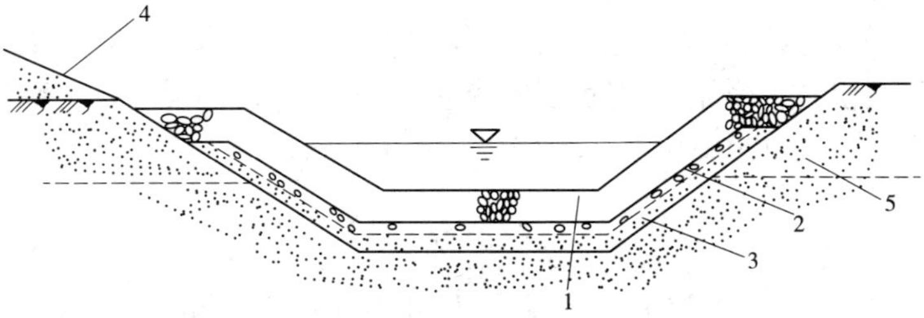

1—干砌石；2—碎石；3—粗砂；4—坝坡；5—砂砾石层。

图 3-47　排水减压沟

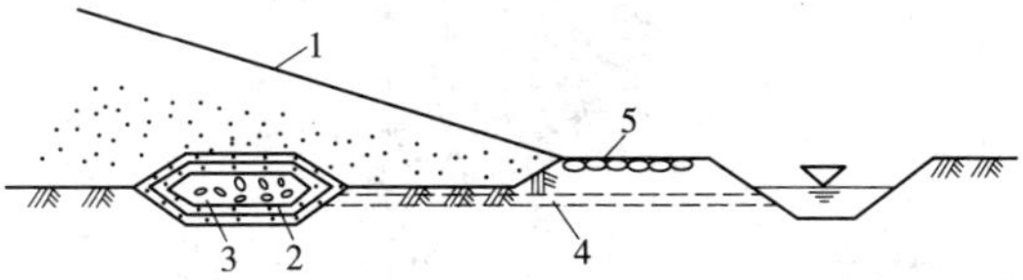

1—坝体；2—反滤层；3—坝身排水；4—暗沟；5—堆石盖重。

图 3-48　排水暗管

排水减压井将深层承压水导出水面，然后从排水沟中排出，其构造如图 3-49 所示。在钻孔中插入带有孔眼的井管，周围包以反滤料，管的直径一般为 20～30 cm，井距一般为 20～30 m。

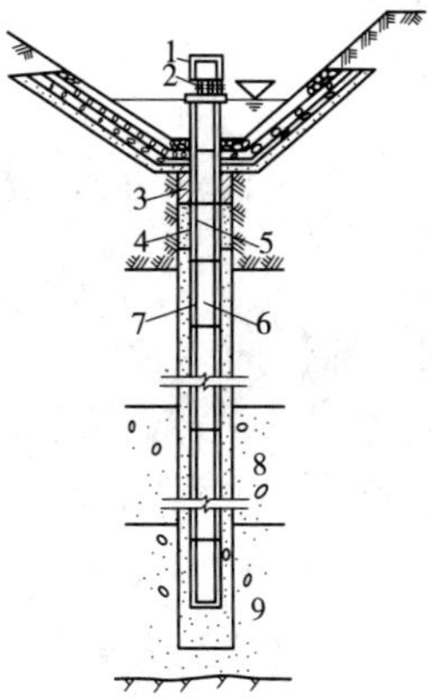

1—井帽；2—钢丝出水口；3—回填混凝土；4—回填砂；5—上升管；6—穿孔管；7—反滤层；8—砂砾石；9—砂卵石。

图 3-49　排水减压井

二、细砂与淤泥地基处理

（一）细砂地基处理

饱和的均匀细砂地基在动力作用下，特别是在地震作用下易于液化，应采取工程措施加以处理。当厚度不大时，可考虑将其挖除。当厚度较大时，可首先考虑采取人工加密措施，使之达到与设计地震烈度相适应的密实状态，然后采取加盖重、加强排水等附加防护设施。

（二）淤泥层地基处理

淤泥层地基天然含水量大，重度小，抗剪强度低，承载能力小。当埋藏较浅且分布范围不大时，一般应把它全部挖除；当埋藏较深且分布范围又较大时，则常采用压重法或设置砂井加速排水固结。压重施加于坝趾处。

砂井排水法，是在坝基中钻孔，然后在孔中填入砂砾，在地基中形成砂桩的一种方法。设置砂井后，地基中排除孔隙水的条件大为改善，可有效增加地基土的固结速度。

三、软黏土和黄土地基处理

当软黏土层较薄时，一般全部挖除。当土层较薄而其强度并不太低时，可只将表面较薄的可能不稳定的部位挖除,换填较高强度的砂,称为换砂法。

黄土地基在我国西北部地区分布较广,其主要特点是浸水后沉降较大。处理的方法一般有预先浸水,使其湿陷加固;将表层土挖除,换土压实;夯实表层土,破坏黄土的天然结构,使其密实等。

四、知识点测试

登录智慧职教 MOOC 学院进行资源学习,并完成本任务知识点测试;或扫描二维码完成本任务知识点测试。

码 3-44　项目三任务八知识点测试

五、技能训练

根据给定的土石坝工程资料,分析地基地质情况、地基存在的问题及采取的处理措施。

任务九　面板堆石坝设计

【学习目标】

1. 掌握面板堆石坝的组成结构。
2. 掌握面板堆石坝的特点。
3. 掌握面板堆石坝的设计要点。
4. 培养规范、严谨的做事态度,做匠心工程。

【思政素材】

码 3-45　水布垭面板堆石坝

码 3-46　陈磊:匠心镌刻在筑梦路上

一、概述

堆石坝泛指用石料经抛填、碾压等方法堆筑而成的一种坝型。堆石坝的筑坝材料主要采用(50%以上)粒径大于 5 mm 的碎(块)石和砂砾石。由于堆石体是透水的,因此需要设置防渗体,一般堆石坝以防渗体材料的种类和位置来命名,如土质心墙堆石坝、混凝土面板堆石坝等。近年来,随着设计和施工水平的不断提高,堆石坝得到了广泛应用。

码 3-47　面板堆石坝

当前,堆石坝应用较多的坝型是面板堆石坝,其主要优点如下:

(1)结构特点。①碾压堆石的密度大,抗剪强度高,坝坡较陡,坝体工程量较小;②分层碾压的施工方法,使每层的上半部比下半部的平均粒径小、细粒含量高、表面平整,这不仅有利于施工,而且透水性好,通过堆石体的渗流容易从水平方向排出,坝体基本处于干燥状态,不存在扬压力和孔隙水压力,对坝体稳定和抗震有利;③分区堆石体具有透水、反滤作用;④全部堆石体都对挡水发挥作用。

(2)施工特点。①堆石体的分区使开挖的石料得到充分合理的利用,有利于降低造价;②堆石体的半透水性和反滤作用,有利于施工导流和度汛,降低临时工程费用;③受气候(雨季、严寒)影响小,可以较均衡地进行施工。

(3)运行和维修特点。碾压堆石坝的沉降变形量很小,安全性高,维护工作量小。

二、钢筋混凝土面板堆石坝的剖面设计

(一)坝顶要求

面板堆石坝一般为梯形剖面,其坝顶宽度和坝顶高程的确定与土坝类似,其中坝顶宽度除应参考土石坝的要求外,还应兼顾面板堆石坝的施工要求,以便浇筑面板时有足够的工作面和进行滑模设备的操作,一般不宜小于 5 m。

面板堆石坝一般在坝顶上游侧设置钢筋混凝土防浪墙,以利于节省堆石填筑方量。防浪墙高可采用 4~6 m,背水面一般高于坝顶 1.0~1.2 m,底部与面板间应做好止水连接,如图 3-50 所示。对于低坝也可采用与面板整体连接的低防浪墙结构。

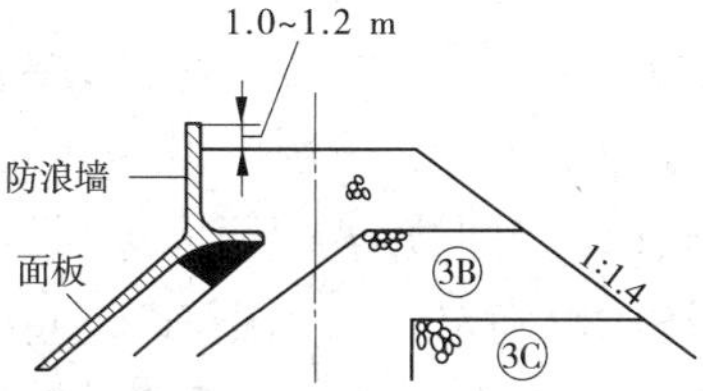

图 3-50　面板堆石坝坝顶构造

(二)坝坡

面板堆石坝的坝坡与堆石料的性质、坝高及地基条件有关,设计时可参考类似工程拟定。对于采用抗剪强度高的堆石料,上、下游坝坡在静力条件下均可采用堆石料的天然休止角对应的坡度,鉴于经过大型振动碾碾压的堆石体内摩擦角多大于 45°,因此一般采用 1:1.3~1:1.4。对于地质条件较差或堆石料抗剪强度较低,以及地震区的面板堆石坝,其坝坡应适当放缓。

三、钢筋混凝土面板堆石坝的构造

钢筋混凝土面板堆石坝主要由堆石体和钢筋混凝土面板防渗体等组成。

坝体应根据料源及对坝料强度、渗透性、压缩性、施工方便和经济合理等要求进行分区,并相应确定填筑标准。从上游向下游宜分为垫层区、过渡区、主堆石区、下游堆石区;在周边缝下游侧设置特殊垫层区;100 m 以上高坝,宜在面板上游低部位设置上游铺盖区及盖重区。

码 3-48 面板堆石坝动画

(一)堆石体

堆石体是面板下游的填筑体,是面板堆石坝的主体部分,根据其受力情况和在坝体上所发挥的功能,又可划分为垫层区(2A 区)、过渡区(3A 区)、主堆石区(3B 区)和次堆石区(3C 区),如图 3-51 所示。

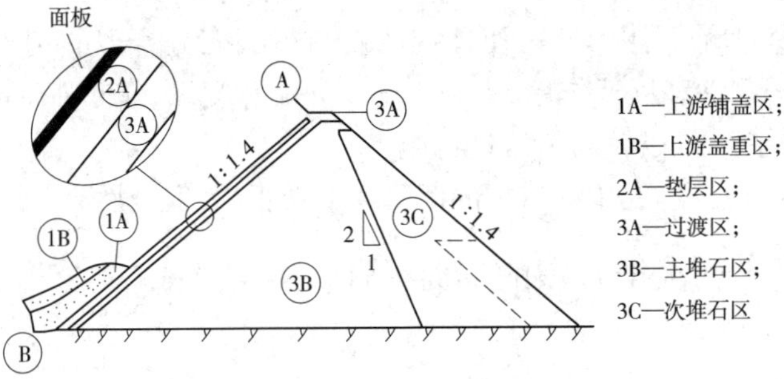

图 3-51 堆石坝分区示意

1. 垫层区

垫层区是面板的直接支承体,向堆石体均匀传递水压力,并起辅助渗流控制作用。垫层区应选用质地新鲜、坚硬且耐久性较好的石料,可采用经筛选加工的砂砾石、人工石料或者由两者混合掺配。高坝垫层料应具有连续级配,一般最大粒径为 80~100 mm,粒径小于 5 mm 的颗粒含量为 30%~50%,粒径小于 0.775 mm 的颗粒含量应少于 8%。垫层料经压实后应具有内部渗透稳定性、低压缩性、抗剪强度高,并应具有良好的施工质量。垫层施工时每层铺筑厚度一般为 0.4~0.5 m,用 10 t 振动碾碾压 4 遍以上。对垫层上侧面,由于重型振动碾难以碾压,因此对上游坡面还应进行斜坡碾压。垫层区的水平宽度应由坝高、地形、施工工艺和经济比较确定。当采用汽车直接卸料、推土机平料的机械化施工时,垫层水平宽度以不小于 3 m 为宜。如采用反铲、装载机等配合人工铺料,其水平宽度可适当减小,并相应增大过渡区宽度。垫层区可采用上下等宽布置;垫层区宜沿基岩接触面向下游适当扩大,延伸长度视岸坡地形、地质条件及坝高确定。应对垫层区的上游坡面提出平整度要求。

特殊垫层区是位于周边缝下游侧垫层区内,对周边缝及其附近面板上铺设的堵缝材料及水库泥沙起反滤作用。可以采用最大粒径小于 40 mm 且内部稳定的细反滤料,经薄层碾压密实,以尽量减少周边缝的位移。

2. 过渡区

过渡区位于垫层区和主堆石区之间,保护垫层并起过渡作用。石料的粒径级配和密实度应介于垫层区与主堆石区两者。由于垫层很薄,过渡区实际上是与垫层共同承担面板传力。此外,当面板开裂和止水失效而漏水时,过渡区应具有防止垫层内细颗粒流失的反滤作用,并保持自身的抗渗稳定性。过渡区细石料要求级配连续,最大粒径不宜超过300 mm,压实后应具有低压缩性和高抗剪强度,并具有自由排水性能。过渡区材料,可采用专门开采的细堆石料、经筛选加工的天然砂砾石料或洞挖石渣料等。该区水平宽度可取3~5 m,分层碾压厚度一般为0.4~0.5 m。

3. 主堆石区

主堆石区位于坝体上游区内,是承受水荷载的主要支承体。它将面板承受的水压力传递到地基和下游次堆石区,该区既应具有足够的强度和较小的沉降量,同时也应具有一定的透水性和耐久性。主堆石区宜采用硬岩(饱和无侧限抗压强度大于或等于30 MPa的岩石)堆石料或砂砾料填筑。枢纽建筑物开挖石料符合主堆石区或下游堆石区质量要求者,也可分别用于主堆石区或下游堆石区。该区石料应级配良好,以便碾压密实。主堆石区填筑层厚一般为0.8~1.0 m最大粒径应不超过600 mm,用10 t振动碾碾压4遍以上。

4. 次堆石区

次堆石区位于坝体下游区,与主堆石区共同保持坝体稳定,其变形对面板影响轻微,因而对填筑要求可酌情放宽。石料最大粒径可达1 500 mm,填筑层厚1.5~2.0 m,用10 t振动碾碾压4遍。下游次堆石区在坝体底部下游水位以下部分,应采用能自由滤水、抗风化能力较强的石料填筑;下游水位以上部分,使用与主堆石区相同的材料,但可以采用较低的压实标准,或采用质量较差的石料,如各种软岩(饱和无侧限抗压强度小于30 MPa的岩石)料、风化石料等。

另外,混凝土面板上游铺盖区(1A区)可采用粉土、粉细砂、粉煤灰或其他材料填筑;上游盖重区(1B区)可采用渣料填筑;下游护坡可采用干砌石,或选用超径大石,运至下游坡面,以大头向外的方式堆放。

(二)防渗面板的构造

1. 钢筋混凝土面板

钢筋混凝土面板对位于堆石坝体上游面起防渗作用,其构造要求如下:

钢筋混凝土面板要求下游非黏性土坝体必须具有很小的变形,而面板本身也应能够适应坝体的相对变形。为此,钢筋混凝土面板在坝体完成初始变形后铺筑最为理想。

钢筋混凝土面板防渗体主要由防渗面板和趾板组成,如图3-52(a)所示。面板是防渗的主体,对质量有较高的要求,即要求面板具有符合设计要求的强度、不透水性和耐久性。面板底部厚度宜采用最大工作水头的1%,考虑施工要求。顶部最小厚度不宜小于30 cm。

为使面板适应坝体变形、施工要求和温度变化的影响,面板应设置伸缩缝和施工缝,如图3-52(b)所示。垂直伸缩缝的间距,应根据面板受力条件和施工要求确定。位于面板中部一带,垂直伸缩缝间距可以取大些,一般以10~18 m为宜,靠近岸坡的垂直缝间距则应酌情减小。垂直缝宜采用平接[见图3-52(c)],不使用柔性填充物,以便最大限度地减少面板的位移。水平施工缝一般设在坝底以上1/3~1/4坝高处。采用滑模施工时,为适应滑模连续施工的要求,也可以不设水平施工缝。

为控制温度和干缩裂缝及面板适应坝体变形而产生的应力,面板需要布置双向钢筋,每向配筋率为0.3%~0.5%。由于面板内力分布复杂、计算有一定的难度,因此一般将钢筋布置在面板中间部位。周边缝、垂直缝和水平缝附近配筋应适当加密,以控制局部拉应

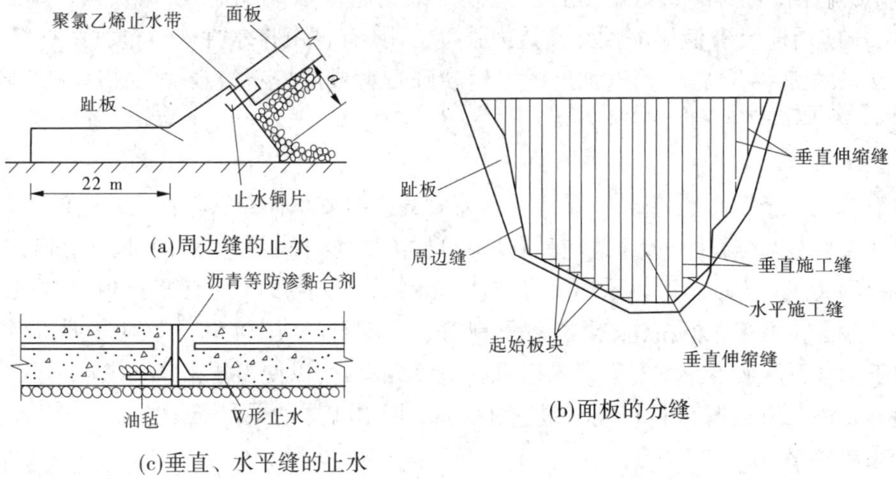

图 3-52　面板与趾板及分缝布置

力和边角免遭挤压破坏。

2. 趾板(底座)

趾板是连接地基防渗体与面板的混凝土板,是面板的底座,其作用是保证面板与河床及岸坡之间的不透水连接,同时也作为坝基帷幕灌浆的盖板和滑模施工的起始工作面。

趾板的截面形式和布置如图 3-52(a)所示,其沿水流方向的宽度 b 取决于作用水头 H 和坝基的性质,一般可按 $b=H/J$ 确定,J 为坝基的允许渗透比降。无资料时可取相对趾板位置水头的 1/10~1/20,最小 3.0 m,低坝最小可取 2.0 m。对局部不良岸坡,应加大趾板宽度,增大固结灌浆范围。趾板厚度一般为 0.5~1.0 m,最小厚度 0.3~0.4 m。配筋布置可与面板相同。缝位置应与面板分缝(垂直缝)对应。如果地基为岩基,可设锚筋与岩基固定。

面板接缝设计(包括面板与趾板的周边接缝和趾板之间接缝)主要是止水布置,周边缝止水布置最为关键。面板中间部位的伸缩缝,一般设 1~2 道止水,底部用止水铜片,上部用聚氯乙烯止水带。周边缝受力较复杂,一般用 2~3 道止水,在上述止水布置的中部再加 PVC 止水。如布置止水困难,可将周边缝面板局部加厚。

3. 面板与岸坡的连接

面板与岸坡的连接是整个面板防渗的薄弱环节,面板常因随坝体产生的位移而产生变形,使其与岸坡结合不紧密,甚至出现崩离岸坡或产生错动的现象,形成集中渗流。设计中应特别慎重对待。

面板与岸坡的连接是通过趾板与岸坡连接的,面板与趾板又通过分缝和止水措施防渗。为此,了解面板与岸坡的连接,就必须了解趾板与岸坡的连接。

趾板作为面板与岸坡的不透水连接和灌浆压帽,应置于坚硬、不冲蚀和可灌浆的弱风化至新鲜基岩上(低坝或水头较小的岸坡段可酌情放宽),岸坡的开挖坡度不宜陡于 1∶0.5~1∶0.7;对于强风化或有地质缺陷岩基的趾板,应采取专门的处理措施。趾板基础开挖应做到整体平顺,不带台阶,避免陡坎和反坡,当有妨碍垫层碾压的台阶、反坡或陡坎时,应做削坡或回填混凝土处理。

为保证趾板与岸坡紧密结合和加大灌浆压重，趾板与岸坡之间应插锚筋固定。锚筋直径一般为 25~35 mm，间距 1.0~1.5 m，长 3~5 m。

趾板范围内的岸坡应满足自身稳定和防渗要求，为此，应认真做好该处岸坡的固结灌浆和帷幕灌浆设计。固结灌浆可布置两排，深 3~5 m。帷幕灌浆宜布置在两排固结灌浆之间，一般为一排，深度按相应水头的 1/3~1/2 确定。灌浆孔的间距视岸坡地质条件而定，一般取 2~4 m，重要工程应根据现场灌浆试验确定。为了保证岸坡的稳定，防止岸坡坍塌而砸坏趾板和面板，趾板高程以上的上游可按永久性边坡设计。

趾板范围内的基岩如有断层、破碎带、软弱夹层等不良地质条件，应根据其产状、规模和组成物质，逐条进行认真处理，可用混凝土塞做置换处理，延伸到下游一定距离，用反滤料覆盖，并加强趾板部位的灌浆。

趾板地基如遇深厚风化破碎及软弱岩层，难以开挖到弱风化岩层时，可以采取如下处理措施：延长渗径，如加宽趾板、设下游防渗板、设混凝土截水墙等；增设伸缩缝；下游铺设反滤料覆盖。

四、知识点测试

登录智慧职教 MOOC 学院进行资源学习，并完成本任务知识点测试；或扫描二维码完成本任务知识点测试。

码 3-49　项目三任务九知识点测试

五、技能训练

查阅相关资料，探索我国堆石坝建设和发展情况。

任务十　坝下涵管

【学习目标】

1. 掌握坝下涵管的作用和类型。
2. 掌握坝下涵管的布置与构造。
3. 能正确阅读坝下涵管的施工图。
4. 树立工程安全意识，具有局部与整体的哲学思维。

在土石坝水库枢纽中，主要泄水建筑物应是河岸溢洪道，底孔的设计流量一般不大。当两岸地质条件或其他原因，不宜开挖隧洞时，可以采用坝下设涵管的方法来满足泄、放水的要求。

坝下涵管结构简单、施工方便、造价较低，故在小型水库工程中应用较多。但其最大的缺点是如设计、施工不良或运用管理不当，极易影响土石坝的安全。由于管壁和填土是两种不同性质的材料，如两者结合不紧密，库水就会沿管外壁与填土之间的接触面产生集中渗流。特别是当管道由于坝基不均匀沉陷或连接结构等方面的原因，发生断裂、漏水等情况时，后果更加严重。实践证明，管道渗漏是引起土石坝失事的重要原因之一。所以，坝下涵管不如隧洞运用安全，但如涵管能置于比较好的基岩上，加上精心设计、施工，是可以保证涵管及土石坝的安全。在软基上，除经过技术论证外，不得采用涵管式底孔。对于高坝和多地震区的坝，在岩基上也应尽量避免采用坝下涵管。

一、涵管的类型和位置选择

（一）坝下涵管的类型

涵管按其过流形态可分为：具有自由水面的无压涵管；满水的有压涵管；闸门前段满水但门后具有自由水面的半有压涵管。其管身断面形式有圆形、圆拱直墙形（城门洞形）、箱形等。涵管材料一般为预制或现浇混凝土和钢筋混凝土或浆砌石。无压涵管的断面形式如图 3-53 所示。

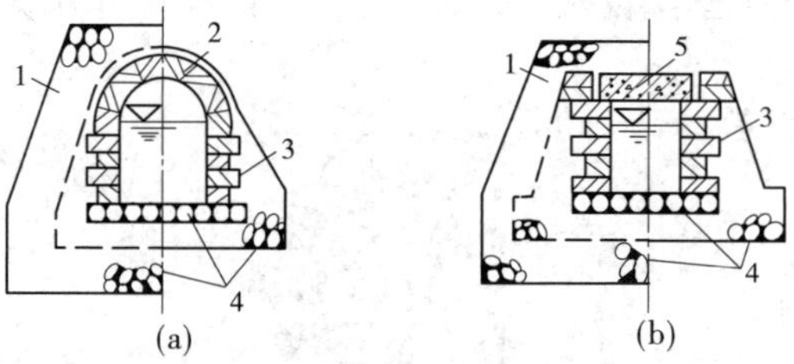

1—截渗环；2—浆砌石拱圈；3—浆砌条石；
4—浆砌块石；5—钢筋混凝土盖板。

图 3-53　无压涵管的断面形式

（二）涵管的位置选择

在进行涵管的位置选择及布置时，应综合考虑涵管的作用、地基情况、地形条件、水力条件、与其他建筑物（特别是土坝）之间的关系等因素，选择若干方案进行分析比较，加以确定。在进行线路选择及布置时，应注意以下几个问题：

（1）地质条件。应尽可能将涵管设在岩基上。坝高在 10 m 以下时，涵管也可设于压缩性小、均匀而稳定的土基上。但应避免部分是岩基、部分是土基的情况。

（2）地形条件。涵管应选在与进口高程相适宜的位置，以免过多的挖方。涵管进口高程的确定，应考虑运用要求、河流泥沙情况及施工导流等因素。

（3）运用要求。引水灌溉的涵管，应布置与灌区同岸，以节省费用；两岸均有灌区，可在两岸分设涵管。涵管最好与溢洪道分设两岸，以免水流干扰。

（4）管线宜直。涵管的轴线应为直线并与坝轴线垂直，以缩短管长，使水流顺畅。当受地形或地质条件的限制，涵管必须转弯时，其弯曲半径应大于 5 倍的管径。

二、涵管的布置与构造

(一)涵管的进口形式

小型水库的坝下涵管,大多数是为灌溉引水而设,常用的形式如下:

(1)分级斜卧管式。是沿山坡修筑台阶式斜卧管,在每个台阶上设进水口,孔径 10~50 cm,用木塞或平板门控制放水。卧管的最高处设通气孔,下部与消力池或消能井相连(见图 3-54)。该形式进水口结构简单,能引取温度较高的表层水灌溉,有利于作物生长。缺点是容易漏水,木塞闸门运用管理不便。

(2)斜拉闸门式。与隧洞的斜坡式进水口相似,如图 3-55 所示。其优缺点与隧洞的斜坡式进水口相同。

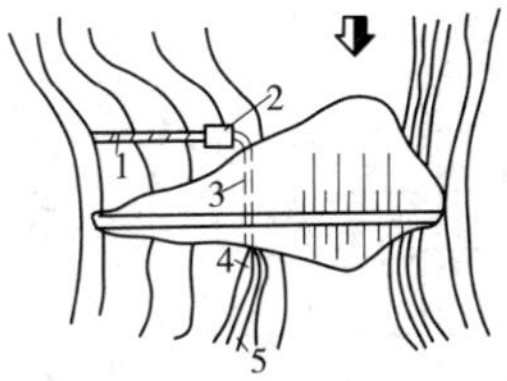

1—卧管;2—消力池;3—坝下涵管;
4—消力池;5—渠道。

图 3-54　分级式卧管

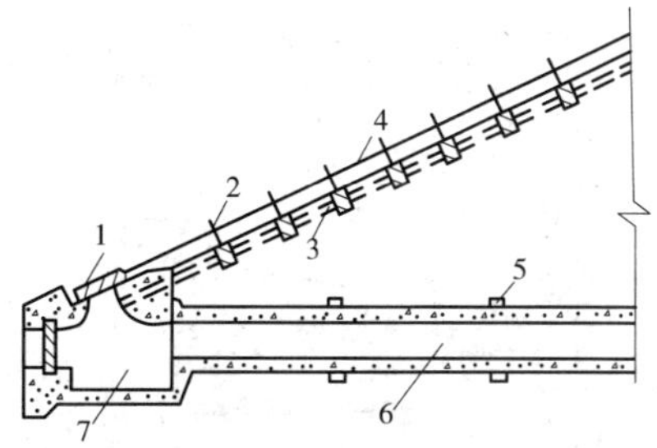

1—斜拉闸门;2—支柱;3—通气孔;
4—拉杆;5—截渗环;6—涵管;7—消能井。

图 3-55　斜拉闸门

(3)塔式和井式进水口。适于水头较高、流量较大、水量控制要求较严的涵管,其构造和特点与隧洞的塔式进口基本相同。井式进水口是将竖井设在坝体内部,如图 3-56 所示,以位置Ⅱ为佳。位置Ⅰ,如竖井和涵管的结合处漏水,将使坝体浸润线升高,而且竖井上游段涵管检修不便。位置Ⅲ,竖井稳定性差,实际已成塔式结构。竖井应设于防渗心墙上游,以保证心墙的整体性。

(二)管身布置与构造

1. 管座

设置管座可以增加管身的纵向刚度,改善管身的受力条件,并使地基受力均匀,所以管座是防止管身断裂的主要结构措施之一。管座可以用浆砌石或低强度等级混凝土做成,厚度一般为 30~50 cm。管座和管身的接触面包角为 90°~180°,接触面上涂以沥青或设油毡垫层,以减少管身受管座的约束,避免因纵向收缩而产生裂缝。

2. 伸缩缝

土基上的涵管,应设置沉陷缝,以适应地基变形。良好的岩基,不均匀沉陷很小,可设温度伸缩缝。一般将温度缩缝伸与沉陷缝统一考虑。对于现浇钢筋混凝土涵管,伸缩缝的间距一般为 3~4 倍的管径,且不大于 15 m。当管壁较薄设置止水有困难时,可将接头处的管壁加厚。

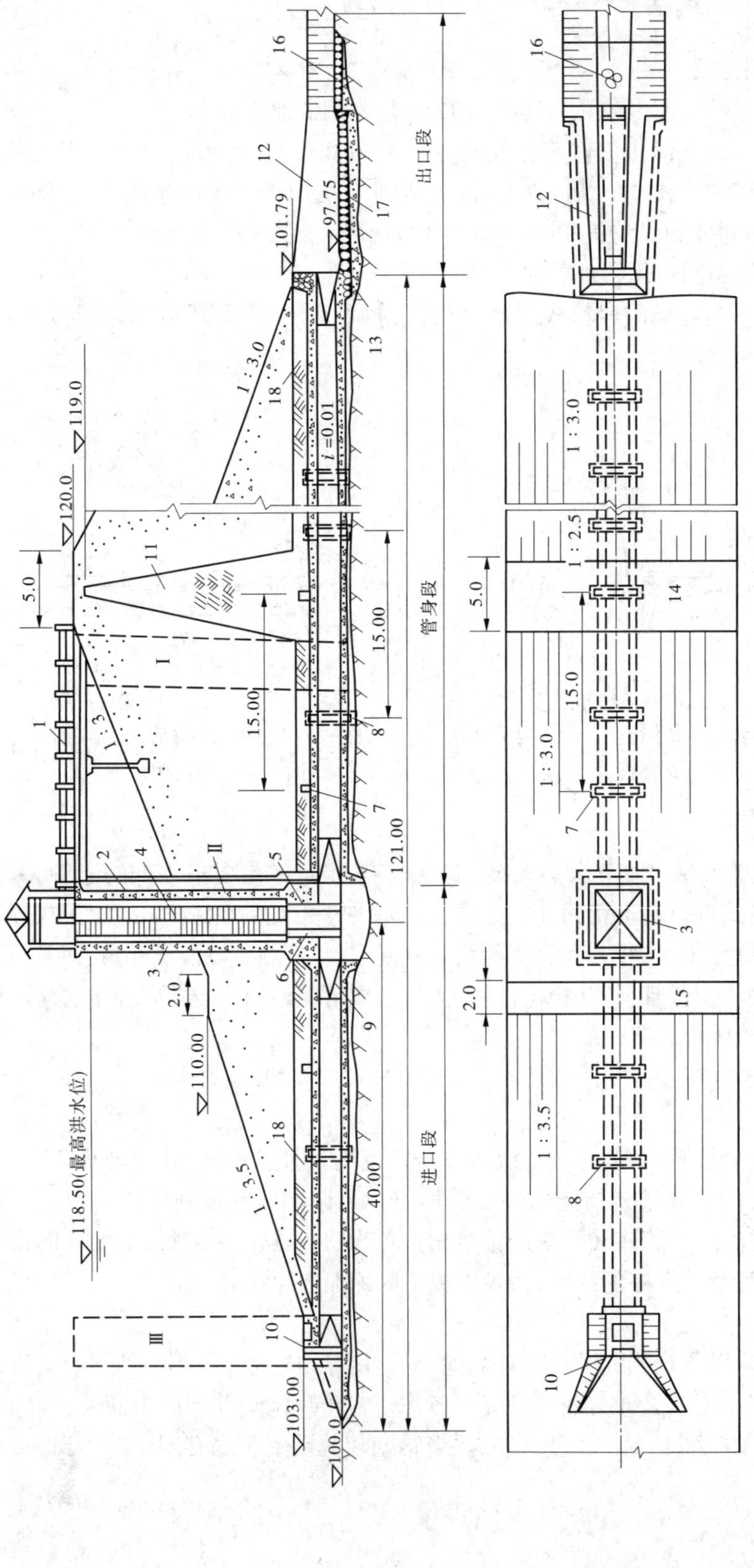

1—工作桥;2—通气孔;3—控制塔;4—爬梯;5—主闸门槽;6—检修闸门;7—截渗环;8—伸缩缝;9—渐变段;10—拦污栅;11—黏土心墙;12—消力池;13—岩基;14—坝顶;15—马道;16—干砌石;17—浆砌石;18—黏土。

图 3-56 涵管布置图 (单位:m)

对于预制涵管，其接头即为伸缩缝，多用套管接头，如图 3-57 所示。

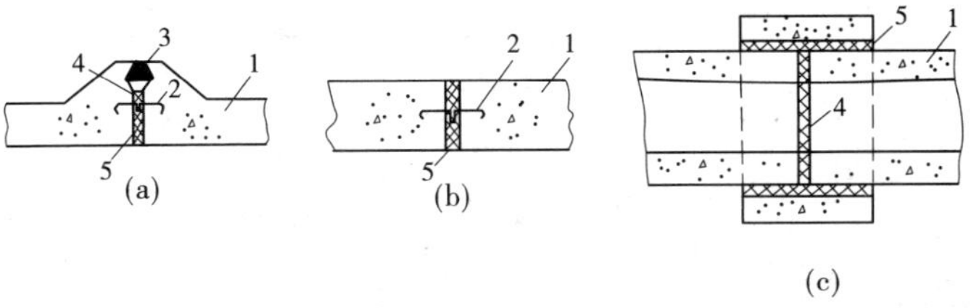

1—管壁；2—止水片；3—二期混凝土；4—沥青材料；5—二层油毡三层沥青。

图 3-57　伸缩缝的构造

3. 截渗环

为防止沿涵管外壁产生集中渗流，延长渗径，降低渗透坡降和减小流速，避免填土产生渗透变形，通常在涵管外侧每隔 10～20 m 设置一道截渗环。土基上的截渗环不宜设在两节管的接缝处，而应尽量靠近每节管的中间位置，以避免不均匀沉降引起破坏。岩基上的截渗环可设在管节间的接缝处。截渗环常用混凝土建造。

4. 涵衣

为了更有效地防止沿涵管外壁的集中渗流，通常沿管线在涵管周围铺一层 1～2 m 厚的黏土作为防渗层，该防渗层称为涵衣。对于浆砌石涵管，设置涵衣不仅能够防止集中渗流，还能增强管壁的横向防渗能力。

坝下涵管通常流量不大，水头较低，出口多采用底流式消能。

三、知识点测试

登录智慧职教 MOOC 学院进行资源学习，并完成本任务知识点测试；或扫描二维码完成本任务知识点测试。

码 3-50　项目三任务十知识点测试

四、技能训练

查阅日照水库除险加固资料，分析该水库放水洞为什么要更换位置。

项目四

水　闸

任务一　认识水闸

【学习目标】

1. 掌握水闸的作用与类型。
2. 掌握水闸的工作特点。
3. 掌握水闸的组成。
4. 能正确识读水闸各组成部分的名称。
5. 感受水利工程的公益性、基础性,激发学生对水利的热爱。

【思政素材】

码 4-1　荆江分洪闸　　码 4-2　木兰陂灌溉工程　　码 4-3　淠史杭灌区

水闸是一种低水头水工建筑物,既能挡水,又能泄水。具有调节水位、控制流量的作用。一般建在河流和渠道上,也可修建在水库和湖泊的岸边。

一、水闸的作用与类型

(一)按所承担的任务分类

水闸按所承担的任务,可分为六种,如图 4-1 所示。

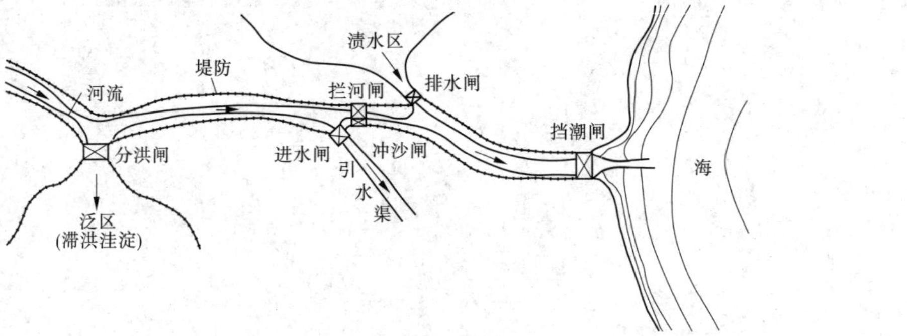

图 4-1　水闸分类示意图

(1)节制闸。在河道上或渠道上建造,枯水期用以抬高水位满足上游引水或航运的需要;洪水期控制下泄流量,保证下游河道安全。位于河道上的节制闸又称为拦河闸。一般选择在河道顺直、河势相对稳定的河段。其上、下游直线段长度不宜小于 5 倍水闸进水口处的水面宽度。

(2)进水闸。建在河道、水库或湖泊的岸边,用来控制引水流量,以满足灌溉、发电或供水的需要。进水闸又称为取水闸或渠首闸。一般选在河岸基本稳定的顺直河段或弯道凹岸顶点稍偏下游处。

(3)分洪闸。常建于河道的一侧,用来将超过下游河道安全泄量的洪水泄入分洪区(蓄洪区或滞洪区)或分洪道。一般选在河岸基本稳定的顺直河段或弯道凹岸顶点稍偏下游处的深槽一侧。

码 4-4 水闸的类型和工作特点

(4)排水闸。常建于江河沿岸排水渠道末端,用以排除河道两岸低洼地区的涝渍水。当河道内水位上涨时,为防止河水倒灌,需要关闭闸门。这类水闸为双向水闸且闸底板高程较低。宜选在靠近主要涝区和容泄区的老堤堤线上,地势低洼、出口通畅。

(5)冲沙闸。又称为排沙闸,主要建在多泥沙河道上,用于排除进水闸、节制闸前或渠道淤积的泥沙,减少引水水流的含沙量。常建于进水闸一侧的河道上与节制闸并排布置或设在无节制闸的进水闸旁,尽量在河槽最深的部位。

(6)挡潮闸。建在入海河口附近,涨潮时关闭,防止海水倒灌;退潮时开闸泄水,具有双向挡水的特点。一般选择在岸线和岸坡稳定的潮汐河口,且闸址泓滩冲淤变化较小、上游河道有足够的蓄水容积的地点。

(二)按闸室结构形式分类

水闸按闸室结构形式可分为开敞式和封闭(涵洞)式两种,见图 4-2。

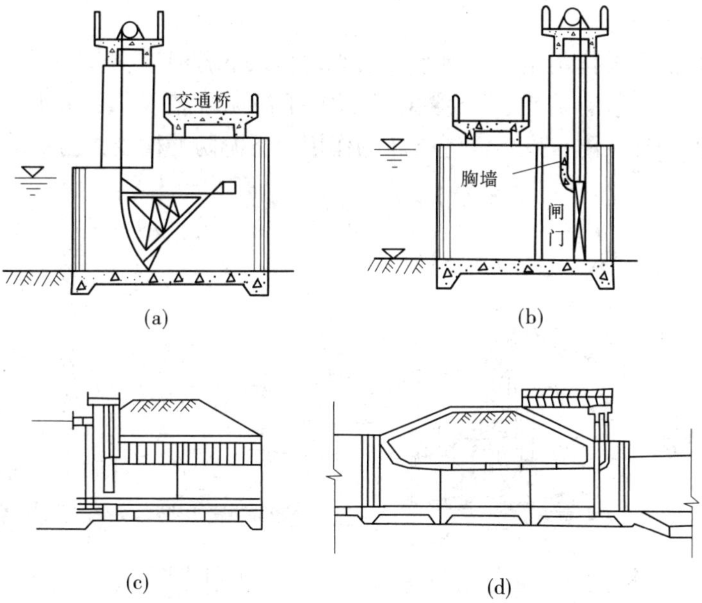

图 4-2 闸室结构分类

(1)开敞式水闸。水闸的闸室是露天的,上面没有填土,见图 4-2(a)、(b)。它又分为有胸墙和无胸墙两种。胸墙式水闸适用于上游水位变幅较大,而下泄流量又较小(泄水位较低)的情况。

(2)封闭(涵洞)式水闸。一般用于穿堤取水或排水,闸室后有涵洞,洞身上面有填土,见图 4-2(c)、(d)。一般建于深挖式渠道或较高的堤防之下,工程比较经济。

二、水闸的组成及其作用

水闸一般由闸室、上游连接段和下游连接段三部分组成,如图 4-3 所示。

(一)闸室

码 4-5　水闸的组成

闸室是水闸的主体,有控制水流和连接两岸的作用。包括底板、闸门、闸墩、胸墙(开敞式水闸)、交通桥、工作桥和启闭机房等。底板是闸室的基础,主要有支承上部结构的重量、满足抗滑稳定和地基应力的要求,还兼有防渗的作用。闸门主要起控制水流的作用。闸墩的作用是分隔闸孔和支承闸门、胸墙、交通桥、工作桥和启闭机房。胸墙的作用则是减小闸门和工作桥的高度,减小启门力,降低工程造价。交通桥的作用是连接水闸两侧的交通。工作桥用于支承、安装启闭设备。启闭机房用于安装和控制启闭设备。

(二)上游连接段

上游连接段的主要作用是引导水流平顺地进入闸室,保护上游河床及两岸免于冲刷,并有防渗作用。一般包括上游防冲槽、上游护底、上游护坡、上游铺盖、上游翼墙等。上游防冲槽、上游护底、上游护坡主要起防冲作用。上游铺盖、上游翼墙除防冲作用外,还有防渗作用。

(三)下游连接段

下游连接段的主要作用是将下泄水流平顺地引入下游河道,有消能、防冲及防止发生渗透破坏的功能。一般有护坦、下游翼墙、海漫、下游防冲槽及下游护坡。护坦、下游翼墙、海漫有消能、防冲及防止发生渗透破坏的作用。下游防冲槽及下游护坡主要起防冲的作用。

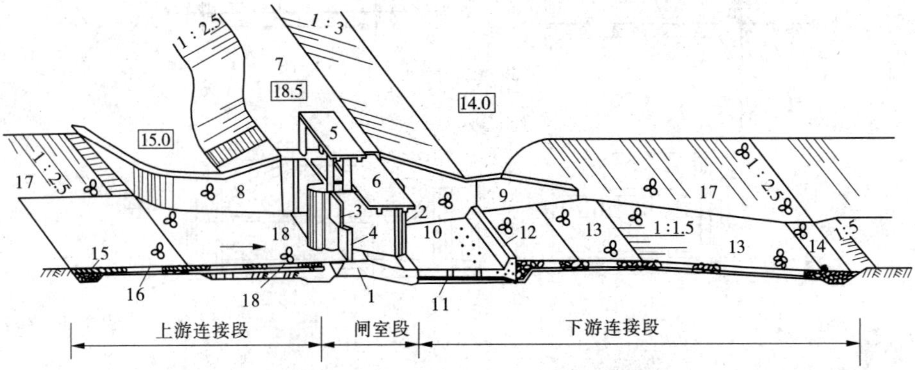

1—闸底板;2—闸墩;3—胸墙;4—闸门;5—工作桥;6—交通桥;7—堤顶;8—上游翼墙;9—下游翼墙;10—护坦;11—排水孔;12—消力坎;13—海漫;14—下游防冲槽;15—上游防冲槽;16—上游护底;17—护坡;18—水平铺盖。

图 4-3　水闸组成示意图

三、水闸的工作特点

水闸的地基可以是岩基或土基,大部分水闸都修建在土基上。一般水闸具有以下一些特点。

(一)稳定方面

关门挡水时,水闸上、下游较大的水头差造成较大的水平推力,使水闸有可能沿基面产生向下游的滑动或倾斜,为此,水闸必须具有足够的重力和地基承载力,以维持水闸自身的稳定。

(二)防渗方面

水闸闸门关闭时,由于上、下游水位差的作用,水将通过地基和两岸向下游渗流。渗流不仅会引起水量损失,产生扬压力,同时地基土在渗流作用下,还容易产生渗透变形。严重时闸基和两岸的土壤会被淘空,危及水闸安全。渗流对闸室和两岸连接建筑物的稳定不利,因此应妥善做好水闸防渗问题。

(三)消能防冲方面

水闸开闸泄水时,在上、下游水位差的作用下,过闸水流往往具有较大的动能,流态也较复杂,而土质河床的抗冲能力较低,可能引起冲刷。此外,当水闸设计不当或者闸孔开启不对称时,下游常出现波状水跃和折冲水流等有害水流,会进一步加剧对河床和两岸的淘刷。因此,除应保证闸室具有足够的过水能力外,还必须采取有效的消能防冲措施,做好水闸的管理和应用,以防止河道产生有害的冲刷。

(四)沉降方面

土基上建闸,土基的压缩性大,抗剪强度低,在闸室的重力和外部荷载作用下,可能产生较大的沉降影响正常使用,尤其是不均匀沉降会导致水闸倾斜,甚至断裂。在水闸设计时,必须合理地选择闸型、构造,安排好施工程序,采取必要的地基处理等措施,以减少过大的地基沉降和不均匀沉降。

四、知识点测试

登录智慧职教 MOOC 学院进行资源学习,并完成本任务知识点测试;或扫描二维码完成本任务知识点测试。

码 4-6　项目四任务一知识点测试

五、技能训练

根据给定的某水闸纵剖面图和平面图(见图 4-4),回答以下问题:

(1)说明水闸闸室结构形式及该结构形式的适用情况。

(2)上、下游的翼墙是什么形式?其特点和适用情况是什么?

(3)在纵剖面图和平面图上分别标出闸室底板、闸墩、上下游翼墙、消力池、海漫、防冲槽、交通桥、工作桥和铺盖。

(4)水闸的底板有什么作用?该水闸底板是什么形式?

(5)说明水闸底板、闸墩、铺盖、海漫的主要尺寸。

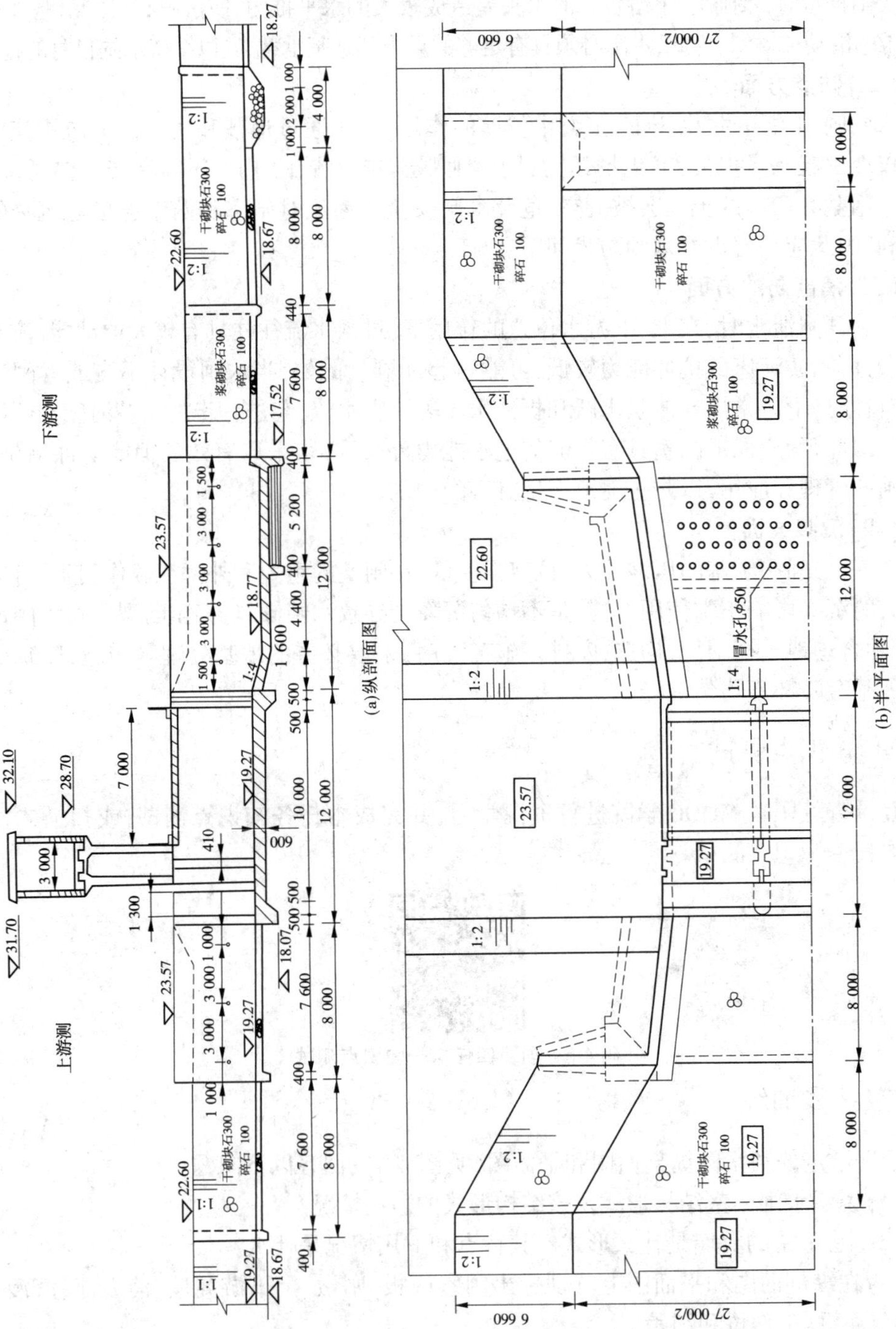

图 4-4　某水闸纵剖面图和平面图　（单位：高程，m；尺寸，mm）

任务二 闸址选择与轴线布置

【学习目标】

1. 掌握水闸闸址选择的要求。
2. 掌握不同作用水闸的轴线布置要求。
3. 能正确选定水闸闸址。
4. 培养全方位分析问题的能力。

【思政素材】

码 4-7 刘家道口水利枢纽工程漫游

码 4-8 黄河水利风景区渠村分洪闸

一、闸址选择

闸址选择是水闸枢纽布置的一项重要任务，应根据水闸的功能、特点和运用要求，以及区域经济条件，综合考虑地形、地质、水流、潮汐、泥沙、冰情、施工、管理、周围环境等因素，经技术经济比较后确定。

(1)地质条件。地质条件对闸址至关重要。已建水闸工程的失事，其主要原因是闸址地质条件不好，或不良人工地基。水闸的闸址宜优先选用地质条件良好的天然地基，最好是选用新鲜完整的岩石地基，或承载能力大、抗剪强度高、压缩性低、透水性小、抗渗稳定好的土质地基，避免采用人工处理地基。

(2)水流条件。闸址的位置应使进闸和出闸水流比较均匀和平顺，闸前和闸后应尽量避开其上、下游可能产生有害的冲刷和泥沙淤积的地方。若在平原河网地区交叉口附近建闸，选定的闸址宜在距离交叉口较远处。若在多支流汇合口下游河道上建闸，其闸址最好远离汇合口，因为闸前需要有足够长度的河段，用以调整由于支流来水量不等、流向不正所形成的闸前不良水流条件，以避免出现在各闸孔过闸流量不均时，出闸水流冲刷岸坡的情况。

(3)交通影响。在铁路桥或Ⅰ、Ⅱ级公路桥附近建闸，选定的闸址与铁路桥或Ⅰ、Ⅱ级公路桥的距离不能太近。由于铁路桥或Ⅰ、Ⅱ级公路桥车流量大、交通繁忙，对附近水闸的正常运行有一定的干扰影响。

(4)施工、管理条件。选择闸址应综合考虑材料来源、对外交通、施工导流、场地布置、基坑排水、施工用水用电等条件，还应考虑水闸建成后工程管理和防汛抢险等条件。

(5)选择闸址还应考虑尽可能少占土地及拆迁房屋，尽量利用周围已有的公路、航运、动力、通信等公用设施，有利于绿化、净化、美化环境和生态环境保护，有利于开展综合经营。

此外，由于水闸功能不同，在闸址选择时对不同类型的水闸，有不同的要求。节制闸或泄洪闸闸址宜选择在河道顺直、河势相对稳定的河段，经技术经济比较后也可选择在弯曲河段裁弯取直的新开河道上；进水闸、分水闸或分洪闸闸址宜选择在河岸基本稳定的顺直河段或弯道凹岸顶点稍偏下游处；排水闸（排涝闸）或泄水闸（退水闸）闸址宜选择在地势低洼、出水通畅处，宜选择在靠近主要涝区和容泄区的老堤堤线上；挡潮闸闸址宜选择在岸线和岸坡稳定的潮汐河口附近，且闸址泓滩冲淤变化较小，上游河道有足够的蓄水容积的地点。

二、闸轴线布置

不同功能的水闸闸轴线与河（渠）道中线相互关系也不同。

对于节制闸或泄洪闸，为了保证泄水通畅，减少对上、下游河床的冲刷影响和对堤防的威胁，其轴线宜与河道中线正交；对于进水闸或分水闸，为了保证有足够的引水量或分水量，减少闸前泥沙淤积或被挟带入渠，其轴线与河（渠）道中线的交角不宜超过 30°，上游引河也不宜过长；对于分洪闸，为了使分洪时闸前不产生偏流，减少下游消能防冲工程的负担，其轴线宜正对河道主流方向；对于排水闸或泄水闸，为了能及时有效地排除涝水或渠道的余水，其轴线与河（渠）道中线的交角不宜超过 60°，其下游引河（渠）宜短且直；滨湖水闸的轴线宜与来水方向正交，保证闸前来水水流平顺，闸后不产生有害水流。

三、闸址选择案例

（一）工程基本资料

某拦河闸工程位于老沭河上，闸轴线位于老沭河中泓桩号 49+020 处，是某灌区的枢纽工程。工程存在的问题有：防洪标准低、抗震能力差、闸底板局部损坏严重、消能防冲工程水毁严重等。

1. 工程等别和建筑物级别

根据《水利水电工程等级划分及洪水标准》（SL 252—2017），该拦河闸总库容为 1 460 万 m^3，设计洪水过闸流量为 2 500 m^3/s，校核流量为 3 000 m^3/s，工程规模为大（2）型，工程等别Ⅱ等，主要永久性建筑物级别为 2 级，次要永久性建筑物级别为 3 级，临时性建筑物级别为 4 级。

2. 洪水标准

根据《水利水电工程等级划分及洪水标准》（SL 252—2017），结合工程所在河道的实际情况及防洪要求确定洪水标准：拦河闸设计洪水标准为 50 年一遇、校核洪水标准为 100 年一遇，消能防冲设计洪水标准为 50 年一遇，临时性水工建筑物设计洪水标准为 10 年一遇。

3. 灌溉设计保证率

旱田保证率为 50%，水田保证率为 75%。

4. 地震设防烈度

根据《中国地震动参数区划图》（GB 18306—2015），地震动峰值加速度为 0. 20g，相应地震基本烈度为Ⅷ度。

(二)闸址选择

1. 闸址选择遵循原则

(1)闸址处河道顺直,河床、河势稳定,地质地形条件良好。

(2)若在多支流汇合口附近建闸,闸址宜在距离交叉河口较远处,闸址至汇合口距离应至少保持闸上游河道水面宽度的3倍以上。

(3)枢纽布置应使工程投资最省,技术可行,不影响其他建筑物安全,有利于河势稳定,防止局部冲刷。

(4)闸轴线应与河道中心线垂直,其上下游河道直线段长度不宜小于5倍进口处的水面宽度。

(5)符合有关水利建设规划。

2. 闸址选择方案比选

方案一:原闸址方案

位于原闸址,老沭河中泓桩号49+020,测量桩号14+260,闸轴线基本垂直于河道水流方向(见表4-1)。

方案二:原闸址下移50 m位置方案

位于原闸址下游50 m,老沭河中泓桩号48+970,测量桩号14+310,闸轴线垂直于河道水流方向。

表4-1　闸址方案比选

项目	方案一	方案二
	原闸址方案	原闸址下移50 m方案
工程指标	拦河闸挡水位48.0 m,蓄水量1 460万m^3,采用尺寸10.00 m×7.0 m(宽×高)露顶式弧形钢闸门结构形式,共22孔,采用卷扬式启闭机启闭	拦河闸挡水位48.0 m,蓄水量1 460万m^3,采用尺寸10.00 m×7.0 m(宽×高)露顶式弧形钢闸门结构形式,共22孔,采用卷扬式启闭机启闭
施工围堰长	1 100 m	675 m
两岸连接路	400 m	600 m
临时道路	4.05 km	3.75 km
经济指标	9 950万元	10 585万元

续表 4-1

项目	方案一	方案二
	原闸址方案	原闸址下移 50 m 方案
优点	1. 工程投资较少； 2. 两岸连接路工程量较小	1. 施工过程中，可以保留原闸，交通影响小； 2. 通过原闸的调蓄，可以减少施工围堰及导流设施的工程量，降低临时工程投资； 3. 可以防止水资源的浪费； 4. 可以保证灌区的灌溉用水及区域内居民生活和工农业的正常生产
缺点	1. 需修筑大量的施工围堰及导流设施； 2. 交通桥拆除，需建设临时便道，临时工程投资大； 3. 施工期内拦蓄的库容需放空，水源白白浪费； 4. 没有有效水源保证灌区的灌溉用水，不利于区域内的居民生活和工农业的正常生产	1. 工程投资较多； 2. 两岸连接路工程量较大

方案一与方案二由于两处闸址相距较近，地质构造处于同一单元，地质构造基本一致，所以工程设计采用的指标基本一致。

方案一优点：原闸经过多年的运行，两岸道路基本形成，原闸址处改建可有效利用两侧原有道路，减少新建道路投资，总体投资较小；缺点：改建时需要拆除原闸，施工过程中需修筑大量的施工围堰及导流设施，需要建设临时便道，连接两岸乡镇，临时工程投资大，施工期内拦蓄的库容需放空，无法保证灌区的灌溉用水，不利于区域内的居民生活和工农业的正常生产。

方案二优点：施工过程中，可以保留原闸，通过原闸的调蓄，可以大量减少施工围堰及导流设施的工程量，降低临时工程投资，并且可以保证灌区的灌溉用水及区域内居民生活和工农业的正常生产；缺点：需新建连接路与原道路连接，增加道路设施的投资，增加部分永久占地。

经分析比较，两个方案投资差别不大，但考虑某灌区面积较大，为 20.0 万亩，灌溉水源对灌区的影响较大，且施工期较长，没有有效的灌溉水源，某灌区作物将受到影响，因此本次闸址选择方案二。

根据方案比选结果，经综合分析确定某拦河闸闸轴线：拦河闸位于老沭河中泓桩号 48+970 处，闸轴线与河道中心线正交。

四、知识点测试

登录智慧职教 MOOC 学院进行资源学习，并完成本任务知识点测试；或扫描二维码完成本任务知识点测试。

码 4-9　项目四任务二知识点测试

五、技能训练

沂沭泗河发源于沂蒙山区，原为淮河的支流，12 世纪黄河侵泗夺淮淤积了下游河道，失去入淮出路，成为淮河流域一个相对独立的水系。流域面积 7.89 万 km^2，耕地 5 600 万亩，人口 4 100 万，大都属苏、鲁两省。黄河长期夺淮入海，淤积了河道，严重恶化了区域水利条件，致使灾害连年。

从 1949 年起，苏、鲁两省实施完成“导沭整沂”工程，先后开辟和扩大了新沂河、新沭河，扩大了韩庄运河、中运河，修建了南四湖湖西堤、骆马湖大堤，上游兴建了十多座大型水库，初步建立起沂沭泗水系防洪工程体系。但是，沂沭泗河中下游防洪标准只有 10 年一遇，仍然偏低，为改善这个地区的防洪条件，1991 年编制了沂沭泗中下游的防洪规划。规划防洪标准：南四湖防御 1957 年洪水，沂沭河防洪标准 50 年一遇，中运河、新沂河、骆马湖 100 年一遇。规划总体部署是：扩大沂沭河洪水东调入海和南四湖南下的出路，使沂沭河洪水尽量就近由新沭河东调入海，腾出骆马湖、新沂河部分蓄洪、排洪能力，接纳南四湖南下洪水，简称“沂沭泗河洪水东调南下工程”。具体工程措施包括：扩大分沂入沭水道和新沭河，使其排洪能力由原有的 1 000 m^3/s 和 3 800 m^3/s，扩大到 4 000 m^3/s 和 6 000 m^3/s；兴建刘家道口、彭家道口、大官庄和人民胜利堰等节制闸，控制沂沭河上游来水，使其尽量由新沭河东调入海。扩大南四湖湖腰；扩大韩庄运河、中运河和新沂河，使其排洪能力分别达到 5 600 m^3/s、7 000 m^3/s 和 8 000 m^3/s，以利南四湖洪水下泄，降低南四湖洪水位。

请探索“东调南下工程”中江风口分洪闸、新沭河分洪闸的选址问题。

任务三　闸孔设计

【学习目标】

1. 掌握闸室结构形式及适用情况。
2. 掌握闸孔尺寸确定的方法。
3. 能进行闸孔泄流能力分析。
4. 严格规范标准做事，培养严谨、科学精神。

【思政素材】

码 4-10　排涝视频

码 4-11　水闸仿真视频

一、闸室结构形式选择

闸室结构形式有开敞式、胸墙式、涵洞式和双层式等,可根据泄流特点和运行要求等选用。

开敞式闸室亦称堰流式闸室。其泄流特点是闸门全开时过闸水流具有自由水面,一般闸槛高程较高、挡水高度较小的水闸都采用这种形式。当闸门全部打开时,闸室过水断面面积和泄流量都随着水位的抬高而增大,过闸水流不受任何阻挡,漂浮物可随着水流下泄,不阻塞闸孔,因此有泄洪(节制闸、分洪闸等)、排冰、过木要求的水闸或有通航要求的闸孔,应采用开敞式。

码 4-12　水闸设计规范讲解

胸墙式和涵洞式闸室,亦称孔流式闸室。其泄流特点是:闸门全开时过闸水流只能通过固定孔洞下泄,自由水面受到闸室顶部的胸墙或涵洞顶板阻挡,一般闸槛高程较低,闸上水位变幅较大;挡水高度较大;高水位时需关闸挡水;挡水水位高于泄水运用水位。为防止闸下局部冲刷以及有限制过闸单宽流量要求的水闸常采用这种闸室结构形式。孔流式闸室既不影响水闸的过水能力,又可减小闸门高度和启门力,降低工作桥高度。一般情况下,进水闸、排水闸(排涝闸)、挡潮闸采用较多。

双层式闸室亦称混合泄流式闸室,是一种分上、下两层,分别装设闸门,既具有面层泄流能力,又具有底层泄流能力的闸室结构。其泄流特点是:开启上层闸门时可利用面层泄流,泄放洪水和漂浮物,开启下层闸门时可利用底层泄流,冲走闸前淤积的泥沙。这种形式多数适用于拦河节制闸或进水闸、分水闸。

二、闸槛高程确定

码 4-13　底板高程与闸宽关系动画

闸槛高程不仅对闸孔的形式、尺寸和闸室的稳定有着决定性的影响,而且直接关系到整个水闸工程的工程量和造价。闸底板应置于较为坚实的土层上,并尽量利用天然地基。在地基强度满足要求的情况下,闸槛高程定得高些,闸室宽度大,两岸连接建筑物相对较低。相对而言,对于小型水闸,两岸连接建筑物在整个工程中占的比重较大,因此总的工程量可能是经济的;对于大、中型水闸,由于闸室工程量占的比重较大,降低闸槛高程常常是有利的;当然,闸槛高程也不能定得太低,否则,由于单宽流量加大,将会增加下游消能防冲的工程量,闸门的高度和启闭设备也随之增加,基础开挖也会更加困难。

一般情况下,拦河闸和冲沙闸的底板顶面可与河底齐平;进水闸的底板顶面在满足引水设计流量的情况下,应尽可能高一些,防止泥沙进入渠道;分洪闸的底板顶面也应较河床稍高;排水闸的底板顶面则应尽量低一点,以保证将渍水迅速排出,但要避免排水出口被泥沙淤塞;挡潮闸兼有排水闸作用时,底板顶面也应低一些。

同时,闸槛高程的确定受最大单宽流量的影响,最大单宽流量主要取决于闸址地质和水力条件。根据我国水利工程的经验,最大单宽流量在细砂、粉砂、粉土及淤泥河床上取 5~10 $m^3/(s \cdot m)$;砂壤土河床取 10~15 $m^3/(s \cdot m)$;壤土河床取 15~20 $m^3/(s \cdot m)$;黏土河床取 15~25 $m^3/(s \cdot m)$。

三、闸孔尺寸计算

码 4-14　闸孔尺寸确定

水闸闸孔尺寸包括闸孔总净宽、孔数、单孔宽及闸室总宽度等。确定时应考虑到水闸建成后上、下游河床可能发生淤积或冲刷,以及闸下水位的变动等情况对过水能力和消能防冲设施产生的不利影响。

(一)闸孔总净宽计算

水闸闸孔总净宽应根据设计流量,闸槛情况,闸孔布置形式,上、下游水位衔接要求,泄流状态等因素计算确定。下面介绍平底板闸孔总净宽的计算。

(1)当出闸水流为堰流($h_s/H_0 \geq 0.65$)时,见图 4-5,计算公式为

$$B_0 = \frac{Q}{\sigma \varepsilon m \sqrt{2g} H_0^{3/2}} \tag{4-1}$$

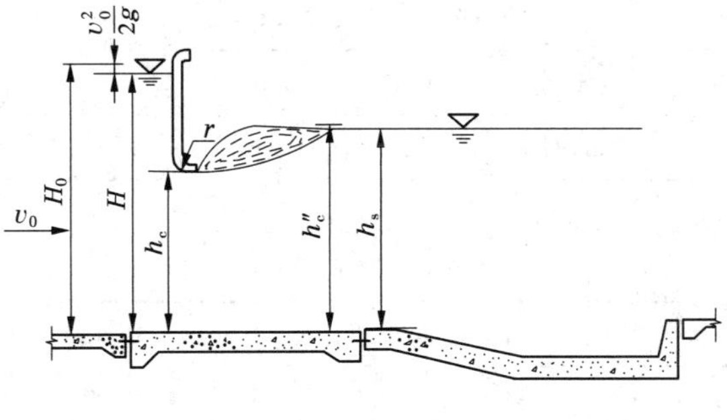

图 4-5　平底板堰流计算示意图

单孔闸

$$\varepsilon = 1 - 0.171\left(1 - \frac{b_0}{b_s}\right)\sqrt[4]{\frac{b_0}{b_s}} \tag{4-2}$$

多孔闸

$$\varepsilon = \frac{\varepsilon_z(n-1)+\varepsilon_b}{n} \tag{4-3}$$

$$\varepsilon_z = 1 - 0.171\left(1-\frac{b_0}{b_0+d_z}\right)\sqrt[4]{\frac{b_0}{b_0+d_z}} \tag{4-4}$$

$$\varepsilon_b = 1 - 0.171\left(1-\frac{b_0}{b_0+\frac{d_z}{2}+b_b}\right)\sqrt[4]{\frac{b_0}{b_0+\frac{d_z}{2}+b_b}} \tag{4-5}$$

式中 B_0——闸孔总净宽,m;

Q——设计流量,m^3/s;

H_0——计入行近流速水头的堰上水头,m;

m——流量系数,可采用 0.385;

ε——侧收缩系数,对于单孔闸按式(4-2)计算求得或由表 4-2 查得,对于多孔闸可按式(4-3)计算;

σ——堰流淹没系数,对于宽顶堰可由表 4-3 查得;

g——重力加速度,可取 9.81 m/s^2;

b_0——闸孔净宽,m;

b_s——上游河道一半水深处的宽度,m;

n——闸孔数;

ε_z——中闸孔侧收缩系数,可按式(4-4)计算求得或由表 4-2 查得,但表中 b_s 为 b_0+d_z;

d_z——中闸墩厚度,m;

ε_b——边闸孔侧收缩系数,可按式(4-5)计算求得;

b_b——边闸墩顺水流向边缘线至上游河道水边线之间的距离,m。

表 4-2 侧收缩系数 ε 值

b_0/b_s	≤0.2	0.3	0.4	0.5	0.6	0.7	0.8	0.9	1.0
ε	0.909	0.911	0.918	0.928	0.940	0.953	0.968	0.983	1.000

表 4-3 宽顶堰 σ 值

h_s/H_0	≤0.72	0.75	0.78	0.80	0.82	0.84	0.86	0.88	0.90	0.91
σ	1.00	0.99	0.98	0.97	0.95	0.93	0.90	0.87	0.83	0.80
h_s/H_0	0.92	0.93	0.94	0.95	0.96	0.97	0.98	0.99	0.995	0.998
σ	0.77	0.74	0.70	0.66	0.61	0.55	0.47	0.36	0.28	0.19

注:h_s 为由堰顶算起的下游水深,m。

(2)当堰流处于高淹没度($h_s/H_0 \geqslant 0.9$)时,闸孔总净宽也可按式(4-6)和式(4-7)计算,见图 4-6。

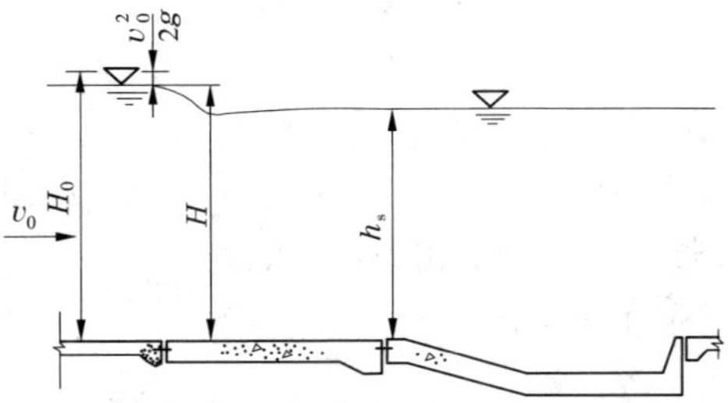

图 4-6　高淹没度孔口计算示意图

$$B_0 = \frac{Q}{\mu_0 h_s \sqrt{2g(H_0 - h_s)}} \tag{4-6}$$

$$\mu_0 = 0.877 + \left(\frac{h_s}{H_0} - 0.65\right)^2 \tag{4-7}$$

式中　μ_0——淹没堰流的综合流量系数，可按式(4-7)计算求得或由表 4-4 查得。

表 4-4　淹没堰流的综合流量系数 μ_0 值

h_s/H_0	0.90	0.91	0.92	0.93	0.94	0.95	0.96	0.97	0.98	0.99	0.995	0.998
μ_0	0.940	0.945	0.950	0.955	0.961	0.967	0.973	0.979	0.986	0.993	0.996	0.998

(3)当出闸水流为孔流(h_s/H_0<0.65)时，见图 4-7，闸孔总净宽可按以下公式计算：

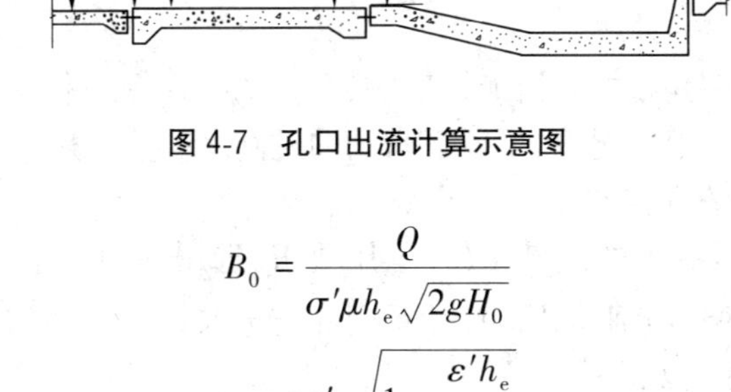

图 4-7　孔口出流计算示意图

$$B_0 = \frac{Q}{\sigma' \mu h_e \sqrt{2gH_0}} \tag{4-8}$$

$$\mu = \varphi \varepsilon' \sqrt{1 - \frac{\varepsilon' h_e}{H}} \tag{4-9}$$

$$\varepsilon' = \frac{1}{1 + \sqrt{\lambda\left[1 - \left(\frac{h_e}{H}\right)^2\right]}} \tag{4-10}$$

$$\lambda = \frac{0.4}{2.718^{16\frac{r}{h_e}}} \tag{4-11}$$

式中　h_e——孔口高度,m;

μ——宽顶堰上孔流流量系数,可按式(4-9)计算求得或由表 4-5 查得;

ε'——垂直收缩系数,可由式(4-10)计算求得;

φ——流速系数,可取 0.95~1.0;

λ——计算系数,可由式(4-11)计算求得,该公式适用于 $0<\frac{r}{h_e}<0.25$;

r——胸墙底圆弧半径,m;

σ'——宽顶堰上孔流淹没系数,可由表 4-6 查得。

表 4-5　μ 值

r/H_e	h_e/H													
	0	0.05	0.10	0.15	0.20	0.25	0.30	0.35	0.40	0.45	0.50	0.55	0.60	0.65
0	0.582	0.573	0.565	0.557	0.549	0.542	0.534	0.527	0.520	0.512	0.505	0.497	0.489	0.481
0.05	0.667	0.656	0.644	0.633	0.622	0.611	0.600	0.589	0.577	0.566	0.553	0.541	0.527	0.512
0.10	0.740	0.725	0.711	0.697	0.682	0.668	0.653	0.638	0.623	0.607	0.590	0.572	0.553	0.533
0.15	0.798	0.781	0.764	0.747	0.730	0.712	0.694	0.676	0.657	0.637	0.616	0.594	0.571	0.546
0.20	0.842	0.824	0.805	0.785	0.766	0.745	0.725	0.703	0.681	0.658	0.634	0.609	0.582	0.553
0.25	0.875	0.855	0.834	0.813	0.791	0.769	0.747	0.723	0.699	0.673	0.647	0.619	0.589	0.557

表 4-6　σ' 值

$\frac{h_s-h_c''}{H-h_c''}$	≤0	0.1	0.2	0.3	0.4	0.5	0.6	0.7	0.8	0.9	0.92	0.94	0.96	0.98	0.99	0.995
σ'	1.00	0.86	0.78	0.71	0.66	0.59	0.52	0.45	0.36	0.23	0.19	0.16	0.12	0.07	0.04	0.02

注:h_c''为跃后水深,m。

水闸的过闸水位差是根据上游淹没影响、允许的过闸单宽流量和水闸工程造价等因素综合比较确定的。一般情况下,平原区水闸的过闸水位差可采用 0.1~0.3 m。

(二)单孔宽和闸室总宽确定

闸室单孔宽 b_0,根据闸的地基条件、运用要求、选用的闸门结构形式、启闭机容量等因素综合分析确定,并参照闸门孔口尺寸系列标准选取。我国大、中型水闸如采用弧形闸门,单孔宽一般采用 8~12 m。

闸孔孔数 $n=B_0/b_0$,设计中应取略大于计算要求的整数,但总净宽不宜超过计算值的3%~5%。当孔数少于 8 孔时,为避免下游形成折冲水流对下游消能不利,常采用单数孔。当孔数较多时,单、双数孔均可。

闸室总宽

$$B = nb_0 + (n-1)d_z \tag{4-12}$$

式中 d_z ——闸墩厚。

闸室总宽应与上下游河道或渠道宽相适应,河道宽 50~100 m 时,闸室总宽与河道宽之比为 0.6~0.75;河道宽 100~200 m 时,闸室总宽与河道宽之比为 0.75~0.85;河道宽>200 m 时,闸室总宽与河道宽之比为 0.85。

需要说明的是,水闸的闸孔总净宽与过水能力、上下游水位、闸槛高程等因素是相互关联的,设计时,需要通过对不同方案进行技术经济比较后最终确定。

四、过水能力复核

孔宽、孔数和闸室总宽拟定后,再考虑闸墩等的影响,计算侧收缩系数 ε,根据堰流或孔流计算公式,进一步复核过水能力。计算的过水流量与设计流量的差值,一般不得超过设计流量±5%。

五、知识点测试

登录智慧职教 MOOC 学院进行资源学习,并完成本任务知识点测试;或扫描二维码完成本任务知识点测试。

码 4-15 项目四任务三知识点测试

六、技能训练

某进水闸,位于黄河中游河段,引水渠段长为 150 m。该闸是灌区工程的主要引水水工建筑物,其任务是在无坝引水的条件下,保证满足灌区用水的要求。水闸的级别为 3 级,地基为砂壤土地基。

该闸设计引水流量为 78 m^3/s,相应的黄河水位为 213.40 m(此时引水保证率为 80%),设计洪水位为 216.48 m,校核洪水位为 216.97 m,闸前的引水渠渠底高程为 210.40 m,底宽为 18 m,两岸边坡 1:2。闸后灌区渠首底高程为 210.40 m。干渠水位-流量关系见表 4-7。

表 4-7 干渠水位-流量关系

下游水位/m	210.90	211.40	211.90	212.40	212.90	213.40
对应流量/(m^3/s)	5	15	31	48	70	86

要求:确定闸室结构形式,并进行闸孔设计。

任务四　闸室布置

【学习目标】

1. 掌握闸室各组成部分的形式和布置要求。
2. 掌握闸室的构造布置。
3. 能进行闸室各组成部分设计。
4. 能正确阅读水闸布置图。
5. 培养学生总体分析问题和规范做事的能力。

水闸闸室布置应根据水闸挡水、泄水条件和运行要求,结合地形、地质等因素,做到结构安全可靠,布置紧凑合理,施工方便,运用灵活,经济美观。

一、闸室各组成部分布置

(一)底板

闸室底板是整个闸室结构的基础,是承受水闸上部结构的重量及荷载,并向地基传递的结构,同时兼有防渗及防冲作用,防止地基由于受渗透水流作用可能产生的渗透变形,并保护地基免受水流的冲刷。因此,闸室底板必须具有足够的整体性、坚固性、抗渗性和耐久性。闸室底板通常采用钢筋混凝土结构。

码 4-16　闸室结构布置

1. 底板形式选择

1)按结构形式

水闸常用的底板形式有平底板、箱式平底板、低堰底板。

平底板是最常采用的一种底板形式,构造简单,施工方便,对不同的地基有一定的适应性,有利于泄洪、冲沙、排冰、通航、双向过水等,泄流能力比较稳定。其缺点是:自由泄流时流量系数较小,闸后易产生波状水跃。

箱式平底板具有很好的整体性,对地基不均匀沉降的适应性和抗震性能都很好;缺点是工程量很大,施工较复杂。因此,只有在高压缩性软黏土地基上,为了减小地基的不均匀沉降需增大闸室的横向刚度,或因承载力不足需加大闸室底板砌置深度时,才采用箱式平底板。当在松软地基上且荷载较大时,如采用这种箱式平底板,可不做地基处理。

低堰底板,包括折线底板、低实用堰底板和驼峰堰底板。其中,低实用堰底板自由泄流时流量系数较大,水流条件好,堰面曲线合适时闸后不易产生波状水跃,有利于拦沙;其缺点是结构较复杂,施工不太方便,泄流能力受尾水影响大。在实际工程中的应用远不及平底板普遍,而且受力条件较复杂,只是在某些特定的条件下才被采用。当需要限制单宽流量而闸底建基面高程不能抬高,或因地基表层松软需要降低闸底高程,或在多泥沙河流上有拦沙要求时,可采用低实用堰底板。在坚实或中等坚实地基上,当闸室高度不大,但上、下游河(渠)底高差较大时,可采用折线底板。

闸室底板结构形式是多种多样的,每一种结构形式都有其特点和适用条件,要根据地基、泄流等条件选用。

2)按闸墩与底板的连接形式

根据闸墩与底板的连接形式,闸底板也可分为整体式[见图4-8(a)、(b)]和分离式[见图4-8(c)]两种。

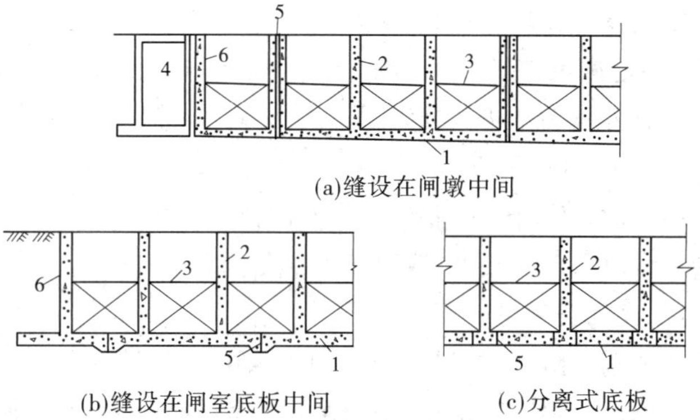

1—底板;2—闸墩;3—闸门;4—空厢式岸墙;5—温度沉降缝;6—边墩。

图4-8 底板的分类

(1)整体式底板。

当闸墩与底板浇筑成整体时,或闸室顺水流向永久缝分在闸墩中间时,或闸室顺水流向永久缝分在闸室底板中间时,即为整体式底板。优点是闸室结构整体性好,对地基不均匀沉降的适应性强,且具有较好的抗震性能;缺点是工程量较大,而且闸孔孔径不宜过大,因为闸孔孔径过大,底板应力很大,需配置较多的钢筋。

(2)分离式底板。

当闸室顺水流向永久缝分在闸墩两侧,闸墩与底板设缝分开时,分成所谓"大、小底板",即为分离式底板,如图4-8(c)所示。优点是工程量较小,缺点是底板接缝较多,闸室结构的整体性较差,给止水防渗和浇筑分块带来不利和麻烦。闸室上部结构的重量和水压力直接由闸墩传给地基,底板仅有防冲、防渗和稳定的要求。分离式底板一般适用于孔径大于8 m和地基条件较好的砂土或岩石地基。由于分离式底板较薄,因此工程量较整体式底板节省。涵洞式水闸不宜采用分离式底板。

2. 底板尺寸确定

底板顺水流方向的长度应以满足闸室整体抗滑稳定和地基允许承载力为原则,同时满足上部结构布置要求。水头愈大,地基条件愈差,底板则愈长。初步拟定时,对砂砾石地基,可取(1.5~2.0)H(H为上、下游最大水位差);砂土和砂壤土地基,取(2.0~2.5)H;黏壤土地基,取(2.0~3.0)H;黏土地基,取(2.5~3.5)H。

底板的厚度必须满足强度和刚度的要求,闸室底板通常是等厚度的,也可以采用变厚度,后者在地基较坚实的情况下,有利于改善底板的受力条件。对于大、中型水闸,闸室平底板厚度可取闸孔净宽的1/6~1/8,一般为1.0~2.0 m,最小厚度不宜小于0.7 m,实际工程中有0.3 m厚的小型水闸。底板混凝土还应满足强度、抗渗、抗冲等要求,一般选用C15或C20。

（二）闸墩

闸墩是闸门和各种上部结构的支承体，由闸门传来的水压力和上部结构的重量与荷载通过闸墩传布于底板。闸墩材料常用混凝土、少筋混凝土或浆砌石。

1. 闸墩外形选择

闸墩通常布置成实体的，因纵向刚度很大，可以保证在纵向不会产生显著变形。

闸墩的外形轮廓应能满足过闸水流平顺、侧向收缩小、过流能力大的要求。闸墩上游墩头一般做成半圆形，以减小水流的进口损失；下游墩头宜做成流线型，以利于水流的扩散。

2. 闸墩尺寸确定

闸墩的尺寸包括闸墩长度、闸顶高程、厚度及门槽尺寸等。

闸墩长度是指顺水流方向的长度，取决于上部结构布置和闸门形式，一般与底板同长或稍短些，顶部长度和底部长度可能不一样。

闸顶高程通常是指闸室胸墙或闸门挡水线上游闸墩和岸墙的顶部高程。由于水闸是兼有挡水和泄水双重作用的水工建筑物，因此闸顶高程要根据挡水和泄水两种运用情况计算确定。闸顶高程应满足以下两个方面要求：①水闸挡水时，不低于水闸正常蓄水位或最高挡水位加波浪计算高度与相应安全超高值之和；②水闸泄洪时，不低于设计洪水位或校核洪水位与相应安全超高值之和。各种运用条件下水闸安全超高下限值见表4-8。闸墩下游部分的高程可根据需要适当降低，但应保证下游的交通桥底部高出最高洪水位0.5 m及桥面能与闸室两岸道路衔接顺畅。在确定闸顶高程时，还要分别考虑软弱地基上闸基沉降的影响，多泥沙河流上闸前泥沙淤积后水位可能抬高的影响。位于防洪、挡潮堤上的水闸，其闸顶高程不应低于防洪、挡潮堤堤顶高程。

表4-8　水闸安全超高下限值

单位：m

运用情况		水闸级别			
		1级	2级	3级	4级、5级
挡水时	正常蓄水位	0.7	0.5	0.4	0.3
	最高挡水位	0.5	0.4	0.3	0.2
泄水时	设计洪水位	1.5	1.0	0.7	0.5
	校核洪水位	1.0	0.7	0.5	0.4

闸墩的厚度通常是根据结构构造要求和施工方法确定的，并与闸门形式及跨度有关。弧形闸门的闸墩，因为没有门槽，可采用较小的厚度。平面闸门的闸墩厚度，往往受门槽的深度控制。平面闸门闸墩门槽处的最小厚度，主要是根据结构强度和刚度的需要确定的。如采用油压式启门机械，门槽处最小厚度的确定，还要考虑油缸布置的需要。此外，闸墩门槽处最小厚度如果过小，还会增加施工难度。平面闸门闸墩厚度取决于工作门槽颈部的厚度和门槽深度。门槽颈部厚度的最小值为0.4 m。初选时可参考表4-9拟定。

表 4-9 闸墩厚度 d 参考值 单位:m

闸孔净宽 b_0	闸墩厚度 d	
	中墩	缝墩
小跨度(3~6)	0.5~1.0	2×0.4~2×0.6
中跨度(6~12)	0.8~1.4	2×0.6~2×0.8
大跨度(>12)	1.2~2.5	2×0.8~2×1.5

平面闸门门槽有工作门槽和检修门槽。弧形闸门可以不设工作门槽或只设很浅的门槽。工作闸门门槽设在闸墩水流较平顺部位,可以避免产生因水流流态不好对闸门运行带来不利的影响。工作门槽尺寸根据闸门的尺寸确定,一般工作门槽深为 0.2~0.3 m,门槽宽度为 0.5~1.0 m,其宽深比一般为 1.6~1.8。检修门槽深为 0.15~0.20 m,宽为 0.15~0.30 m。检修门槽至工作门槽的净距离不宜小于 1.5 m,以便安装与检修操作,方便启闭机的布置与运行。为了满足检修闸室,特别是在正常蓄水位以下检修工作闸门门槽的需要,往往在工作闸门门槽的上、下游侧各设置一道检修闸门门槽。

门槽位置一般在闸墩中部偏高水位一侧,有时为了利用水重增加闸室稳定,也可把门槽设在闸墩中部偏低水位一侧。

(三)胸墙

当水闸挡水高度较大,闸孔尺寸超过泄流要求时,可在闸室顶部设置胸墙。胸墙顶部高程可按挡水要求确定,胸墙顶部高程与闸墩顶部高程齐平。底部高程一般应以不影响泄水为原则,高出泄水位 0.1~0.2 m。

胸墙的位置,取决于闸门形式。对于弧形闸门,胸墙位于闸门的上游侧;对于平面闸门,胸墙位于闸门的上、下游侧都可以。前者止水较复杂,且易磨损,但有利于闸门启闭,钢丝绳也不易锈蚀。

胸墙结构形式可根据孔径大小和泄水要求选用,一般采用钢筋混凝土结构。小跨度(小于或等于 6 m)的胸墙可做成上薄下厚的板式结构,如图 4-9(a)所示;大跨度(大于 6 m)的胸墙则可做成板梁式结构,如图 4-9(b)所示;当胸墙高度大于 5.0 m,且跨度较大时,可增设中梁及竖梁构成肋形结构,如图 4-9(c)所示。

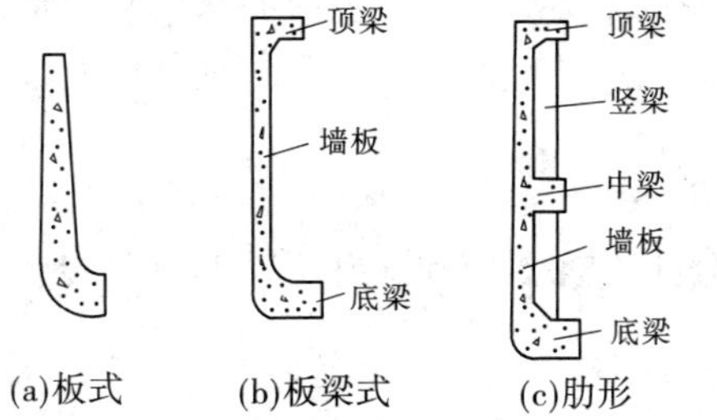

图 4-9 胸墙的结构形式

板式胸墙顶部厚度一般不小于 20 cm。板梁式胸墙板厚一般不小于 12 cm;顶梁梁高为胸墙跨度的 1/12~1/15,梁宽常取 40~80 cm;底梁梁高为跨度的 1/8~1/9,梁宽为 60~

120 cm。为使过闸水流平顺,胸墙迎水面底缘应做成圆弧形。

胸墙的支承方式有简支和固结两种。简支式胸墙与闸墩分开浇筑,缝内设止水,简支式胸墙断面尺寸较大。固结式胸墙与闸墩整体浇筑,闸室的整体性好,但易在连接处的迎水面产生裂缝。

(四)工作桥

工作桥供安装和操作启闭设备之用,常设置在闸墩上。若工作桥较高,宜在闸墩上另建支墩或排架支承工作桥。

初步确定桥高时,平面闸门可取门高的 2 倍再加 1.0~1.5 m 的超高值,并满足闸门能从闸门槽中取出检修的要求;若采用活动式启闭机,桥高应大于 1.7 倍门高;升卧式闸门的桥高为平面直升门高的 70%。弧形闸门的工作桥较低。

小型水闸的工作桥一般采用板式结构,大、中型水闸采用板梁结构,如图 4-10 所示。

工作桥的总宽度取决于启闭机的类型、容量和操作需要,小型水闸工作桥的总宽度在 2.0~2.5 m,大型的在 2.5~4.5 m。

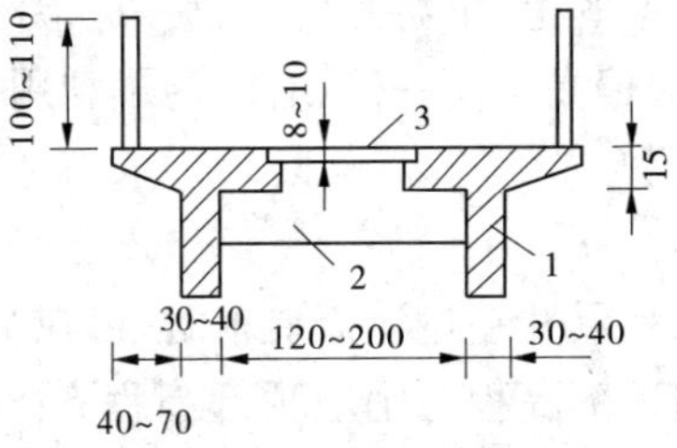

1—纵梁;2—横梁;3—活动铺板。

图 4-10　工作桥　(单位:cm)

(五)交通桥和检修桥

建造水闸时,应考虑交通和检修的需求,以满足汽车、拖拉机和检修人员通过。交通桥、检修桥的梁(板)底高程均应高出最高洪水位 0.5 m;若有流冰,应高出流冰面以上 0.2 m;有通航要求时,应满足通航净空要求。交通桥的位置应根据闸室稳定及两岸交通连接等条件确定,通常布置在低水位一侧,桥面宽视两岸交通及防汛抢险要求确定。检修桥位于检修闸门前上方。交通桥、检修桥的结构形式可采用整体板式、板梁式和拱式,中、小型工程可采用定型设计。与闸墩的连接形式应与底板分缝位置及胸墙结构等统一考虑。

(六)闸门

闸门是水闸的关键部分,用它来封闭和开启孔口,以达到控制水位和调节流量的目的。

1. 闸门类型

1)按工作性质分类

闸门按工作性质可分为工作闸门、事故闸门和检修闸门等。

2)按升起方式分类

闸门按升起方式分为直升式闸门、升卧式闸门、下卧式闸门等。

3)按门体材料分类

闸门按门体材料分为钢闸门、钢筋混凝土闸门或钢丝网水泥闸门、铸铁闸门及木闸门等。钢闸门门体较轻,一般用于大、中型水闸。钢筋混凝土闸门或钢丝网水泥闸门可以节省钢材,无须除锈,但前者较笨重,启闭设备容量大,后者容易剥蚀,耐久性差,一般用于渠系小型水闸。铸铁闸门抗锈蚀、抗磨性能好,止水效果也好,但由于材料抗弯强度较低,性能又脆,因此仅在低水头、小孔径水闸中使用。木闸门耐久性差,已日趋不用。

4)按结构形式分类

闸门按结构形式,可分为平面闸门、弧形闸门、叠梁闸门等。

弧形闸门启门力小,可以封闭相当大面积的孔口;无影响水流态的门槽,闸墩厚度较薄,机架桥的高度较低,埋件少。它的缺点是需要的闸墩较长;不能提出孔口以外进行检修维护,也不能在孔口之间互换;总水压力集中于支铰处,闸墩受力复杂。

叠梁闸门是使用多块单独的闸板,逐块横向放入门槽内叠加成的一个平面挡水结构。结构简单,自重轻、起吊力小,搬运方便,但由于闸板与闸板之间止水靠自重而达到密封的作用,挡水结构的整体性差,靠水位密封差,渗漏量略大于钢制闸门,故叠梁闸门适用于作临时挡水或检修闸门用。

2. 闸门选型与布置

闸门结构选型应根据其受力情况、控制运用要求、制作、运输、安装、维修条件等,结合闸室结构布置需要选定并符合下列规定:

(1)当挡水高度和闸孔孔径均较大时,需由闸门控制泄水的水闸,宜采用弧形闸门。

(2)土质地基上的水闸,当永久缝设置在闸室底板上时,宜采用平面闸门。

(3)受涌浪或风浪冲击力较大的挡潮闸,宜采用平面闸门,闸门面板宜布置在迎潮侧,有泄洪要求的挡潮闸也可采用弧形闸门。

(4)有排冰或排漂要求的水闸,宜采用平面闸门或下卧式闸门,多泥沙河流上的水闸,不宜采用下卧式闸门。

(5)有通航要求的水闸,宜采用升卧式或双扉式平面闸门。

(6)检修闸门应采用平面闸门或叠梁式闸门。

(7)在严寒地区,闸门面板宜布置在迎水侧。

(8)露顶式闸门顶部宜在可能出现的最高挡水位以上留有不小于 0.3 m 的加高;当有特殊要求时,在保证下游安全的前提下,也可适当减小或不留加高。

(七)启闭机

闸门启闭机可分为固定式和移动式两种。启闭机形式可根据门型、尺寸及其运用条件等因素选定。选用启闭机的启闭力应大于计算启闭力,同时应符合《水利水电工程启闭机设计规范》(SL 41—2018)所规定的启闭机系列标准。

当多孔闸门启闭频繁或要求短时间内全部均匀开启时,每孔应设一台固定式启闭机。常用的固定式启闭机有卷扬式、螺杆式、液压式。

1. 卷扬式启闭机

卷扬式启闭机主要由电动机、减速箱、传动轴和绳鼓组成。绳鼓固定在传动轴上,围绕钢丝绳,钢丝绳连接在闸门吊耳上。启闭闸门时,通过电动机、减速箱和传动轴使绳鼓转动,带动闸门升降。为了防备停电或电气设备发生故障,可同时使用人工操作,通过手摇箱进行人力启闭。卷扬式启闭机启闭力较大,操作灵便,启闭速度快,但造价较高,适用于弧形闸门。某些平面闸门能靠自重(或加重)关闭,且启闭力较大时,也可采用卷扬式启闭机。

2. 螺杆式启闭机

当闸门尺寸和启闭力都很小时,常用简便、廉价的单吊点螺杆式启闭机。螺杆与闸门连接,用机械或人力转动主机,迫使螺杆连同闸门上下移动。当水压力较大,门重不足时,为使闸门关闭到底,可通过螺杆对闸门施加压力。当螺杆长度较大(如大于 3 m)时,可在胸墙上每隔一定距离设支承套环,以防止螺杆受压失稳。其启闭重量一般为 3~100 kN。

3. 液压式启闭机

液压式启闭机一般由液压系统和液压缸组成,在液压系统的控制下,液压缸内的活塞体内壁做轴向往复运动,从而带动连接在活塞上的连杆和闸门做直线运动,以达到开启、关闭孔的目的。其优点是利用油泵产生的液压传动,可用较小的动力获得很大的启闭力;液压传动比较平稳和安全;较易实行遥控和自动化等。主要缺点是缸体内圆镗的加工受到各地条件的限制,质量不易保证,造价也较高。

二、闸室构造布置

(一)分缝

水闸闸室沿垂直水流方向每隔一定距离必须设置永久缝,以免闸室因地基不均匀沉降及伸缩变形而产生裂缝。设缝位置及分段长度宜符合下列规定:

码 4-17　水闸的构造

(1)对坚实地基上的水闸,可在闸室底板上或闸墩中间设缝分段。

(2)对软弱地基上或有地震设防要求的水闸,宜在闸墩中间设缝分段。

(3)岩基上的分段长度不宜超过 20 m,土基上的分缝长度不宜超过 35 m。

(4)永久缝的构造形式可采用铅直贯通缝、斜搭接缝或齿形搭接缝,缝宽一般为 2~3 m。

整体式底板的永久缝设在闸墩中间,一孔、二孔或三孔成为一个独立单元。靠近岸边,为了减轻墙后填土对闸室的不利影响,特别是当地质条件较差时,最好采用单孔,而后再接二孔或三孔的闸室。若地基较好,也可将缝设在底板上。这样可以减少工程量,且还可减少底板的跨中弯矩。

分离式底板中,闸墩与底板设缝分开。

除闸室分缝外,凡相邻结构荷载悬殊或结构较长、面积较大的地方,都需设缝分开。如在铺盖与闸底板连接处、翼墙与边墩及铺盖连接处、消力池护坦与闸底板及翼墙连接处都设沉降缝。此外,混凝土铺盖及消力池本身也需设缝分段、分块,如图 4-11 所示。

(二)止水

凡是有防渗要求的缝,都应设止水。止水分水平止水和垂直止水两种。铺盖、消力池底板与闸底板、翼墙之间,消力池底板间的分缝处设水平止水,见图 4-12(a)、(b)、(c)、(d)。图 4-12(a)型适用于地基沉降较小或防渗要求较低的缝位;图 4-12(b)、(c)、(d)型

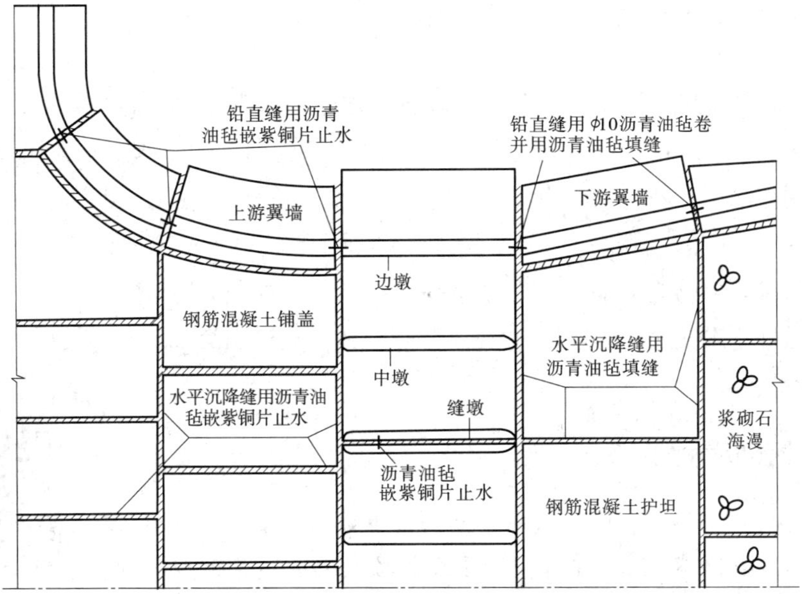

图 4-11　水闸的分缝与止水布置

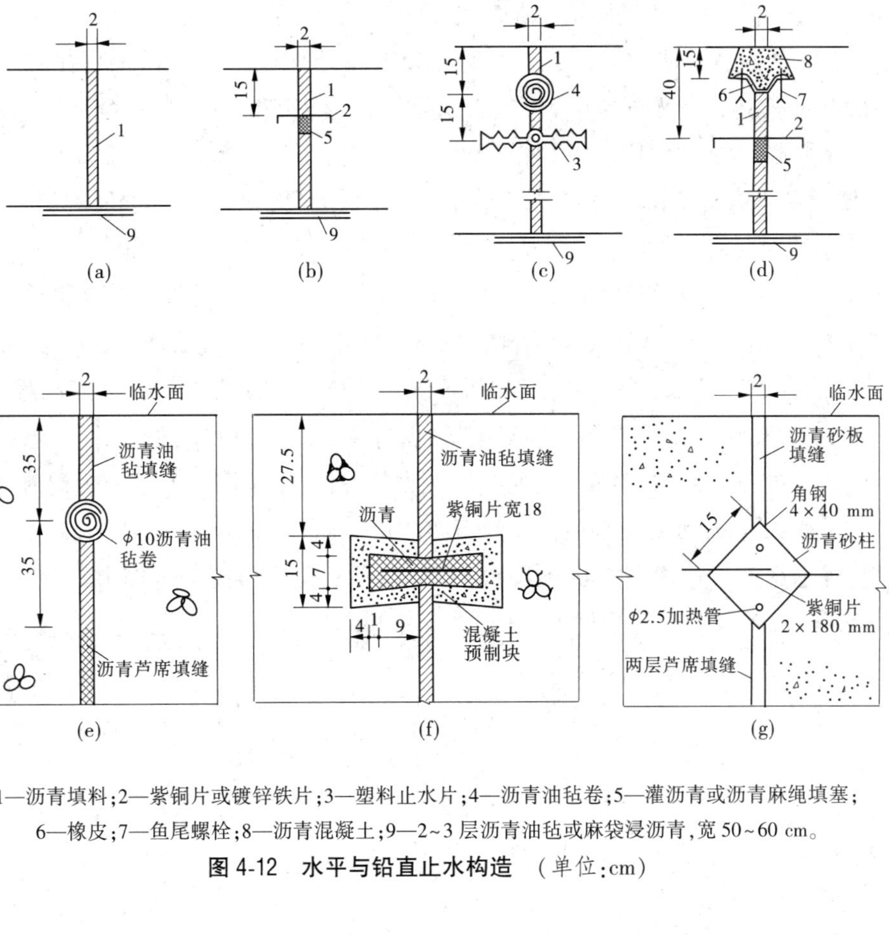

1—沥青填料;2—紫铜片或镀锌铁片;3—塑料止水片;4—沥青油毡卷;5—灌沥青或沥青麻绳填塞;6—橡皮;7—鱼尾螺栓;8—沥青混凝土;9—2~3 层沥青油毡或麻袋浸沥青,宽 50~60 cm。

图 4-12　水平与铅直止水构造　(单位:cm)

适用于地基沉降较大或防渗要求较高的缝位。在接缝底部与地基土壤接触处常铺设 2~3 层沥青油毡,或填黏土,以提高防渗效果。

缝墩、中墩、边墩与翼墙之间以及各段翼墙之间设垂直止水,如图 4-12(e)、(f)、(g)所示。图 4-12(e)简单,施工方便,适用于不均匀沉降较小或防渗要求较低的缝位,如岸墙与翼墙的止水等。图 4-12(f)、(g)均为闸墩止水,一般布置在闸门上游,以减少缝墩侧向压力。

在无防渗要求的缝中,一般铺贴沥青油毡。

必须做好止水交叉处的连接,否则容易形成渗水通道。交叉有两种类型:一是铅直交叉;二是水平交叉。

三、闸室布置案例

码 4-18 闸室布置案例

闸室(见图 4-13)为开敞式 C30 钢筋混凝土分离式结构,平底宽顶堰,共 9 孔,每孔净宽 12 m,工作闸门采用露顶式平面定轮钢闸门,闸门高 5.0 m。闸室顺水流向长 17.0 m,垂直水流宽 120 m。闸底板顶高程 1.1 m,中墩、边墩下部底板厚度为 1.5 m,其余部位为 0.8 m,上、下游各设 0.7 m 深齿坎一个,上游与铺盖、下游与消力池底板连接,之间设置橡胶止水带。中墩厚 1.5 m,上、下游墩头均采用半圆弧形,中墩顶高程 9.5 m,墩底高程-0.4 m。边墩为悬臂式挡土墙结构,边墩顶高程 10.35 m,墩底高程-0.4 m,墩顶宽 1.5 m。闸墩底部设 C15 混凝土垫层(厚 0.1 m)、钢筋混凝土灌注桩基础。

闸墩上部设有排架柱、机架便桥、启闭机房和工作交通桥、检修便桥。排架柱底高程 9.5 m、顶高程 15.3 m,C30 钢筋混凝土单“π”形结构,立柱断面 0.6 m×0.6 m(顺水流尺寸×垂直水流尺寸),盖梁断面 1.0 m(宽)×0.8 m(高)。机架便桥为 C30 钢筋混凝土双“π”形结构,顶高程 16.64 m,底高程 15.34 m,主梁高 1.3 m,桥面宽 6.8 m,面板厚 0.15 m,上、下游侧设置外廊及栏杆。机架便桥设置启闭机房,机房宽 4.44 m,底高程 16.6 m,顶高程 21.74 m,单层钢筋混凝土框架结构,内置 9 台 2×250 kN 双吊点固定卷扬式启闭机,吊点距 7.20 m,启门高度 9 m。闸上游侧设检修便桥,采用 C40 预应力混凝土空心板桥面板,桥宽 2.0 m,两侧设石栏杆。闸下游侧设交通桥,采用 C40 预应力混凝土空心板桥面板,桥总宽 7.0 m,净宽 6.0 m,净跨 13.5 m,共 9 孔,两侧设防撞护栏。闸室左、右两侧设桥头堡(兼楼梯间),三层框架结构,内设配电设备和值班室等管理用房,钢筋混凝土灌注桩基础。

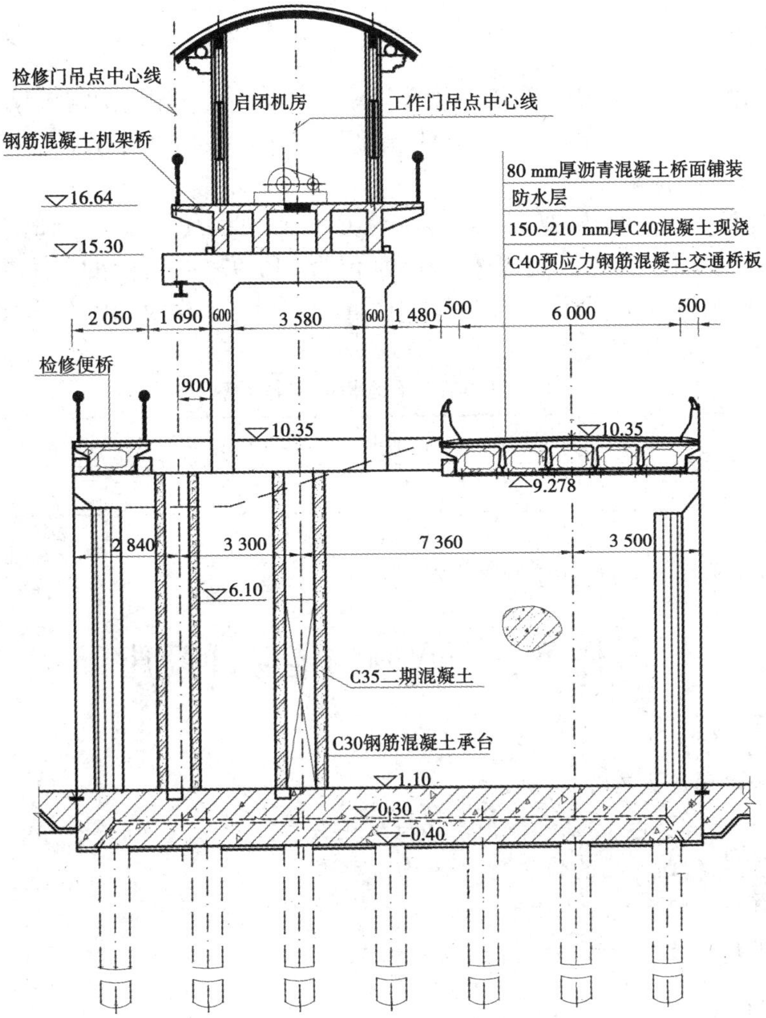

图 4-13 闸室纵剖面图

四、知识点测试

登录智慧职教 MOOC 学院进行资源学习，并完成本任务知识点测试；或扫描二维码完成本任务知识点测试。

码 4-19 项目四任务四知识点测试

五、技能训练

某进水闸，位于黄河中游河段，引水渠段长为 150 m。该闸是灌区工程的主要引水水工建筑物，其任务是在无坝引水的条件下，保证满足灌区用水的要求。水闸的级别为 3 级，地基为砂壤土地基。

该闸设计引水流量为 78 m^3/s，相应的黄河水位为 213.40 m（此时引水保证率为 80%），设计洪水位为 216.48 m，校核洪水位为 216.97 m，闸前的引水渠渠底高程为 210.40 m，底宽为 18 m，两岸边坡 1:2。闸后灌区渠首底高程为 210.40 m。干渠水位-流量关系见表 4-10。

表 4-10　干渠水位-流量关系

下游水位/m	210.90	211.40	211.90	212.40	212.90	213.40
对应流量/(m^3/s)	5	15	31	48	70	86

要求：完成闸室布置，并绘制闸室纵剖面图。

任务五　水闸消能防冲设计

【学习目标】

1. 了解水闸泄流的特点。
2. 掌握底流式消能方法的适用情况与布置要求。
3. 掌握海漫、防冲槽的作用、类型和布置要求。
4. 能进行水闸消能防冲设施设计。
5. 培养规范做事态度，树立工程安全意识。

【思政素材】

码 4-20　小埠东调节闸泄水　　码 4-21　黄河石洼分洪闸　　码 4-22　江都水利枢纽

水闸过水时，上游来水水面收缩，流速逐步加大。出闸水流部分势能转为动能，流速增大，具有较强的冲刷破坏力，而土质河床一般抗冲能力较低。因此，为了保证水闸的安全运行，必须采取适当的消能和防冲措施。

一、过闸水流的特点

（一）水流形态复杂，水力条件多变

开始泄流时，闸下水深较浅，随着闸门开度的增大，下游水深逐步加深，闸下出流由孔口出流到堰流，由自由出流到淹没出流都会发生，水流形态比较复杂。上下游水位、过闸

流量及泄水方式多变，闸下可能面临多种水力条件。

(二)闸下易形成波状水跃

水闸的上下游水位差较小，闸下易产生波状水跃，见图4-14。出闸水流的弗劳德数较低($F_r=1\sim1.7$)，闸底板为平底板时，容易发生波状水跃。波状水跃消能效果差，具有较大的冲刷能力，水流不易向两侧扩散，致使两侧产生回流，缩窄了河槽过水有效宽度，局部单宽流量加大，造成河床和两岸的严重冲刷。

(三)闸下容易出现折冲水流

一般水闸的宽度较上、下游河道宽度窄，水流过闸时先收缩再扩散。若工程布置或操作管理不当，出闸水流不能均匀有效扩散，造成主流集中，蜿蜒蛇形，左冲右撞，形成折冲水流，对下游河床、河岸及消能防冲设施破坏较大，见图4-15。

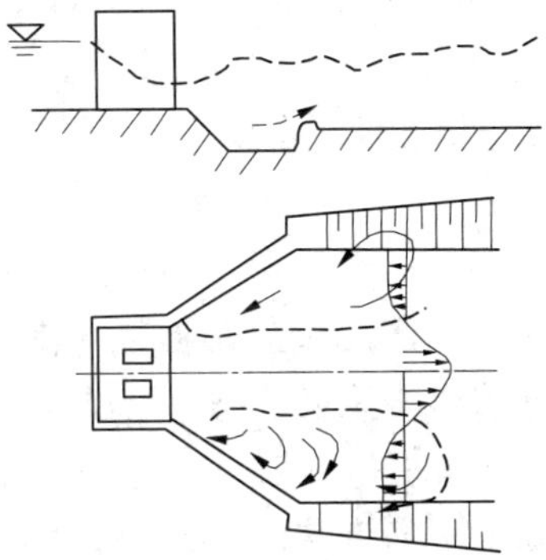

图4-14 波状水跃示意图

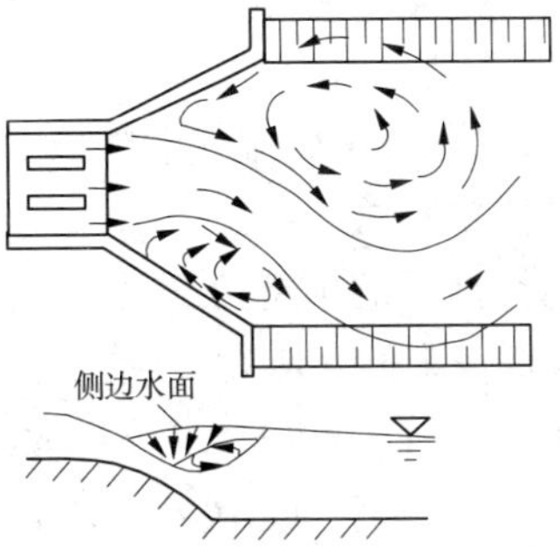

图4-15 闸下折冲水流

二、消能防冲设计条件的确定

水闸运用要求不同，其上下游水位、过闸流量，以及泄流方式(如闸门的开启程序、开启孔数和开启高度)等常常复杂多变。开闸后，会出现多种水力情况，水闸闸下消能防冲设施必须在各种可能出现的水力条件下，都能满足消散动能与均匀扩散水流的要求，且要与下游河道有良好的衔接。

水闸在过水过程中，随着闸门开启度的不同，闸下水深、流态及过闸流量也随之变化，设计条件较难确定。拦河节制闸宜以在保持闸上最高蓄水位的情况下，排泄上游多余来水量为控制消能设计的水力条件；分洪闸宜以闸门全开，通过最大分洪流量为控制消能设计的水力条件；排水闸(排涝闸)一般以冬、春季蓄水期通过排涝流量为控制消能设计的水力条件；挡潮闸一般以蓄水期排泄上游多余来水量时，有时需用闸门控制泄水，消能设计还要将可能出现的最不利低潮位作为消能计算条件；进水闸宜以上游水位较高，通过设计流量为控制消能设计的水力条件。

需要说明的是，不管哪种类型的水闸，都应在闸门控制运用的情况下，以最不利的水位、流量组合作为消能防冲设计条件，但要注意下游水位上升滞后于泄量增大的情况，组合时可选用相应于前一开度泄量的下游水位，下游始流水位应选择在可能出现的最低水位。

关于闸门控制运用,根据水闸的水力设计或水工模型试验成果,规定闸门的启闭顺序和开度,避免产生集中水流或折冲水流等不良流态。控制运用方式应满足下列要求:

(1)闸孔泄水时,保证在任何情况下水跃均完整地发生在消力池内。

(2)闸门尽量同时均匀分级启闭。如不能全部同时启闭,可由中间孔向两侧分段、分区或隔孔对称开启,关闭时与上述顺序相反。

(3)严格控制始流条件下的闸门开度,避免闸门停留在振动较大的开度区泄水。

(4)关闭或减小闸门开度时,避免水闸下游河道水位降落过快。

三、水闸消能设计

码 4-23　消力池尺寸确定

(一)消能方式

平原地区的水闸,水头低,下游水位变幅大,一般采取底流式消能;对于山区的一些泄水闸等,如果下游有坚硬的岩体,又具有较大水深时,可以采用挑流式消能;当下游有足够的水深且变幅较小,两岸抗冲能力也较大时,可采用面流式消能。

(二)消力池形式

水闸比较常用的消能方式为底流式消能。底流式消能主要是通过在闸下产生一定淹没度的水跃来降低水流的能量,保护水跃范围内的河床免遭冲刷。淹没度过小,水跃不稳定,表面漩滚前后摆动;淹没度过大,较高流速的水舌潜入底层,消能效果反而降低。一般淹没度控制在 1.05~1.10 较为适宜。根据促成水跃的方法,消力池可分为下挖式、突槛式和综合式三种形式,见图 4-16。

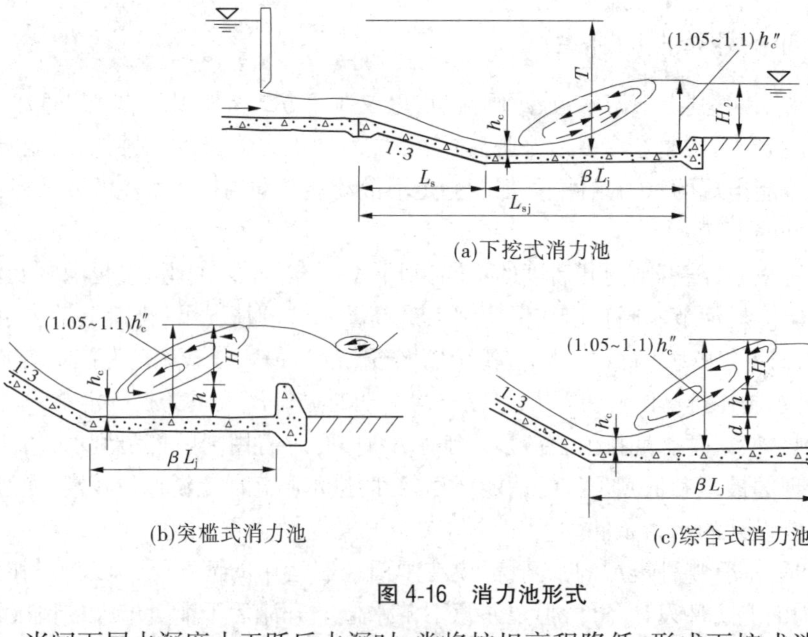

图 4-16　消力池形式

当闸下尾水深度小于跃后水深时,常将护坦高程降低,形成下挖式消力池,消力池可采用斜坡面与闸底板相连接,斜坡面的坡度不宜陡于:1:4;当闸下尾水深度略小于跃后水深,或者地基开挖困难或开挖会影响闸室稳定时,则在护坦上建造消力墙来壅高水位,形成突槛式消力池;当闸下尾水深度远小于跃后水深,且计算消力池深度又较深时,可采用综合式消力池。当水闸上、下游水位差较大,且尾水深度较浅时,宜采用二级或多级消力池消能。

(三)消力池参数计算

1. 消力池池深计算

消力池的深度根据对下游最不利情况对应的流量和相应的上、下游水位确定。

消力池计算示意图见图 4-17。

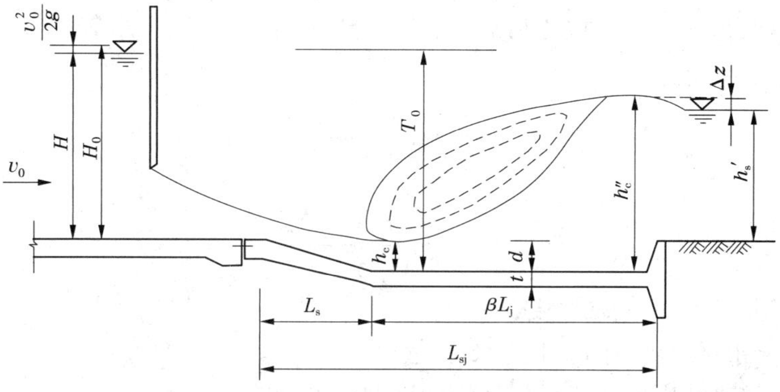

图 4-17 消力池计算示意图

消力池深度可按下列公式计算:

$$d = \sigma_0 h''_c - h'_s - \Delta z \tag{4-13}$$

$$h''_c = \frac{h_c}{2}\left(\sqrt{1 + \frac{8\alpha q^2}{g h_c^3}} - 1\right)\left(\frac{b_1}{b_2}\right)^{0.25} \tag{4-14}$$

$$h_c^3 - T_0 h_c^2 + \frac{\alpha q^2}{2g\varphi^2} = 0 \tag{4-15}$$

$$\Delta z = \frac{\alpha q^2}{2g\varphi^2 h_s'^2} - \frac{\alpha q^2}{2g h_c''^2} \tag{4-16}$$

式中 d——消力池深度,m;

σ_0——水跃淹没系数,可采用 1.05~1.10;

h''_c——跃后水深,m;

h_c——收缩水深,m;

α——水流动能校正系数,可采用 1.0~1.05;

q——过闸单宽流量,$m^3/(s \cdot m)$;

b_1——消力池首端宽度,m;

b_2——消力池末端宽度,m;

T_0——由消力池底板顶面算起的总势能,m;

Δz——出池落差，m；

h_s'——出池河床水深，m。

2. 消力池长度计算

$$L_{sj} = L_s + \beta L_j \tag{4-17}$$

$$L_j = 6.9(h_c'' - h_c) \tag{4-18}$$

式中 L_{sj}——消力池长度，m；

L_s——消力池斜坡段水平投影长度，m；

β——水跃长度校正系数，可采用 0.7~0.8；

L_j——水跃长度，m。

3. 消力池底板厚度计算

消力池底板厚度可根据抗冲和抗浮要求，分别按下式计算，并取较大值：

抗冲

$$t = k_1\sqrt{q\sqrt{\Delta H'}} \tag{4-19}$$

抗浮

$$t = k_2\frac{U - W \pm P_m}{\gamma_b} \tag{4-20}$$

式中 t——消力池底板始端厚度，m；

$\Delta H'$——闸孔泄水时上、下游水位差，m；

k_1——消力池底板计算系数，可采用 0.15~0.20；

k_2——消力池底板的安全系数，可采用 1.1~1.3；

U——作用在消力池底板底面的扬压力，kPa；

W——作用在消力池底板顶面的水重，kPa；

P_m——作用在消力池底板上的脉动压力，其值可取跃前收缩断面流速水头值的 5%，通常计算消力池底板前半部的脉动压力时取“+”号，计算消力池底板后半部的脉动压力时取“-”号；

γ_b——消力池底板的饱和重度，kN/m³。

消力池末端厚度，可采用$\frac{t}{2}$，但不宜小于 0.5 m。

(四) 消力池构造布置

1. 尾槛

消力池末端，一般设有高 0.5 m 左右的尾槛，用以壅高池内水深，稳定水跃，调整槛后水流流速分布（见图 4-18），并加强水流平面扩散，以减少对下游河床的冲刷。

码 4-24 消能防冲布置

2. 消力池材料

消力池底板一般采用 C20 混凝土，并配置符合Φ 10~12@ 250 的构造钢筋。大型水闸护坦顶、底面均需配筋，中、小型水闸可只在顶层配筋。

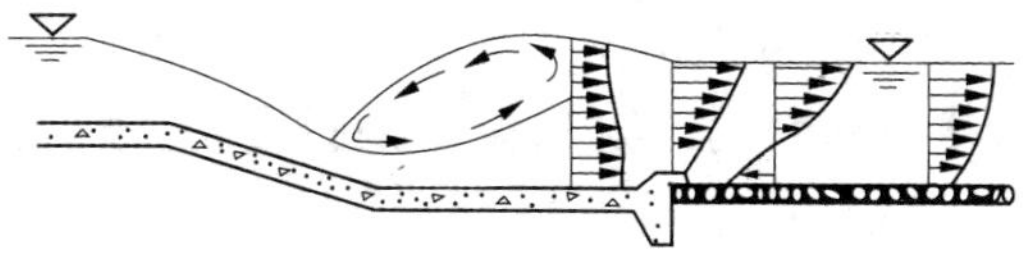

图 4-18 尾槛后的流速分布

3. 排水

为了减小护坦上的扬压力,可在水平段的后部设排水孔,其底部设反滤层。排水孔孔径一般为 5~10 cm,间距为 1.0~3.0 m,呈梅花形布置。但在多泥沙河道上,排水孔易被堵塞,不宜采用。

4. 分缝与止水

护坦与闸室、岸墙及翼墙之间,以及其本身沿水流方向均应用缝分开,以适应不均匀沉陷和温度变形。护坦自身的缝距可取 10~20 m,靠近翼墙的消力池缝距应取得小一些。护坦在垂直水流方向通常不设缝,以保证其稳定性。缝宽 2.0~3.0 cm。缝的位置如在闸基防渗范围内,缝中应设止水设备,但一般都铺贴沥青油毡。

5. 护坦齿墙

为增强护坦的抗滑稳定性,常在消力池的末端设置齿墙,墙深一般为 0.8~1.5 m,宽为 0.6~0.8 m。

(五)辅助消能工

为了提高护坦的消能效果,除尾槛外,有时还设消力墩等辅助消能工,使水流在墩后形成涡流,加强水跃中的紊流扩散,稳定水跃,减小跃后水深,缩短水跃长度和提高消能效果。辅助消能工并不是每个水闸都有的。

四、海漫设计

海漫的作用是进一步消减水流余能,并调整流速分布,保护护坦和河床的安全,防止冲刷。

码 4-25 海漫设计案例

(一)海漫长度计算

海漫的长度取决于消力池出口的单宽流量、上下游水位差、地质条件、尾水深度及海漫本身的粗糙程度等因素。根据可能出现的最不利水位流量组合,可用下式估算:

$$L_p = K_s\sqrt{q_s\sqrt{\Delta H'}} \tag{4-21}$$

式中 L_p——海漫长度,m;

K_s——海漫长度计算系数,可由表 4-11 查得;

q_s——消力池末端单宽流量,$m^3/(s\cdot m)$。

表 4-11 K_s 值

河床土质	粉砂、细砂	中砂、粗砂、粉质壤土	粉质黏土	坚硬黏土
K_s	14~13	12~11	10~9	8~7

(二)海漫构造布置

一般在海漫起始段做 5~10 m 长的水平段,其顶面高程可与护坦齐平或在消力池尾坎顶以下 0.5 m 左右,水平段后做成不陡于 1:10 的斜坡,以使水流均匀扩散,调整流速分布,保护河床不受冲刷,见图 4-19。

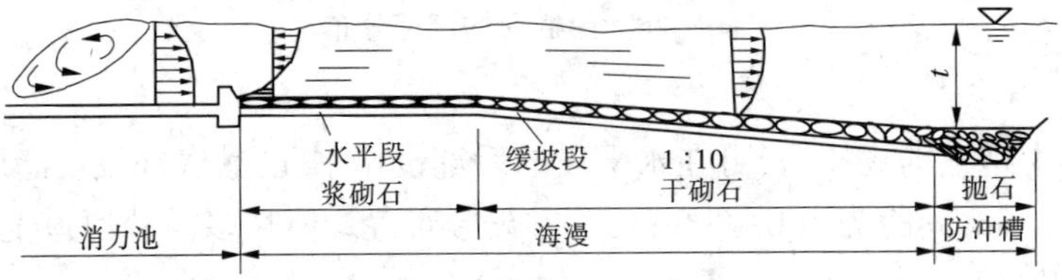

图 4-19　海漫布置示意图

海漫的构造要求:①应具有一定的粗糙度,以利进一步消除余能;②应具有一定的透水性,以降低扬压力;③应具有一定的柔性,以适应河床的变形。

常见的海漫形式有以下几种:

(1)干砌石海漫。一般由粒径大于 30 cm 的块石砌成,厚度为 0.4~0.6 m,下面铺设碎石、粗砂垫层,每层厚 10~15 cm,见图 4-20(a)。干砌石海漫的抗冲流速为 2.5~4.0 m/s。其最大优点是能适应河床变形,透水性好。主要用于斜坡段。

(2)浆砌石海漫。采用 M5 或 M7.5 水泥砂浆,砌石直径大于 30 cm,厚度 0.4~0.6 m,砌石内设排水孔,下面铺设反滤层或垫层,见图 4-20(b)。浆砌石海漫抗冲能力强,抗冲流速 3~6 m/s,但柔性和透水性没有干砌石好,一般用于海漫前 10 m 范围内。

(3)混凝土海漫。由混凝土板块拼铺而成,每块板的边长为 2~5 m,厚度为 0.1~0.3 m,板中设有排水孔,下面铺设反滤层或垫层,混凝土海漫的抗冲流速可达 6~10 m/s,造价较高。

(4)铅丝笼海漫,见图 4-20(c)。

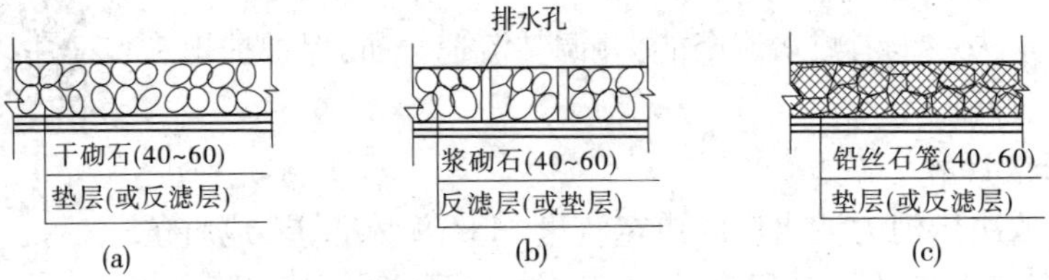

图 4-20　海漫的构造示意图　(单位:cm)

五、防冲槽设计

水流经过海漫后,能量得到进一步消除,但仍具有一定的冲刷能力,流速分布接近河床正常流速分布,但在海漫末端仍有冲刷现象。为保证安全和节省工程量,常在海漫末端挖槽抛石加固,形成一道防冲槽,见图 4-21。

实际上,海漫末端的河床冲刷深度(特别是砂性土)的计算值往往是很大的,如按此河床冲刷计算深度设计下游防冲槽,不仅不经济,而且施工很困难。当计算冲刷深度较小时,可采用 1~3 m 深的防冲齿墙作为防护设施;当计算冲刷深度较大时,宜采用防冲墙或防冲墙与防冲槽组合结构。

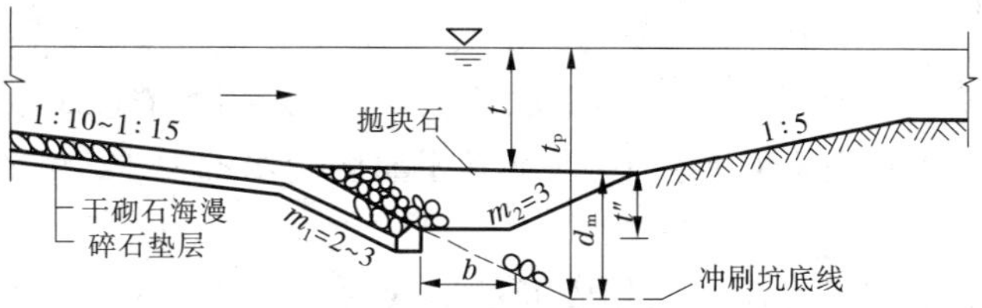

图 4-21 防冲槽构造图

参照已建水闸工程的实践经验,防冲槽大多采用宽浅式的,其深度 t'' 一般取 1.5~2.5 m,底宽 b 取 2~3 倍的深度,上游坡率 $m_1=2\sim3$,下游坡率 $m_2=3$。防冲槽的单宽抛石量 V 应满足护盖冲坑上游坡面的需要,可按下式估算:

$$V = Ad_m \quad (m^3) \tag{4-22}$$

$$d_m = 1.1\frac{q'}{[v_0]} - t \tag{4-23}$$

式中 A——经验系数,一般为 2~4;

d_m——海漫末端的可能冲刷深度;

q'——海漫末端的单宽流量,$m^3/(s \cdot m)$;

$[v_0]$——河床土质的允许不冲流速,m/s;

t——海漫末端的水深,m。

六、上、下游护坡及上游河床防护设计

上游水流流向闸室,流速逐渐加大,为了保证河床和河岸不受冲刷,闸室上游的河床及岸坡要采取相应的防护措施。与闸底板连接的上游铺盖,主要为防渗而设,但处于冲刷地段,其表层应有防冲保护。上游翼墙通常设于铺盖段的护坡部位,其上游有 2~3 倍水头长度的护底及护坡。

水闸下游河床和岸坡防护,除护坦、海漫、防冲槽和下游翼墙外,防冲槽及海漫两侧均常设干砌石护坡,有时在防冲槽末端还设 4~6 倍水头长度的护坡。

在护坡与河床和边坡交接处,常设一道深 0.5 m 的浆砌石齿墙。其下设 0.1~0.2 m 碎石、粗砂垫层。

七、知识点测试

登录智慧职教 MOOC 学院进行资源学习,并完成本任务知识点测试;或扫描二维码完成本任务知识点测试。

码 4-26 项目四任务五知识点测试

八、技能训练

某进水闸，位于黄河中游河段，引水渠段长 150 m。该闸是灌区工程的主要引水水工建筑物，其任务是在无坝引水的条件下，保证满足灌区用水的要求。水闸的级别为 3 级，地基为砂壤土地基。

该闸设计引水流量为 78 m^3/s，相应的黄河水位为 213. 40 m（此时引水保证率为 80%），设计洪水位为 216. 48 m，校核洪水位为 216. 97 m，闸前的引水渠渠底高程为 210. 40 m，底宽为 18 m，两岸边坡 1∶2。闸后灌区渠首底高程为 210. 40 m。干渠水位-流量关系见表 4-12。

表 4-12　干渠水位-流量关系

下游水位/m	210. 90	211. 40	211. 90	212. 40	212. 90	213. 40
对应流量/(m^3/s)	5	15	31	48	70	86

要求：完成该水闸消能防冲设计，并绘制水闸河床部分剖面图。

任务六　防渗排水设计

【学习目标】

1. 掌握地下轮廓线的概念和防渗长度的确定。
2. 掌握黏性土地基和砂性土地基地下轮廓的布置要求。
3. 掌握水闸的防渗排水设施。
4. 能初步进行地下轮廓布置。
5. 培养规范做事态度，树立工程质量、安全意识。

【思政素材】

码 4-27　陈磊：匠心镌刻在筑梦路上

码 4-28　引黄济青沉沙池出口闸

水闸防渗排水设计的任务是合理拟定地下轮廓形式和尺寸，进行防渗排水设计，计算渗透动水压力、验算闸基和两侧土体的抗渗稳定性等，以减小和消除渗流对水闸的不利影响，保证闸室的抗滑稳定、闸基和两岸的渗透稳定。

一、闸基的防渗长度确定

在上、下游水位差的作用下，水流沿着闸基上游铺盖、底板、板桩及消力池底部向下游渗透，铺盖、板桩、闸底板及消力池等不透水部分与地基的接触线，即闸基渗流的第一条流线，称为地下轮廓线，即图 4-22 中的折线（0—1—2—3…—16）。其长度即为闸基的防渗长度。

码 4-29 防渗排水布置

在工程规划和可行性研究阶段，闸基的防渗长度应满足下式的要求：

$$L = C \cdot \Delta H \tag{4-24}$$

式中 L——闸基防渗长度，即闸基地下轮廓线水平段和垂直段长度的总和，m；

C——允许渗径系数值，见表 4-13，当闸基设板桩时，可采用表 4-13 规定的较小值；

ΔH——上、下游水位差，m。

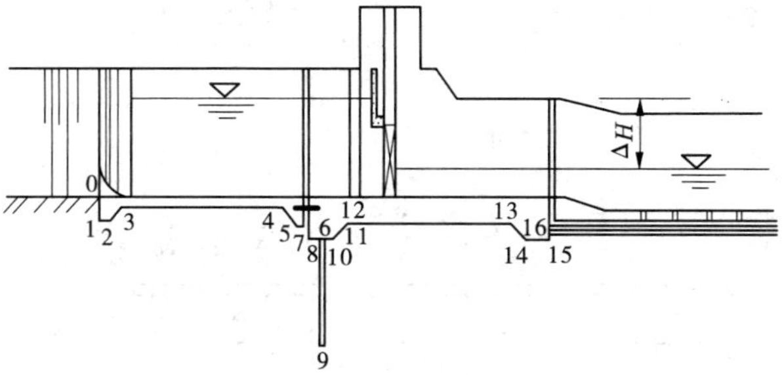

图 4-22 防渗长度示意图

表 4-13 允许渗径系数值 C

排水条件	地基类别									
	粉砂	细砂	中砂	粗砂	中砾、细砾	粗砾、夹卵石	轻粉质砂壤土	轻砂壤土	壤土	黏土
有滤层	13~9	9~7	7~5	5~4	4~3	3~2.5	11~7	9~5	5~3	3~2
无滤层	—	—	—	—	—	—	—	—	7~4	4~3

注：地基土分类见《水闸设计规范》（SL 265—2016）附录 F。

二、闸基地下轮廓布置

闸基防渗长度初步确定后，可根据地基特性，参考已建的工程经验进行闸基地下轮廓布置。

防渗布置一般采用防渗和排水相结合的原则，即“高防低排”的原则：在高水位一侧设置防渗设施，如铺盖、板桩、齿墙、混凝土防渗墙及帷幕灌浆等，延长渗径，减小作用在底板上的渗透压力，降低闸基渗透坡降；在低水位一侧设置排水设施，如排水孔、反滤层及减压井等，将渗入闸基的水尽快排出，并防止渗流出口发生渗透变形。

水闸地下轮廓的布置与地基土有密切关系。

(一) 黏性土地基地下轮廓线布置

黏性土颗粒具有凝聚力,不易产生管涌,但摩擦系数较小。布置地下轮廓线时,主要考虑如何降低闸底板渗透压力,以增加闸室稳定性。为此,防渗设施常采用水平铺盖,而不用板桩,以免破坏天然土的结构,造成集中渗流。排水设施可前移到闸底板下,以降低底板上的渗透压力并有利于黏性土的加速固结。排水设施与地基土之间设置反滤层,见图 4-23(a)。

黏性土地基内夹有承压水层时,应考虑设置垂直排水,见图 4-23(b)。

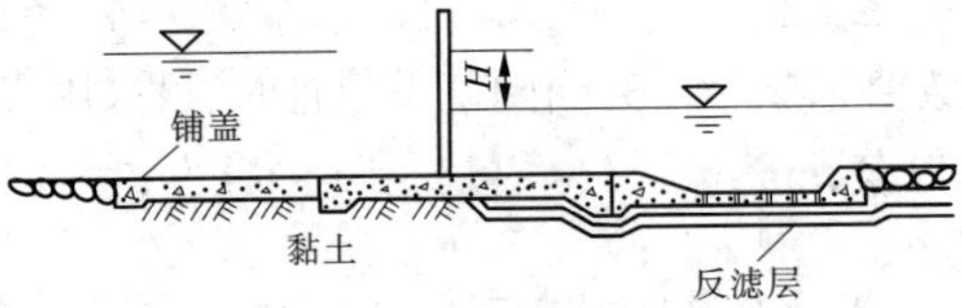

(a)黏性土地基

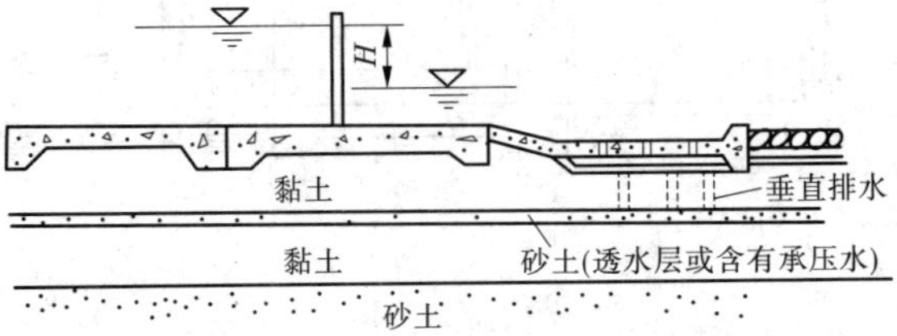

(b)黏性土地基夹有透水砂层

图 4-23　黏性土地基地下轮廓布置

(二) 砂性土地基地下轮廓线布置

砂性土粒间无凝聚力,易产生管涌,摩擦系数较大,对减小渗透压力要求相对较低,防止渗透变形和减少渗水量是其布置的主要因素。当砂性土层很厚时,可采用铺盖与板桩相结合的形式,排水设施布置在消力池护坦处,必要时,在铺盖前端再加设一道短板桩,以延长渗径,见图 4-24(a);当砂性土层较薄,下面有不透水层时,可将板桩插入不透水层,见图 4-24(b);当地基为粉细砂时,为了防止地基液化,常将闸基四周用板桩封闭起来,若为双向挡水的水闸,应设两道板桩,上、下游均应设置排水设施,设计时应以水头差较大的一边为主,另一边为辅,并采取除降低渗压外的其他措施,提高闸室的稳定性,见图 4-24(c)。

三、闸基防渗及排水设施布置

防渗设施是指构成地下轮廓的铺盖、板桩及齿墙,而排水设施则是指铺设在护坦、浆砌石海漫底部或闸底板下游段起导渗作用的砂砾石层。排水常与反滤层结合使用。

(一) 铺盖

铺盖主要是用来延长渗径,应具有一定的不透水性(一般要求铺盖的渗透系数要比地基土的渗透系数小 100 倍以上);为了适应地基的变形,也要有一定的柔性;还要有一定的抗冲性。常用的材料有黏土、黏壤土、混凝土或钢筋混凝土。

1. 黏土和黏壤土铺盖

一般用于砂土地基,铺盖的长度应由地下轮廓线设计方案比较确定,一般为闸上水头

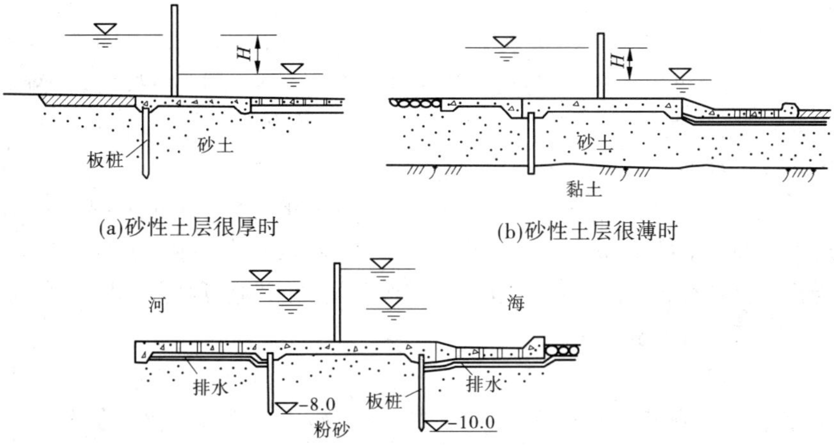

(a)砂性土层很厚时　　(b)砂性土层很薄时

(c)易液化粉细砂土地基

图 4-24　砂性地基地下轮廓布置

的 3~5 倍。铺盖的厚度为

$$\delta = \frac{\Delta H}{[J]} \tag{4-25}$$

式中　ΔH——铺盖顶、底面的水头差；

$[J]$——材料的允许坡降，黏土为 4~8，壤土为 3~5。

铺盖上游端的最小厚度由施工条件确定，一般为 0.5~0.75 m。铺盖与底板连接处为防渗薄弱部位，通常的处理措施是：在该处将铺盖加厚；将底板前端做成倾斜面，使黏土能借自重及其上的荷载与底板紧贴；在连接处铺设油毡等止水材料，一端用螺栓固定在斜面上，另一端埋入黏土中，见图 4-25。为了防止铺盖在施工期遭受破坏和运行期间被水流冲刷，应在其表面铺砂层，然后在砂层上铺设单层或双层块石护面。

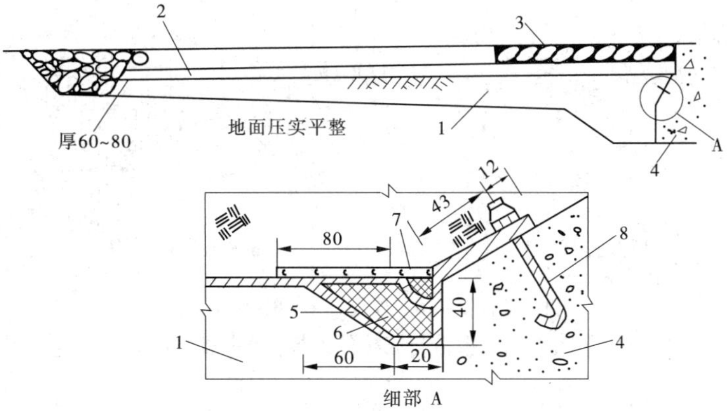

细部 A

1—黏土铺盖；2—垫层；3—浆砌石保护层；4—闸底板；5—沥青麻袋；6—沥青填料；7—木盖板；8—斜面螺栓。

图 4-25　黏土铺盖细部构造　（单位：cm）

2. 钢筋混凝土铺盖

当缺少适宜的黏土或需要铺盖兼作阻滑板时，常采用钢筋混凝土铺盖。钢筋混凝土铺盖的最小厚度宜大于 0.4 m，在与底板连接处加厚至 0.8~1.0 m 并用沉降缝分开，缝中设止水。在顺水流和垂直水流流向方向应设沉降缝，间距不宜超过 15~20 m。在接缝处局部加厚，并设止水。

钢筋混凝土铺盖内须配置双向构造钢筋（Φ 10，间距 25~30 cm）。如利用铺盖作阻滑板，还须配置轴向受拉钢筋。受拉钢筋与闸室在接缝处应采用铰接的构造形式。接缝中的钢筋断面面积要适当加大，以防锈蚀。用作阻滑板的钢筋混凝土铺盖，在垂直水流方向仅有施工缝，不设沉降缝。

（二）垂直防渗体

垂直防渗体的厚度应根据作用水头、材料特性、施工条件等因素计算确定，常用的垂直防渗措施有钢筋混凝土板桩墙、混凝土防渗墙、水泥土搅拌桩防渗墙、水泥砂浆帷幕、高压喷射灌浆帷幕及地下垂直防渗土工膜等。

钢筋混凝土板桩墙的最小厚度不宜小于 0.2 m，宽度一般不小于 0.4 m。灌注式水泥砂浆帷幕和高压喷射灌浆帷幕的最小厚度，一般不小于 0.1 m。水泥土搅拌桩防渗墙的最小有效厚度不宜小于 0.35 m。混凝土防渗墙（含塑性混凝土防渗墙）的厚度一般不小于 0.2 m。地下垂直防渗土工膜的最小厚度根据工程实践经验确定。

土基上，垂直防渗体与上部底板宜采取柔性连接，一般将垂直防渗体嵌入底板，根据统计资料，一般垂直防渗体嵌入闸室底板或铺盖底板侧边的缝宽为 5 cm，墙顶部的缝宽在 5~10 cm，缝内布置的止水与上部止水要可靠连接封闭，缝填充沥青柔性封水材料。

板桩与闸室连接形式有两种：一种是把板桩紧靠底板前缘，顶部嵌入黏土铺盖一定深度；另一种是把板桩顶部嵌入底板底面特设的凹槽内，桩顶填塞可塑性较大的不透水材料，见图 4-26。前者适用于闸室沉降量较大，而板桩尖已插入坚实土层的情况；后者则适用于闸室沉降量小，而板桩尖未达到坚实土层的情况。

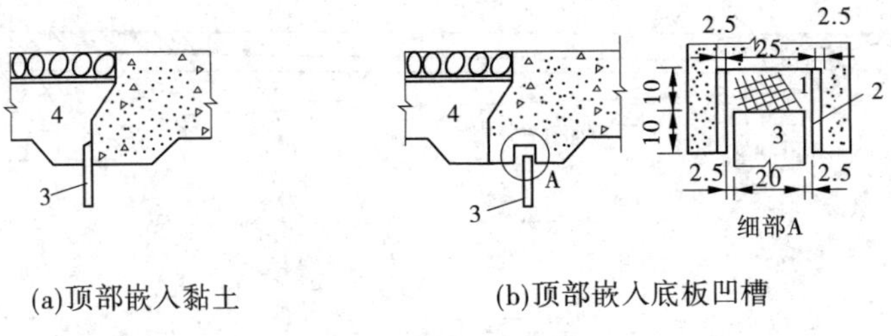

(a)顶部嵌入黏土　　(b)顶部嵌入底板凹槽

1—沥青；2—预制挡板；3—板桩；4—铺盖。

图 4-26　板桩与底板的连接　（单位：cm）

（三）齿墙

闸底板的上、下游端一般均设有浅齿墙，其作用是增强闸室的抗滑稳定和延长渗径，齿墙深度 0.5~1.5 m。

（四）排水设施

设置排水设施的目的是将闸基中的渗水有计划地排到下游，减小闸底板的渗透压力，增加闸室的抗滑稳定性，并能防止地基土发生渗透变形。

1. 平铺式排水

一般都是在闸室底板、护坦和浆砌石海漫的底部平铺一层直径为1～2 cm的碎石或卵石，厚度0.2～0.3 m，并在其下面与地基土之间设置反滤层，见图4-27。反滤层设计见《水闸设计规范》(SL 265—2016)。反滤层一般由2～3层砂、石子组成，每层厚度20～30 cm，滤层的铺设长度要以满足"滤层末端的渗流坡降值小于地基土在无滤层保护时的允许渗流坡降值"的要求为原则；否则，滤层末端将会出现渗流变形的可能性。

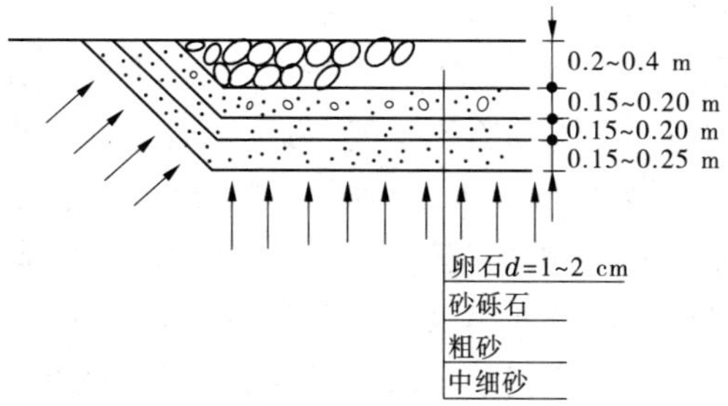

图4-27　排水设施与反滤层

2. 铅直排水

铅直排水常用于下面有承压透水层处。将排水井伸入到该层内0.3～0.5 m，引出承压水，达到降压的目的。排水井的井径一般为0.2～0.3 m，间距3 m左右，内填滤料。

四、水闸侧向绕渗的防渗排水布置

水闸建成挡水后，除闸基渗流外，渗流还从上游高水位绕过翼墙、岸墙和刺墙等流向下游，称为侧向绕渗，见图4-28。

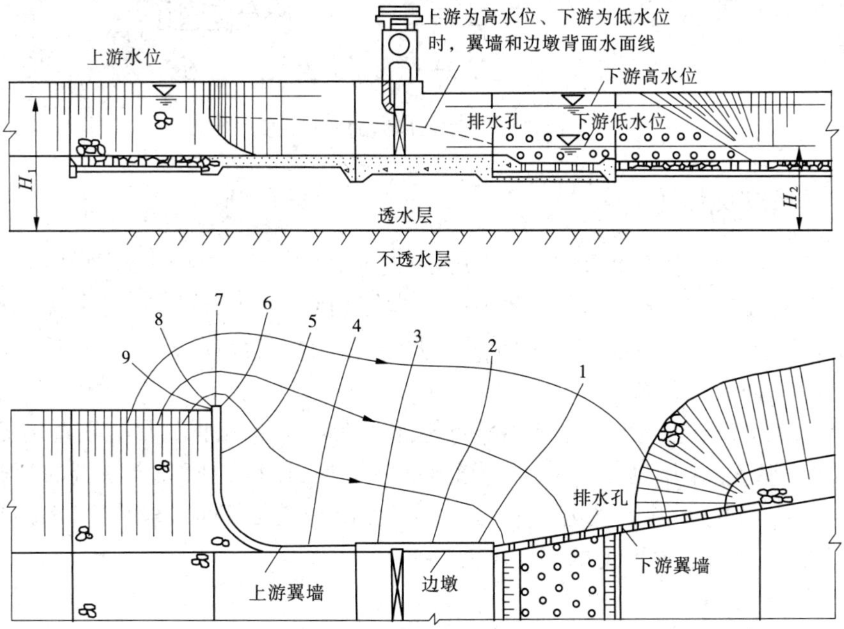

图4-28　侧向绕渗示意图

侧向绕渗对翼墙、岸墙施加水压力,影响其稳定性;在渗流出口处,以及填土与岸、翼墙的接触面上可能产生渗透变形。此外,它还会影响闸和地基的安全。因此,应做好侧向防渗排水设施的布置。

侧向防渗排水布置(包括刺墙、板桩、排水井等)应根据上下游水位、墙体材料和墙后土质及地下水位变化等情况综合考虑,并应与闸基的防渗排水布置相适应,使在空间上形成防渗整体。若铺盖长于翼墙,在岸坡上也应设铺盖,或在伸出翼墙范围的铺盖侧部加设垂直防渗措施,以保证铺盖的有效长度,防止在空间上形成防渗漏洞。防渗设备除利用翼墙和岸墙外,还可根据需要在岸墙或边墩后面靠近上游处增设板桩或刺墙,以增加侧向渗径。刺墙与边墩或岸墙之间需要用沉陷缝分开,缝中设止水设备。为避免填土与边墩、翼墙的接触面上产生集中渗流,常需设置一些短的刺墙,并使边墩与翼墙的挡水面稍微倾斜,使填土借自重紧压在墙背上。为排除雨水,单向水头的水闸可在下游翼墙和护坡上设置排水设施。排水设施多种多样,可根据墙后回填土的性质选用不同的形式。

(1)排水孔。在稍高于地面的下游翼墙上,每隔 2~4 m 留一直径 5~10 cm 的排水孔,以排除墙后渗水。这种布置适用于透水性较强的砂性回填土,见图 4-29(a)。

(2)连续排水垫层。在墙背面上覆盖一层用透水材料做成的排水垫层,使渗水经排水孔排向下游,见图 4-29(b)。这种布置适用于透水性很差的黏性回填土。连续排水垫层也可沿开挖边坡铺设,见图 4-29(c)。

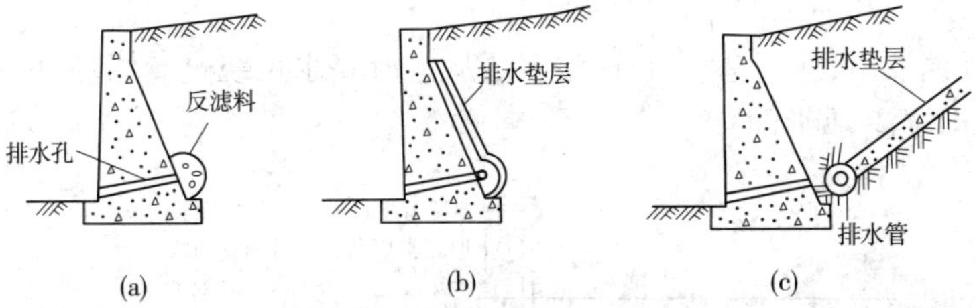

图 4-29　下游翼墙后的排水设施

五、闸基渗透压力计算

岩基上水闸基底渗透压力计算可采用全截面直线分布法,同时考虑设置防渗帷幕和排水孔时对降低渗透压力的作用和效果。土基上水闸基底渗透压力计算可采用改进阻力系数法或流网法;复杂土质地基上的重要水闸,应采用数值计算法。

(一)全截面直线分布法

全截面直线分布法是假定渗流沿地下轮廓线流动时,水头损失沿程按直线变化。

(1)当岩基上水闸闸基设有防渗帷幕和排水孔时,闸底板底面上游端的渗透压力作用水头为 $H-h_s$,排水孔中心线处为 $\alpha(H-h_s)$,下游端为零,其间各段依次以直线连接,见图 4-30,作用于闸底板底面上的渗透压力可按下式计算:

$$U=\frac{1}{2}\gamma(H-h_s)(L_1+\alpha L) \tag{4-26}$$

式中　U——作用于闸底板底面上的渗透压力,kN/m;

L_1——排水孔中心线与闸底板底面上游端的水平距离,m;

α——渗透压力强度系数,可采用 0.25;

L——闸底板底面的水平投影长度,m。

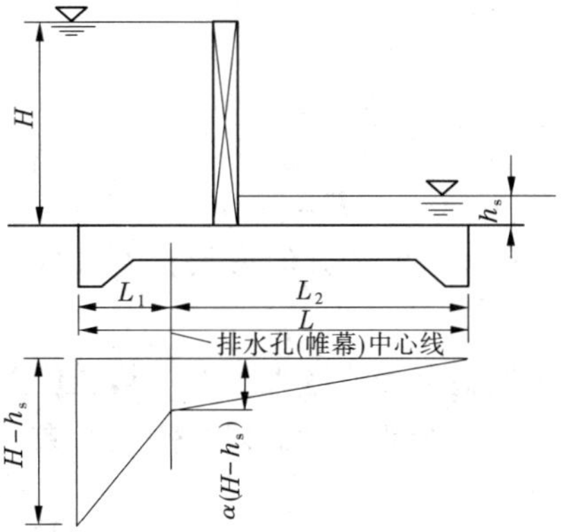

图 4-30 闸基有防渗帷幕及排水孔时渗透压力计算图

(2)当岩基上水闸闸基设有防渗帷幕而未设排水孔或排水幕失效时,闸底板底面上游端的渗透压力作用水头为 $H-h_s$,帷幕中心线处为 $\alpha(H-h_s)$,下游端为零,其间各段依次以直线连接,见图 4-30,作用于闸底板底面上的渗透压力可按式(4-26)计算。

(3)当岩基上水闸闸基未设水泥灌浆帷幕和排水孔时,闸底板底面上游端的渗透压力作用水头为 $H-h_s$,下游端为零,其间以直线连接(见图 4-31)。作用于闸底板底面上的渗透压力可按下式计算:

$$U = \frac{1}{2}\gamma(H - h_s)L \tag{4-27}$$

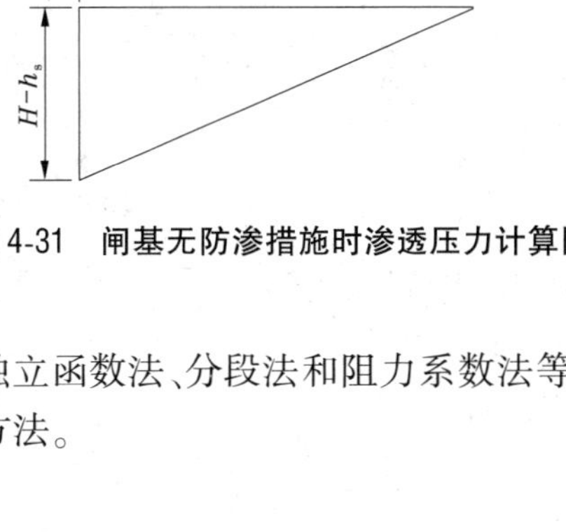

图 4-31 闸基无防渗措施时渗透压力计算图

(二)改进阻力系数法

改进阻力系数法是在独立函数法、分段法和阻力系数法等方法的基础上综合发展起来的一种精度较高的计算方法。

基本原理示意图如图 4-32 所示，有一简单的矩形渗流区，渗流段长度为 L，透水层厚度为 T，地基渗透系数为 K，两断面间的水头差为 h。根据达西定律，渗流区的单宽流量 q 为

$$q = K\frac{h}{L}T \tag{4-28}$$

码 4-30　改进阻力系数法渗流计算

令 $\frac{L}{T}=\xi$，则得

$$h = \xi q/K \tag{4-29}$$

式中，ξ 称为阻力系数，ξ 值仅和渗流区的几何形状有关，它是渗流边界条件的函数。

1. 地下轮廓的简化

对于复杂的地下轮廓，先把整个渗流区大致按等势线位置分成若干个典型流段，进行地下轮廓的简化，见图 4-33。求每个典型渗流段的阻力系数 ξ_i 和水头损失 h_i。

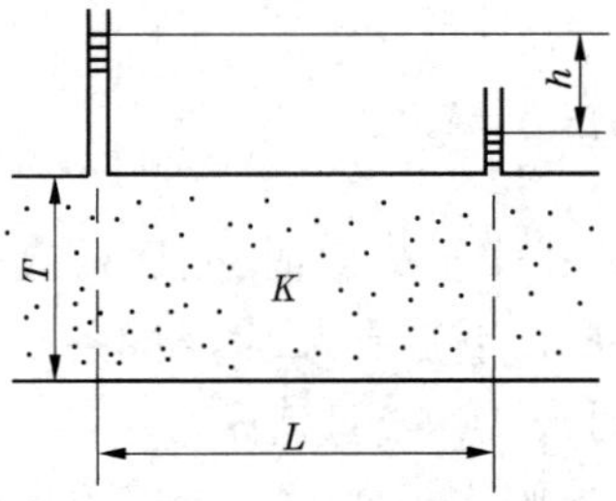

图 4-32　基本原理示意图

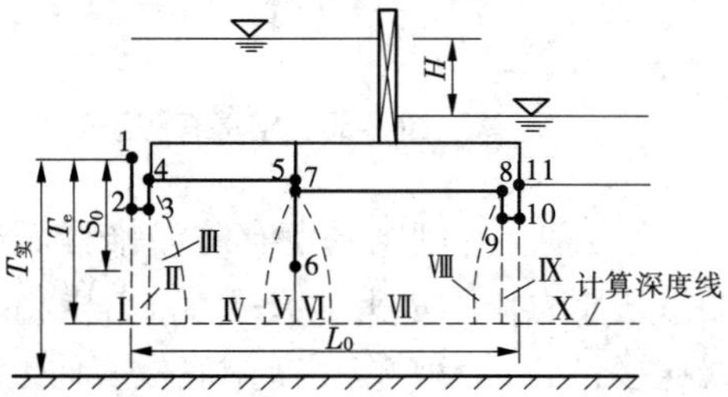

图 4-33　地下轮廓线简化示意图

$$h_i = \xi_i q/K \tag{4-30}$$

对于不同的典型段，其 ξ_i 是不同的，根据水流的连续性原理，各段的单宽渗流量相等，且总水头 H 应为各段水头损失 h_i 之和，即

$$H = \sum_1^n h_i = \frac{q}{K}\sum_1^n \xi_i \tag{4-31}$$

$$h_i = \xi_i \frac{H}{\sum_1^n \xi_i} \tag{4-32}$$

式中　n——总分段数。

2. 典型流段阻力系数

（1）进、出口段，见图 4-34（a）：

$$\xi_0 = 1.5\left(\frac{S}{T}\right)^{3/2} + 0.441 \tag{4-33}$$

式中　ξ_0——进、出口段的阻力系数；

S——板桩或齿墙的入土深度，m；

T——地基透水层深度，m。

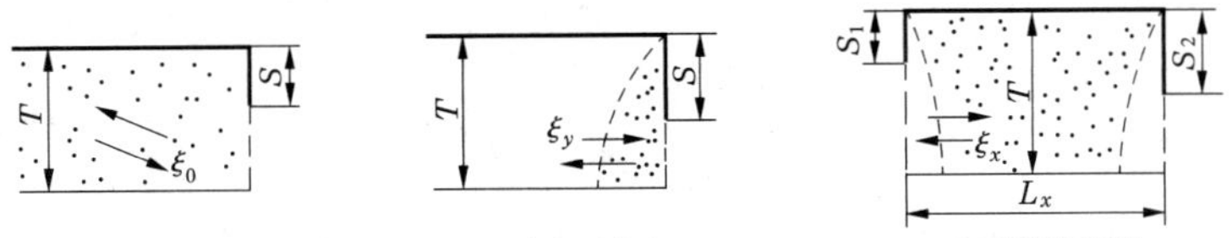

(a)进、出口段 (b)内部垂直段 (c)内部水平段

图 4-34 典型流段计算示意图

(2)内部垂直段,见图 4-34(b):

$$\xi_y = \frac{2}{\pi}\ln\cot\left[\frac{\pi}{4}\left(1 - \frac{S}{T}\right)\right] \tag{4-34}$$

式中 ξ_y——内部垂直段的阻力系数。

(3)内部水平段,见图 4-34(c):

$$\xi_x = \frac{L_x - 0.7(S_1 + S_2)}{T} \tag{4-35}$$

式中 ξ_x——内部水平段的阻力系数,当 $\xi_x \leqslant 0$ 时,取 $\xi_x = 0$;

L_x——内部水平段长度,m;

S_1、S_2——进、出口段板桩或齿墙的入土深度,m。

求出各段的水头损失后,再由出口处(为0)向上游方向依次叠加,或由进口处(上下游水位差)向下游依次减小,求出各拐点的渗压水头,两点之间可近似认为是呈直线变化。

3. 计算步骤

(1)确定地基计算深度。上述计算方法对地基相对不透水层较浅时可直接应用,但在相对不透水层较深时,须用有效深度 T_e 作为计算深度 T_c。

当$\frac{L_0}{S_0} \geqslant 5$ 时

$$T_e = 0.5L_0 \tag{4-36}$$

当$\frac{L_0}{S_0} < 5$ 时

$$T_e = \frac{5L_0}{1.6\frac{L_0}{S_0} + 2} \tag{4-37}$$

式中 L_0——地下轮廓线的水平投影长度,m;

S_0——地下轮廓线的垂直投影长度,m。

计算出有效深度 T_e 后,再与相对不透水层的实际深度相比较,取其中较小的值作为计算深度。

(2)按地下轮廓形状将渗流区分成若干个典型渗流区域,计算各段的水头损失和各拐点的渗压水头。

(3)以直线连接各分段计算点的水头值,即得渗透压力的分布图形。

(4)对进、出口段水头损失值和渗透压力分布图形按以下方法进行局部修正:

①进、出口段修正后的水头损失值可按下列公式计算,见图 4-35:

$$h'_0=\beta' h_0 \tag{4-38}$$

$$h_0=\sum_{i=1}^{n} h_i \tag{4-39}$$

$$\beta'=1.21-\frac{1}{\left[12\left(\frac{T'}{T}\right)^2+2\right]\left(\frac{S'}{T}+0.059\right)} \tag{4-40}$$

式中 h'_0——进、出口段修正后的水头损失值,m;

h_0——进、出口段水头损失值,m;

β'——阻力修正系数,当计算的 $\beta'\geqslant 1.0$ 时,采用 $\beta'=1.0$;

S'——底板埋深与板桩入土深度之和,m;

T'——板桩另一侧地基透水层深度,m。

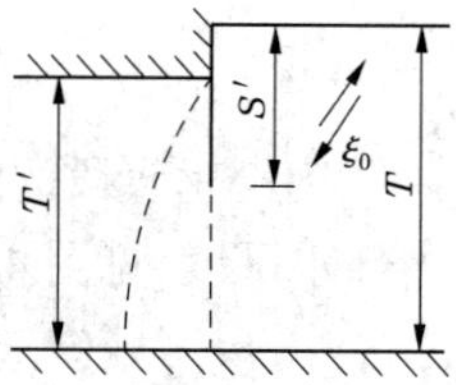

图 4-35 进、出口段修正计算示意图

②修正后水头损失的减小值,可按下式计算:

$$\Delta h=(1-\beta')h_0 \tag{4-41}$$

式中 Δh——修正后水头损失的减小值,m。

③进、出口段齿墙不规则部位可按下列方法进行修正,见图 4-36。

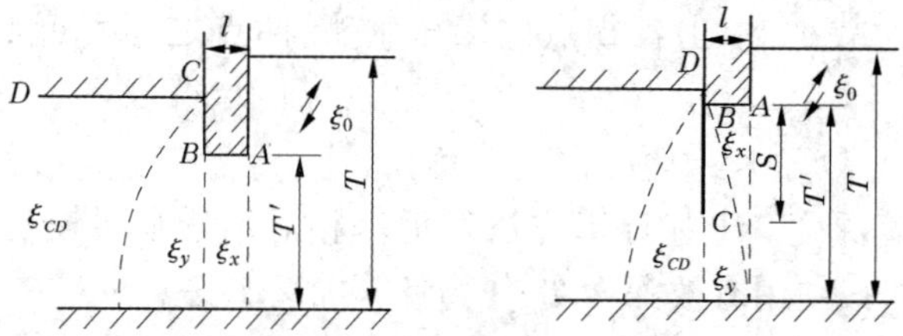

图 4-36 进、出口段齿墙部位修正计算示意图

a. 当 $h_x\geqslant\Delta h$ 时,可按下式进行修正:

$$h'_x=h_x+\Delta h \tag{4-42}$$

式中 h_x——水平段的水头损失值,m;

h'_x——修正后的水平段水头损失值,m。

b. 当 $h_x<\Delta h$ 时,可按下列两种情况分别进行修正:

ⓐ若 $h_x+h_y\geqslant\Delta h$,可按式(4-43)和式(4-44)进行修正:

$$h'_x=2h_x \tag{4-43}$$

$$h'_y=h_y+\Delta h-h_x \tag{4-44}$$

式中 h_y——内部垂直段的水头损失值,m;

h'_y——修正后的内部垂直段水头损失值,m。

ⓑ若 $h_x+h_y<\Delta h$,可按式(4-43)、式(4-45)和式(4-46)进行修正。

$$h'_y=2h_y \tag{4-45}$$

$$h'_{CD}=h_{CD}+\Delta h-(h_x+h_y) \tag{4-46}$$

式中 h_{CD}——图 4-36 中 CD 段的水头损失值,m;

h'_{CD}——修正后的 CD 段水头损失值，m。

以直线连接修正后的各分段计算点的水头值，即得修正后的渗透压力分布图形。

当岸墙、翼墙后土层的渗透系数小于或等于地基土的渗透系数时，侧向渗透压力可近似地采用相对应部位的水闸闸底正向渗透压力计算值，但应考虑墙前水位变化情况和墙后地下水补给的影响；当岸墙、翼墙后土层的渗透系数大于地基土的渗透系数时，可按闸底有压渗流计算方法进行侧向绕流计算。

六、抗渗稳定验算

渗流坡降计算公式为

$$J = \frac{h}{S} \tag{4-47}$$

式中　J——出口段渗流坡降值；

S——闸基内部或进、出口段的渗流长度，m；

h——渗流段 S 两点的渗流水头损失，m。

当闸基为土基时，应验算水闸基底及侧向抗渗稳定性，水平段和出口段的渗流坡降应分别小于表 4-14 规定的允许渗流坡降值。

表 4-14　水平段和出口段允许渗流坡降值

地基类别	允许渗流坡降值	
	水平段	出口段
粉砂	0.05~0.07	0.25~0.30
细砂	0.07~0.10	0.30~0.35
中砂	0.10~0.15	0.35~0.40
粗砂	0.15~0.17	0.40~0.45
中砾、细砾	0.17~0.22	0.45~0.50
粗砾夹卵石	0.22~0.28	0.50~0.55
砂壤土	0.15~0.25	0.40~0.50
壤土	0.25~0.35	0.50~0.60
软黏土	0.30~0.40	0.60~0.70
坚硬黏土	0.40~0.50	0.70~0.80
极坚硬黏土	0.50~0.60	0.80~0.90

注：当渗流出口处设滤层时，表列数值可加大 30%。

七、闸基渗流计算案例

某水闸地下轮廓线布置，如图 4-37 所示，上游水深 6.0 m，下游水深 2.0 m。闸基透水层深度为 30 m。试用改进阻力系数法求：

(1)闸底板下的渗透压力。

(2)闸底板水平段的平均渗透坡降和出口处的平均逸出坡降。

解:

1. 简化地下轮廓线

为了便于计算,将复杂的地下轮廓线进行简化,由于铺盖头部及底板上、下游两端的齿墙均较小,可以简化为板桩,见图 4-38。

码 4-31　水闸防渗排水设计案例

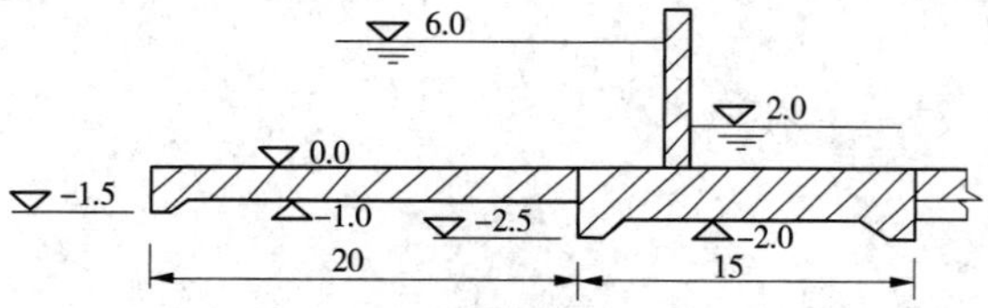

图 4-37　地下轮廓线　(单位:m)

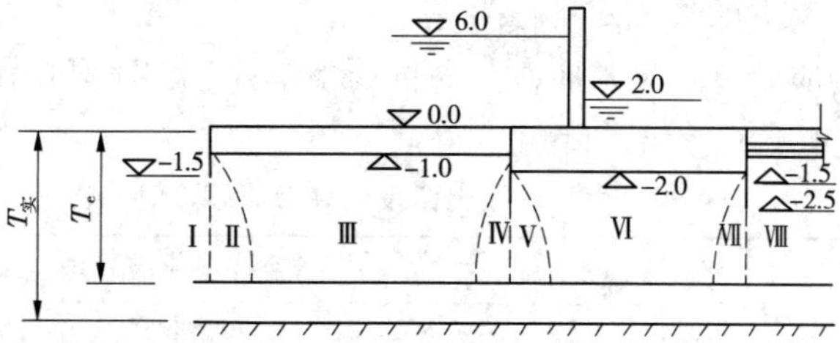

图 4-38　简化地下轮廓线

2. 确定地基的有效深度

由图 4-37 可知,$L_0 = 20+15 = 35$ (m),$S_0 = 2.5$ m。$L_0/S_0 = 14>5$,所以,$T_e = 0.5L_0 = 17.5$ (m)。

3. 渗流区域的分段和阻力系数的计算

从各拐点引等势线,将渗流区域分为 8 个典型段,Ⅰ、Ⅷ为进出口段,Ⅱ、Ⅳ、Ⅴ、Ⅶ为内部垂直段,Ⅲ、Ⅵ为内部水平段。

$$\xi_1 = 1.5\left(\frac{S}{T}\right)^{3/2} + 0.441 = 0.479 \qquad (S = 1.5\ \text{m}, T = 17.5\ \text{m})$$

$$\xi_2 = \frac{2}{\pi}\ln\cot\left[\frac{\pi}{4}\left(1 - \frac{S}{T}\right)\right] = 0.03 \quad (S = 0.5\ \text{m}, T = 16.5\ \text{m})$$

$$\xi_3 = \frac{L - 0.7(S_1 + S_2)}{T} = 1.127 \quad (S_1 = 0.5\ \text{m}, S_2 = 1.5\ \text{m}, L = 20\ \text{m}, T = 16.5\ \text{m})$$

$$\xi_4 = \frac{2}{\pi}\ln\cot\left[\frac{\pi}{4}\left(1 - \frac{S}{T}\right)\right] = 0.09 \quad (S = 1.5\ \text{m}, T = 16.5\ \text{m})$$

$$\xi_5 = \frac{2}{\pi}\ln\cot\left[\frac{\pi}{4}\left(1 - \frac{S}{T}\right)\right] = 0.03 \quad (S = 0.5\ \text{m}, T = 15.5\ \text{m})$$

$$\xi_6 = \frac{L - 0.7(S_1 + S_2)}{T} = 0.922 \quad (S_1 = 0.5\ \text{m}, S_2 = 0.5\ \text{m}, L = 15\ \text{m}, T = 15.5\ \text{m})$$

$$\xi_7 = \frac{2}{\pi}\ln\cot\left[\frac{\pi}{4}\left(1 - \frac{S}{T}\right)\right] = 0.03 \quad (S = 0.5\ \text{m}, T = 15.5\ \text{m})$$

$$\xi_8 = 1.5\left(\frac{S}{T}\right)^{3/2} + 0.441 = 0.449 \quad (S = 0.5\ \text{m}, T = 16.0\ \text{m})$$

综上：

$$\xi = \sum_1^8 \xi_i = 3.157$$

4. 计算渗透压力

(1)利用下式计算各段水头损失：$h_i = \xi_i \dfrac{\Delta H}{\sum_1^8 \xi_i}$。

$$h_1 = 0.607\ \text{m}; h_2 = 0.038\ \text{m}; h_3 = 1.428\ \text{m}; h_4 = 0.114\ \text{m}$$

$$h_5 = 0.038\ \text{m};\ h_6 = 1.168\ \text{m}; h_7 = 0.038\ \text{m};\ h_8 = 0.569\ \text{m}$$

(2)进、出口及水头损失的修正。

进口段

$$\beta_1 = 1.21 - \frac{1}{\left[12\left(\frac{T'}{T}\right)^2 + 2\right]\left(\frac{S'}{T} + 0.059\right)} = 0.665 < 1.0$$

$$(S' = 1.5\ \text{m}, T' = 16.5\ \text{m}, T = 17.5\ \text{m})$$

$$h'_1 = \beta_1 h_1 = 0.665 \times 0.607 = 0.404(\text{m})$$

$$\Delta h = 0.607 - 0.404 = 0.203(\text{m})$$

$$h'_2 = h_2 + \Delta h = 0.038 + 0.203 = 0.241(\text{m})$$

出口段

$$\beta_2 = 1.21 - \frac{1}{\left[12\left(\frac{T'}{T}\right)^2 + 2\right]\left(\frac{S'}{T} + 0.059\right)} = 0.589 < 1.0$$

$$(S' = 1.0\ \text{m}, T' = 15.5\ \text{m}, T = 16\ \text{m})$$

$$h'_8 = \beta_2 h_8 = 0.589 \times 0.569 = 0.335(\text{m})$$

$$\Delta h = 0.569 - 0.335 = 0.234(\text{m})$$

$$h'_7 = h_7 + \Delta h = 0.038 + 0.234 = 0.272(\text{m})$$

(3)计算各拐点的渗压水头。

$$H'_1 = \Delta H - h'_1 = 4.0 - 0.404 = 3.596(\text{m})$$

$$H'_2 = H'_1 - h'_2 = 3.596 - 0.241 = 3.355(\text{m})$$

$$H'_3 = 1.927\ \text{m}; H'_4 = 1.813\ \text{m}; H'_5 = 1.775\ \text{m}$$

$$H'_6 = 0.607\ \text{m}; H'_7 = 0.335\ \text{m}; H'_8 = 0$$

(4)底板单宽渗透压力。

$$U_1 = \frac{1}{2}(H'_5 + H'_6) \times 15 \times 1 = 17.87(\text{t/m})$$

5. 计算渗透坡降

$$J_x = \frac{h_6}{L_x} = \frac{1.168}{15} = 0.078$$

$$J_{出口} = \frac{h'_8}{S} = \frac{0.335}{1.0} = 0.335$$

八、知识点测试

登录智慧职教 MOOC 学院进行资源学习,并完成本任务知识点测试;或扫描二维码完成本任务知识点测试。

码 4-32　项目四任务六知识点测试

九、技能训练

1. 某无坝引水闸,位于 15 m 厚的砂壤土地基上,渗径系数为 9。引水设计流量为 80 m^3/s,上游正常引水位为 120 m,设计洪水位为 125 m,校核洪水位为 126 m,引水渠渠底高程 119 m。通过设计流量时对应的下游水位为 120.80 m。黏土铺盖厚 1 m;闸室底板顺水流长度为 12 m,齿墙深 1 m、宽 1 m,上下游齿墙尺寸一样;消力池池长 12 m,底板前部厚 1.0 m,后面逐渐减小到 0.5 m,消力池深 0.5 m。底板下游齿墙与消力池布置如图 4-39 所示。

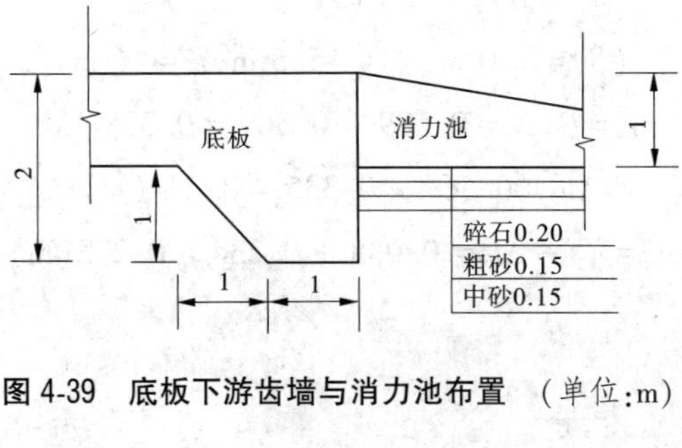

图 4-39　底板下游齿墙与消力池布置　(单位:m)

问题：

(1)水闸闸基防渗原则是什么？常用的防渗措施有哪些？

(2)计算水闸的允许防渗长度。

(3)确定混凝土铺盖的长度(按水闸最大水头差的5倍计算)。

(4)计算水闸现有防渗长度。

(5)判断是否需要设置垂直防渗措施。如果需要，垂直防渗措施至少需要布置多深？

(6)绘制水闸闸基地下轮廓布置图，并标注尺寸。

2. 某进水闸，位于黄河中游河段，引水渠段长为150 m。该闸是灌区工程的主要引水工建筑物，其任务是在无坝引水的条件下，保证满足灌区用水的要求。水闸的级别为3级，地基为砂壤土地基。

该闸设计引水流量为78 m^3/s，相应的黄河水位为213.40 m（此时引水保证率为80%），设计洪水位为216.48 m，校核洪水位为216.97 m，闸前的引水渠渠底高程为210.40 m，底宽为18 m，两岸边坡1∶2。闸后灌区渠首底高程为210.40 m。干渠水位-流量关系见表4-15。

表4-15　干渠水位-流量关系

下游水位/m	210.90	211.40	211.90	212.40	212.90	213.40
对应流量/(m^3/s)	5	15	31	48	70	86

要求：完成该水闸闸基防渗排水设计，并绘制闸基地下轮廓布置图。

3. 某河道上水闸地下轮廓布置如图4-40所示。闸基透水层深度为12 m。用改进阻力系数法求：

(1)闸底板下的渗透压力。

(2)闸底板水平段的平均渗透坡降和出口处的平均逸出坡降。

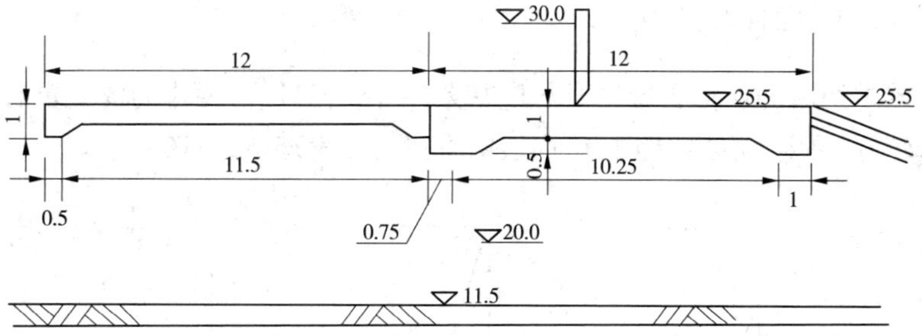

图4-40　水闸地下轮廓布置　(单位:m)

任务七　两岸连接建筑物设计

【学习目标】

1. 掌握水闸两岸连接建筑物的作用、类型。

2. 能进行水闸两岸建筑物的布置。

3. 树立规范、标准意识，工程全局意识。

【思政素材】

码 4-33　分沂入沭工程　　　　码 4-34　水闸三维模型

水闸两岸连接应保证岸坡稳定，与上、下游河道平顺衔接，水闸进、出水流顺畅等条件，提高泄流能力和消能防冲效果，满足侧向防渗需要，减轻闸室底板边荷载影响，且有利于环境绿化等。两岸连接建筑物包括上、下游翼墙，边墩，有时还有岸墙、防渗刺墙等。

在水闸工程中，两岸连接建筑物工程量在水闸总工程中占比较大，有时可达工程总造价的 15%~40%，闸孔数愈少，所占比例愈大。

一、两岸连接建筑物的作用

码 4-35　水闸与两岸连接布置

(1)挡两侧填土，保证岸土的稳定及免遭过闸水流的冲刷。

(2)当水闸过水时，引导水流平顺入闸，并使出闸水流均匀扩散。

(3)控制闸身两侧的渗流，防止土壤产生渗透变形。

(4)在软弱地基上设岸墙以减少两岸地基沉降对闸室结构的不利影响。

二、闸室与两岸连接布置

水闸闸室与两岸的连接布置主要与地基条件、闸身高度及两岸防渗要求有关。

当地基较好，闸身高度不大时，可用边墩直接与河岸连接，见图 4-41。

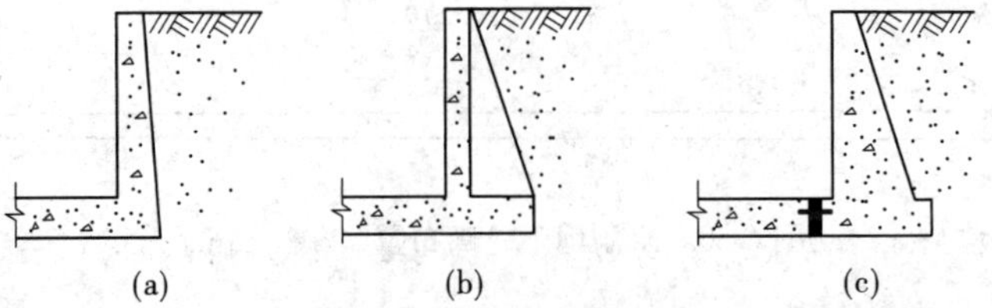

图 4-41　边墩直接挡土

当闸身较高，地基软弱时，如用边墩直接挡土，由于边墩与闸身地基的荷载相差较大，可能产生严重不均匀沉降，影响闸门启闭，并在底板内产生较大的内力。此时，可在边墩后面设置轻型岸墙，边墩只起支承闸门及上部结构的作用，而土压力全部由岸墙承担，见图 4-42。这种连接形式可以减小边墩和底板的内力，同时还可以使作用在闸室上的荷载比较均衡，以减少不均匀沉降。

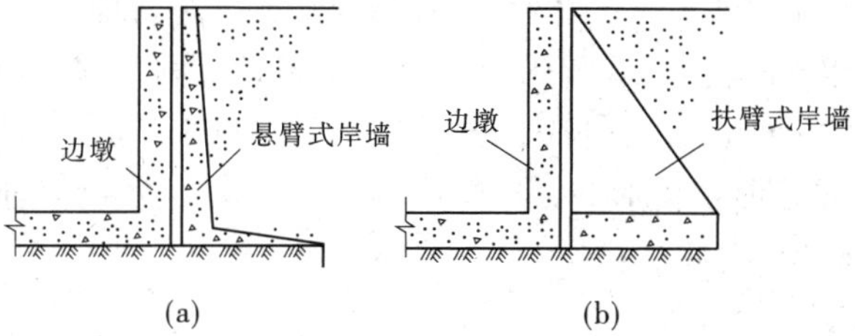

图 4-42　边墩不挡土

若地基承载力过低，也可以采用护坡式结构形式。其优点是：边墩不挡土，也不设岸墙和翼墙挡土，因此闸室边孔受力状态得到改善，适用于软弱地基。其缺点是防渗和抗冻性能较差。

当两岸填土透水性大、侧向渗径长度不足时，需要在边墩前后面水流的方向设置刺墙，来阻止渗水沿边墩渗流，延长渗径，减小边墩（或岸墙）上的渗透压力。刺墙位置及插入土体的长度应在进行边墩绕渗计算的基础上确定。要求它与地下轮廓线的布置相适应，使边墩后各点的侧向渗压水头与相应位置的地基渗压水头一致或接近。刺墙的顶面应高出边墩绕渗的自由水面，底部高程常与边墩底面高程一致。如果基底的相对不透水层的层面向两岸逐渐抬高，刺墙底部高程亦可相应提高。刺墙多用弱透水性土填筑，有时采用混凝土或浆砌石墙。其厚度需满足渗透坡降和强度要求。由于刺墙的荷载不大，只有两侧渗压水头差引起的水压力，而且埋于土中，强度要求不是控制尺寸的条件，其尺寸一般根据构造要求确定。

三、翼墙的布置

上游翼墙应与闸室两端平顺连接，其顺水流方向的投影长度应大于或等于铺盖长度。

下游翼墙的平均扩散角每侧宜采用 7°~12°，其顺水流方向的投影长度应大于或等于消力池长度。有侧向防渗要求时，上、下游翼墙的墙顶高程应分别高于上、下游最不利的运用水位。

翼墙平面布置一般有以下几种形式。

码 4-36　圆弧式翼墙　　码 4-37　反翼墙　　码 4-38　扭曲面翼墙　　码 4-39　斜降式翼墙

(一)圆弧式翼墙

这种布置形式是从边墩两端开始，用圆弧直墙与河岸相连，上游圆弧半径为 15~20 m，下游圆弧半径为 30~40 m，见图 4-43(a)。其优点是水流条件好，但施工复杂，模板用量大，适用于水位差及单宽流量大，闸身高，地基承载力较低的大、中型水闸。

(二)反翼墙

上游翼墙长为水闸水头的 3~5 倍，或与铺盖同长；下游与消力池同长，然后分别垂直插入堤岸内。两段相连的转角处，常用半径为 2~5 m 的圆弧连接，见图 4-43(b)。这种布置形式水流和防渗效果好，但工程量大，适用于大、中型工程。对于渠系小型水闸，为了节省工程量可采用"一"字形布置形式，即翼墙自闸室边墩上、下游端垂直插入堤岸。这种布置工程量省，但进出水流条件差。

(三)扭曲面翼墙

翼墙的迎水面，从边墩端部的铅直面，向上、下游延伸而逐渐变为和与其相连的河岸或渠道坡度相同为止，形成扭曲面，见图 4-43(c)。其优点是进出闸水流平顺，工程量省，但施工复杂。这种布置在渠系工程中应用较多。

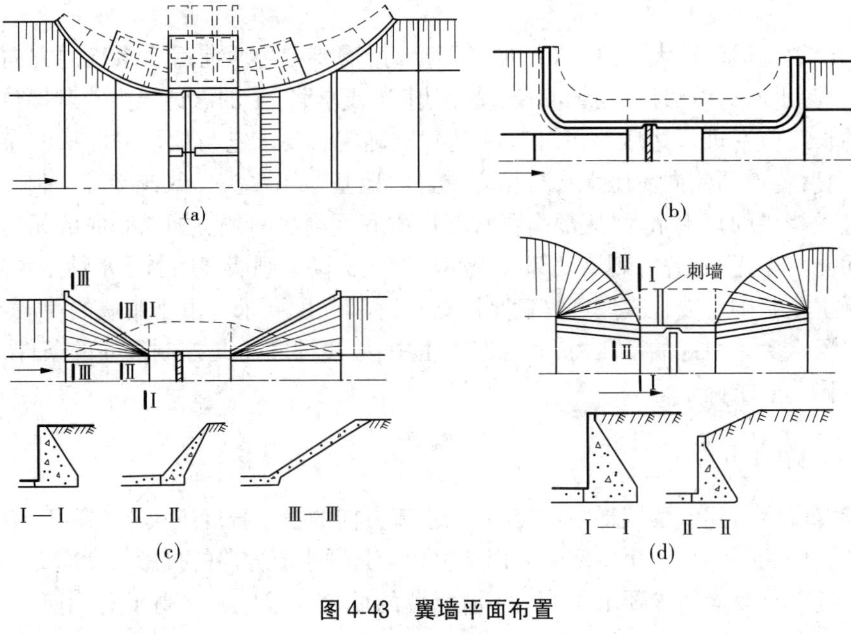

图 4-43 翼墙平面布置

(四)斜墙翼墙

翼墙在平面上呈"八"字形，高度随其向上、下游延伸而逐渐降低，至末端与河床齐平，见图 4-43(d)。这种布置的优点是工程量省，施工简便，但水流在闸孔附近容易产生立轴漩滚，冲刷岸坡，而且岸墙后渗径较短，有时需要另设刺墙，只能用于小型水闸。

码 4-40 上游翼墙布置图

四、两岸连接建筑物的结构形式选择

水闸两岸连接宜采用直墙式结构。当水闸上、下游水位差不大时，可采用斜坡式结构，但应考虑防渗、防冲和防冻等问题；在坚实或中等坚实的地基上，岸墙和翼墙可采用重力式或扶壁式结构；在松软地基上，宜采用空箱式结构。岸墙与边闸墩的结合或分离，应根据闸室结构和地基条件等因素确定。

(一)重力式挡土墙

重力式挡土墙主要依靠自身的重力维持稳定，见图 4-44。常用混凝土和浆砌石建造。由于挡土墙的断面尺寸大，材料用量多，建在土基上时，其墙高一般不宜超过 5~6 m。

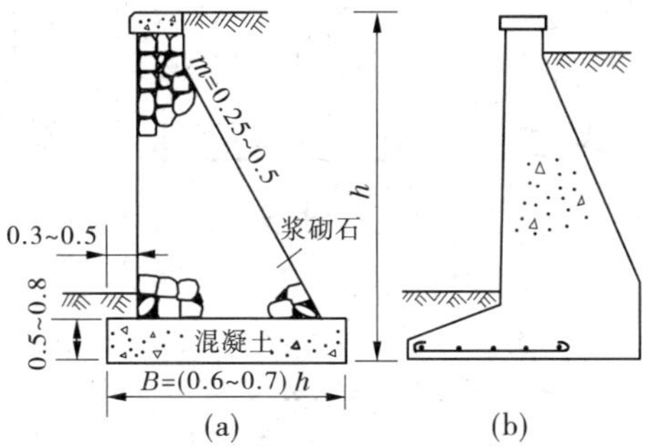

图 4-44 重力式挡土墙 （单位：m）

重力式挡土墙顶宽一般为 0.4~0.8 m，边坡系数 m 为 0.25~0.5，混凝土底板厚为 0.5~0.8 m，两端悬出 0.3~0.5 m，前趾常需配置钢筋。

(二)悬臂式挡土墙

悬臂式挡土墙一般为钢筋混凝土结构，由直墙和底板组成，见图 4-45。其适宜高度为 6~10 m。悬臂式挡土墙具有厚度小、自重轻等优点。底板宽度由挡土墙稳定条件和基底压力分布条件确定。调整后踵长度，可以改善稳定条件；调整前趾长度，可以改善基底压力分布条件。

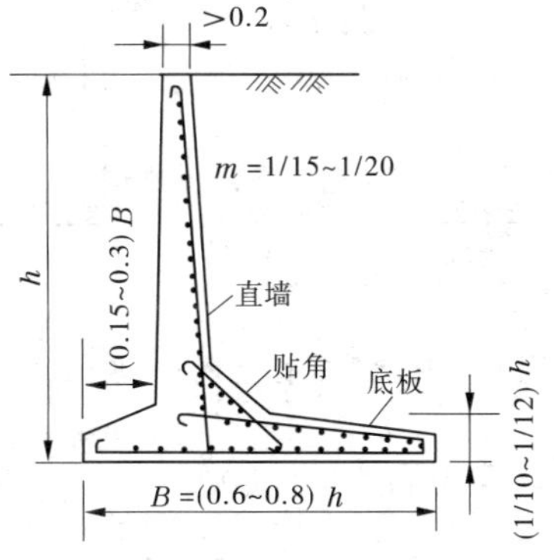

图 4-45 悬臂式挡土墙剖面图 （单位：m）

(三)扶壁式挡土墙

当墙的高度超过 10 m 以后，采用钢筋混凝土扶壁式挡土墙较为经济。扶壁式挡土墙由直墙、底板及扶壁三部分组成，见图 4-46。利用扶壁和直墙共同挡土，并可利用底板上的填土维持稳定，当改变底板长度时，可以调整合力作用点位置，使地基反力趋于均匀。

钢筋混凝土扶壁间距一般为 3~4.5 m，扶壁厚度 0.3~0.4 m；底板用钢筋混凝土建造，其厚度由计算确定，一般不小于 0.4 m；直墙顶端厚度不小于 0.2 m，下端由计算确定。

悬臂段长度 b 为(1/3~1/5)B。直墙高度在 6.5 m 以内时,直墙和扶壁可采用浆砌石结构,直墙顶厚 0.4~0.6 m,临土面可做成 1∶0.1 的坡度;扶壁间距 2.5 m,厚 0.5~0.6 m。

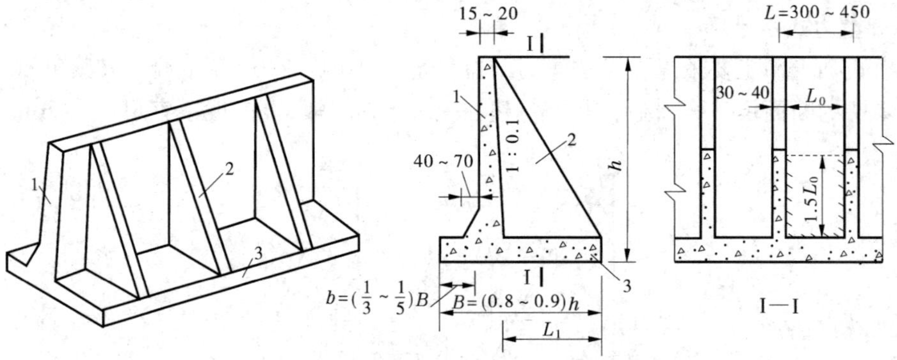

1—立墙;2—扶壁;3—底板。

图 4-46 扶壁式挡土墙 (单位:cm)

(四)空箱式挡土墙

空箱式挡土墙由底板、前墙、后墙、扶壁、顶板和隔墙等组成,见图 4-47。利用前后墙之间形成的空箱充水或填土可以调整地基应力。因此,它具有重力小和地基应力分布均匀的优点。但其结构复杂,需用较多的钢材和木材,施工麻烦,造价高。适用于地基较差的大型水闸。

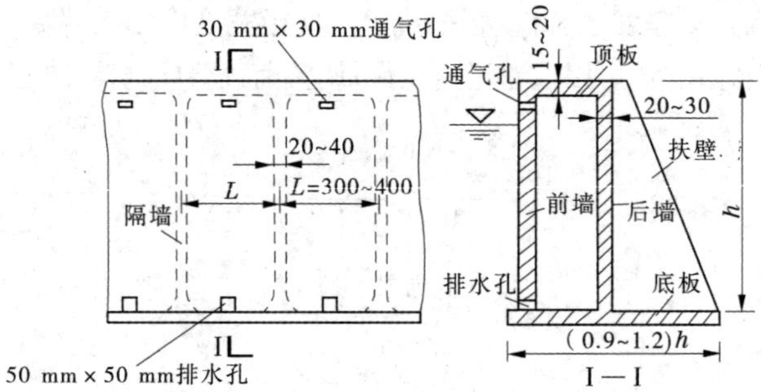

图 4-47 空箱式挡土墙 (单位:cm)

五、两岸连接建筑物构造布置

为了提高两岸连接建筑物的稳定性,墙顶填土面应设防渗,见图 4-48;墙内设排水设施(见图 4-49),以减少墙背面的水压力。排水设施可采用排水孔或排水管,出口设于下游翼墙底部或下游护坡处,见图 4-49。

为了防止温度变化、地基不均匀沉降及混凝土干缩等因素引起的变形或裂缝,岸墙、翼墙应与混凝土铺盖、闸室底板、护坦等分开,自身也应每隔 15~20 m 设置一道伸缩缝。岩石地基上的挡土墙还要短一些。采用素混凝土、砌石或混凝土砌块建造的挡土墙,以及在松软土质地基上的钢筋混凝土挡土墙,墙体产生竖向裂缝的概率大大增加,其分段长度还要小一些。缝宽 2 cm,在防渗范围内的缝均应设置止水,其余用油毡等填料隔开。

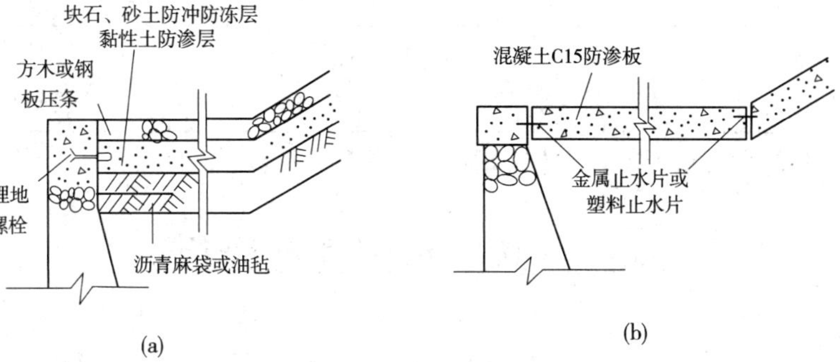

图 4-48　翼墙顶部的防渗设施

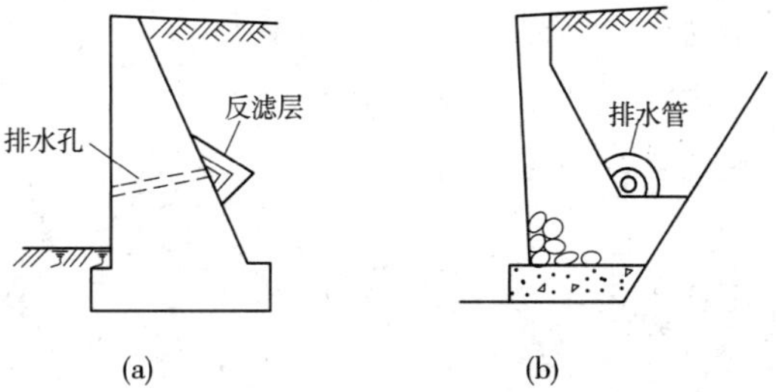

图 4-49　挡土墙的排水

六、知识点测试

登录智慧职教 MOOC 学院进行资源学习，并完成本任务知识点测试；或扫描二维码完成本任务知识点测试。

码 4-41　项目四任务七知识点测试

七、技能训练

某进水闸，位于黄河中游河段，引水渠段长为 150 m。该闸是灌区工程的主要引水水工建筑物，其任务是在无坝引水的条件下，保证满足灌区用水的要求。水闸的级别为 3 级，地基为砂壤土地基。

该闸设计引水流量为 78 m^3/s，相应的黄河水位为 213. 40 m（此时引水保证率为 80%），设计洪水位为 216. 48 m，校核洪水位为 216. 97 m，闸前的引水渠渠底高程为 210. 40 m，底宽为 18 m，两岸边坡 1∶2。闸后灌区渠首底高程为 210. 40 m。干渠水位-流量关系见表 4-16 。

表 4-16　干渠水位-流量关系

下游水位/m	210.90	211.40	211.90	212.40	212.90	213.40
对应流量/(m^3/s)	5	15	31	48	70	86

要求：完成该水闸两岸连接建筑物设计，并绘制翼墙剖面图。

任务八　水闸稳定分析

【学习目标】

1. 掌握作用于水闸闸室的各种荷载计算方法。
2. 掌握闸室稳定验算的内容、方法和判断标准。
3. 掌握提高闸室抗滑稳定和地基承载力的措施。
4. 能进行闸室的稳定验算。
5. 树立规范、标准意识，做匠心工程。

【思政素材】

码 4-42　水闸失稳垮塌

码 4-43　挡土墙倒塌

一、闸室稳定分析

码 4-44　水闸抗滑稳定分析

水闸的闸室，要求在竣工、运行、检修等各个时期，不致沿地基表面发生水平滑动，不致因基底压力的作用使地基发生剪切破坏而失稳。因此，必须验算闸室在不同工作情况下的稳定性。孔数较少而未分缝的小型水闸，可取整个闸室（包括边墩）作为验算单元；对于孔数较多设有沉降缝隙的水闸，则应取两缝之间的闸室单元进行验算。

（一）荷载及其组合

水闸承受的主要荷载有自重、水重、水平水压力、扬压力、浪压力、淤沙压力、土压力及地震荷载等，如图 4-50 所示。各个荷载不仅要计算大小，还要确定作用位置和方向。

（1）自重。主要指结构（底板、闸墩、胸墙、工作桥、交通桥、闸门及启闭设备）自重。计算方法参照重力坝。

（2）水重。闸底板顶面以上的水体重量。

（3）水平水压力。主要是指作用在胸墙、闸门、闸墩及底板上的水平水压力。

闸前铺盖为黏土时，底板与铺盖连接处的水压力可以近似按梯形分布计算，见图 4-51(a)。a 点为该点静水压强值，b 点为该点的扬压力强度值，两点之间按线性规律考虑。

闸前铺盖为混凝土时，止水片以上的水平水压力按静水压强计算，止水片以下按梯形

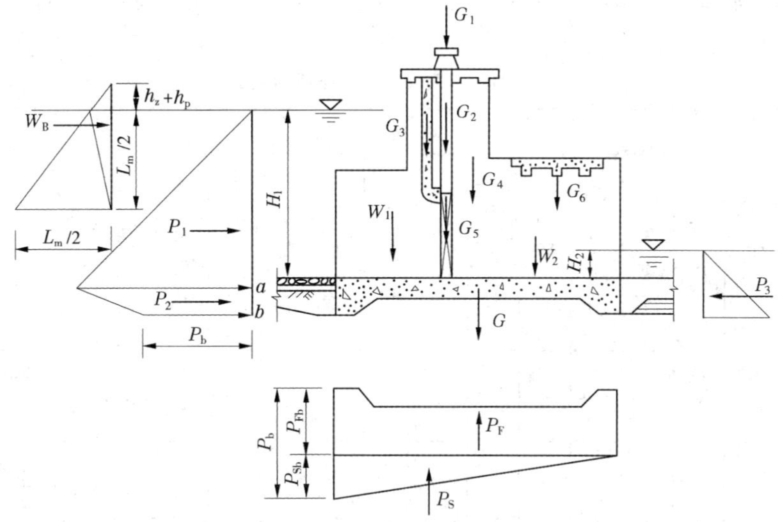

P_1、P_2、P_3—水压力；W_B—波浪压力；G—底板重；G_1—启闭机重；G_2—工作桥重；G_3—胸墙重；G_4—闸墩重；G_5—闸门重；G_6—交通桥重；W_1、W_2—水重；P_F—浮托力；P_S—渗透压力。

图 4-50　闸室的作用荷载示意图

分布计算，见图 4-51(b)。c 点的水平水压力强度等于该点的浮压强与 d 点的渗透动水压强之和。d 点的水平水压力为该点的扬压力强度，c 和 d 之间按直线变化计算。

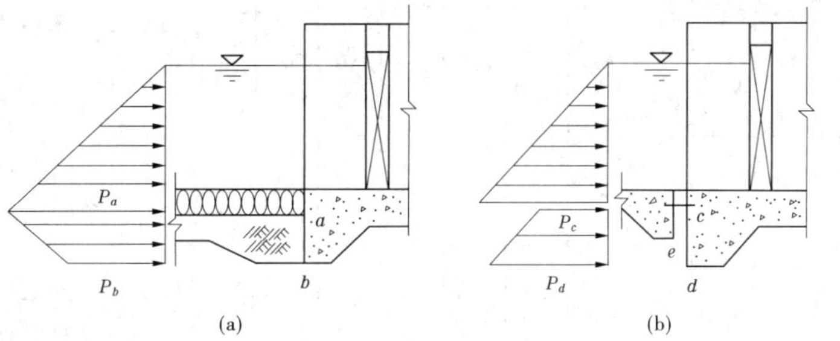

图 4-51　水平水压力计算图

底板齿墙上的水平水压力两侧都有，方向相反，数值相差很小，可以略去不计。

(4)扬压力。作用在底板底面的渗透压力及浮托力之和。根据水闸防渗排水设计确定的底板上各点的渗透水头，绘制底板渗透动水压力分布图；根据底板底面距下游水位的高度绘制底板浮托力分布图。根据图形计算扬压力大小和作用位置。

(5)浪压力。请查阅《水闸设计规范》(SL 265—2016)。

(6)淤沙压力。计算方法参照重力坝。

(7)地震荷载。当设计烈度为 7 度或大于 7 度时，需考虑地震影响。地震荷载包括建筑物自身以及其上的设备产生的地震惯性力、地震动水压力和地震动土压力。计算方法查阅《水闸设计规范》(SL 265—2016)。

荷载组合分为基本组合和特殊组合。基本组合包括正常蓄水位情况、设计洪水位情况、完建情况和冰冻情况。特殊组合包括校核洪水位情况、地震情况、施工情况和检修情况等。

计算闸室稳定和应力时的荷载组合可按表 4-17 的规定使用。必要时可考虑其他可能出现的不利组合。

表 4-17　荷载组合表

荷载组合	计算情况	荷载												说明
		自重	水重	静水压力	扬压力	土压力	淤沙压力	风荷载	浪压力	冰荷载	土的冻胀力	地震荷载	其他	
基本组合	完建情况	√	—	—	—	√	—	—	—	—	—	—	√	必要时,可考虑地下水产生的扬压力
	正常蓄水位情况	√	√	√	√	√	√	√	√	—	—	—	√	按正常蓄水位组合计算水重、静水压力、扬压力及浪压力
	设计洪水位情况	√	√	√	√	√	√	√	√	—	—	—	—	按设计洪水位组合计算水重、静水压力、扬压力及浪压力
	冰冻情况	√	√	√	√	√	√	√	—	√	√	—	√	按正常蓄水位组合计算水重、静水压力、扬压力及浪压力
特殊组合	施工情况	√	—	—	—	√	—	—	—	—	—	—	√	应考虑施工过程中各个阶段的临时荷载
	检修情况	√	—	√	√	√	√	√	√	—	—	—	√	按正常蓄水位组合(必要时可按设计洪水位组合或冬季低水位条件)计算水重、静水压力、扬压力及浪压力
	校核洪水位情况	√	√	√	√	√	√	√	√	—	—	—	—	按校核洪水位组合计算水重、静水压力、扬压力及浪压力
	地震情况	√	√	√	√	√	√	√	√	—	—	√	—	按正常蓄水位组合计算水重、静水压力、扬压力及浪压力

注:"√"表示该工况需要考虑的荷载;"—"表示该工况无须考虑的荷载。

(二)闸室抗滑稳定验算

1. 计算方法

土基上沿闸室基底面的抗滑稳定安全系数,应按下列公式进行计算:

$$K_c = \frac{f\sum G}{\sum H} \tag{4-48}$$

或

$$K_c = \frac{\tan\varphi_0 \sum G + c_0 A}{\sum H} \tag{4-49}$$

式中　$\sum G$——作用在闸室上全部竖向荷载的总和(包括闸室基础底面上的扬压力),kN;

$\sum H$——作用在闸室上全部水平向荷载的总和,kN;

A—闸室基底面的面积,m^2;

f——底板与地基土间的摩擦系数,参考值见表 4-18;

φ_0——底板与地基土间的摩擦角,(°),参考值见表 4-19;

c_0——底板与地基土间的黏结力,kPa,参考值见表 4-19。

表 4-18　底板与地基土间的摩擦系数 f

地基类别		f
黏土	软弱	0.20~0.25
	中等坚硬	0.25~0.35
	坚硬	0.35~0.45
壤土、粉质壤土		0.25~0.40
砂壤土、粉砂土		0.35~0.40
细砂、极细砂		0.40~0.45
中砂、粗砂		0.45~0.50
砂砾石		0.40~0.50
砾石、卵石		0.50~0.55
碎石土		0.40~0.50
软质岩石	极软	0.40~0.45
	软	0.45~0.55
	较软	0.55~0.60
硬质岩石	较坚硬	0.60~0.65
	坚硬	0.65~0.70

表 4-19　φ_0、c_0 值(土质地基)

土质地基类别	φ_0	c_0
黏性土	0.9φ	$(0.2\sim0.3)c$
砂性土	$(0.85\sim0.9)\varphi$	0

注:φ 为室内饱和固结快剪(黏性土)或饱和快剪(砂性土)试验测得的内摩擦角;c 为室内饱和固结快剪试验测得的黏结力。

对于土基上采用桩基础的水闸，宜由桩基承担全部水平力作用。

岩基上沿闸室基底面的抗滑稳定安全系数，应按式(4-48)或(4-50)计算。

$$K_c = \frac{f' \sum G + c'A}{\sum H} \tag{4-50}$$

式中　f'——闸室基底面与岩石地基之间的抗剪断摩擦系数，可根据 GB 50487 的规定选用，但选用的值不应超过闸室基础混凝土本身的抗剪断参数值；

c'——闸室基底面与岩石地基之间的抗剪断黏结力，kPa，可根据 GB 50487 的规定选用，但选用的值不应超过闸室基础混凝土本身的抗剪断参数值。

2. 闸室抗滑稳定安全指标

土基上沿闸室基底面抗滑稳定安全系数的允许值，根据表 4-20 选取。

岩基上沿闸室基底面抗滑稳定安全系数的允许值，根据表 4-21 选取。

表 4-20　土基上沿闸室基底面抗滑稳定安全系数的允许值

荷载组合		水闸级别			
		1	2	3	4、5
基本组合		1.35	1.30	1.25	1.20
特殊组合	Ⅰ	1.20	1.15	1.10	1.05
	Ⅱ	1.10	1.05	1.05	1.00

注：1. 特殊组合Ⅰ适用于施工情况、检修情况及校核洪水位情况；

2. 特殊组合Ⅱ适用于地震情况。

表 4-21　岩基上沿闸室基底面抗滑稳定安全系数的允许值

荷载组合		按式(4-48)计算时			按式(4-50)计算时
		水闸级别			
		1	2、3	4、5	
基本组合		1.10	1.08	1.05	3.00
特殊组合	Ⅰ	1.05	1.03	1.00	2.50
	Ⅱ	1.00	1.00	1.00	2.30

注：1. 特殊组合Ⅰ适用于施工情况、检修情况及校核洪水位情况；

2. 特殊组合Ⅱ适用于地震情况。

3. 提高闸室抗滑稳定性的措施

当闸室沿基底面的抗滑稳定安全系数小于允许安全值时，可采取以下抗滑措施：

(1)增加铺盖长度，或在不影响抗渗稳定的前提下，将排水设施向水闸底板靠近，以减小作用在底板上的渗透压力。

(2)利用上游钢筋混凝土铺盖作为阻滑板，但闸室本身的抗滑稳定安全系数不应小于1.0。

(3)将闸门位置略向下游一侧移动，或将水闸底板向上游一侧加长，以便多利用一部分水重。

(4)适当增加闸室结构尺寸。

(5)增加闸室底板的齿墙深度。

(6)增设钢筋混凝土抗滑桩或预应力锚固结构。

(三)闸室基底应力验算

1. 计算方法

闸室基底应力应根据结构布置及受力情况,分别计算基底最大应力和最小应力。

(1)对于结构布置及受力情况对称的闸孔,按下式计算基底最大应力和最小应力:

$$p_{\min}^{\max} = \frac{\sum G}{A} \pm \frac{\sum M}{W} \tag{4-51}$$

式中　$p_{\min}^{\max}$——闸室基底应力的最大值或最小值,kPa;

$\sum G$——铅直荷载的总和,kN;

A——闸室基底面的面积,m^2;

$\sum M$——作用在闸室的全部荷载对基底面垂直水流流向形心轴的力矩,kN · m;

W——闸室基底面对于该底面垂直水流方向形心轴的截面矩, m^3。

(2)对于结构布置及受力情况不对称的闸孔,按下式计算基底最大应力和最小应力:

$$p_{\min}^{\max} = \frac{\sum G}{A} \pm \frac{\sum M_x}{W_x} \pm \frac{\sum M_y}{W_y} \tag{4-52}$$

式中　$\sum M_x$、$\sum M_y$——作用在闸室上的全部竖向和水平向荷载对于基础底面形心轴 x 、y 的力矩,kN · m;

W_x、W_y——闸室基底面对于该底面形心轴 x 、y 的截面矩, m^3。

2. 基底应力验算安全指标

在各种计算情况下,土基上闸室平均基底应力不大于地基的允许承载力,最大基底应力不大于地基允许承载力的1.2倍。

土基上闸室基底应力的最大值与最小值之比 η 不大于表4-22的允许值。

表4-22　η 的允许值

地基土质	荷载组合	
	基本组合	特殊组合
松软	1.5	2.0
中等坚实	2.0	2.5
坚实	2.5	3.0

闸室上、下游端基底应力的比值 $\eta=\frac{p_{\max}}{p_{\min}}$,反映了闸室基底应力分布的均匀程度。$\eta$ 越大,表明闸室两端基底应力相差越大,沉降差越大,闸室的倾斜度也越大。

地基允许承载力可根据地基土的标准击数或其他方法求得。

3. 闸室沉降计算

由于土基压缩变形大,容易引起较大的沉降,而过大的沉降量或沉降差将会影响水闸的正常运行,因此土基上的水闸在研究地基稳定的同时,还必须考虑地基沉降。而对于卵砾石和中、粗砂地基可不进行地基沉降计算。

水闸土质地基沉降可只计算最终沉降量,并应选择有代表性的计算点进行计算,各点间最终沉降量的差值即为沉降差。

土质地基最终沉降量,可按下式计算:

$$S_\infty = \sum_{i=1}^{n} m_i \frac{e_{1i} - e_{2i}}{1 + e_{1i}} h_i \tag{4-53}$$

式中 S_∞——土质地基最终沉降量,m;

n——土质地基压缩层计算深度范围内的土层数;

e_{1i}——基础底面以下第 i 层土在平均自重应力作用下,由压缩曲线查得的相应孔隙比;

e_{2i}——基础底面以下第 i 层土在平均自重应力加平均附加应力作用下,由压缩曲线查得的相应孔隙比;

h_i——基础底面以下第 i 层土的厚度,m;

m_i——地基沉降量修正系数,可采用 1.0~1.6(坚实地基取较小值,软土地基取较大值)。

土质地基允许最大沉降量和最大沉降差,应以保证水闸安全和正常使用为原则,并根据具体情况研究确定。天然土质地基上水闸地基最大沉降量不宜超过 15 cm,相邻部位的最大沉降差不宜超过 5 cm。

对于软土地基上的水闸,当计算地基最大沉降量或相邻部位的最大沉降差超过规定的允许值时,宜采用下列一种或几种措施:

(1)变更结构形式(采用轻或静定结构等)或加强结构刚度。

(2)采用沉降缝隔开。

(3)调整闸室布置,尽量使基底应力均匀分布。

(4)调整基础尺寸,加大底板长度,以减小基底应力。

(5)必要时对地基进行人工加固,以提高地基承载力。

(6)选择合适的施工程序,将重量大的建筑物安排在前期施工,使它提前沉降。

二、岸墙、翼墙稳定分析

水闸的岸墙、翼墙要求在竣工、运行等时期,都不致沿地基表面发生水平滑动、倾覆倒塌,不致因基底应力的作用使地基发生剪切破坏而失稳。因此,必须验算岸墙、翼墙在不同工作情况下的稳定性。可取单位长度或分段长度的墙体作为计算单元。

(一)抗滑稳定验算

土基、岩基上的岸墙、翼墙抗滑稳定验算方法同闸室验算方法。

需要注意的是,当岸墙、翼墙沿基底面的抗滑稳定安全系数计算值小于允许值时,可采用下列一种或几种抗滑措施:

(1)适当增加底板宽度。

(2)在基底增设凸榫。

(3)在墙后增设阻滑板或锚杆。

(4)在墙后改填摩擦角较大的填料,并增设排水。

(5)在不影响水闸正常运用的条件下,适当限制墙后的填土高度,或在墙后采用其他减载措施。

码 4-45 闸室失稳动画

(二)基底应力验算

土基、岩基上的岸墙、翼墙基底应力验算方法同闸室验算方法。

(三)抗倾覆稳定验算

岩基上翼墙的抗倾覆稳定安全系数,按式(4-54)计算,不论水闸级别,在基本荷载组合条件下,岩基上翼墙的抗倾覆安全系数不应小于 1.50;在特殊荷载组合条件下,岩基上翼墙的抗倾覆稳定安全系数不应小于 1.30。

$$K_0 = \frac{\sum M_V}{\sum M_H} \tag{4-54}$$

式中 K_0——翼墙抗倾覆稳定安全系数;

M_V——对翼墙前趾的抗倾覆力矩, kN · m;

M_H——对翼墙前趾的倾覆力矩,kN · m。

三、闸室稳定分析案例

码 4-46 水闸稳定分析案例

(一)设计情况及荷载组合

1. 设计情况选择

水闸在使用过程中,可能出现各种不利情况。完建无水期是水闸建好尚未投入使用之前,竖向荷载最大,容易发生沉陷或不均匀沉陷,这是验算地基承载力的设计情况。正常挡水期下游无水,上游为正常挡水位,上、下游水头差最大,闸室承受较大的水平推力,是验算闸室抗滑稳定性的设计情况。泄洪期工作闸门全开,水位差较小,对水闸无大的危害,故不考虑此种情况。本次设计地震烈度为 6 度,不考虑地震情况。

2. 荷载组合

完建无水期和正常挡水期均为基本荷载组合。取中间三孔一联为单元进行计算,需计算的荷载如表 4-23 所示。

表 4-23 荷载组合

荷载组合	计算情况	荷载					
		自重	静水压力	扬压力	泥沙压力	地震力	浪压力
基本组合	完建无水期	√	—	—	—	—	—
	正常挡水期	√	√	√	—	—	√

(二)完建无水期荷载计算及地基承载力验算

1. 荷载计算

荷载计算主要考虑闸室及上部结构自重。在计算中以三孔一联为单元,省略一些细部构件的重量,如栏杆、屋顶等。力矩为对闸底板底面中点所取。钢筋混凝土重度采用 25 kN/m³;混凝土重度采用 23 kN/m³;水重度采用 10 kN/m³;砖石重度采用 19 kN/m³。荷载计算见表 4-24。

表 4-24　完建无水期荷载计算

荷载		自重/kN	力臂/m	力矩/(kN · m)	
				–↘	↙+
闸底板		21 250	0		
闸墩	中墩	11 220	0		
	缝墩	7 480	0		
工作桥		1 463	1		1 463
交通桥		1 694	5	8 470	
检修桥		630	4.5		2 835
启闭机		235.44	1		235.44
启闭机房		1 209.6	1		1 209.60
排架		1 011	1		1 011.00
闸门		621.15	1		621.15
合计		46 814.19		8 470	7 375.19
				1 094.81	—

2. 地基承载力验算

根据荷载计算结果,采用式(4-51)进行地基承载力的验算,可得完建无水期的地基承载力能够满足要求,地基也不会发生不均匀沉陷。

地基承载力为

$$p_{\min}^{\max} = \frac{\sum G}{A} \pm \frac{\sum M}{W} = \frac{\sum G}{A}\left(1 \pm \frac{6e}{B}\right)$$

代入数值得

$$p_{\min}^{\max} = \frac{46\ 814.19}{28 \times 18} \pm \frac{1\ 094.81}{\frac{1}{6} \times 28 \times 18^2} = \frac{93.61}{92.16}(\text{kPa})$$

地基承载力平均值 $\bar{p} = \frac{p_{\max} + p_{\min}}{2} \leqslant [p]$,代入数值得

$$\bar{p}=\frac{93.61+92.16}{2}=92.89(\text{kPa})<[p]=200\ \text{kPa}$$

地基不均匀系数 $\eta=\frac{p_{\max}}{p_{\min}}<[\eta]$，代入数值得

$$\eta=\frac{93.61}{92.16}=1.02<[\eta]=2.5$$

(三)正常挡水期验算

1. 荷载计算

正常挡水期荷载计算除考虑闸室自重外，还有静水压力、水重，闸底板所受扬压力由渗透计算可得。由于浪压力小于静水压力的5%，忽略不计。荷载计算见表4-25。

表4-25　正常挡水期荷载计算

荷载名称		垂直力/kN ↓	垂直力/kN ↑	水平力/kN →	水平力/kN ←	力臂/m	力矩/(kN·m) −↘	力矩/(kN·m) ↙+
闸室自重		46 814.19					1 094.81	
上游水压力	P_1			9 922.82		2.83	28 081.58	
	P_2			3 392.81		1.13	3 833.88	
浮托力			8 240.40			0		
渗透压力			7 431.01			1.86	13 821.68	
水重		14 476.42				5.2	75 277.38	
合计		61 290.61	15 671.41				18 779.19	75 277.38
		45 619.20		13 315.63				56 498.19

2. 地基承载力验算

根据荷载计算结果，采用式(4-51)进行地基承载力的验算，可知正常挡水期的地基承载力及地基不均匀系数均满足要求。

地基承载力

$$p_{\substack{\max\\\min}}=\frac{45\,619.20}{28\times18}\pm\frac{56\,498.19}{\frac{1}{6}\times28\times18^2}=\begin{matrix}127.88\\53.14\end{matrix}(\text{kPa})$$

地基承载力平均值

$$\bar{p}=\frac{127.88+53.14}{2}=90.51(\text{kPa})<[p]=200\ \text{kPa}$$

地基不均匀系数

$$\eta=\frac{127.88}{53.14}=2.41<[\eta]=2.5$$

3. 闸室抗滑稳定计算

闸底板上、下游端设置的齿墙深度为 1.0 m，按浅齿墙考虑，闸基下没有软弱夹层。滑动面沿闸底板与地基的接触面，采用式(4-48)进行计算，其中的闸底板与地基之间的摩擦系数，根据闸址处地层分布可知为重粉质壤土和细砂，查闸室基础底面与地基之间的摩擦系数为 0.45，允许的抗滑稳定安全系数根据本工程主要建筑物为 3 级，查表 4-20 得 1.25。经计算认为闸室抗滑稳定满足要求。

抗滑稳定安全系数 $K_c = \dfrac{f \cdot \sum G}{\sum H} \geqslant [K]$，代入数值计算得

$$K_c = \frac{0.45 \times 45\,619.20}{13\,315.63} = 1.54 > [K_c] = 1.25$$

四、知识点测试

登录智慧职教 MOOC 学院进行资源学习，并完成本任务知识点测试；或扫描二维码完成本任务知识点测试。

码 4-47　项目四任务八知识点测试

五、技能训练

1. 某水闸采用钢筋混凝土铺盖，尺寸如图 4-52 所示。已计算出 c、d 两点的压力水头为 2.4 m 和 2.3 m，求闸底板上游端点 a、止水片上下表面 b 和 b'、c、d 各点的水平水压力强度。

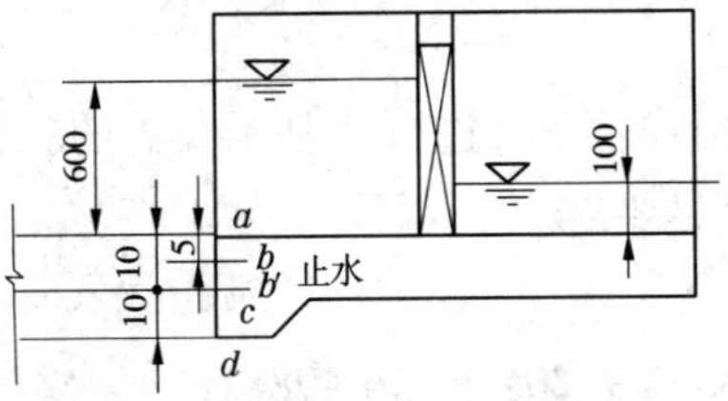

图 4-52　水闸剖面图　（单位：cm）

2. 已知某进水闸，3 级水工建筑物，位于中等密实的砂壤土地基上。底板长 12 m，孔宽 6 m。取一孔为一个计算单元，设计洪水位情况下荷载计算结果如表 4-26 所示。砂壤土地基的允许承载力 $[p] = 110\ kN/m^2$，底板混凝土与地基土体之间的摩擦系数 $f = 0.25$。依据《水闸设计规范》(SL 265—2016)，对水闸闸室进行稳定分析。如果地基抗滑稳定安全系数不满足要求，可以采取哪些措施？

表 4-26　设计洪水位情况下荷载计算

荷载名称	大小/kN	方向	距底板底面中心的距离/m	力矩/(kN · m)(逆时针为正)
闸室自重	6 300	↓	0.1	630
上游水压力	1 500	→	2.6	-3 900
上游门前水重	1 100	↓	2.0	2 200
扬压力	1 500	↑	2.0	-3 000

任务九　闸室结构计算

【学习目标】

1. 掌握闸墩的结构计算方法。
2. 掌握底板的结构计算方法。
3. 能进行闸墩和底板的结构分析与计算。
4. 树立规范、标准意识,做匠心工程。

闸室为一受力情况比较复杂的空间结构,结构应力分析应根据分部结构布置形式、尺寸及受力条件等确定。一般将其分解为若干个部件(如胸墙、闸墩、底板、工作桥及交通桥)分别进行计算,但计算时考虑它们之间的相互作用。

闸墩的计算情况有:①运用期,闸墩两边闸门都关闭,闸墩承受最大水头时的水压力(包括闸门传来的水压力)、墩自重及上部结构重量。②检修期,一孔检修,上、下游检修门关闭而邻孔过水或关闭,闸墩承受侧向水压力、墩自重及其上部结构重量。

墩底截面应力及弧形闸门牛腿处应力为控制应力。平面闸门的闸墩应验算墩底应力和门槽应力;弧形闸门的闸墩除验算墩底应力外,还须验算牛腿强度及牛腿附近闸墩的拉应力。

一、闸墩结构计算

(一)闸墩应力计算

闸墩可视为固结于闸底板上的悬臂结构,见图 4-53。

1. 墩底水平截面上的正应力计算

闸墩水平截面上的正应力可按材料力学的偏心受压计算,即

$$\sigma = \frac{\sum W}{A} \pm \frac{\sum M_x}{I_x}x \pm \frac{\sum M_y}{I_y}y \tag{4-55}$$

式中　σ——墩底水平截面正应力,kPa;

$\sum W$——作用于闸墩上的全部垂直作用力总和,kN;

A——墩底水平截面面积,m^2;

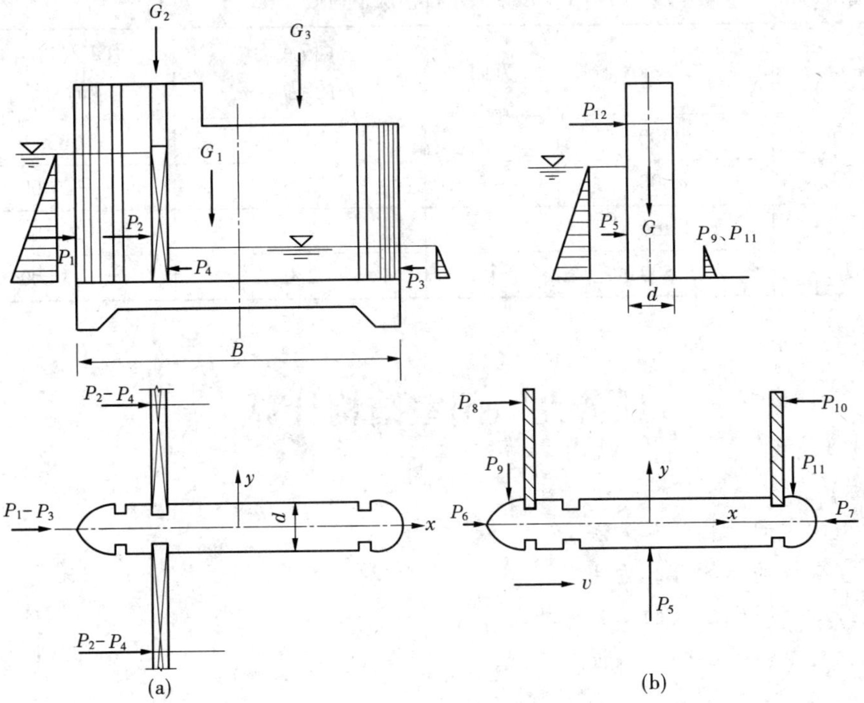

$P_1 \sim P_4$—运行期上、下游顺水流流向水压力；$P_5 \sim P_{11}$—检修期作用于闸墩不同部位的水压力；

P_{12}—交通桥上车辆刹车制动力；G_1—闸墩自重；G_2—工作桥重；G_3—交通桥重。

图 4-53　闸墩结构计算

$\sum M_x$、$\sum M_y$——闸墩上各力对截面形心轴 x 轴(顺水流方向)、y 轴(垂直水流方向)的力矩总和，kN · m；

I_x、I_y——墩底截面对形心轴 x、y 轴的惯性矩，m^4；

x、y——计算点至形心轴的距离，m。

2. 墩底水平截面上的剪应力计算

墩底截面上顺水流流向和垂直水流流向的剪应力分别为

$$\begin{cases} \tau_x = \dfrac{Q_x S_x}{I_x d} \\ \tau_y = \dfrac{Q_y S_y}{I_y B} \end{cases} \tag{4-56}$$

式中　Q_x、Q_y——墩底水平截面上顺水流流向和垂直水流流向的剪力，kN；

S_x、S_y——计算点以外的面积对形心轴 x 轴和 y 轴的面积矩，m^3；

d——闸墩厚度，m；

B——闸墩长度，m。

3. 闸墩配筋

闸墩的内部应力不大，一般不会超过墩体材料的允许应力，可不配置钢筋。但考虑到混凝土的温度、收缩应力的影响，以及为了加强底板与闸墩间施工缝的连接，仍需配置构造钢筋。垂直钢筋一般每米 3～4 Φ 10～14，下端伸入底板 25～30 倍钢筋直径，上端伸至墩顶或底板以上 2～3 m 处截断（温度变化较小地区）；考虑到检修时受侧向压力的影响，底部钢筋应适当加密。水平向分布钢筋一般用Φ 8～12，每米 3～4 根。这些钢筋都沿闸墩表面布置。

码 4-48　中墩立面配筋图

闸墩的上、下游端部（特别是上游端），容易受到漂流物的撞击，一般自底至顶均布置构造钢筋，网状分布。闸墩墩顶支承上部桥梁的部位，也要布置构造钢筋网。

（二）平面闸门门槽应力计算

门槽颈部因受闸门传来的水压力而可能受拉，应进行强度计算，以确定配筋量。计算时在门槽处截取脱离体（取下游段或上游段底板以上闸墩均可，见图 4-54），将闸墩及其上部结构重量、水压力及闸墩底面以上的正应力和剪应力等作为外荷载施加在脱离体上。根据平衡条件，求出作用于门槽截面 BE 中心的力 T_0 及力矩 M_0，然后按偏心受压公式（4-57）求出门槽应力 σ。

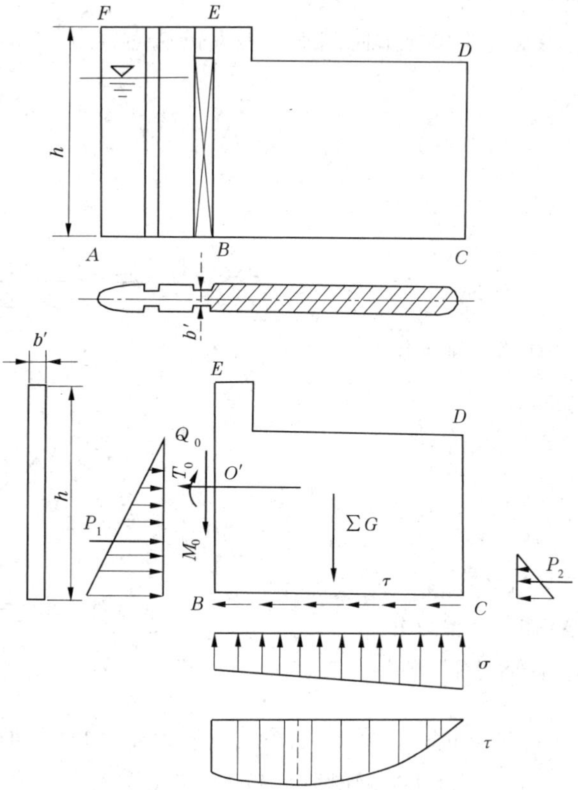

图 4-54　门槽应力计算

$$\sigma = \frac{T_0}{A} \pm \frac{M_0 \frac{h}{2}}{I} \tag{4-57}$$

其中 $A=b'h, I=b'h^3/12$

式中 T_0——脱离体上水平作用力的总和；

A——门槽截面面积；

M_0——脱离体上所有荷载对门槽截面中心 O' 的力矩之和；

I——槽截面对中心轴的惯性矩；

b'、h——门槽截面宽度和高度。

一般情况下，门槽顶部为压应力，底部为拉应力。若拉应力超过混凝土的允许拉应力，则按全部拉应力由钢筋承担的原则进行配筋；否则，配置构造钢筋，布置在门槽两侧，水平排列，每米 3~4 根，直径较墩面水平分布钢筋适当加大。

（三）弧形闸门闸墩牛腿应力计算

弧形闸门通过牛腿支承在闸墩上，故不需设置门槽。牛腿宽度 b 不小于 50~70 cm，高度 h 不小于 80~100 cm，并在其端部设 45°斜坡，牛腿轴线尽量与闸门关闭时门轴处合力作用线一致，见图 4-55。

闸门关闭挡水时，牛腿在半扇弧形闸门水压力 R 的法向分力 N 和切向分力 T 共同作用下工作，见图 4-56。

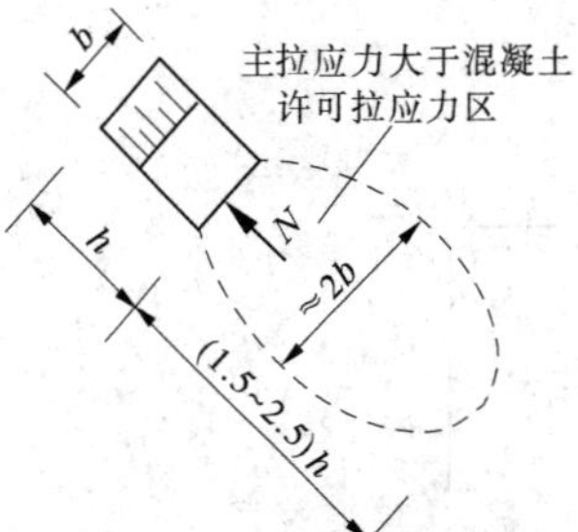

图 4-55　牛腿附近闸墩受力图

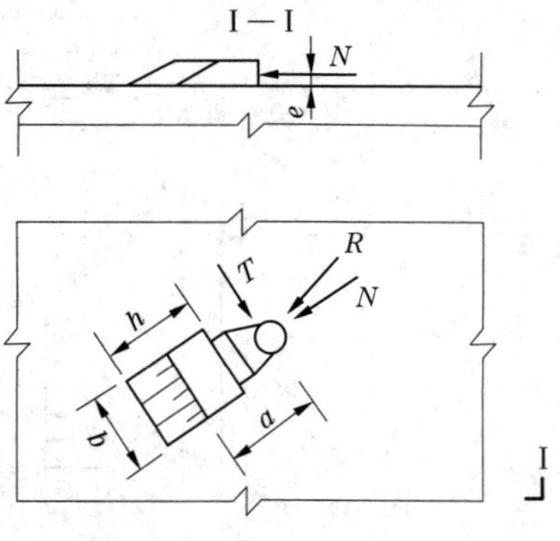

图 4-56　牛腿荷载示意图

二、整体式平底板结构计算

整体式平底板的平面尺寸远较厚度为大，受力比较复杂。目前，工程上实际仍用近似计算的方法进行强度分析。一般认为闸墩刚度较大，底板顺水流方向弯曲比垂直方向小很多，故常在垂直水流方向截取单宽板条进行内力计算。

土基上水闸闸室底板的应力分析可采用反力直线分布法或弹性地基梁法。相对密度不大于 0.50 的砂土地基,可采用反力直线分布法;黏性土地基或相对密度大于 0.50 的砂土地基,可采用弹性地基梁法;对于小型水闸,则常采用倒置梁法。

岩基上水闸闸室底板的应力分析可按基床系数法计算。

(一)弹性地基梁法

该法认为,底板和地基都是弹性体,底板变形和地基沉降一致,在垂直水流方向地基反力不呈均匀分布,见图 4-57。在顺水流方向,底板由于闸墩刚度很大,可以忽略底板沿该方向的弯曲变形,假定地基反力呈直线分布。

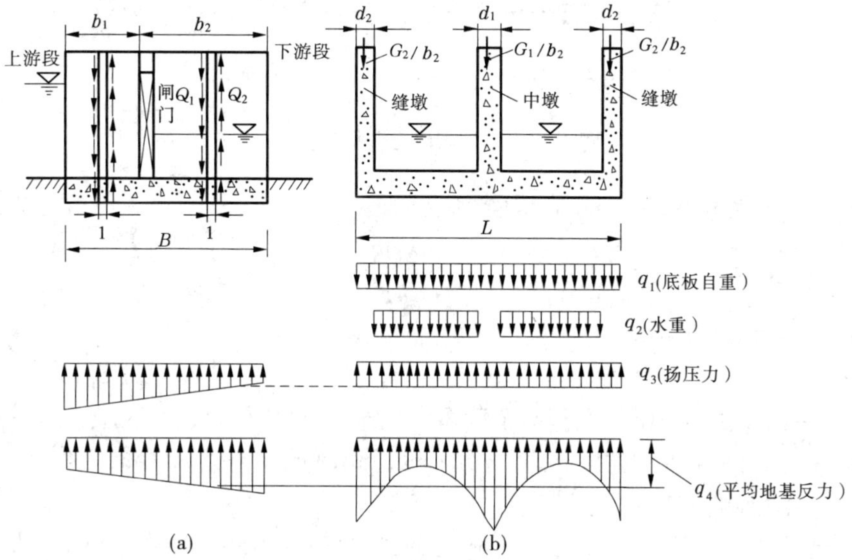

图 4-57　闸底板结构计算

弹性地基梁计算地基反力和底板内力的具体步骤如下:

(1)用偏心受压公式计算纵向(顺水流方向)的地基反力。

(2)计算板条及墩条上的不平衡剪力。以闸门为界,将底板分为上、下两段,分别在两段的中央沿垂直水流方向截取单宽板条和墩条进行分析,如图 4-57 所示。作用在单宽板条和墩条上的力有底板自重 $q_1 \times L$、水重 $q_2' \times L$、中墩重 G_1/b_2 及缝墩重 G_2/b_2,中墩及缝墩重包括其上部结构及设备自重。在底板的底面有扬压力 q_3L 及地基反力 q_4L。由于底板上的荷载在顺水流方向是有突变的,而地基反力是连续变化的。作用在单宽板条及墩条上的力是不平衡的,即板条及墩条两侧必然作用有剪力 Q_1 和 Q_2,并由 Q_1 和 Q_2 的差值来维持板条和墩条上力的平衡,差值 $\Delta Q = Q_1 - Q_2$,称为不平衡剪力。以下游段为例,根据板条上力的平衡条件,取 $\sum F_y = 0$,则

$$\frac{G_1}{b_2} + 2\frac{G_2}{b_2} + \Delta Q + (q_1 + q_2' - q_3 - q_4)L = 0 \tag{4-58}$$

其中

$$q_2' = q_2(L - 2d_2 - d_1)/L$$

确定不平衡剪力在闸墩和底板上的分配。

(3)不平衡剪力 ΔQ 应由闸墩及底板共同承担,各自承担的数值可根据剪应力分布图面积按比例确定。为此,需要绘制板条及墩条截面上的剪应力分布图。对于简单的板条和墩条截面,可直接用积分法求得,如图 4-58 所示。

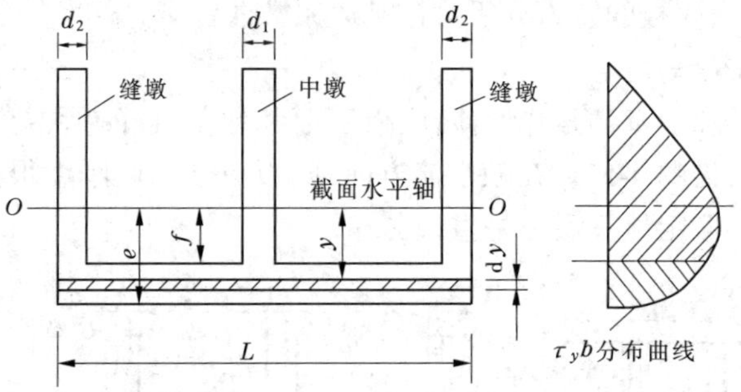

图 4-58　不平衡剪力分配计算简图

由材料力学可知,截面上的剪应力计算公式为

$$\tau_y = \frac{\Delta QS}{bJ} \tag{4-59}$$

式中　τ_y——截面上的剪应力,kPa;

ΔQ——不平衡剪力,kN;

S——计算截面以下的面积对全截面形心轴的面积矩,m^3;

b——截面在 y 处的宽度,底板部分 $b=L$,闸墩部分 $b=d_1+2d_2$,m;

J——截面惯性矩,m^4。

一般情况下,不平衡剪力的分配比例是:底板占 10%~15%,闸墩占 85%~90%。

(4)计算基础梁上的荷载。

①将分配给闸墩的不平衡剪力与闸墩及其上部结构的重量作为梁的集中力。

中墩集中力

$$P_1 = \frac{G_1}{b_2} + \Delta Q_{墩}\left(\frac{d_1}{2d_2 + d_1}\right) \tag{4-60}$$

缝墩集中力

$$P_2 = \frac{G_2}{b_2} + \Delta Q_{墩}\left(\frac{d_2}{2d_2 + d_1}\right) \tag{4-61}$$

②将分配给底板的不平衡剪力化为均布荷载,并与底板自重、水重及扬压力合并,作为梁的均布荷载,即

$$q = q_1 + q'_2 - q_3 + \frac{\Delta Q_{板}}{L} \tag{4-62}$$

底板自重 q_1 的取值,因地基性质而异。对于黏土地基,由于固结缓慢,计算中可采用底板自重的 50%~100%;对于砂性土地基,因其在底板混凝土达到一定刚度以前,地基变形几乎全部完成,底板自重对地基变形影响不大,在计算中可以不计。

③考虑边荷载的影响。边荷载是指计算闸段底板两侧的闸室或边墩背后回填土及岸

墙等作用于计算闸段上的荷载,见图 4-59。计算闸段左侧的边荷载为相邻闸孔的闸基压力,右侧的边荷载为回填土的重力及侧向土压力产生的弯矩。

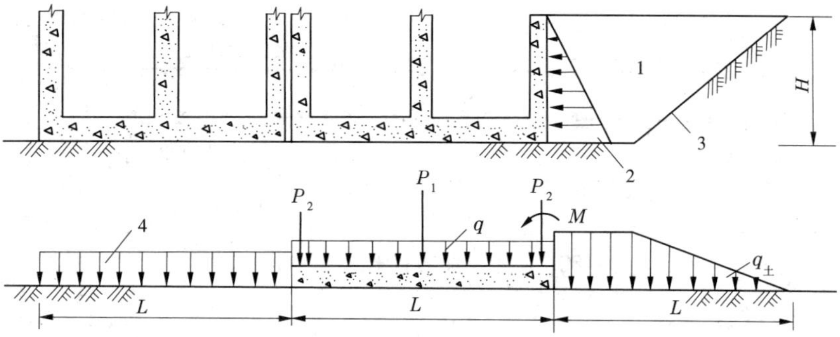

1—回填土;2—侧向土压力;3—开挖线;4—相邻闸孔的闸基压应力。

图 4-59　边荷载示意图

边荷载对底板内力的影响,与地基性质和施工程序有关,在实际工程中,可按表 4-27 的规定计算。

表 4-27　边荷载计算百分数

地基类型	边荷载使计算闸段底板内力减少	边荷载使计算闸段底板内力增加
砂性土	50%	100%
黏性土	0	100%

注:1. 对于黏性土地基上的老闸加固,边荷载的影响可按规定适当减小。

2. 计算采用的边荷载作用范围可根据基坑开挖及墙后土料回填的实际情况研究确定,通常可采用弹性地基梁长度的 1 倍或可压缩层厚度的 1.2 倍。

(5)计算梁的内力。

当可压缩土层厚度 T 与弹性地基梁半长 $L/2$ 的比值小于 0.25 时,可按基床系数法(文克尔假定)计算;当比值大于 2.0 时,可按半无限深的弹性地基梁法计算;当比值为 0.25~2.0 时,可按有限深的弹性地基梁法计算地基反力和梁的内力,绘制包络图,并进行抗裂计算。

底板的主拉应力一般不大,可由混凝土承担,不需要配置横向钢筋,故面层、底层钢筋采用分离式布置,见图 4-60。受力钢筋每米不少于 3 根,直径不宜小于 12 mm 和大于 32 mm,一般为Φ 12~25,构造钢筋为Φ 10~12。底板底层如计算不需配筋,施工质量有保证时,可不配置。面层如计算不需配筋,每米可配 3~4 根构造钢筋以抵抗表面水流的剧烈冲刷。垂直于受力钢筋方向,每米可配置 3~4 根Φ 10~12 的分布钢筋。受力钢筋在中墩处不切断,相邻两跨直通至边墩或缝墩外侧处切断,并留保护层。构造筋伸入墩下 30 倍直径。

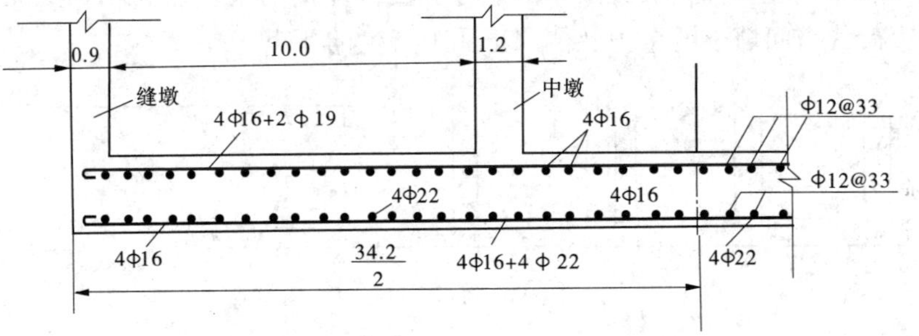

图 4-60　底板钢筋布置形式　（单位:m）

(二)反力直线法

该法假定地基反力在垂直水流方向也为均匀分布。其计算步骤如下:

(1)用偏心受压公式计算闸底纵向地基反力。

(2)确定单宽板条及墩条上的不平衡剪力。

(3)将不平衡剪力在闸墩和底板上进行分配。

(4)计算作用在底板梁上的荷载。

将由式(4-60)和式(4-61)计算确定的中墩集中力 P_1 和缝墩集中力 P_2 化为局部均布荷载,其强度分别为 $q_1=P_1/d_1$,$q_2=P_2/d_2$,同时将底板承担的不平衡剪力化为均布荷载,则作用在底板底面的均布荷载为

$$q = q_3 + q_4 - q_1 - q'_2 - \frac{\Delta Q_{板}}{L} \tag{4-63}$$

(5)按静定结构计算底板内力。

(三)倒置梁法

该法也是假定地基反力顺水流方向呈直线分布,垂直水流方向为均匀分布。计算时,先按偏心受压公式计算纵向地基反力,然后在垂直水流方向截取若干板条,作为支承在闸墩上的倒置梁,用结构力学方法按连续梁计算其内力并布置钢筋,如图 4-61 所示。作用在梁上的均布荷载 q 为

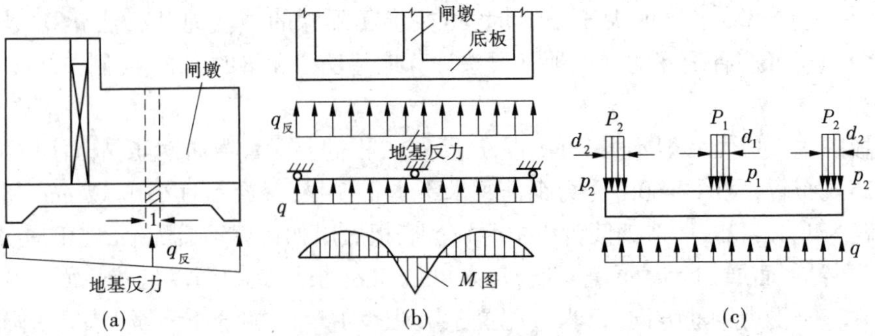

图 4-61　倒置梁法计算

$$q = q_{反} + q_{扬} - q_{自} - q_{水} \tag{4-64}$$

式中 $q_{反}$、$q_{扬}$——地基反力及扬压力,kN/m;

$q_{自}$、$q_{水}$——底板自重及作用在底板上的水重,kN/m。

倒置梁法的优点是计算简便,其缺点是没有考虑底板与地基变形的协调条件,假定底板垂直水流方向地基反力均匀分布是不符合实际的;支座反力与竖向荷载也不相符。因此,该法只适用于软弱地基上的小型水闸。单孔闸底板计算时,考虑闸墩与底板的约束为弹性固结,故跨中负弯矩可近似按下式计算:

$$M_{max} = \frac{1}{10}q\left(\frac{L}{2}\right)^2 \tag{4-65}$$

三、胸墙

胸墙承受的荷载,主要为静水压力和浪压力。计算图形应根据其结构形式和边界支承情况来确定。

(1)板式胸墙。选取 1 m 高的板条,板条上承受均布荷载 q(板条中心的静水压力及浪压力强度),按简支或固端计算内力,并进行配筋。

(2)梁板式胸墙。一般为双梁式结构,板的上、下端支承在梁上,两侧支承在闸墩上。当板的长边与短边之比小于或等于 2 时,为双向板,可按承受三角形荷载的四边支承板计算内力。当板的长边与短边之比大于 2 时,按单向板计算。

四、工作桥与交通桥

大、中型水闸的工作桥多采用钢筋混凝土或预应力钢筋混凝土装配式梁板结构,由主梁、次梁、面板等部分组成。作用在工作桥上的荷载主要有自重、启闭机重、启门力,以及面板上的活荷载。

水闸闸顶的交通桥通常采用钢筋混凝土板桥或梁式桥,常用单跨简支的形式。板桥适用于跨径较小的水闸,梁式桥多用于跨径较大(8~10 m 以上)的大中型水闸。

五、知识点测试

登录智慧职教 MOOC 学院进行资源学习,并完成本任务知识点测试;或扫描二维码完成本任务知识点测试。

码 4-49 项目四任务九知识点测试

六、技能训练

根据给定的水闸工程图,阅读水闸结构配筋图。

任务十　水闸地基处理

【学习目标】

1. 掌握水闸对地基的要求。
2. 掌握软土地基的处理内容和方法。
3. 能根据地基情况正确选择地基处理方法。
4. 领悟地基对建筑物安全的影响,培养规范、严谨的做事态度。

水闸绝大部分建在平原、滨海区的第四系覆盖层上,常常会遇到疏松的砂性土或软弱的黏性土地基,需要进行一定的处理,方可作为水闸的地基持力层。根据工程实践,当黏土地基标准贯入击数大于 5,砂性土地基标准贯入击数大于 8,对于中小型水闸,可直接在天然地基上修建水闸,一般不需处理。对于软弱地基,一般的处理方法有垫层法、强力夯实法、预压加固法、桩基础法、沉井基础法、振冲砂石桩法、水泥土搅拌桩和高压旋喷法等。

码 4-50　地基处理方法

一、垫层法

垫层法是工程上一种施工最简便、应用最广泛的地基处理方法,在改善地基应力分布、提高地基稳定性方面作用显著,在减少地基沉降方面也有一定的作用。适用于软弱黏性土,包括淤泥质土。当软土层位于基面附近,且厚度较薄时,可全部挖除。如软土层较厚不宜全部挖除,可采用换土垫层法处理。

砂垫层的主要作用:①通过垫层的应力扩散作用,减小软土层所受的附加应力,提高地基的稳定性;②减小地基沉降量;③铺设在软黏土上的砂层,具有良好的排水作用,有利于软土地基加速固结。

垫层的计算,主要是确定垫层的厚度和宽度,工程上多数采用按地基允许承载力的要求进行核算的方法,即假定垫层为基础的一部分,要求垫层底面的平均压力不大于该底面处地基的允许承载力,特别是在垫层变形模量值与其下地基土的变形模量值相差 3~4 倍以上的情况下,按这种方法核算比较符合实际。垫层底面的平均压力可按式(4-66)和式(4-67)计算(见图 4-62)。

$$\overline{P}_{\mathrm{d}} = \frac{B}{B_{\mathrm{d}}}\overline{P} + \gamma_0 h_{\mathrm{d}} \tag{4-66}$$

$$B_{\mathrm{d}} = B + 2h_{\mathrm{d}}\tan\theta \tag{4-67}$$

式中　$\overline{P}_{\mathrm{d}}$——垫层底面的平均压力, kPa;

$\overline{P}$——水闸底板底面的平均压力, kPa;

B——水闸底板宽度, m;

B_{d}——扩散至垫层底面的宽度, m;

γ_0——垫层材料的重度, kN/m^3;

h_d——水闸底板底面以下的垫层厚度，m；

θ——垫层材料的扩散角，壤土、含砾黏土可取 20°~25°，中砂、粗砂可以取 30°~35°。

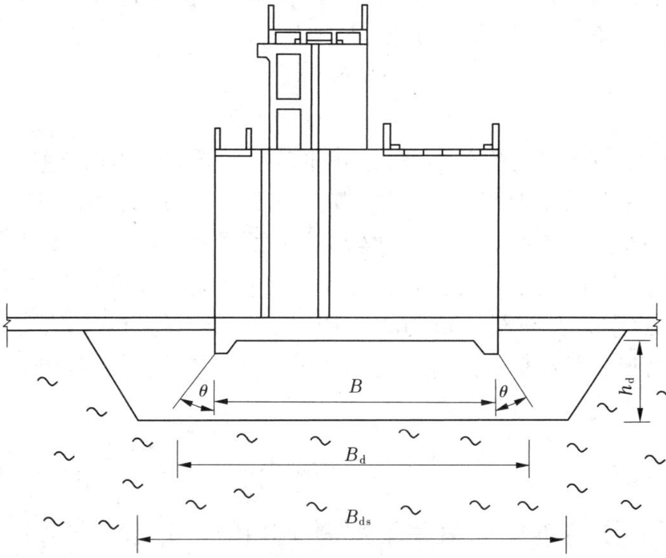

图 4-62　换土(砂)垫层示意图

考虑到垫层材料扩散角的选用不够准确，加之垫层边缘部位施工质量往往不易保证，因此为安全计，通常选用垫层的实际宽度 B_{ds} 要比扩散至垫层底面的宽度 B_d 大 2~3 m。

垫层的厚度一般为 1.5~3.0 m。如果垫层厚度过小，往往不起垫层作用；如果厚度过大，基坑开挖有一定的困难。

垫层材料的选用，要遵循就地取材的原则，采用性能稳定、压缩性低的天然或人工材料，如壤土、中砂、粗砂、含砾黏土、水泥土等。

二、强力夯实法

强力夯实法又称动力固结法或动力加密法。这种方法是用很重的夯锤从高处自由落下，给地基以强大的冲击力和振动，通过加密、固结和预加变形的作用，从而改善地基土的工程性质，使地基土的渗透性、压缩性降低，密实度、承载力、稳定性得到提高，湿陷性和液化可能性得以消除。

该法适用于各种松软地基，尤其适用于松软的、透水性好的碎石土或砂土地基。实践证明，采用这种方法加固后的地基土层干重度可达 16 kN/m^3 以上，压缩模量可提高 2 倍以上，承载力可提高 1 倍以上。

三、预压加固法

在修建水闸之前，先在建闸范围内的软土地基表面加荷(如堆土、堆石等)，对地基进行预压，等沉降基本稳定后，再将荷载挖去，开始修建水闸。预压堆土(石)的高度应使预压荷重为 1.5~2.0 倍的水闸荷载，但不能超过地基的承载力。

采用预压加固法时，堆土(石)预压的施工进度不能过快，以免地基发生滑动或将基土挤出地面。根据施工经验,堆土(石)施工需分层堆筑,每层的高度为 1~2 m,填筑后间歇 10~15 d,待地基沉降稳定后,再进行下一次堆筑。

对于含水率较大的黏性土地基,为了缩短预压施工的时间,可在地基中设置砂井,以改善软土地基的排水条件,加快固结过程。

四、桩基础法

当软土层的厚度较大且地基的承载力不够时,可以考虑采用桩基础法。

水闸的桩基础一般采用钢筋混凝土桩,按其施工方法可以分为钻孔灌注桩和预制桩两类。钻孔灌注桩在选用桩径和桩长时比较灵活,因而运用得较多,其桩径一般在 60 cm 以上,中心距不小于 2.5 倍桩径,桩长根据需要确定;对于桩径和桩长较小的桩基础,可以采用钢筋混凝土预制桩,其桩径一般为 20~30 cm,桩长不超过 12 m,中心距为桩径的 3 倍。桩基按其受力形式可以分为摩擦桩和承重桩。水闸多采用摩擦桩,它是利用桩与周围土壤的摩擦阻力来支承上部荷载的。

五、沉井基础法

沉井基础法是预先浇筑井圈,然后再挖除井圈内的软土,使井圈逐渐下沉到地基中,最终支撑在硬土层或岩石基础上。沉井基础法可以增加地基承载力,减少沉降量,提高水闸的抗滑稳定性,对防止地基渗透变形有利,适用于上部为软土层或粉细砂层,下部为硬土层或岩层的地基。

沉井基础在平面上多呈矩形,且布置简单对称,便于施工浇筑和均匀下沉。沉井的长边不宜大于 30 m,长宽比不宜超过 3,以便控制下沉。较长的矩形沉井中间应设隔墙,如图 4-63 所示,从而增加长边的刚度。沉井的边长也不宜过小;否则,接缝多,设置止水较麻烦。

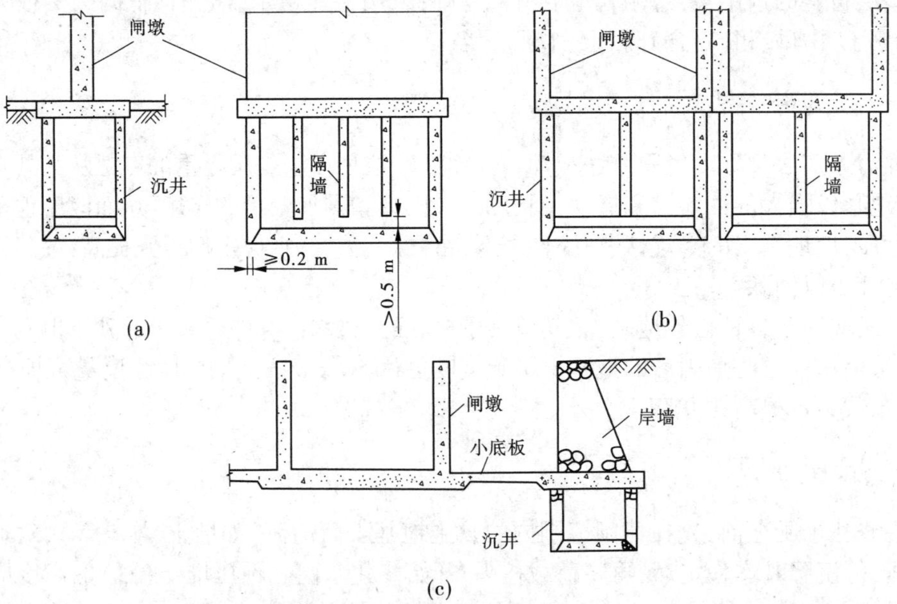

图 4-63 沉井布置

沉井在下沉过程中分节浇筑,分节的高度应根据地基条件、控制下沉速度及沉井的强度要求等因素确定。为了保证沉井顺利下沉到设计标高,需要验算自重是否满足下沉要求,下沉系数(沉井自重与井壁摩擦阻力之比)可取 1.15~1.25。沉井切入硬土层的深度一般不小于 0.3 m。沉井落位后是否需要封底,取决于沉井下卧土层的承载力。如果承载力足够,尽量不要封底,因为地下水的影响将使封底施工比较困难。沉井完成后,要进行回填。沉井内的回填土,应选用与井底土层渗透系数相同或相近的土料,并且必须分层夯实,以防止渗透变形和过大的沉降。

六、振冲砂石桩法

振冲砂石桩法是一种较好的地基处理方法。该方法是用一个直径为 0.3~0.8 m、长约 2 m、下端设有喷水口的振冲器,在振动和高压水流的联合作用下,使周围土体密实,形成一个直孔,然后在孔内回填碎石料,最后在振冲器的作用下使之压实,形成砂石桩。振冲砂石桩法适用于松砂、软弱的砂壤土或砂卵石地基。

振冲砂石桩法的桩径一般为 0.8~1.2 m,桩距为 1.5~3.0 m,按梅花形、正方形或矩形布置,孔深应根据设计要求和施工条件确定,当松软土层不厚时,振冲孔宜打穿松软土层。振冲砂石桩的填料宜采用有良好级配的砂、碎石等。碎石最大粒径不宜大于 5 cm,含泥量不宜大于 5%。

七、水泥土搅拌桩

水泥土搅拌桩是用于加固饱和软黏土地基的一种方法,它利用水泥作为固化剂,通过特制的搅拌机械,在地基深处将软土和固化剂强制搅拌,利用固化剂和软土之间产生的一系列物理化学反应,使软土硬结成具有整体性、水稳定性和一定强度的优质地基。

水泥土搅拌桩按施工工艺可分为干法和湿法两类。加固深度通常超过 5 m。干法施工宜用于加固土质堤坝地基及岸坡,不宜用于水工建筑物的地基加固。干法施工加固深度不宜大于 15 m;湿法施工加固深度应考虑机械性能的限制,不宜大于 20 m。

搅拌桩桩距可采用 0.8~2.0 m,按正方形或梅花形布置。固化剂应选用强度等级不低于 42.5 级的普通硅酸盐水泥,水泥掺量可为 12%~20%。

八、高压旋喷法

高压旋喷法是用钻机以射水法钻进设计高程,然后由安装在钻杆下端的特殊喷嘴把高压水、压缩空气及水泥浆或其他化学浆液高速喷出,搅动土体,同时钻杆边旋转边提升,使土体与浆液混合,形成桩柱,以达到加固地基的目的。

高压旋喷法可用来加固黏性土和砂性土地基,也可用作砂卵石层的防渗帷幕,适用范围较广。

九、知识点测试

登录智慧职教 MOOC 学院进行资源学习,并完成本任务知识点测试;或扫描二维码完成本任务知识点测试。

码 4-51　项目四任务十知识点测试

项目五

河岸溢洪道

任务一　认识河岸溢洪道

【学习目标】

1. 掌握河岸溢洪道的作用和类型。
2. 掌握正槽溢洪道和侧槽溢洪道的特点和组成。
3. 能根据设计资料合理选用溢洪道形式。
4. 培养工程安全、责任和团结协作意识。

【思政素材】

码 5-1　我们走在大路上　码 5-2　日照水库　码 5-3　小浪底泄洪排沙　码 5-4　溢洪道泄洪

在水利枢纽中，为了防止洪水漫过坝顶，危及大坝和枢纽的安全，必须布置泄水建筑物，以宣泄水库按运行要求不能容纳的多余来水量。常用的泄水建筑物有溢流坝段、河岸溢洪道、深式泄水建筑物等。常在坝体以外的岸边或天然垭口布置溢洪道，称为河岸溢洪道，一般适用于土石坝、堆石坝以及某些轻型坝等水利枢纽。

一、河岸溢洪道的形式

(一)按结构形式分类

码 5-5　河岸溢洪道类型

河岸溢洪道的主要形式有正槽溢洪道、侧槽溢洪道、竖井式溢洪道和虹吸式溢洪道等。

1. 正槽溢洪道

正槽溢洪道泄槽与溢流堰轴线正交，过堰水流与泄槽轴线方向一致，如图 5-1 所示。

正槽溢洪道水流平顺，超泄能力大，结构简单，运用管理方便，适用于各种水头和流量。因此，在实际工程中，大多数以土石坝为主坝的水利枢纽都采用这种溢洪道。

2. 侧槽溢洪道

侧槽溢洪道的溢流堰与泄槽的轴线接近平行，过堰水流在侧槽段的较短距离内转弯约 90°，如图 5-2 所示，再经泄槽泄入下游，因而水流在侧槽中的紊动和撞击都很强烈，且距坝头较近，直接关系到大坝的安全。它适宜用在坝肩山体较高、岸坡较陡的中小型水库中。

码 5-6　竖井式溢洪道

3. 竖井式溢洪道

如图 5-3 所示，这种溢洪道由溢流喇叭口段、竖井段和泄水隧洞段组成。水流进入环形溢流堰后，经竖井和泄水隧洞段流入下游。它适用于岸坡陡峻、地质条件良好、地形条件适宜的情况。它的缺

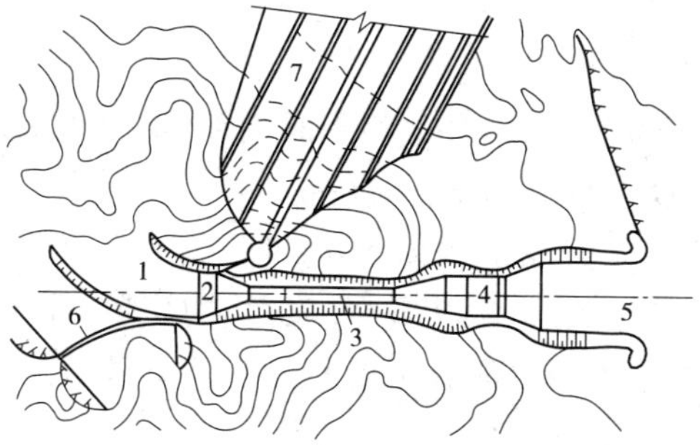

1—进水渠段；2—控制段；3—泄槽段；4—消能防冲段；5—出水渠；6—非常溢洪道；7—土坝。

图 5-1　正槽溢洪道布置图

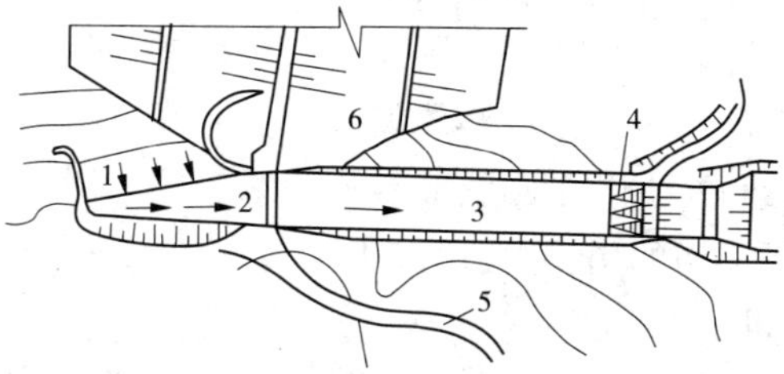

1—溢流堰；2—侧槽；3—泄槽；4—出口消能段；5—上坝公路；6—土石坝。

图 5-2　侧槽溢洪道布置图

点是水流条件复杂，超泄能力小，容易产生空蚀和振动。在工程实践中，布置这种泄洪设施往往与导流隧洞相结合，施工期采用隧洞导流，竣工后废洞利用。专门布置竖井式溢洪道泄洪在我国应用较少，仅在某些山区渠道退水工程中应用过。

4. 虹吸式溢洪道

虹吸式溢洪道由具有虹吸作用的曲管和淹没在上游水位以下的进口（又叫遮檐）所组成，如图 5-4 所示。在水库正常高水位以上设有通气孔，当库水位超出正常高水位时，淹没了通气孔，水流经过堰顶并与空气混合，逐渐将曲管内的空气带出，使曲管内产生真空，虹吸作用发生而自动泄水。这种溢洪道的优点是能自动调节上游水位，无须设置闸门。其缺点是超泄能力较小，构造复杂，且进口易堵塞，管内易空蚀。虹吸式溢洪道适用于上游淹没高程有严格限制的情况。

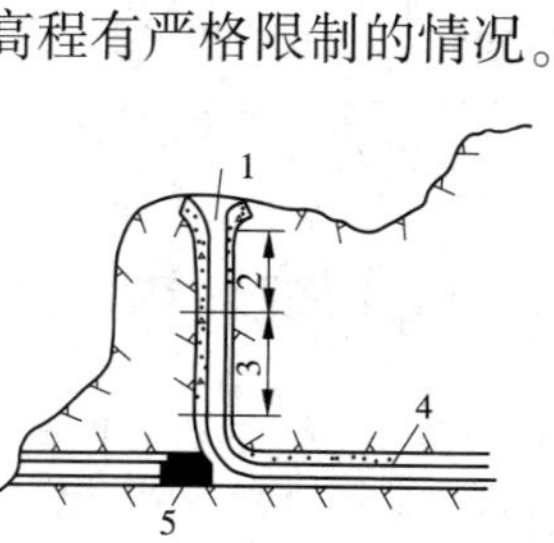

1—环形喇叭口；2—渐变段；3—竖井段；4—隧洞；5—混凝土塞。

图 5-3　竖井式溢洪道示意图

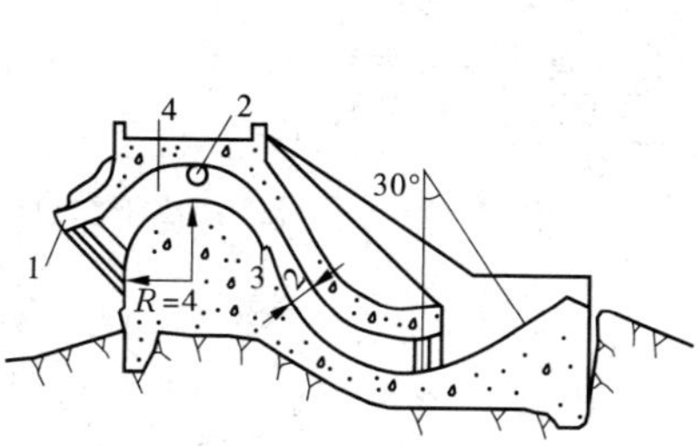

1—遮檐；2—通气孔；3—挑流坎；4—曲管。

图 5-4　虹吸式溢洪道示意图　（单位：m）

以上四种类型的泄洪设施，前两种设施的整个流程是完全敞开的，故又称为开敞式溢洪道,而后两种称为封闭式溢洪道。

(二)按使用概率分类

在大中型水库和重要的小型水库中,除平时运用的正常溢洪道外,还建有非常溢洪道。非常溢洪道是一种保坝的重要措施,仅在发生特大洪水,正常溢洪道宣泄不及致使水库水位将要漫顶时才启用。由于超设计标准的洪水是稀遇的,故非常溢洪道的使用概率小,但要求运用灵活可靠,为此非常溢洪道应该是结构简单,便于修复,启闭及时,并能控制下泄流量。常用的非常溢洪道一般分为漫流式非常溢洪道、自溃式非常溢洪道和爆破引溃式非常溢洪道。

1. 漫流式非常溢洪道

漫流式非常溢洪道的布置与正槽溢洪道类似,堰顶高程应选用与非常溢洪道启用标准相应的水位高程。控制段(溢流堰)通常采用混凝土或浆砌石衬砌,设计标准应与正槽溢洪道控制段相同,以保证泄洪安全。控制段下游的泄槽和消能防冲设施,如行洪过后修复费用不高可简化布置,甚至可以不做消能设施。控制段可不设闸门控制,任凭水流自由宣泄。溢流堰过水断面通常做成宽浅式,故溢流前缘长度一般较长。因此,这种溢洪道一般布置在高程适宜、地势平坦的山坳处,以减少土石方开挖量。

2. 自溃式非常溢洪道

自溃式非常溢洪道有漫顶溢流自溃式和引冲自溃式两种形式。

漫顶溢流自溃式非常溢洪道由自溃坝(或堤)、溢流堰和泄槽组成。自溃坝布置在溢流堰顶面,坝体自溃后露出溢流堰,由溢流堰控制泄流量,如图 5-5 所示。自溃坝平时可起挡水作用,但当库水位达到一定高程时应能迅速自溃行洪。为此,坝体材料宜选择无黏性细砂土,压实标准不高,易被水流漫顶冲溃。当溢流前缘较长时,可设隔墙将自溃坝分隔为若干段,各段坝顶高程应有差异,形成分级、分段启用的布置方式,以满足库区出现不同频率稀遇洪水的泄洪要求。浙江南山水库自溃式非常溢洪道,采用 2 m 宽的混凝土隔墙将自溃坝分为三段,各段坝顶高程均不同,形成三级启用形式,除遇特大洪水时需三级都投入使用外,其他稀遇洪水情况只需启用一级或二级,则行洪后的修复工程量亦可减少。

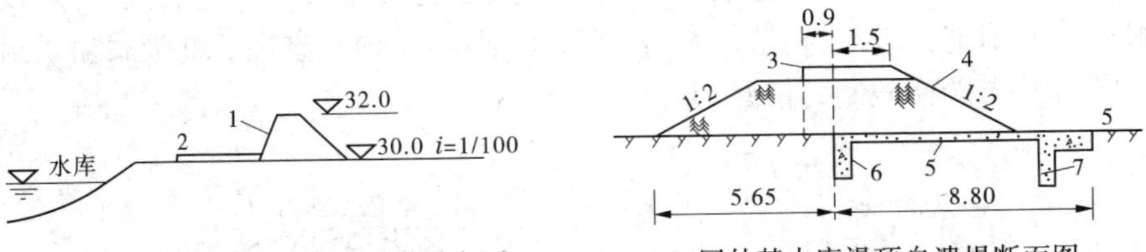

(a)国内某水库非常溢洪道示意图　　(b)国外某水库漫顶自溃堤断面图

1—土堤;2—公路;3—自溃堤各段间隔墙;4—草皮护面;5—0.3 m 厚混凝土护面;
6—0.6 m 厚、1.5 m 深的混凝土截水墙;7—0.6 m 厚、3.0 m 深的混凝土截水墙。

图 5-5　漫顶溢流自溃式非常溢洪道进水口断面图　(单位:m)

引冲自溃式非常溢洪道也是由自溃坝、溢流堰和泄槽组成的,在坝顶中部或分段中部设引冲槽,如图 5-6 所示。当库水位超过引冲槽底部高程后,水流经引冲槽向下游泄放,并把引冲槽冲刷扩大，使坝体自溃泄洪。这种自溃方式在溃决过程中流量逐渐加大，对下游防护较有利，故自溃坝体高度可以适当提高。对于溢流前缘较长的坝，也可以按分级分段布置。引冲槽槽底高程、尺寸和纵向坡度可参照已建工程拟定。

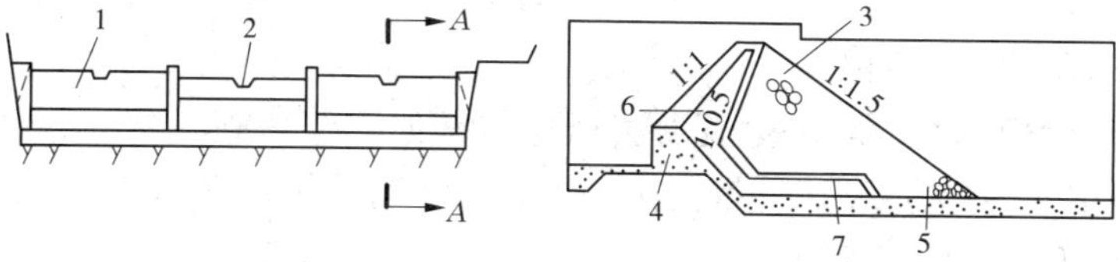

(a)上游立视图　(b) A — A 剖面图

1—自溃堤；2—引冲槽；3—引冲槽底；4—混凝土堰；5—卵石；6—黏土斜墙；7—反滤层。

图 5-6　某水库引冲自溃式非常溢洪道

自溃式非常溢洪道的优点是结构简单，施工方便，造价低廉；缺点是运用的灵活性较差，溃坝具有偶然性，可能造成自溃时间的提前或滞后。所以，自溃坝的高度常有一定的限制，国内已建工程一般在 6 m 以下。

应当指出，自溃式非常溢洪道溃坝泄洪后，需在水位降落后才能修复，如果堰顶高程较低，还会影响水库当年的蓄水量。但是，非常溢洪道的启用机遇是很小的，故这种影响一般不大。关键的问题是保证自溃土坝在启用时必须能按设计要求被冲溃，为此应参照已建工程经验进行布置，并应通过水工模型试验验证。

3. 爆破引溃式非常溢洪道

与自溃式非常溢洪道类似，爆破引溃式非常溢洪道由溢洪道进口的副坝、溢流堰和泄槽组成。当溢洪道启用时，引爆预先埋设在副坝廊道或药室的炸药，利用爆破的能量把布置在溢洪道进口的副坝强行炸开决口，并炸松决口以外的坝体，通过快速水流的冲刷，使副坝迅速溃决而泄洪。如果这种溢洪措施的副坝较长，也可分段爆破。爆破的方式、时间可灵活、主动掌握。由于这种引溃方式是由人工操作的，因而使坝体溃决有可靠的保证。

应当指出，非常溢洪道由于设计理论不完善，实践经验不足，在运用中还存在不少问题，在设计和运用中应谨慎对待。若启用不当，将造成不必要的人为洪峰，反而会加重下游的灾情。

二、河岸溢洪道的位置选择

河岸溢洪道位置选择是否得当，对水库工程的安全和造价有很大影响。其位置选择主要考虑以下条件：

(1)枢纽总体布置方面。溢洪道布置应结合枢纽布置全面考虑，避免泄洪、发电、航运及灌溉等建筑物在布置上的干扰。河岸溢洪道在布置时应合理选择进、出口位置，保证水流顺畅。进水口应短而直，出水渠应与下游河道平顺连接，避免下泄水流对坝址下游河床的严重冲刷及淤积，保证其他建筑物的正常工作。

(2)地形条件。是决定溢洪道形式和布置的主要因素。较理想的地形条件是，离大坝不远的库岸有通向下游的马鞍形垭口，其高程在正常蓄水位附近，垭口后面有长度不大的冲沟直通原河道，出口离坝脚较远，不威胁大坝安全，且易解决下泄水流的归河问题。

(3) 地质条件。这是影响溢洪道安全的关键因素。溢洪道应布置在坚固、完整且稳定的岩基上，以减少护砌工程量且有利于工程的安全。应尽量避免深挖，以免造成高边坡失稳或边坡处理困难等问题。需要特别指出的是，在选择溢洪道的位置时，应充分考虑水文地质条件，以确保溢洪道的安全。

(4) 施工和管理方面。应避免溢洪道开挖与其他建筑物施工相互干扰，出渣线路和堆渣场地便于布置，并考虑利用开挖出来的土石料作为筑坝材料，以减少弃料。为管理方便，溢洪道不宜距离大坝太远。

三、知识点测试

登录智慧职教 MOOC 学院进行资源学习，并完成本任务知识点测试；或扫描二维码完成本任务知识点测试。

码 5-7 项目五任务一知识点测试

四、技能训练

1. 以土石坝水库为例，分析水库的组成，说明水库的泄水建筑物的类型。
2. 调研我国已建土石坝水库存在的问题以及除险加固的内容有哪些？

任务二 正槽溢洪道设计

【学习目标】

1. 掌握正槽溢洪道的组成。
2. 掌握正槽溢洪道各部分的布置要求。
3. 能熟练识读河岸正槽溢洪道工程图。
4. 树立工程安全意识，严格规范、标准做事。

【思政素材】

码 5-8 日照水库溢洪道虚拟仿真

码 5-9 溢洪道仿真教学

码 5-10 日照水库溢洪道平面布置图

正槽溢洪道一般由进水渠段、控制段、泄槽段、消能防冲段和出水渠五个部分组成,如图 5-1 所示。

码 5-11　正槽溢洪道布置

一、进水渠段

进水渠的作用是将水库的水平顺地引至溢流堰前。其设计原则是在合理的开挖方量下尽量减少水头损失,以增加溢洪道的泄水能力。为此,进水渠的具体布置应从三个方面考虑,如图 5-7 所示。

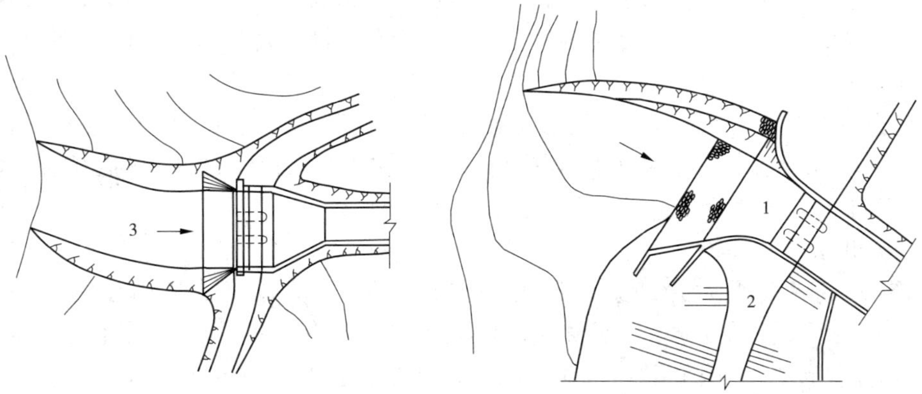

(a)　(b)

1—喇叭口;2—土坝;3—进水渠。

图 5-7　溢洪道进水渠的形式

(一)平面布置

进水渠在平面上最好按直线布置,且前缘不得有阻碍进流的山头或建筑物,以便水流均匀平顺入渠。受地形、地质条件及上游河势的影响需设置弯道时,弯道轴线的转弯半径不宜小于 4 倍渠底宽度。弯道与控制段之间应布置直线段过渡。

进水渠的长度应尽量缩短,如能使溢流堰直接面临水库,就不需要进水渠,堰前只做一个喇叭口即可。

(二)横断面布置

进水渠应有足够大的横断面尺寸。一般可先拟定流速来控制断面尺寸。进水渠流速应大于库水悬移质的不淤流速和小于渠底不冲流速,一般不应大于 4 m/s。在山势陡峭、开挖量较大的情况下,也可以采用 5~7 m/s。

进水渠横断面一般按梯形布置,侧坡根据稳定要求确定,新鲜岩石一般为 1∶0.1~1∶0.3,风化岩石用 1∶0.5~1∶1.0,土基选用 1∶1.5~1∶2.5,在控制段前缘过渡成矩形断面。为了减小水头损失和防止冲刷,进水渠宜用混凝土、浆砌石做衬砌。岩基上的进水渠如开挖整齐,也可以不做衬砌,但在堰前渐变段范围内宜做衬砌。

(三)纵断面布置

进水渠的纵断面应布置成平坡或不大的反坡(倾向水库)。当控制段采用实用堰时,堰前渠底高程宜比控制段堰顶高程低 0.5H(H 为堰面定型设计水头),以保持良好的入流条件和增大堰的流量系数。当控制段采用宽顶堰时,渠底高程可与堰顶齐平或略为降低。

二、控制段

控制段又称溢流堰段,是控制溢洪道泄洪流量的关键部位。

(一)堰型选择

溢流堰通常选用宽顶堰、实用堰,有时也采用驼峰堰。

1. 宽顶堰

宽顶堰结构简单,施工方便,水流条件稳定,但流量系数较低。在相同条件下,需要的溢流前缘要比实用堰长,土石挖方较大。一般用于泄洪量不大的中小型工程,堰型布置如图 5-8(a)所示。

宽顶堰的堰体一般都应用混凝土或浆砌石进行衬砌,使堰基免受冲刷,保持堰面平整光滑,以增加泄水能力。在坚实的岩基上,如有足够的抗冲能力,也可以不衬砌,但这时必须考虑开挖的岩石表面平整度对流量系数的影响。

2. 实用堰

实用堰的优点是堰面流量系数比宽顶堰的大,泄水能力强,但施工相对复杂。一般要求建在岩石地基上,在大中型工程中,特别是在泄洪流量较大的情况下,多采用这种堰型,如图 5-8(b)所示。我国采用最多的是 WES 标准剖面堰和克-奥剖面堰。

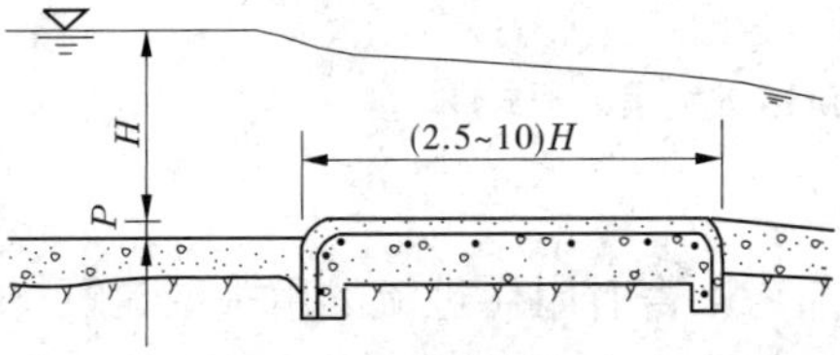

(a)宽顶堰

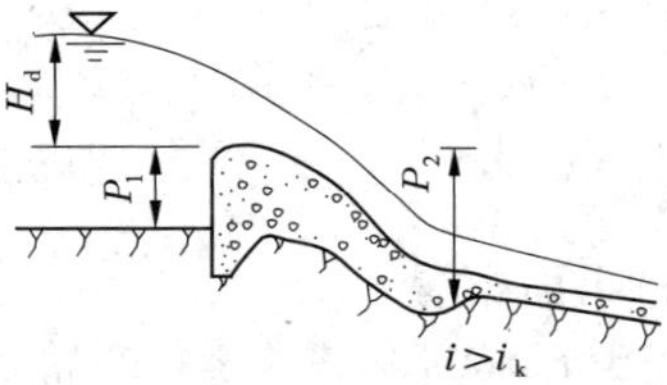

(b)实用堰

图 5-8 控制段堰型

3. 驼峰堰

驼峰堰是一种复合圆弧低堰,如图 5-9 所示。它的特点是堰体较低,流量系数较大,设计与施工难度介于 WES 标准剖面堰与宽顶堰之间,对地基要求相对较低,适用于软弱岩性地基。

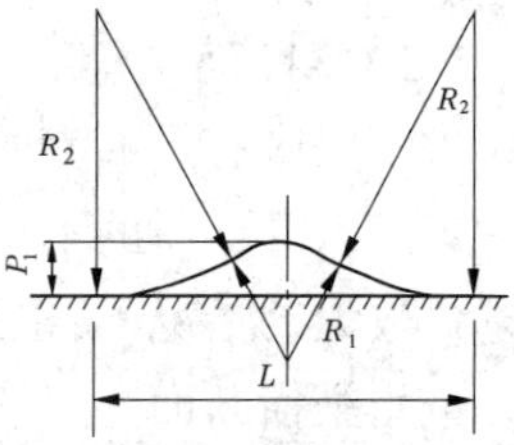

图 5-9 驼峰堰常见剖面

(二)堰面参数对流量的影响

1. 定型设计水头 H_d 的选择

在堰顶水头不变的情况下,H_d 愈小,流量系数愈大,但是,过小的 H_d 将对堰面产生不利影响。对于低实用堰(上游堰高 $P_1 \leqslant 1.33H_d$),堰面出现危险负压的机会比高堰少得多。所以,当 $P_1 \leqslant 1.33H_d$ 时,取 $H_d=(0.65\sim0.85)H_{max}$;当 $P_1 \geqslant 1.33H_d$ 时,取 $H_d=(0.75\sim0.95)H_{max}$。

2. 实用堰高度选择

堰高对流量系数 m 也有较大的影响，实践证明，低实用堰的流量系数 m 随 P_1/H_d 的减小而减小。在确定 H_d 的前提下，P_1 愈小，则流量系数 m 愈小。当 $P_1/H_d<0.3$ 时，m 值明显降低，为了获得较大流量系数，一般要求 P_1 应大于 $0.3H_d$。对驼峰堰取 $P_1=(0.24\sim0.34)H_d$。P_1/H_d-m 关系见表 5-1。

表 5-1　P_1/H_d-m 关系

项目		P_1/H_d								
		0.1	0.2	0.3	0.4	0.5	0.6	0.7	0.8	0.9
m	克-奥剖面堰	0.426	0.446	0.460	0.469	0.476	0.480	0.483	0.485	0.490
	WES 标准剖面堰	0.422	0.445	0.458	0.467	0.473	0.477	0.480	0.483	0.492

在低堰中，下游堰高 P_2 对流量系数也有影响。当堰顶水头较高、下游堰高不足时，过堰水流将不能保证自由宣泄，从而出现流量系数随着堰顶水头增加而降低的现象。因此，下游堰高 P_2 必须保持一定的高度，一般 $P_2\geq0.6H_d$。

（三）堰长对流量的影响

对于宽顶堰，堰长 L（沿水流方向）对流量影响也很大。当堰长 $L>10H$（H 为堰顶水头）时，则实际过流量将小于按宽顶堰计算的流量。这时的水流状态已不属于宽顶堰流，而是明渠非均匀流，它的沿程能量损失已不能忽略。

三、泄槽段

泄槽的特点是坡陡、流急。槽内的水流特点是高速、紊乱、掺气、惯性大，对边界变化非常敏感。当边墙有转折时，就会产生冲击波，对下游消能产生不利影响；当水流的弗劳德数 $Fr>2$ 时，将会产生波动和掺气现象；若流速超过 15 m/s，可能产生空蚀问题。因此，应注重泄槽的合理布置。

（一）泄槽的平面布置

泄槽在平面上应尽量按直线、等宽和对称布置。当泄槽较长时，为减少开挖且不影响下游消能，可在泄槽的前端设收缩段，末端设扩散段，但必须严格控制。为了适应地形地质条件，减少工程量，泄槽轴线也可设置弯道。

1. 收缩角与扩散角

当泄槽的边墙向内收缩时，将使槽内水流产生陡冲击波。冲击波的波高取决于边墙的偏转角 θ，其值越大，波高则越大。当泄槽的边墙向外扩散时，水流将产生缓冲击波。若扩散角 θ 过大，水流将产生脱离边墙的现象。因此，应严格控制其边墙的收缩角和扩散角。一般不宜大于 6°~8°。设计时，边墙的收缩角和扩散角可按式(5-1)计算：

$$\tan\theta=\frac{1}{KFr}=\frac{\sqrt{gh}}{Kv} \tag{5-1}$$

式中　θ——边墙与泄槽中心线夹角，(°)；

　　K——经验系数，一般取 3.0；

Fr——扩散段或收缩段的首、末断面的平均弗劳德数；

h——扩散段或收缩段的首、末断面的平均水深，m；

v——扩散段或收缩段的首、末断面的平均流速，m/s。

工程经验和试验资料表明，当收缩角和扩散角控制在6°以内时，槽内的水流流态较好，可不进行冲击波验算。对于重要工程，应进行水工模型试验。

2. 弯道设计

如因地形、地质或布置上的需要，泄槽在平面上必须设弯道时，弯道应设置在流速较小、水流平稳、底坡较缓且无变化的部位。弯道设计应满足以下要求：①横断面内流速分布均匀；②冲击波对水流扰动影响小；③在直线段和弯道之间可设置缓和过渡段；④为降低边墙高度和调整水流，宜在弯道和缓和过渡段渠底设置横向坡；⑤弯道半径宜采用6~10倍泄槽宽度，如图5-10所示。

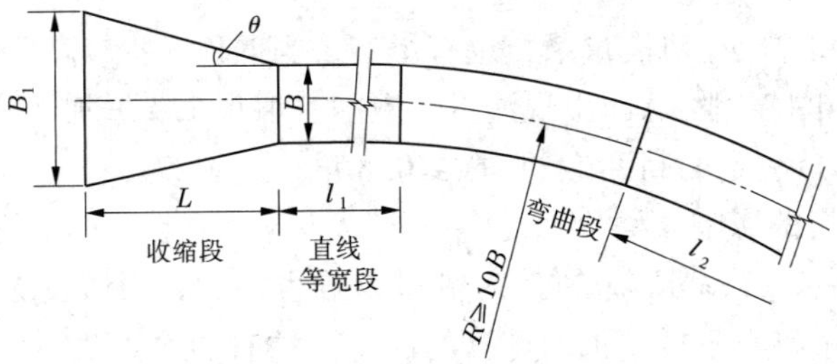

R—轴线转弯半径；B—泄槽底宽。

图5-10　泄槽平面布置图

（二）泄槽的纵剖面布置

泄槽纵剖面设计主要是选择适宜的纵坡。泄槽纵坡以一次坡的水力条件最佳，因此对于长度较短的泄槽，宜采用单一的纵坡。为了保证不在泄槽上产生水跃，纵坡不宜太缓，而太陡的纵坡对泄槽的底板和边墙的自身稳定不利，因此纵坡必须大于水流临界坡。常用纵坡为1%~15%。在坚硬岩石上可以更大，实践中有用到1∶1的。

当泄槽较长时，为了适应地形地质条件，减少开挖量，泄槽沿程可以随地形、地质条件的变化而变坡，但变坡次数不宜过多，且以由缓变陡为好。

当纵坡由缓变陡时，应避免缓坡段末端出射的水流脱离陡坡段始端槽底而产生负压和空蚀的现象。为此，应在变坡处采用与水流轨迹相似的抛物线过渡，如图5-11所示。抛物线方程按式（5-2）确定：

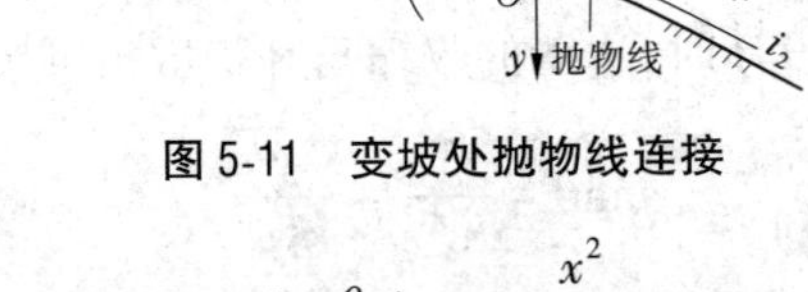

图5-11　变坡处抛物线连接

$$y = x\tan\theta + \frac{x^2}{K(4H_0\cos^2\theta)} \tag{5-2}$$

其中
$$H_0 = h + \frac{v^2}{2g}$$

式中　H_0——抛物线起始断面的比能,m;

h——抛物线起始断面水深,m;

v——抛物线起始断面平均流速,m/s;

θ——变坡处前段坡角,(°);

K——系数,对于重要工程且落差较大者取1.5,其余取1.1~1.3。

当纵坡由陡变缓时,由于槽面体形变化和离心力的作用,流态复杂,压力分布变化大,水流紊动强烈,该处及其后一定范围内容易发生空蚀,应尽量避免。在无法避免的情况下,应在变坡处用半径 R 不小于8~10倍水深的反弧段过渡。

(三)泄槽的横断面布置

泄槽的横断面形状与地质情况有关,在非岩基上,一般做成梯形断面,边坡为1:1~1:2;在岩基上的泄槽多做成矩形或近于矩形的横断面,边坡为1:0.1~1:0.3。泄槽的过水断面通过水力计算确定。

泄槽的边墙或衬护高度应按水流波动及掺气后的水深加安全超高确定,水流波动及掺气后的水深可按式(5-3)估算:

$$h_b = (1 + \frac{\zeta v}{100})h \tag{5-3}$$

式中　h_b、h——计入和不计入波动及掺气的计算断面水深,m;

v——不计入波动及掺气时计算断面上的平均流速,m/s;

ζ——修正系数,一般取1.0~1.4 s/m,当 v>20 m/s 时宜取大值。

泄槽的安全超高可根据工程的规模和重要性决定,一般取0.5~1.5 m。

设置弯道后,弯道处由于离心力和冲击波共同作用产生的横向水面高差 Δz(见图5-12)按式(5-4)计算:

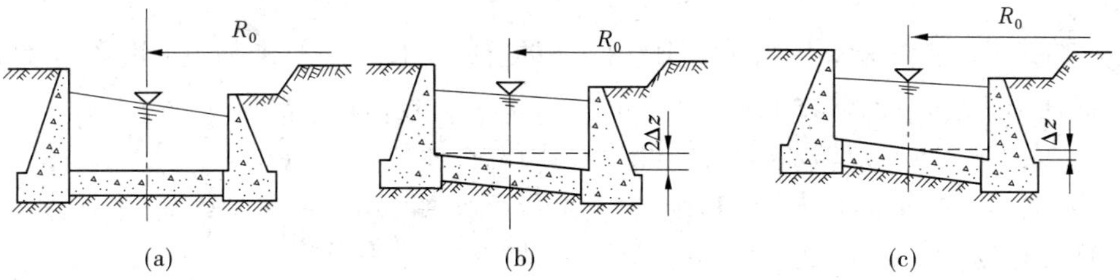

图5-12　弯道横向水面超高

$$\Delta z = K\frac{v^2 B}{gR_0} \tag{5-4}$$

式中　Δz——横向水面高差,m;

K——超高系数,其值可查表5-2;

v——计算断面平均流速,m/s;

B——计算断面水面宽度在水平方向的投影,m;

R_0——弯曲中心轴线对应的半径,m。

为消除弯道冲击的干扰,保持泄槽轴线底部高程和边墙高度,常将内侧渠底高程降低 Δz,外侧抬高 Δz。

表 5-2 不同断面形状泄槽的超高系数 K 值

泄槽断面形状	弯道曲线的几何形状	K 值
矩形	简单圆曲线	1.0
梯形	简单圆曲线	1.0
矩形	带有缓和曲线过渡段的复曲线	0.5
梯形	带有缓和曲线过渡段的复曲线	1.0
矩形	既有缓和曲线的过渡段,槽底又横向倾斜	0.5

(四)泄槽的构造

1. 泄槽的衬砌

为了保护槽基不受冲刷和风化,泄槽一般都要进行衬砌,并且要求衬砌表面平整光滑、止水可靠、排水畅通、坚固耐用。衬砌表面平整光滑可以防止产生负压和空蚀;接缝处的止水可靠,可以防止高速水流钻入缝内将衬砌掀动;底板下的排水设备排水畅通,可以有效地降低扬压力而增加衬砌的稳定性以及使用寿命。

泄槽一般采用混凝土衬砌,流速不大的中小型工程也可以采用水泥砂浆或细石混凝土砌石衬砌,但应适当控制砌体表面的平整度。

衬砌的厚度主要根据工程规模、流速大小和地质条件决定。目前,衬砌厚度的确定尚未形成成熟的计算方法和公式,在工程应用中主要还是采用工程类比法确定,一般取 0.4~0.5 m,不应小于 0.3 m。当单宽流量或流速较大时,衬砌厚度应适当加厚,甚至可达 0.8 m。

为了防止温度变化应力引起的温度裂缝,重要的工程常在衬砌临水面配置适量的钢筋网,纵横布置,每方向的含钢率为 0.1%~0.2%。岩基上的衬砌,在必要的情况下可布置锚筋插入新鲜岩层,以增加衬砌的稳定。锚筋的直径为 25 mm 以上,间距 1.5~3.0 m,插入岩基 1.0~1.5 m。土基上的衬砌,由于土基与衬砌之间基本无黏着力,又不能采用锚筋,为增加衬砌的稳定,可适当增加衬砌厚度或增设上下游齿墙。

2. 衬砌的分缝、止水和排水

为了控制温度裂缝的发生,除配置温度钢筋外,泄槽衬砌还需要在纵、横方向分缝,并与堰体及边墙贯通。岩基上的混凝土衬砌,由于岩基对衬砌的约束力大,分缝的间距不宜太大,一般采用 10~15 m,衬砌较薄时对温度影响较敏感应取小值。衬砌的接缝有搭接、平接和键槽接等多种形式,如图 5-13 所示。垂直于流向的横缝比纵缝要求高,宜采用搭接式,岩基较坚硬且衬砌较厚时也可采用键槽接;纵缝可采用平接的形式。

为防止高速水流通过缝口钻入衬砌底面,将衬砌掀动,所有的伸缩缝都应布置止水,其布置要求与水闸底板基本相同。

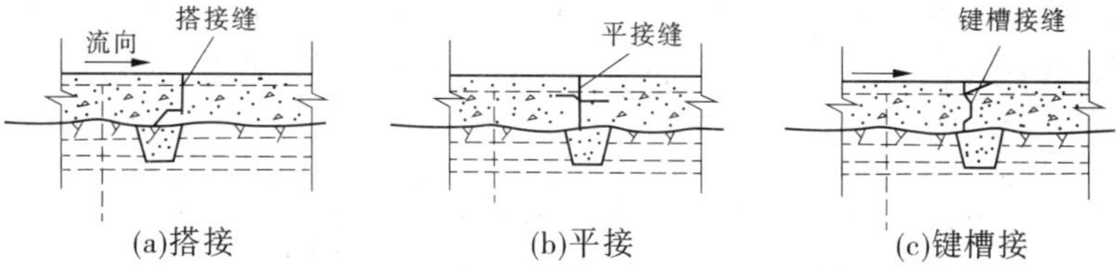

图 5-13　衬砌的接缝形式

衬砌的排水设施,一般在纵、横伸缩缝下面布置,并且纵、横贯通,将渗水汇集到纵向排水管内排往下游。岩基上的横向排水,通常是由在岩基开挖沟槽并回填不易风化的碎石形成。沟槽尺寸一般取 0.3 m×0.3 m,顶面盖上木板或沥青油毛毡,防止浇筑衬砌时砂浆进入而影响排水效果。纵向排水一般在沟内放置透水的混凝土管,直径 10~20 cm,视渗水多少而定。管与横向排水沟的接口不封闭,以便收集横向渗水,管周填上不易风化的碎石。小型工程也可以按横向排水方法布置。施工时,纵、横排水沟应注意开挖成一定的坡度,以保证横向排水汇集的渗水尽快地汇集到纵向排水管,并顺畅地排往下游。

土基或破碎软弱的岩基,常在衬砌底面设置平铺式排水,由厚度 30 cm 的碎石层形成。对于黏性土地基,应先铺一层厚 0.2~0.5 m 的砂砾垫层,再铺碎石,或直接在砂砾垫层中布置透水混凝土管形成排水层。对于细砂地基,则应先铺一层厚 0.2~0.4 m 的粗砂,再做碎石排水层。

泄槽两侧的边墙,其墙顶高程可由泄槽的水面曲线高程并考虑水流波动和掺气高度及安全超高确定。边墙的结构,如基岩良好,可做成衬砌式,其结构与底板衬砌相同,厚度一般不小于 30 cm,并用钢筋与岩坡锚固。边墙本身无须设置纵缝,但多在与边墙接近的底板设置纵缝(见水闸分离式底板布置);横缝应与底板贯通。对于较差的岩基,需将边墙做成重力式挡土墙。此外,边墙同样应做好止水和排水,排水应与底板下面横向排水连通。必须指出的是,泄槽构造(止水、排水等)是防止动水压力和扬压力对衬砌的稳定安全的影响而采取的有力措施,对保证泄槽的安全运用是很重要的,切勿忽视其作用而马虎从事,以致造成工程事故。

四、消能防冲段

溢洪道泄洪,一般是单宽流量大、流速高,能量集中,如果消能设施考虑不当,出槽的高速水流与下游河道的正常水流不能妥善衔接,下游河床和岸坡就会遭受冲刷,甚至会危及河岸溢洪道的安全。

码 5-12　正槽溢洪道泄洪

河岸溢洪道的消能设施一般采用挑流消能或底流消能,有时也可采用其他形式的消能措施。当地形地质条件允许时,优先考虑挑流消能,以节省消能防冲设施的工程投资。

挑能消能一般适用于岩石地基的中、高水头枢纽,消能设施的平面形式有等宽式、扩散式和收缩式(包括窄缝式),挑流鼻坎有连续式、差动式等。采用挑流消能时,应考虑挑射水流的雾化对枢纽其他建筑物运行的影响,有关计算内容和方法与重力坝相关内容类似。

挑流坎的结构形式一般有两种,如图 5-14 所示,图 5-14(a)为重力式,图 5-14(b)为衬砌式,前者适用于较软弱岩基或土基,后者适用于坚实完整岩基。

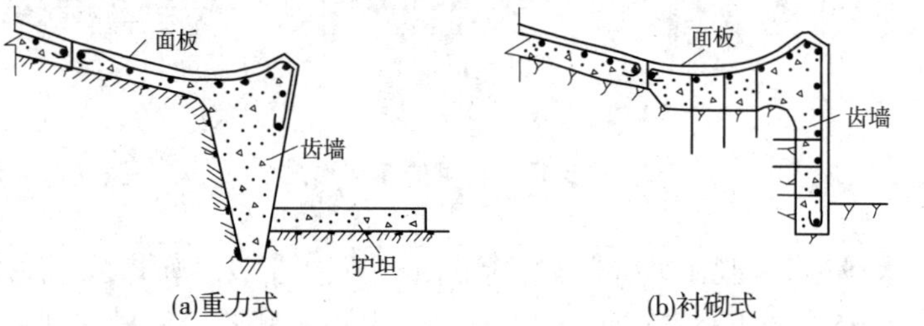

图 5-14　挑流坎的结构形式

挑流坎上还常设置通气孔和排水孔,如图 5-15 所示。通气孔的作用是从边墙顶部孔口向水舌补充空气,以免形成真空影响挑距或造成结构空蚀。坎上排水孔用来排除反弧段积水;坎底排水孔则用来排放地基渗水,降低扬压力。

底流消能适用于土基或软弱岩基,其消能原理和布置与水闸相应内容基本相同。

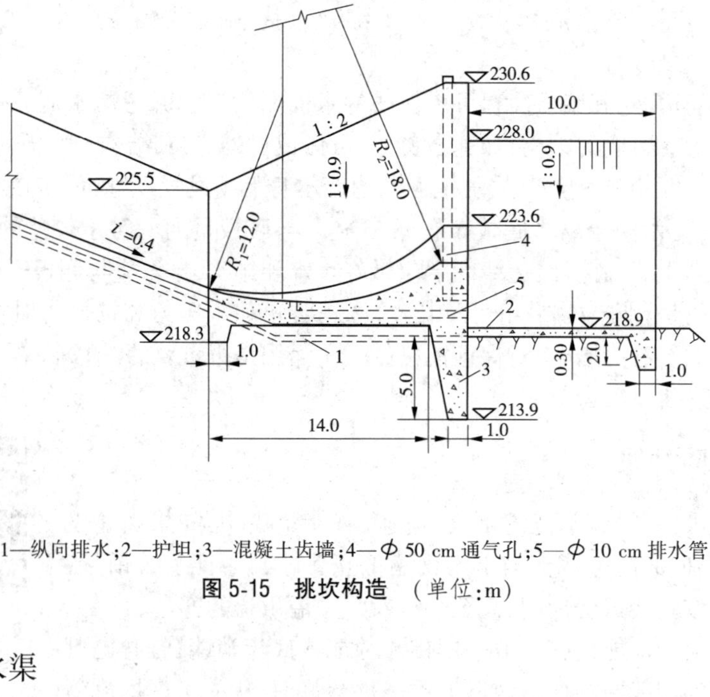

1—纵向排水;2—护坦;3—混凝土齿墙;4—Φ 50 cm 通气孔;5—Φ 10 cm 排水管。

图 5-15　挑坎构造　(单位:m)

五、出水渠

出水渠的作用是使溢洪道下泄的洪水顺畅地流入下游河床。当消能防冲设施直接与河床连接时,可不另设出水渠。此时,必须通过水文计算和洪水调查等方法确定下游河床水位,同时还应考虑建库后可能发生的水位变化。

出水渠的布置优先考虑利用天然沟谷,并采取必要的工程措施,如明挖或布置成小型跌水,以较小的投资保证沟谷受到冲刷或坍塌时不影响泄洪和危及当地民房及其他建筑物的安全。当地形条件良好时，出水渠的底坡应尽量接近于下游原河道的平均底坡，使出流平顺归入原河道。

码 5-13　溢洪闸平面图

码 5-14　溢洪道纵剖面图

六、知识点测试

登录智慧职教 MOOC 学院进行资源学习，并完成本任务知识点测试；或扫描二维码完成本任务知识点测试。

码 5-15　项目五任务二知识点测试

七、技能训练

阅读正槽溢洪道设计资料，分析其设计过程，完成图纸阅读。

任务三　侧槽溢洪道设计

【学习目标】

1. 掌握侧槽溢洪道组成。
2. 掌握侧槽溢洪道各部分的布置及构造。
3. 能分析侧槽溢洪道的过流特点。
4. 树立工程安全意识，严格规范、标准做事。

【思政素材】

码 5-16　国外溢洪道破坏实例

一、侧槽溢洪道的布置特点

侧槽溢洪道一般由溢流堰、侧槽、泄水槽、出口消能和出水渠组成。

侧槽溢洪道与正槽溢洪道相比,主要区别在于溢流堰部分。其布置特点是溢流堰在侧槽的一侧,侧向进流,纵向泄流,溢流堰既是低堰也是侧槽的一边槽壁。其主要优点是溢流堰可大致沿地形等高线布置,并沿河岸向上游延伸,以减少开挖量;主要缺点是进堰水流首先冲向对面的槽壁,再向上翻腾,产生漩涡,逐渐转向再泄向下游,形成一种不规则的复杂流态,与下游水面的衔接难以控制,给侧槽的布置造成困难。侧槽溢洪道一般适用于坝肩山头较高,岸坡较陡,不利于布置正槽溢洪道且泄流量相对较小的情况。

由于岸坡较陡,侧槽的横断面宜按窄深式布置。这样,有利于增加槽内水深,稳定流态。在陡峭的山坡上,窄深断面要比宽浅断面节省开挖量。以图 5-16 为例,如窄深断面过水面积为 ω_1,宽浅断面过水面积为 ω_2,当 $\omega_1=\omega_2$ 时,窄深断面可节省开挖面积 ω_3。侧槽溢洪道的溢流堰可采用实用堰、宽顶堰和梯形堰,但实用堰采用较多。

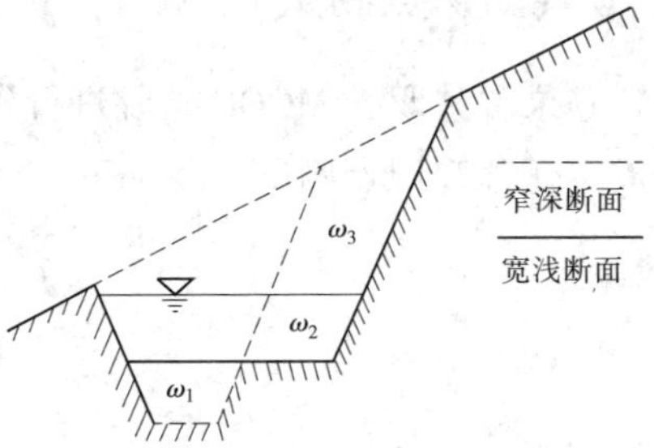

图 5-16　侧槽挖方量比较图

二、侧槽尺寸设计

侧槽设计的要求是满足泄洪条件、保持槽内流态良好、造价低廉和施工管理方便,设计的任务是确定侧槽的槽长(堰长)、断面形式、起始断面高程、槽底纵坡和断面宽度,有关尺寸参数如图 5-17 所示。

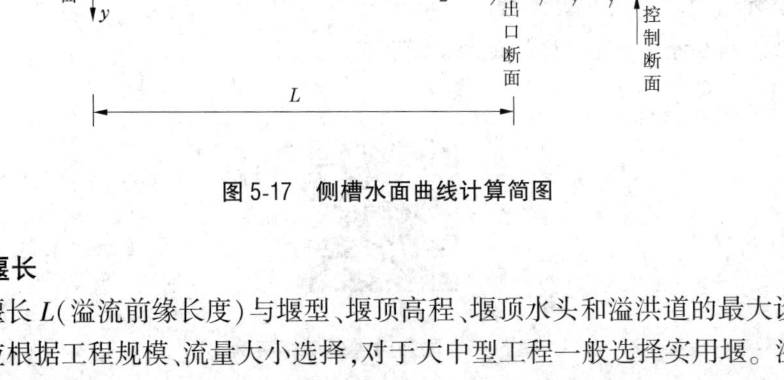

图 5-17　侧槽水面曲线计算简图

(一)堰长

侧槽堰长 L(溢流前缘长度)与堰型、堰顶高程、堰顶水头和溢洪道的最大设计流量有关。堰型应根据工程规模、流量大小选择,对于大中型工程一般选择实用堰。溢流堰长度可按式(5-5)计算:

$$L = \frac{Q}{m\sqrt{2g}H^{\frac{3}{2}}} \tag{5-5}$$

式中　Q——溢洪道的最大泄流量，m^3/s；

H——堰顶水头，m，行近流速水头可忽略不计；

m——流量系数，与堰型有关。

（二）槽底纵坡

侧槽应有适宜的纵坡以满足泄洪要求。由于水流经过溢流堰泄入侧槽时，水冲向对面槽壁，水的大部分能量消耗于水体间掺混撞击，对沿侧槽方向的流动并无帮助，完全依靠重力作用向下游流动，因此槽底必须要有一定的坡度。当槽底纵坡 i_0 较陡时，槽内水流为急流，水流不能充分掺混消能，并且槽中水深很不均匀，最大水深可高于平均水深的5%~20%。因此，槽底纵坡应取单一纵坡，且小于槽末断面水流的临界坡。当槽底纵坡 i_0 较缓时，槽内水流为缓流，水流流态平衡均匀，并可较好地掺混消能。初步拟定时，一般采用槽底纵坡为0.01~0.05。

（三）侧槽横断面底宽

为了适应流量沿程不断增加的特点，侧槽横断面底宽应沿侧槽轴向自上而下逐渐加大。首先，根据地形地质条件通过工程类比法初选若干起始断面底宽 b_0 并经过经济比较确定。采用机械施工时，应满足施工最小宽度要求。侧槽末端断面底宽 b_L，可按比值 b_0/b_L 确定。一般来说，b_0/b_L 值愈小，侧槽开挖量愈省。但是，b_0/b_L 过小时，由于槽底需要开挖较深，将增加紧接侧槽末端水流调整段的开挖量。因此，合理的 b_0/b_L 值应根据槽址的地形地貌条件通过比较确定。通常的 b_0/b_L 值宜采用0.25~0.65，即 $b_L=(1.5\sim4.0)b_0$。

（四）侧槽横向边坡系数

侧槽横向边坡系数（见图5-18）取值合理与否，不仅与入流条件有关，还与开挖工程量有关。靠岸一侧的边坡系数，在满足水流条件和边坡稳定的前提下，以较陡为宜，一般采用 $m_1=0.3\sim0.5$；靠溢流堰一侧，溢流曲线以下的直线段坡度，一般可采用 $m_2=0.5$ 左右。

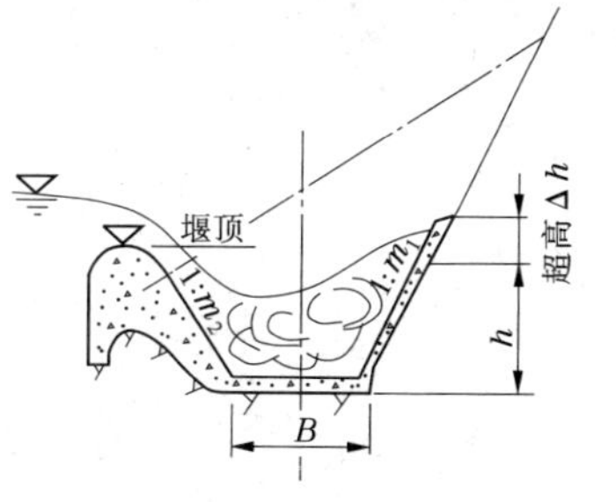

图5-18　侧槽内流态示意

（五）侧槽始端槽底高程与末端水深

侧槽的槽底高程，以满足溢流堰为非淹没出流和减少开挖量作为控制条件。由于侧槽沿程水面为一降落曲线，因此确定槽底高程的关键所在是首先确定侧槽起始断面的水面高程，并由该水面高程减去断面水深求得该处的槽底高程。试验研究结果表明，当起始断面附近有一定的淹没时，仍不至于对整个溢流堰的过堰流量有较大的影响，此时可认为溢流堰沿程出流属于非淹没出流。为节省开挖量，适当提高渠底高程，常取侧槽起始断面水位高出堰顶高程 $h_s=0.5H$，据此确定槽底高程。

侧槽水面曲线的推算，首先必须确定控制断面水深 h_L，控制断面一般选用侧槽末端断面（若设水平调整段，则以调整段末端为控制断面），由该断面的临界水深 h_k 计算侧槽末端断面水深 h_L。为减少侧槽开挖量，应使侧槽末端断面水深 h_L 尽量接近经济断面水深。

为保证侧槽末端实际水深与理论水深 h_L 一致，常需在侧槽末端设置一水平调整段与泄槽连接，并在调整段末端设置控制断面。调整段的长度以不小于 $(2\sim3)h_k$ 为宜；控制断面则用抬高泄槽起始断面高程（形成低坎）构成，使水流在该断面形成临界流，该断面的水深即为临界水深 h_k，h_k 可由水力学公式计算。

码 5-17　侧槽溢洪道泄水

三、知识点测试

登录智慧职教 MOOC 学院进行资源学习，并完成本任务知识点测试；或扫描二维码完成本任务知识点测试。

码 5-18　项目五任务三知识点测试

四、技能训练

查阅侧槽溢洪道设计案例，分析其适用情况。

项目六

橡胶坝

任务一　认识橡胶坝

【学习目标】

1. 掌握橡胶坝的特点。
2. 掌握橡胶坝的组成和作用。
3. 树立生态水利意识,加强环境保护。

橡胶坝是用胶布按设计要求的尺寸,锚固于底板上呈封闭状的坝袋,通过连接坝袋和充胀介质的管道及控制设备,用水(气)将其充胀形成的袋式挡水坝(见图 6-1)。

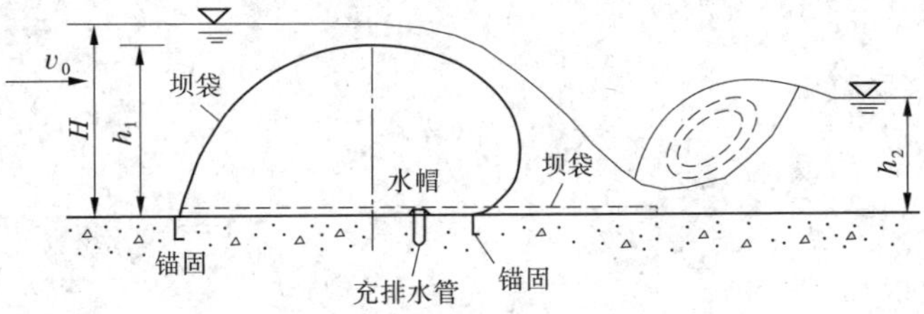

图 6-1　橡胶坝示意图

橡胶坝可升可降,既可充坝挡水,又可坍坝过流;坝高调节自如,溢流水深可控;起闸门、滚水坝和活动坝的作用,其运用条件与水闸相似,用于防洪、灌溉、发电、供水、航运、挡潮、地下水回灌以及城市园林美化等工程中(见图 6-2)。

码 6-1　橡胶坝的作用和特点

一、橡胶坝的特点

橡胶坝在其适用范围内,与其他同规模常规结构的闸坝相比,具有结构简单、节省材料、造价低、工期短、自重轻、抗震性能好、跨度大、不阻水、止水效果好、新颖美观、管理方便、运行费用低等优点。

橡胶坝也存在一定的缺点,主要表现在坝袋坚固性较差、坝袋易老化、使用寿命较短和坝高受限制等方面。

二、橡胶坝的组成

码 6-2　橡胶坝的分类与组成

橡胶坝工程按结构组成可划分为三部分(见图 6-3):①基础土建部分,包括基础底板、边墩(岸墙)、中墩(多跨式)、上下游翼墙、上下游护坡、上游防渗铺盖或截渗墙、下游消力池、海漫等;②挡水坝体,即橡胶坝坝袋;③控制和安全观测系统,包括充胀和坍落坝体的充排设备、安全及检测装置等。

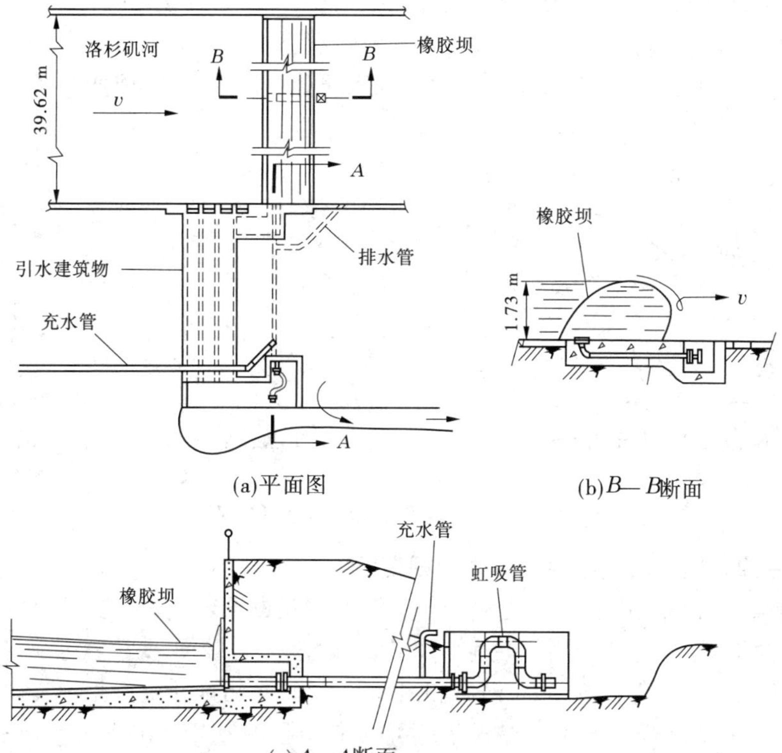

(a)平面图　　(b)B—B断面

(c)A—A断面

图 6-2　美国洛杉矶橡胶坝

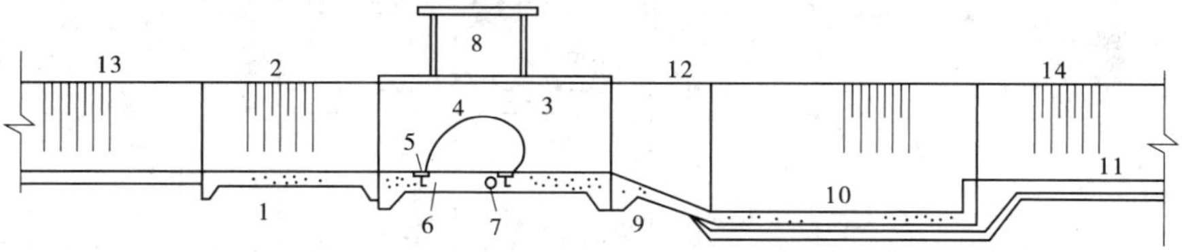

1—铺盖;2—上游翼墙;3—岸墙;4—坝袋;5—锚固;6—基础底板;7—充排管路;8—控制室;9—斜坡段;10—消力池;11—海漫;12—下游翼墙;13—上游护坡;14—下游护坡。

图 6-3　橡胶坝工程各部分名称

三、橡胶坝枢纽布置

码 6-3　橡胶坝组成视频

橡胶坝枢纽是以橡胶坝为主体的水利枢纽,一般由橡胶坝、引水闸、泄洪闸、冲沙闸、水电站、船闸等组成,具有防洪、灌溉、发电、供水、航运、挡潮、地下水回灌以及城市园林美化等多种功能。

(一)橡胶坝用作水库溢洪道上的闸门或活动溢流堰

建在溢流堰或溢洪道上的橡胶坝(见图 6-4),过坝水体直泄而下,其后紧接消能设施,坝袋不宜发生振动,故建在溢洪道上的橡胶坝运用状况应是最好的。对呈曲面形的溢流堰,应采用充气式橡胶坝。严禁在呈曲面的溢流堰顶上布置充水式橡胶坝,严禁在平顶宽顶堰的水平宽度不满足坝袋坍平宽度要求的情况下布置充水式橡胶坝。这是因为,当充水式橡胶坝坍坝时,在上游水压力和坝袋内水的自重作用下,坝袋被推到下游侧曲面上或平顶宽顶堰的水平段以外,坝袋内的水将很难排尽。

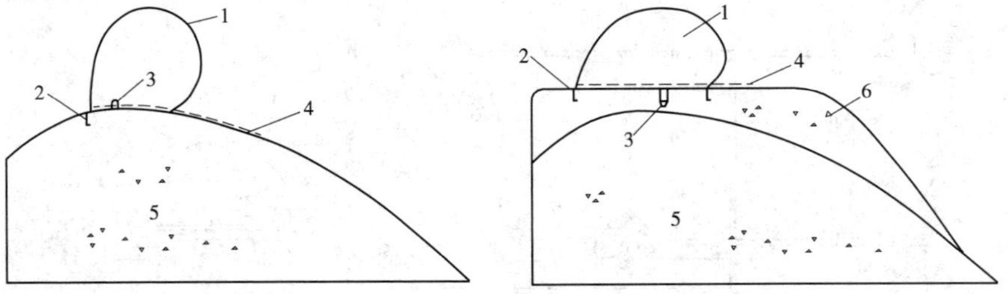

(a)溢流堰顶上充气式橡胶坝布置　　(b)溢流堰顶上充水式橡胶坝布置

1—坝袋;2—锚固;3—充排管路;4—坍坝长度;5—溢流堰;6—溢流堰顶加建部分。

图 6-4　溢流堰顶上橡胶坝工程布置图

(二)平原地区河流或渠道上的橡胶坝枢纽

平原地区河流或渠道的特点是水流比较平稳,河道断面较宽,宜建橡胶坝枢纽,它能充分发挥橡胶坝跨度大、过水阻力小的优点。平原河道上建橡胶坝,要注意过坝水流与下游水深的关系,认真布置消能设施,防止河床和河岸的冲刷,尽可能避免产生坝袋振动磨损。橡胶坝一般采用底流水跃消能,特殊情况下也可以采用延长护坦等消能形式(见图 6-5)。

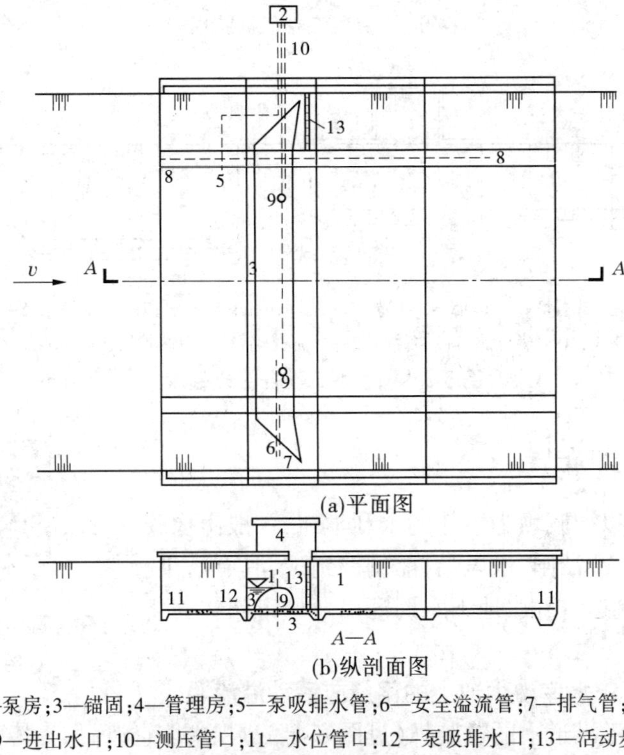

(a)平面图

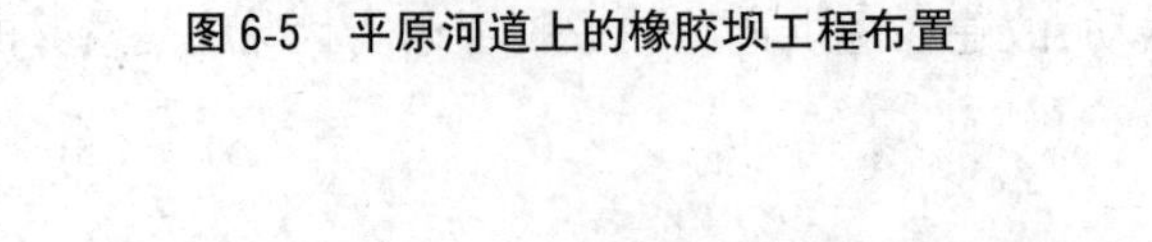

(b)纵剖面图

1—坝袋;2—泵房;3—锚固;4—管理房;5—泵吸排水管;6—安全溢流管;7—排气管;8—水位观测管;9—进出水口;10—测压管口;11—水位管口;12—泵吸排水口;13—活动步梯。

图 6-5　平原河道上的橡胶坝工程布置

例如，临沂市小埠东拦河橡胶坝枢纽工程，坝高 3. 5 m、坝长 1 135. 0 m，采用“闸坝结合、对称布置”的枢纽总体布置方案，以 16 跨橡胶坝为主体，对称布置有调节闸、桥头堡、泵站等单元工程，以便于冲沙、调洪、控制和运用，其枢纽布置见图 6-6。

码 6-4　小埠东橡胶坝(一)

(三)山区河道上的橡胶坝枢纽

山区河道的特点是坡陡流急，不仅河床坡降较大，来水猛且不平顺，水流中还含有大量推移质，橡胶坝工作条件恶劣，当坝顶溢流时极易引起坝袋振动，特别是水流中挟带的粒径粗大的推移质更易磨损坝袋。在布置橡胶坝的消能防冲设施时，可将坝底板与消力池设置成 1∶2～1∶4的斜坡式连接，以避免过坝砂石被卷入坝袋底部，磨损坝袋。在山区河道上布置橡胶坝要特别慎重，应进行充分的调查研究，必要时进行可行性论证。

码 6-5　橡胶坝设计案例

码 6-6　橡胶坝纵剖面图

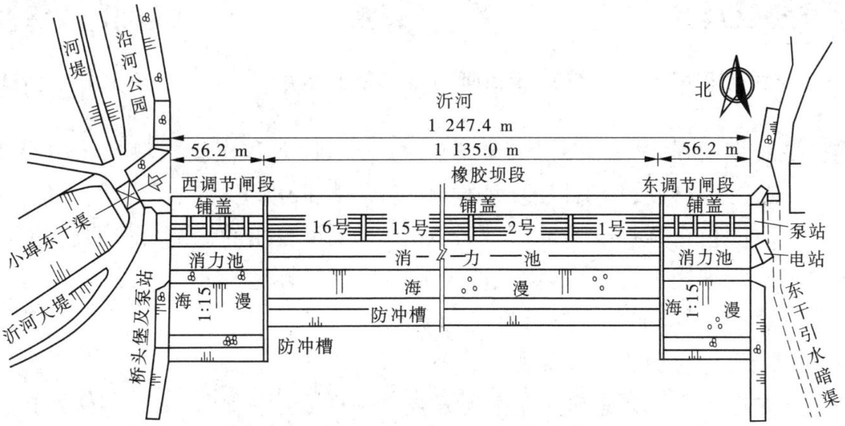

图 6-6　临沂市小埠东拦河橡胶坝枢纽平面布置示意图

四、知识点测试

登录智慧职教 MOOC 学院进行资源学习，并完成本任务知识点测试；或扫描二维码完成本任务知识点测试。

码 6-7　项目六任务一知识点测试

五、技能训练

实地考察当地橡胶坝,探索橡胶坝的效益,思考在使用过程中容易产生哪些方面的破坏。

任务二　坝袋设计

【学习目标】

1. 掌握橡胶坝的坝型选择。
2. 熟悉橡胶坝坝袋胶布构造。
3. 掌握橡胶坝坝袋的设计参数确定。
4. 树立水利人的责任感和使命感。

【思政素材】

码 6-8　潮白河漫游　　码 6-9　面对面:王家坝第十六次泄洪　　码 6-10　橡胶坝

坝袋是橡胶坝工程的主体性挡水建筑物,坝袋用骨架和橡胶材料的选用及其胶布的构造设计,不仅关系着橡胶坝工程的使用寿命,也与橡胶坝工程的安全运行息息相关。因此,进行坝袋设计时,在选择合适的坝型后,还要对坝袋胶布的构造提出明确的要求,按技术经济的原则确定坝袋设计参数,优先选用成熟可靠且耐老化的骨架和橡胶材料及其胶布加工方式,按坝袋标准的要求进行检验与验收。

橡胶坝坝袋设计应遵循下列原则:

(1)橡胶坝的充胀介质是选择充水还是充气,应按运用要求、工作条件经技术经济比较后确定。

(2)坝体布置可采用单跨式或多跨式。

(3)坝袋设计内外压比 α 值的选用应经技术经济比较后确定。充水式橡胶坝内外压比值宜选用 1.25~1.60;充气式橡胶坝内外压比值宜选用 0.75~1.10。

(4)坝袋强度设计安全系数充水式橡胶坝应不小于 6.0,充气式橡胶坝应不小于 8.0。

(5)坝袋袋壁承受的径向拉力应根据薄膜理论按平面问题计算,并在此基础上进行坝袋袋壁强度、坝袋横断面形状和尺寸及坝体充胀容积等计算。

(6)坝袋胶布除必须满足强度要求外,还应具有耐老化、耐腐蚀、耐磨损、抗冲击、抗屈挠、耐水、耐寒等性能。

一、坝型选择

(一)坝袋结构形式

诸多类型的橡胶坝,可以从不同的角度来对其进行划分。

(1)按坝袋内充胀介质的不同来划分,橡胶坝可划分为充水式橡胶坝、充气式橡胶坝(见图6-7)和水气混合式橡胶坝(见图6-8)。充水式橡胶坝是完全用水来充胀坝袋,充气式橡胶坝则是完全用空气来充胀坝袋。水气混合式橡胶坝的坝袋内部分充水,部分充气。

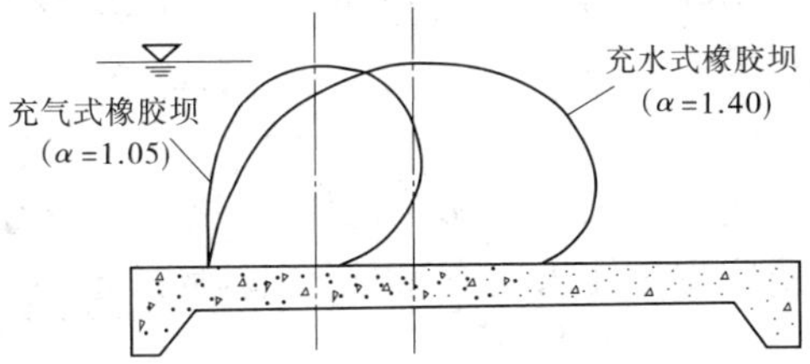

图6-7　充水(气)式橡胶坝

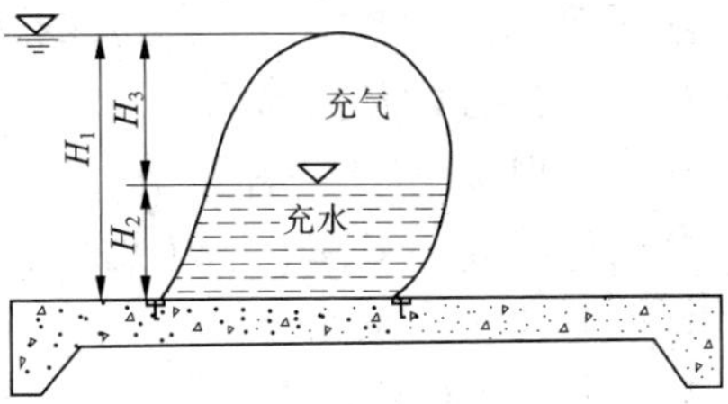

图6-8　水气混合式橡胶坝

(2)按锚固坝袋的方式不同来划分,橡胶坝可分为单锚固和双锚固。单锚固是仅在坝底板的上游侧布置一条锚固线用来将坝袋锚紧,而双锚固则是沿充胀的坝袋在底板上贴地宽度的上下游边缘处各布置一条锚固线用来锚紧坝袋。

(3)按采用坝袋数量的多少来划分,橡胶坝可分为单袋式和多袋式。单袋式是只安装一个坝袋来挡水,这是最常用的方式。多袋式是将两个以上的坝袋叠加起来,以达到所需的挡水高度。

(二)充水式与充气式橡胶坝的选择

坝袋按充胀介质可分为充水式、充气式,工程中应按运用要求、工作条件经技术经济比较后确定。充水式橡胶坝在坝顶溢流时袋形比较稳定,振动小,过水均匀,对下游河床冲刷较小。由于气体具有较大的压缩性,充气式橡胶坝在坝顶溢流时,会出现凹口现象,造成水流集中,对下游河道冲刷较强。在有冰冻的地区,充气式橡胶坝内的介质没有冰冻问题;充水式橡胶坝不具备这一优点。充气式橡胶坝气密性要求高;充水式橡胶坝这方面的要求相对低一些。充气式橡胶坝比充水式橡胶坝工程投资小。工程中在确定方案时应根据运用要求和工作条件,考虑上面的优缺点来进行坝型选择。

二、坝袋胶布构造

(一)坝袋胶布结构

坝袋胶布由帆布和橡胶加工硫化而成,帆布是橡胶坝坝袋用胶布的骨架,橡胶是保护并连接各层帆布并与其共同承载。坝袋胶布应达到强度高、耐老化、耐腐蚀、耐磨损、抗冲击、抗屈挠、耐水、耐寒等性能要求,满足使用目的。

将合成纤维(或其他材质织物)按一定的编织结构进行编织,织成坝袋用的帆布,在帆布上浸胶、贴胶、硫化,使帆布与橡胶黏合在一起,就可以做成单层或多层的坝袋用胶布。橡胶层通常分为外层、夹层和内层(见图6-9)。

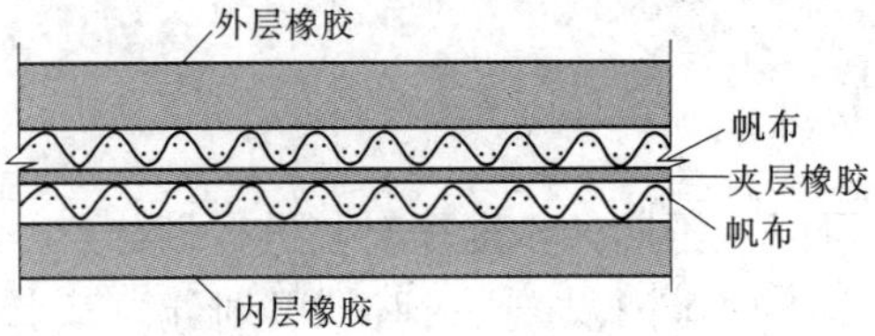

图 6-9　帆布构造示意图

橡胶坝坝袋用帆布是由锦纶丝束按方平结构编织的，此种织物也称网眼布，橡胶易于渗入其间起“钉子”效用，它与橡胶的黏合性能很好。

(二)坝袋技术参数选择

在进行坝袋设计时，首先是要选择坝袋的设计内外压比 α 和坝袋强度设计安全系数。这两个参数互相联系、相互制约，其值的选取应经技术经济和安全比较后确定。

1. 坝袋设计内外压比

坝袋设计内外压比定义为 $\alpha=H_0/H_1$，其中 H_0 为坝袋内压水头，H_1 为设计坝高。当 H_1 为定值时，α 值越大，坝袋外形越挺拔，所需坝袋胶布周长和坝袋容积越小；另外，由于坝袋贴地长度短，充胀容积小，所需基础底板和充排设备的造价可能降低。α 值越大，坝袋胶布拉力也越大，随之坝袋造价就越高。

根据调查，充水式橡胶坝采用的设计内外压比最低为 1.25，规范推荐的选取范围为 1.3~1.6。充气式橡胶坝的内外压比选取的范围为 0.75~1.10（见图 6-10 和图 6-11 中的灰影区部分）。

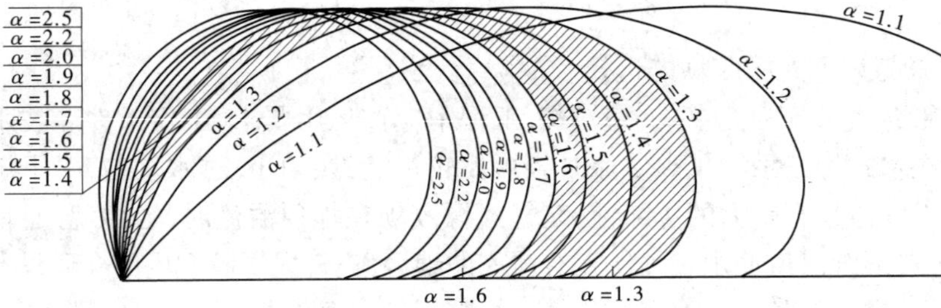

图 6-10　不同内外压比时充水式坝袋外形图

2. 坝袋强度设计安全系数

坝袋强度设计安全系数定义为坝袋抗拉强度与坝袋设计计算强度之比，这是一种不论建筑物等级而采用的单一安全系数法。《橡胶坝工程技术规范》(GB/T 50979—2014)规定：充水式坝袋的强度设计安全系数不应小于 6.0，充气式坝袋的强度设计安全系数不应小于 8.0。

在确定坝袋强度设计安全系数时还应考虑下列因素：坝袋材料加工制成胶布时强度损失一般达 15%~25%，并且材料强度存在不均匀性；坝袋在使用过程中因老化等所造成的强度损失，以及工程规模和重要性等。

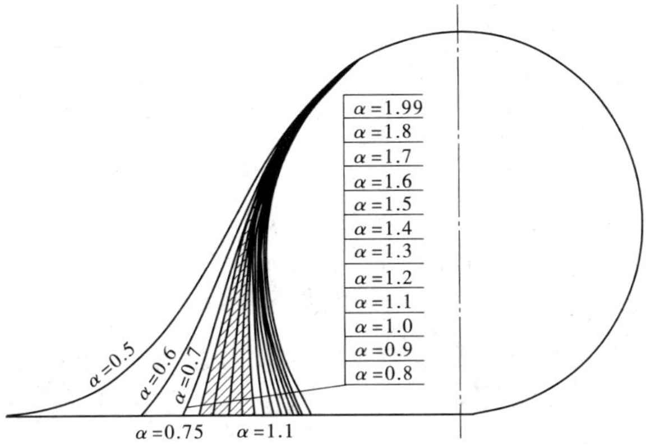

图 6-11　不同内外压比时充气式坝袋外形图

三、坝袋设计参数计算

坝袋设计包括坝袋袋壁拉力、坝袋周长、坝袋贴地长度和坝袋充胀容积等参数的设计计算。

(一)坝袋计算的基本公式

1. 基本假设

橡胶坝坝袋充胀挡水时,由于自身的薄膜结构因素, 在受到动水压力、风力、波浪压力等的作用下,引起坝袋变形,有时还会受到坝袋产生振动时的动水压力作用等,在进行坝袋理论计算的数学推导过程中不可能将这些因素一一考虑在内,必须进行简化。

(1)平面问题假设。将坝袋的计算假定为只进行坝袋横断面情况下的计算,即可从坝袋上取单位长度的环作为计算单元。此时,忽略坝袋沿纵向的变形问题。

(2)薄膜内力假设。假定坝袋仅承受拉力作用,且沿环向各点拉力相等。忽略坝袋袋壁受拉时产生的弯矩和剪力,以及坝袋壁厚及其自重。

(3)作用力假设。忽略各种动力因素对坝袋的影响,认为坝袋仅承受静水压力作用。

2. 充水式坝袋的设计计算

橡胶坝在运用过程中,常出现 5 种计算工况(见图 6-12)。工况 a 仅在坝袋安装后或检修试水时才出现;工况 b 和工况 c 在运用中经常出现;工况 d 和工况 e 在坝顶泄流时出现。

以工况 b 为例介绍充水式坝袋的设计,此时计算工况应为上游水深等于坝高,下游无水,见图 6-13。

码 6-11　坝袋及锚固设计

坝袋各项设计参数可通过数解法按下列公式计算。

(1)坝袋径向计算强度:

$$T = \frac{1}{2}\gamma(\alpha - \frac{1}{2})H_1^2 \tag{6-1}$$

式中　T——坝袋径向计算强度,kN/m;

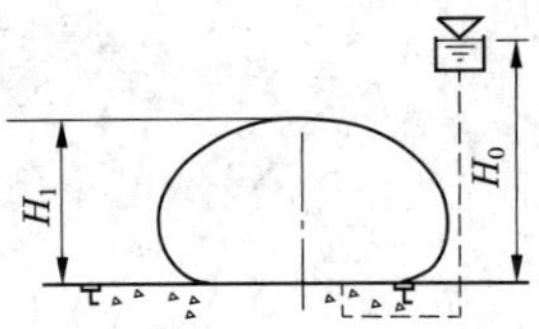

(a)工况a

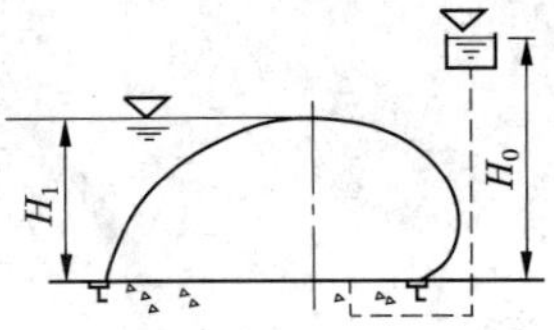

(b)工况b

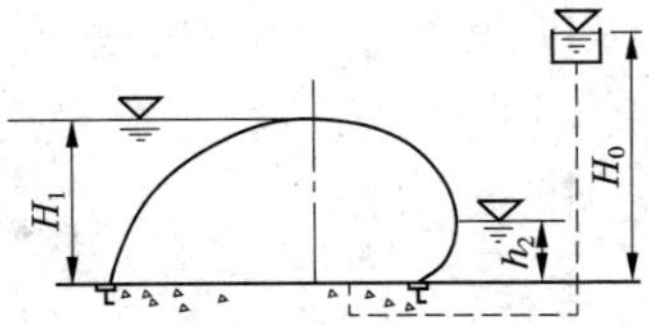

(c)工况c

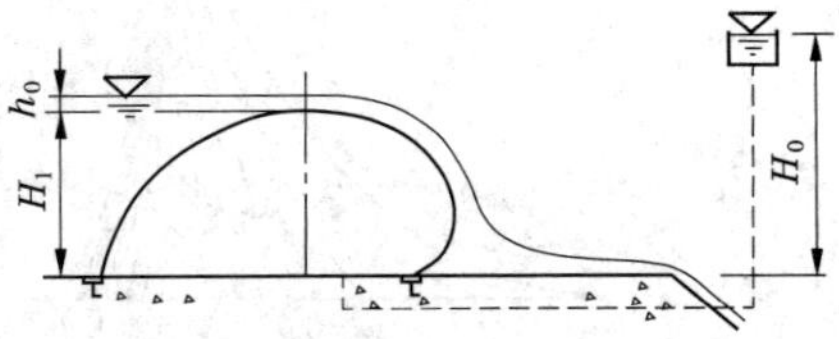

(d)工况d

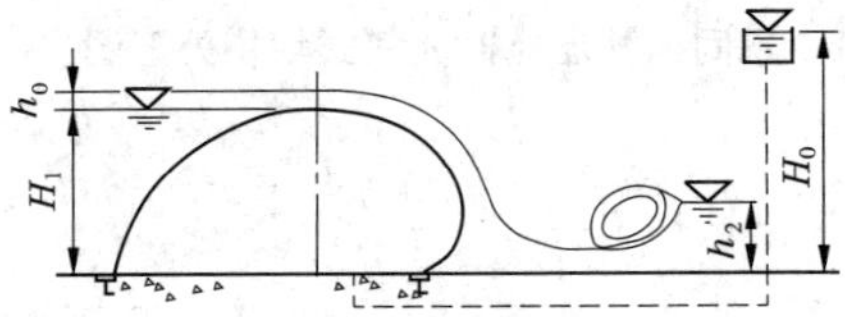

(e)工况e

H_1—设计坝高；h_0—溢流水深；H_0—坝袋内压水头；h_2—下游水深。

图 6-12　坝袋设计计算常见运行工况

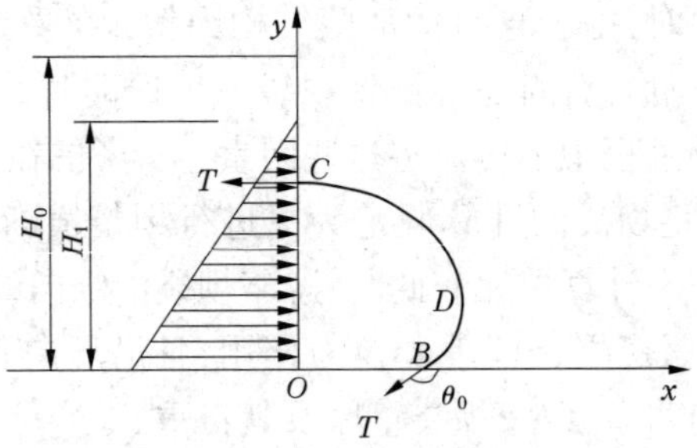

图 6-13　坝袋内力图

γ——水的重度，kN/m^3；

α——内外压比，$\alpha = H_0/H_1$，H_0 为内压水头，m；

H_1——设计坝高，m。

(2)可将充胀后的坝袋轮廓分成四个部分：上游坝面曲线段长度 S_1，下游坝面曲线段长度 S，上游贴地段长度 n，下游贴地段长度 X_0(见图 6-14)。

①采用单锚线锚固坝袋的有效周长(不包括锚固长度)为

$$L_0 = S_1 + S + n + X_0 \tag{6-2}$$

②采用双锚线锚固坝袋的有效周长(不包括锚固长度)为

$$L_1 = S_1 + S \tag{6-3}$$

③采用双锚线锚固的底垫片有效长度(不包括锚固长度)为

$$l_0 = n + X_0 \tag{6-4}$$

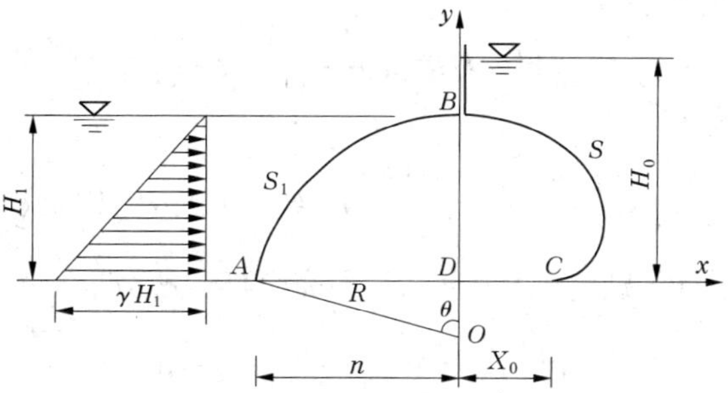

图 6-14　充水式橡胶坝示意图

坝袋各部分 n、S_1、S 与 X_0 的计算公式如下

$$n = \frac{1}{\sqrt{2(\alpha - 1)}} H_1 \tag{6-5}$$

$$S_1 = R\theta \tag{6-6}$$

当 $\alpha \leqslant 1.5$ 时

$$\theta = \arcsin \frac{n}{R} \tag{6-7}$$

当 $\alpha > 1.5$ 时

$$\theta = \pi - \arcsin \frac{n}{R} \tag{6-8}$$

$$S = (1 - \frac{1}{2\alpha}) H_1 F(k, \frac{\pi}{2}) \tag{6-9}$$

$$X_0 = (\alpha - 1 + \frac{1}{2\alpha}) H_1 F(k, \frac{\pi}{2}) - \alpha H_1 E(k, \frac{\pi}{2}) \tag{6-10}$$

上游坝面曲线段半径 R 的计算式为

$$R = \frac{2\alpha - 1}{4(\alpha - 1)} H_1 \tag{6-11}$$

$$F(k, \frac{\pi}{2}) = \int_0^{\frac{\pi}{2}} \frac{1}{\sqrt{1 - k^2 \sin^2 \varphi}} d\varphi \tag{6-12}$$

$$E(k, \frac{\pi}{2}) = \int_0^{\frac{\pi}{2}} \sqrt{1 - k^2 \sin^2 \varphi}\, d\varphi \tag{6-13}$$

$$k^2 = \frac{2\alpha - 1}{\alpha^2} \tag{6-14}$$

其中，$F(k, \frac{\pi}{2})$、$E(k, \frac{\pi}{2})$ 分别为第一、第二类完全椭圆积分。

(3)坝袋单宽容积 V(m^3)：

$$V = \frac{1}{2} R^2 \theta - \frac{1}{2} n(R - H_1) + \alpha H_1 X_0 \tag{6-15}$$

(4)坝袋横断面曲线坐标。坐标选取见图 6-14。

上游坝面曲线段坐标：

$$X = -\sqrt{Y^2 + 2R(R - H_1) - 2RH_1 + H_1^2} \tag{6-16}$$

下游坝面曲线段坐标：

$$X = X_0 - \left(\alpha - 1 + \frac{1}{2\alpha}\right) H_1 F(k,\varphi_1) + \alpha H_1 E(k,\varphi_1) \tag{6-17}$$

其中，$F(k,\varphi_1)$、$E(k,\varphi_1)$分别为第一、第二类不完全椭圆积分。

$$F(k,\varphi_1) = \int_0^{\varphi_1} \frac{1}{\sqrt{1 - k^2 \sin^2\varphi}} \mathrm{d}\varphi \tag{6-18}$$

$$E(k,\varphi_1) = \int_0^{\varphi_1} \sqrt{1 - k^2 \sin^2\varphi}\, \mathrm{d}\varphi \tag{6-19}$$

$$\varphi_1 = \arcsin \sqrt{\frac{2\alpha \dfrac{Y}{H_1} - \dfrac{Y^2}{H_1}}{2\alpha - 1}} \tag{6-20}$$

坝袋各项设计参数也可通过查表进行计算。

充气式坝袋的设计可参考《橡胶坝工程技术规范》(GB/T 50979—2014)相应内容。

(二)坝袋用骨架材料选用

骨架材料是橡胶坝坝袋承载的主体，起着保持坝袋尺寸稳定性的作用。骨架材料性能的优劣与橡胶坝的安全稳定运行和使用寿命息息相关。坝袋骨架材料是用纤维制造而成的帆布，纤维本身的特性决定了帆布的性能。纤维按原料不同可分为天然纤维和化学纤维。

天然纤维主要指植物、动物及矿物纤维，如棉、麻、蚕丝、羊毛、石棉等。实践证明，天然纤维不适合作为橡胶坝坝袋的骨架材料。

化学纤维是指用天然的或人工合成的高分子聚合物经化学处理与纺织而成的纤维。化学纤维主要分为人造纤维和合成纤维两大类。人造纤维主要有人造丝、人造棉等。合成纤维可分为聚酰胺纤维(锦纶或尼龙)、聚酯纤维(腈纶)、聚丙烯腈纤维(涤纶)、聚丙烯纤维(丙纶)、聚乙烯醇纤维(维纶)、芳香族聚酰胺纤维(芳纶)等。这些合成纤维性能优异，原料来源丰富，应用广泛，适宜作为橡胶坝坝袋的骨架材料。

(三)坝袋用橡胶坝材料选用

橡胶坝坝袋用橡胶要求选用的胶料应耐大气老化、耐腐蚀、耐磨损、耐水性好，强度满足使用要求。

依据坝袋用橡胶的性能要求，可满足橡胶坝基本要求的橡胶主要有天然橡胶、氯丁橡胶、乙丙橡胶、丁苯橡胶和绿黄化聚乙烯等。氯丁橡胶综合性能好，具有良好的物理机械性能，拉伸强度与天然橡胶相似，耐光、耐热、耐老化、耐油及耐化学品腐蚀性均优于天然橡胶，尤其耐臭氧老化性、耐气候、耐燃性更突出，其主要不足是耐寒性差、容易早期硫化及贮存期短。实践证明，以聚氯乙烯为主体的坝袋胶料配方属较好选择。

四、知识点测试

登录智慧职教 MOOC 学院进行资源学习，并完成本任务知识点测试；或扫描二维码完成本任务知识点测试。

码 6-12　项目六任务二知识点测试

五、技能训练

阅读橡胶坝设计资料，分析充水橡胶坝坝袋内外压比选择的因素。

码 6-13　橡胶坝坝袋设计案例阅读

任务三　锚固系统设计

【学习目标】

1. 掌握橡胶坝坝袋锚固的形式。
2. 了解橡胶坝锚固线。
3. 能正确分析坝袋锚固形式的适用情况。
4. 树立工程质量、安全意识。

【思政素材】

码 6-14　橡胶坝坝袋及安装

码 6-15　小埠东橡胶坝(二)

橡胶坝的锚固是用锚固构件将坝袋胶布沿其周边安装固定在坝底板和岸墙(中墩)上，以构成一个密封的袋体。锚固是橡胶坝坝袋能否稳定起到挡水作用的关键部分。坝袋承受的水压力等荷载通过锚固系统传递给坝底板，故锚固构件必须满足设计的强度和耐久性，以达到牢固可靠和严密不透水(气)的要求，保证橡胶坝持久安全运用。

锚固系统设计的内容主要包括锚固结构形式选择，螺栓压板、楔块挤压和胶囊充水式锚固设计，锚固线的布置。

一、锚固结构形式

橡胶坝的锚固结构形式按所采用的锚固构件材料不同，可分为螺栓压板式锚固、楔块挤压式锚固和胶囊充水式锚固三种，应根据工程规模、加工条件、耐久性、施工、维修等条件，经过综合经济比较后选用。

（一）螺栓压板式锚固

螺栓压板式锚固靠地埋螺栓和钢构件（或铸铁构件、钢筋混凝土构件等）将坝袋胶布压紧。我国自橡胶坝建设之初就采用螺栓压板进行坝袋的锚固，是应用最广的一种坝袋锚固形式。螺栓压板式锚固的锚固力可控，安装止水效果好。螺栓压板式锚固的造价较楔块挤压式锚固的要高些，但螺栓压板式锚固安装方便，劳动强度低，将来易于拆卸检修，锚固构件的重复利用率高。虽然现在锚固构件的加工制作要求及成本较高，但若定型化后就极为方便。坝高在 3.5 m 以上的橡胶坝，宜优先采用螺栓压板式锚固结构进行坝袋的锚固。

螺栓压板式锚固按锚紧坝袋的方式不同可分为穿孔锚固（见图 6-15）和不穿孔锚固（见图 6-16）。穿孔锚固是在对应于底板上锚固螺栓部位的坝袋上做好标记，然后打孔，再将坝袋套在锚栓上，装上压板，用螺母拧紧。

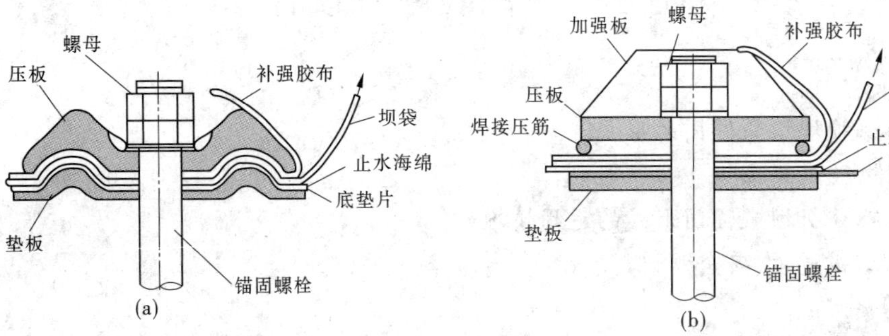

图 6-15　穿孔锚固

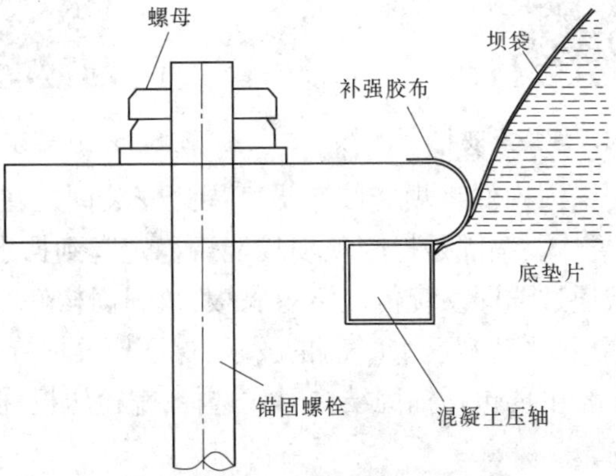

图 6-16　不穿孔锚固

(二)楔块挤压式锚固

混凝土楔块挤压式锚固方式是我国首创的,因其节省钢材,造价较螺栓压板式锚固的低,各地使用较多。采用楔块挤压式锚固方式,施工安装时的锚固力较难控制,楔块易受夯击损毁,维修拆卸不便,楔块重复利用率较低,锚固的密封性较差。楔块挤压式锚固宜用于坝高较低、所需坝袋锚固力不高或坝袋胶布较薄的场合。

楔块挤压式锚固(见图6-17)由前楔块、后楔块(后楔块也可由木料制成)和压轴组成。槽形有靴形和梯形两种。靴形槽是用压轴将坝袋胶布卷起塞入凹槽中,用楔块挤紧。

(三)胶囊充水式锚固

胶囊充水式锚固是先建造一个椭圆形的锚固槽(见图6-18),再制作一条与锚固槽形状相似的封闭胶囊,将坝袋胶布、底垫片和胶囊共同置于锚固槽内,给胶囊充水使坝袋胶布受到挤压,靠此挤压使坝袋胶布和锚固槽之间产生的摩擦力来抵抗坝袋的拉力,以此将坝袋锚固。

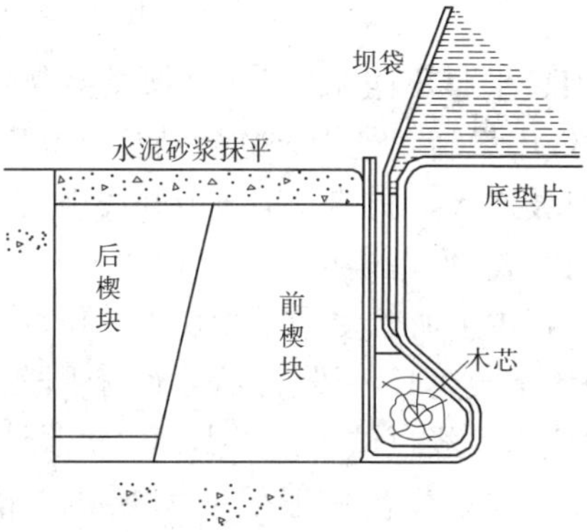

图6-17　楔块挤压式锚固

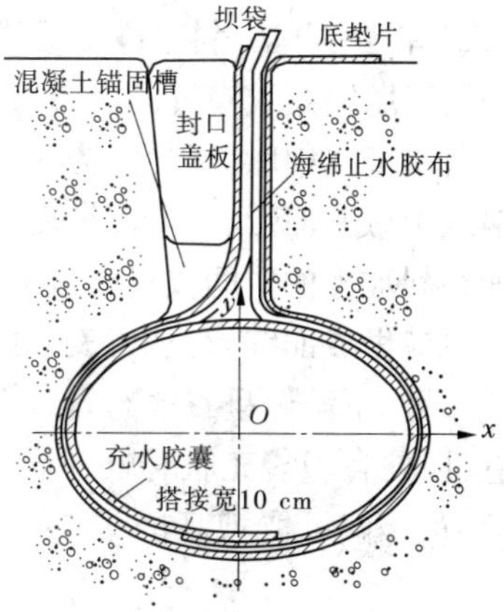

图6-18　胶囊充水式锚固

二、锚固线的布置

锚固线是指用锚固构件将坝袋锚紧时,锚固构件沿坝底板和两岸边坡(岸墙)的布置线。锚固线的布置很重要,若布置不当会引起坝袋局部应力集中,造成坝袋撕裂。按坝袋与坝底板和两岸边坡的连接方式不同,可有不同的锚固线布置方式。

(一)单锚固线

单锚固线是在坝底板上游侧和边坡上只布置一条锚固线(见图6-19),锚固线距上游坝底板端部的长度一般取为0.5 m,作为上游安装、检修的通道。采用单锚固线锚固的,在坝顶溢流、下游水位波动较大或有来自下游的大风时,坝体的稳定性将会变差;另外,上游来流挟带的过坝砂石易被卷进坝袋底部,磨损坝袋。充气式橡胶坝或坝高较低的充水式橡胶坝可采用单锚固线锚固。

(二)双锚固线

双锚固线是在坝底板上、下游侧和边坡上布置两条锚固线(见图6-20),上游侧锚固线距上游坝底板端部的长度与单锚固线相同,上、下游两条锚固线在底板上的距离应满足设计条件下计算的坝袋上、下游间贴地长度要求。采用双锚固线锚固的坝袋的运行稳定性要好于单锚固线锚固的。双锚固线锚固的锚固线长度约是单锚固线锚固的2倍,故锚固部分的工程造价也会翻倍。采用双锚固线锚固的,为节省坝袋胶布,贴地部分的坝袋可采用具有防渗功能的加纱胶片(也称底垫片)来代替,底垫片应不漏水并具有一定的抗拉强度。

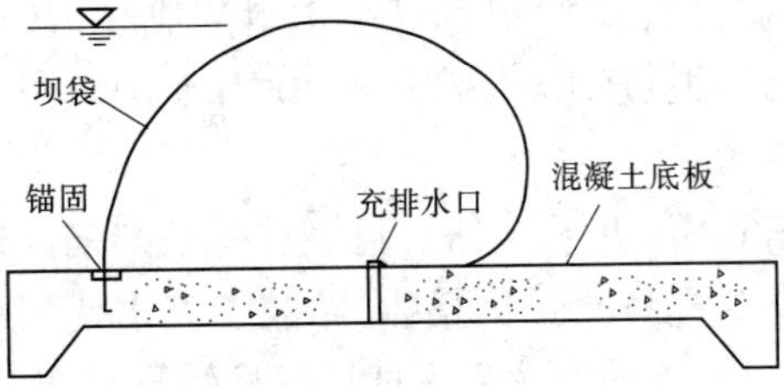

图 6-19 单锚固线锚固

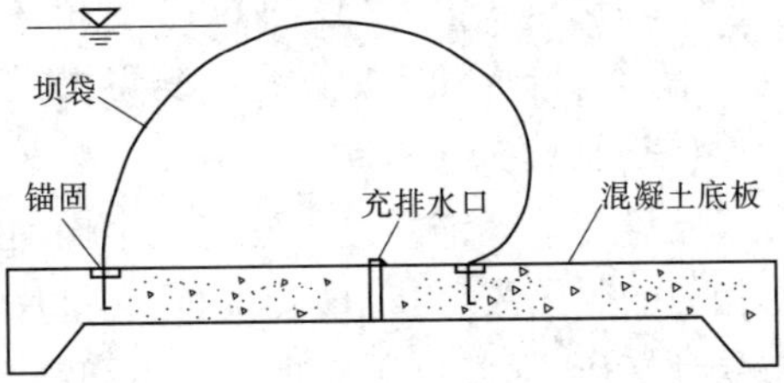

图 6-20 双锚固线锚固

(三)岸墙(中墩)斜坡段锚固线

采用岸墙锚固线布置的工程应满足坍坝时坝袋平整不阻水、充坝时坝袋褶皱较少的要求。若岸墙或中墩为斜坡,为改善底板与岸墙或中墩转角处坝袋的褶皱及应力状态,根据岸墙或中墩断面形状,多设渐变爬坡段,使成斜坡连接。斜坡段锚线最好按坝袋设计充胀断面在斜坡上的空间投影形成的空间曲线形状布置,但这样坝袋边端须加工成曲线形,锚固件也应做成曲线形,加工安装困难,故实际工程中上游侧多采用相切于坝袋设计外形的折线布置,下游侧呈直线布置。上游锚线在边坡上要延长一段,然后分布若干段折线向上布置,以便在坝袋充胀时减少坝端部位的纬向应力。经过试验并根据工程实践经验,延长部分 H_x 一般可取坝高的1/5~1/4(见图6-21),坝端坝高一般可取1.1~1.2倍设计坝高。

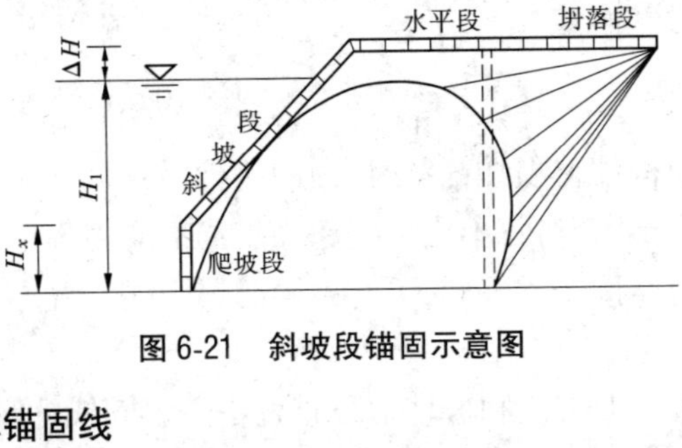

图 6-21 斜坡段锚固示意图

(四)双向挡水对称锚固线

在实际工程中,对建在河口地点、具有挡潮和蓄水功能的橡胶坝,或具有双向挡水任务的橡胶坝,其锚固线宜采用对称双线锚固布置(见图6-22)。

(五)堵头式橡胶坝锚固线

若岸墙或中墩为直墙,则宜采用堵头式坝袋,上、下游两条锚固线仍布置在底板两端,其位置与双锚固线的相同,两侧端头沿岸墙或中墩底脚顺水流向布置两条锚固线,组成一个矩形封闭锚固线。为减轻端部坝袋坍肩现象,常将靠近两岸端(或中墩)数米内的底板稍许抬高,一般坡度为1∶6~1∶10,锚固线也沿此坡度布置。沿岸墙或中墩底脚布置的锚

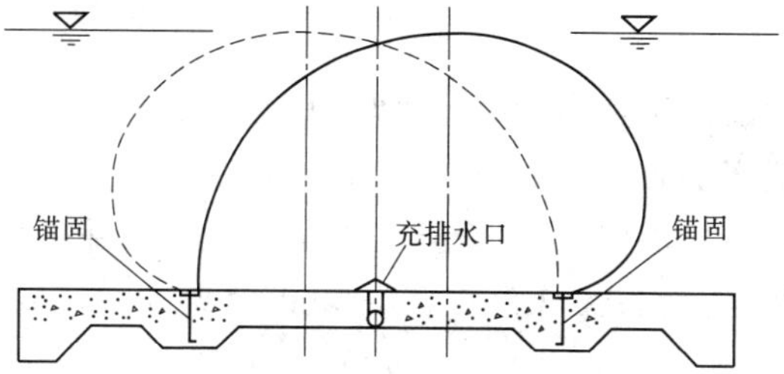

图 6-22　对称双线锚固

固构件的规格尺寸可比底板上、下游两条锚固线的小些。

三、知识点测试

登录智慧职教 MOOC 学院进行资源学习,并完成本任务知识点测试;或扫描二维码完成本任务知识点测试。

码 6-16　项目六任务三知识点测试

四、技能训练

阅读橡胶坝设计图纸,说明坝袋的安装方法。

任务四　控制、安全和观测系统设计

【学习目标】

1. 掌握橡胶坝的控制系统组成。
2. 掌握橡胶坝的安全系统组成。
3. 能正确阅读橡胶坝的施工图。
4. 树立工程安全意识,培养水利人的责任担当。

【思政素材】

码 6-17　五莲山下潮白河

码 6-18　王家坝泄洪

一、控制系统设计

橡胶坝控制系统的设计包括坝袋的充排时间、充排方式、动力设备选型、管路布置、坝袋进排水(气)辅助装置和控制室等方面的内容。

在进行橡胶坝的控制系统设计时,首先须确定坝袋的充排时间,其次选择坝袋的充排方式,最后进行充排系统的动力设备选型、管路及进出水口等的布置设计。

(一)充排时间

在橡胶坝工程规模即设计坝高、坝长确定的情况下,坝袋容积是已知的,故橡胶坝的充排水(气)时间是决定充排水(气)系统容量的前提,是选择水泵(空压机)台数和充排水(气)管径规格的主要参数。橡胶坝充、坍坝时间的选用应根据工程的具体运用条件确定。

码 6-19　橡胶坝控制、安全观测系统设计案例

相对来说,充水(气)时间较排水(气)时间长,要求也低,对动力设备容量选择起决定作用的常为排水(气)坍坝时间。根据国内已建橡胶坝工程的统计,其充坝时间为 2~3 h,坍坝时间为 1~2 h。另外,对建在行洪河道或溢洪道上的橡胶坝,由于有突发洪水的情况出现,如因排水时间过长,不能及时坍坝,可能造成洪水漫滩或漫坝,由此会带来严重后果,因此应根据调洪要求或上游洪水位情况来决定排水(气)坍坝时间。

对于重要或有特殊要求的橡胶坝工程,其充、坍坝时间或运用方式应做专门研究。

(二)充排方式

坝袋的充排方式有两种,即动力式和混合式。动力式即坝袋的充、坍完全利用水泵或空压机进行;混合式即坝袋的充、坍部分利用水泵或空压机来完成,部分利用现有工程条件自充或自排。充排方式应根据工程现场条件和使用要求等经技术经济比较后选定。

充水式橡胶坝的充水水源要水质洁净,否则应先行沉淀或过滤,再充进坝袋。

1. 动力式充排

充水式橡胶坝采用动力式进行充坝时,坝袋的充胀可采用水泵将水直接充进坝袋来进行,也可先将水抽送到高位蓄水池或水箱后再间接充进坝袋。有条件的地方,当充水量不大时也可以利用自来水充坝。

在有泄洪时间要求的河道上,或当排水管道的出口低于下游水位而不能依靠自流来排空坝袋内的水时,须采用水泵将坝袋内的水直接抽排。

充气式橡胶坝常采用空压机来充胀坝袋。由于气体易于排除,充气式橡胶坝常采用自泄的方式来排空坝袋内的气体。

2. 混合式充排

混合式充排是首先考虑依靠自流来充胀或排空坝袋,以降低充排设备的运行费用。当自流充坝时间较慢而充坝时间要求较紧时,可开泵充水。在洪水期或下游水位高于排水管出口,不能及时或无法靠自流排空坝袋时,再启动水泵将坝袋内的水排出。

(三)动力设备选型设计

动力设备选型设计的目的是既经济合理又安全可靠地选用水泵或空压机的容量及台数。重要的橡胶坝工程应配置汽油或柴油发电机组等备用动力设备。在动力设备选型时,考虑到对一般的橡胶坝工程,其充排水(气)频率不高,可将充胀和排水(气)水泵(空压机)结合在一起,在运行中,通过阀门的切换,使水泵(空压机)既可充水(气),又可排水(气),从而节省工程投资。

(四)管路布置

管道属于隐蔽性工程,一旦出现问题,很难修复补救,除设计工况要控制好质量外,管路布置也很重要。管路可布置在坝底板混凝土中,也可布置在坝底板下。布置在坝底板下的管路,因受地下水的不断侵蚀,加上整体稳定性不好,易损坏,故多将管路布置在混凝土底板内。对布置在混凝土底板内的管路,应解决好底板分缝处管道的不均匀沉陷问题。

由于橡胶坝的充排系统利用次数较少,故在管路系统布置时常将充胀和排空的管路合二为一。通过启闭管路系统中不同位置的闸阀,达到利用同一管路进行坝袋的充胀和坍坝排空的目的。

一般沿充坝介质流动的方向进行管路系统的布置。首先是从水源到控制室,在控制室内经过不同闸阀的启闭切换,穿过控制室墙壁和岸墙(和中墩)进入坝底板,通过埋设于坝底板内的管道与坝袋相连接的进排水口进入坝袋。管路的布置力求总长度最短,弯头最少,尽量减少沿程水头损失和局部水头损失。

多跨橡胶坝工程,每跨的管路可分别单独布置,也可几跨合并布置。各跨单独布置时,为避免个别坝袋超压和各跨坝袋高度不一,可在各跨的充排管道之间设置带球阀的连通管,充坝完毕后打开阀门,可使各跨坝袋内压相等,坝高相同。

若采用自动控制的方式进行坝袋的充排,宜优先选用"手电两用"的电动阀,因该类阀门在电力中断或电气设备发生故障时,可通过其设置的手动机构进行阀门的启闭。

(五)坝袋进排水(气)辅助装置设计

1. 水帽

充坝水体自管道系统进入坝袋后,若不采取措施,有压水流可能会直接冲击坝袋;坍坝排水时,坍落的坝袋可能会把管道口封堵,导致坝袋内的水难以排出。因此,须在管道进出坝袋处设置水帽(见图 6-23),使进出坝袋的水流能充排通畅。

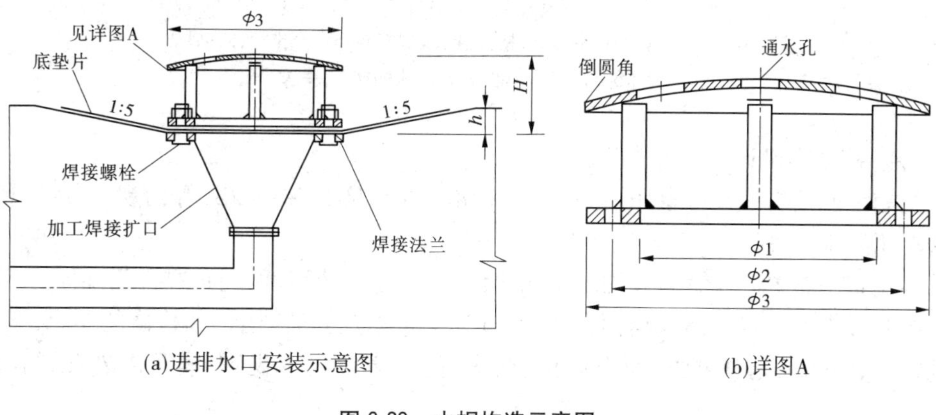

图 6-23 水帽构造示意图

为使充排水时坝袋起落平稳,充水式的坝袋内宜设置两个水帽,单跨较长时宜设置两个以上的水帽,充排水管在底板上的出口位置应放在能排尽水(气)的地方。对于双线锚固的橡胶坝，水帽宜尽量布置在靠近底板下游锚固线的位置，以利排空坝袋内的水。对于单线锚固的橡胶坝，若水帽靠下游布置，在坝袋振动或充坝试水时，有可能把孔口处的坝袋撕破，则宜靠上游布置；但在坍坝过流时，坝袋又易封堵孔口，不利于排水，故水帽一般可布置在坝袋贴地长度的中部。

2. 辅助排气装置

我国充气式橡胶坝有采用水帽方式进行充排气的，也有采用在伸向坝袋内的充排气管周身钻孔以使气体流动更通畅和均匀的。日本橡胶坝标准中推荐在坍坝后能将坝袋内空气排除的辅助装置，如图 6-24 所示，可供设计时参考。

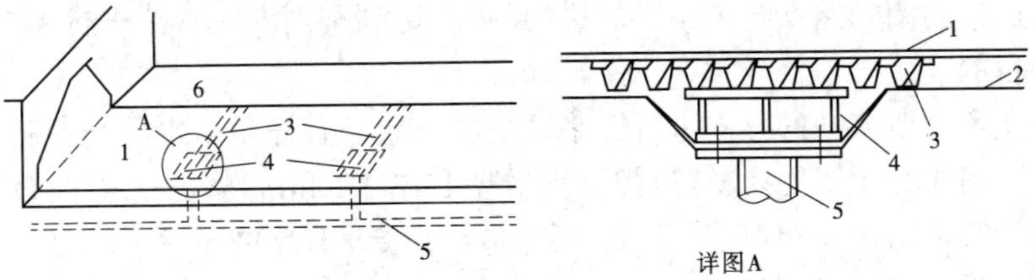

(a)水帽方式

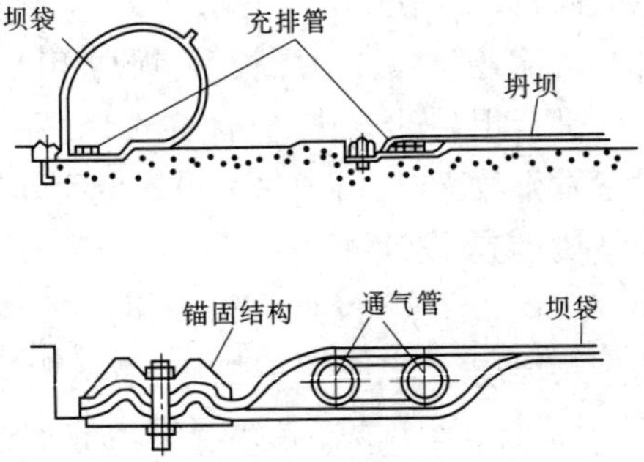

(b)间管方式

1—坝袋；2—底垫片；3—通气格栅；4—充排口罩；5—充排管；6—坝基。

图 6-24　日本橡胶坝的辅助排气装置

(六) 控制室设计

控制室的结构设计可参照《泵站设计标准》(GB 50265—2022)等的规定并结合橡胶坝的运用要求来进行。

控制室的布置应注意与周围环境相协调，注意建筑造型，做到布置合理，适用美观。

控制室内的布置应满足结构布置、机电设备布置及安装、运行和检修的要求；满足室内通风、采暖和采光要求，并符合防潮、防火、防噪声等技术规定；满足内外交通运输的要求。

控制室通常建于坝的两岸端，在室内布置时除要方便观测坝内压力、上下游水位等外，还要求能在室内就可直接目视坝体的运行情况。

要特别重视控制室的防水处理，因国内外已有多处橡胶坝工程的控制室出现过渗漏情况。

二、安全与观测设备设置

（一）安全设备设置

1. 充水式橡胶坝安全设备设置

1）安全溢流管

为防止坝袋超压，充水式橡胶坝应在一岸或两岸边墙或中墩上设置安全溢流管（也称超压溢流管），管的出口位置须与坝袋设计内压水头齐平，其管径要大于坝袋充水管管径，并保证超压溢出水流量不小于坝袋充水流量。当坝袋内水压力超过设计内压值时，水就从溢流管流出，以保坝袋安全。安全溢流管的出口形式有直筒式和弯曲式，为防止洪水倒灌，可设阀门控制。

2）排气孔

充水式橡胶坝由于坝袋内残余的气体或在充水时由水流挟带的气体进入坝袋内而使坝体高低不一，尤其是在坝顶溢流时，会产生严重的偏流现象，引起坝袋振动磨损，故运行时必须排除坝袋内的气体。当坝袋端部采用斜坡式连接时，排气管口宜布置在斜坡上的最高位置，最好与安全溢流管结合使用。堵头式的橡胶坝因坝袋不锚固在直墙上，可在坝袋的两端顶部装设排气孔。如坝体较长，可沿跨长方向在坝顶部均匀布设适当数量的排气孔。

2. 充气式橡胶坝安全设备设置

充气式橡胶坝应设置安全排气阀或限压阀，以防坝袋超压破坏，有条件时还可以设置水封管或U形管。采用限压式空压机也是一种简单易行的办法，限压式空压机是一种不发生超过规定压力的空压机，具有防止坝袋过度充压的功能。

（二）观测设备设置

为准确掌握橡胶坝上、下游水位及坝袋内压情况，以便为控制运用及管理提供准确的依据，宜设置上、下游水位及坝袋内压观测设备。

1. 坝袋内压力观测

充水式橡胶坝的坝内压力一般采用连接管接至控制室从透明的玻璃管或塑料管中直接读取，充气式橡胶坝可直接利用压力表或水银柱U形管进行观测，观测的内压值以坝内静压力为准。当采用计算机自控系统时，应采用压力传感器。对重要工程可安装自动监测设备。

2. 水位观测

上、下游水位观测，简单的方法是采用水位标尺，也可采用连通管接至控制室从透明的玻璃管或塑料管中读取。随着我国水利工程管理水平的提高，我国的一些橡胶坝工程已开始采用计算机自动控制系统。

3. 土建工程观测

对橡胶坝工程及其管理范围内的土工建筑物、石工建筑物、混凝土建筑物、水下工程、水流形态等的观测可参照《水闸技术管理规程》（SL 75—2014）等的有关规定进行。

三、知识点测试

登录智慧职教 MOOC 学院进行资源学习，并完成本任务知识点测试；或扫描二维码完成本任务知识点测试。

码 6-20　项目六任务四知识点测试

四、技能训练

通过参观实际橡胶坝工程，了解工程组成及智能管理运用情况。

项目七

水工隧洞

任务一　认识水工隧洞

【学习目标】

1. 掌握水工隧洞的作用、类型。
2. 掌握水工隧洞的工作特点。
3. 能正确认识水工隧洞的建设难度。
4. 传承团结、吃苦、奉献、担当的水利精神。

【思政素材】

码 7-1　红旗渠　　码 7-2　滇中引水工程　　码 7-3　黄河小浪底泄洪

一、水工隧洞的类型

水工隧洞因担负任务性质的不同,可分为取水隧洞和泄水隧洞两大类。按工作时水力条件的不同,水工隧洞分为有压隧洞和无压隧洞两种。

取水隧洞用来从水库取出用于灌溉、发电、工业、生活等所需要的水量,其流速一般较低。泄水隧洞可配合溢洪道宣泄部分洪水,可用来排沙、泄放水电站尾水以及放空水库等,一般为高速水流。当有压隧洞工作时,隧洞内充满水,内壁面各个部位均作用有较大的内水压力,并保证洞顶的测压管水头大于 2 m。无压隧洞工作时水流具有自由水面,保持一定的净空。取水隧洞和泄水隧洞工作时可分为有压状态或无压状态,或前段有压状态后段无压状态,但必须避免有压流和无压流交替出现的工作状态。

在水工隧洞设计时,根据枢纽的规划、布置,尽量做到多功能、多目标开发,使得一洞多用,以节省工程投资。如采用“临时变永久”或“二洞合一”等形式。

“临时变永久”,是指工程竣工后,将施工导流洞改为放空、排沙、泄洪隧洞,也可改为发电、灌溉的引水隧洞。当导流洞的进口高程较低,不满足其他隧洞承担的任务时,可设置成“龙抬头”形式——导流洞上方另设进水口,如图 7-1 所示。

“二洞合一”,是指泄洪与灌溉、泄洪与发电引水相结合布置,泄洪、排沙、放空相结合布置,发电引水与灌溉供水相结合布置等,如图 7-2 所示。只设一个进水口,适当的位置分岔。需要注意的是,多功能的隧洞虽可简化枢纽布置,节省造价,但隧洞工作条件较复杂,水流不稳定,分岔处容易产生空蚀、振动。

码 7-4　水工隧洞的类型与特点

隧洞一般由进口段、洞身段和出口段三部分组成。

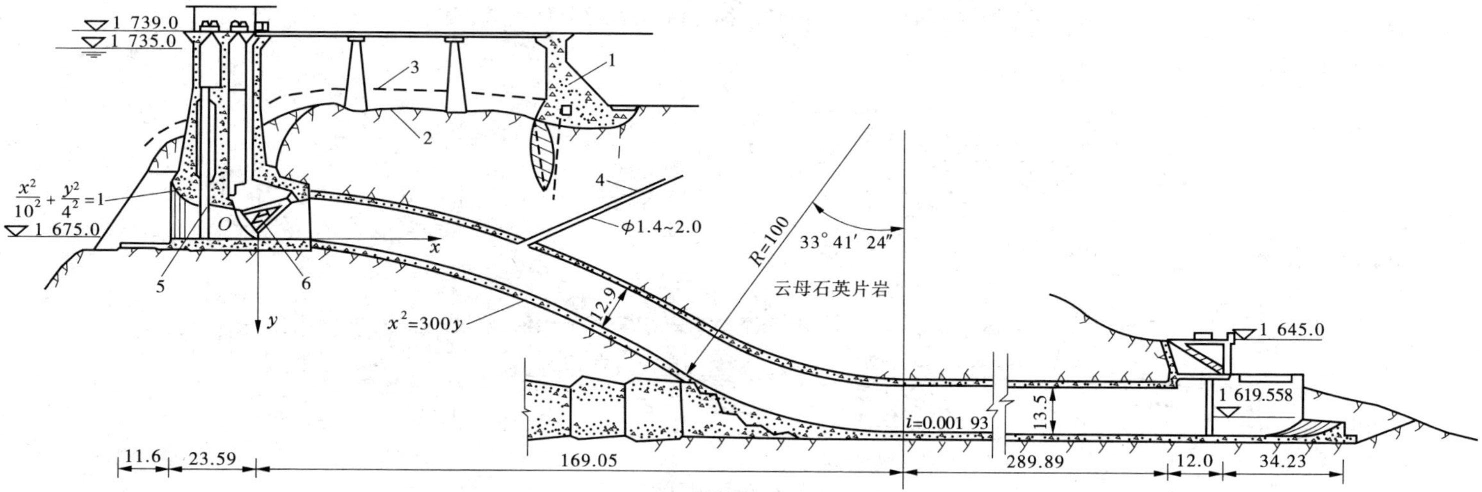

(a)刘家峡泄洪隧洞

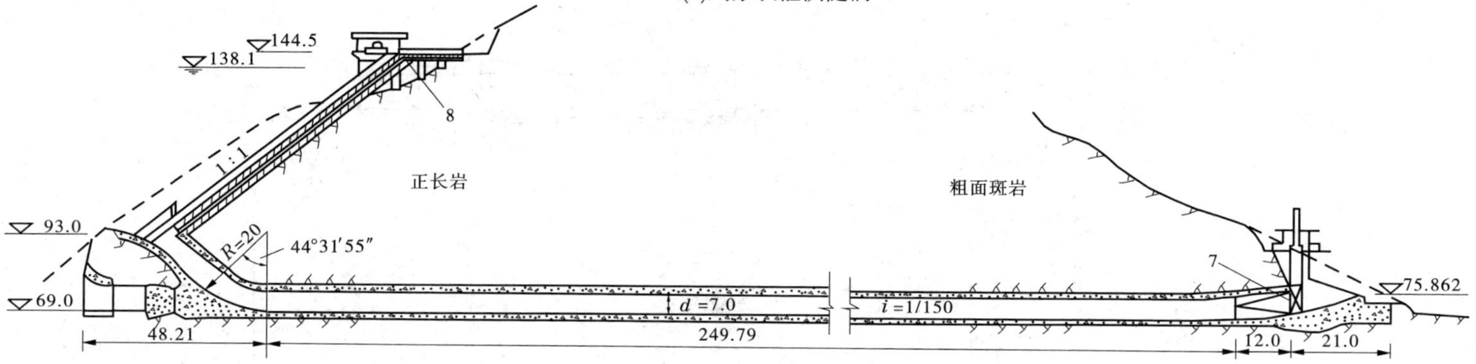

(b)响洪甸泄洪隧洞

1—混凝土副坝;2—岩面线;3—原地面线;4—通风洞;5—检修闸门槽;6—弧形闸门;7—工作闸门;8—通气孔。

图 7-1 导流隧洞改深式泄水隧洞布置 (单位:m)

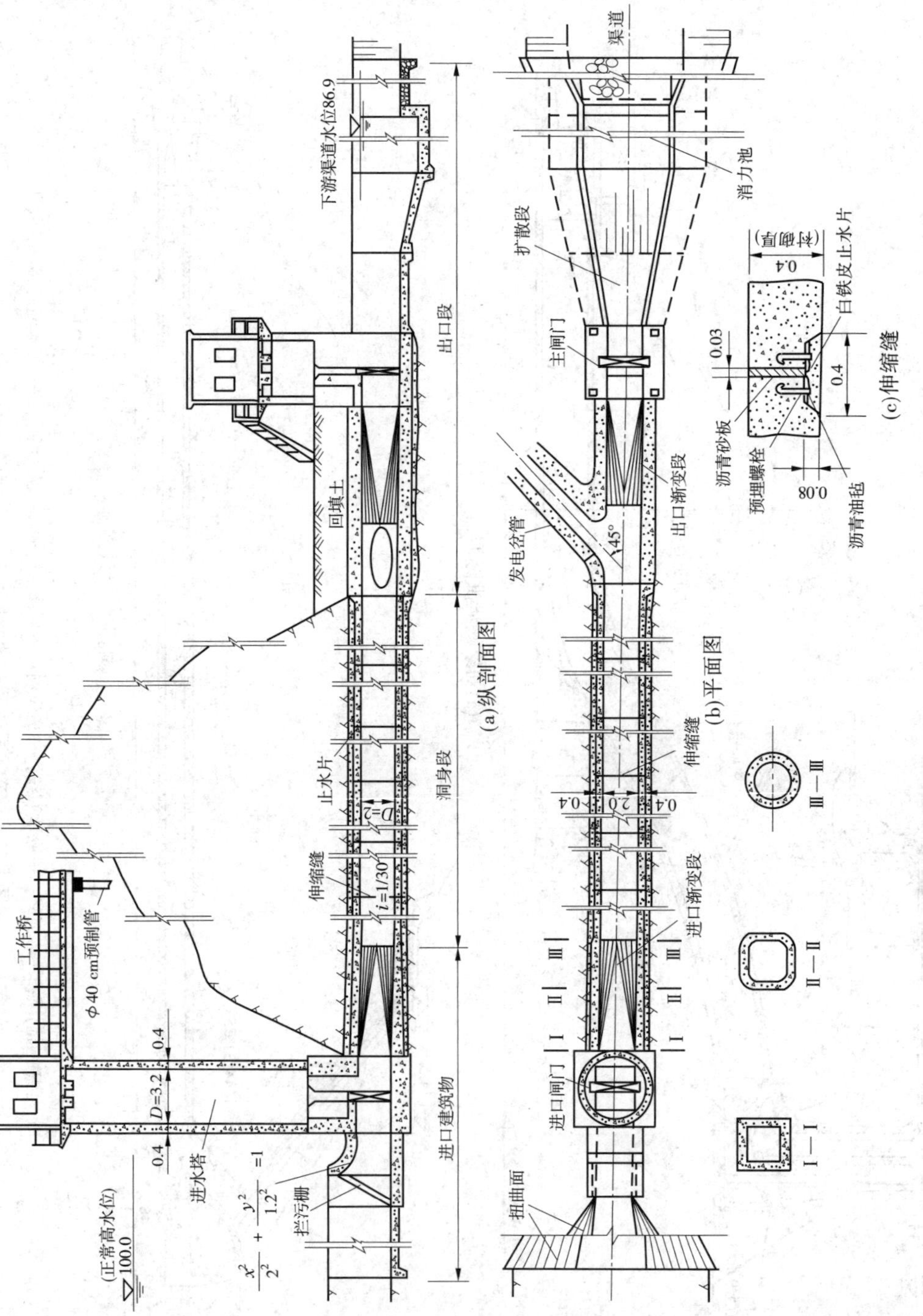

图 7-2 泄洪隧洞与发电隧洞"二洞合一"的布置 （单位:m）

二、水工隧洞的特点

(一)水流特点

高速水流的泄洪洞,对建筑物的体形、水力条件及结构布置均有较高的要求。如考虑不周,极易产生空蚀破坏。因此,在隧洞的体形设计及水流边壁的平整度方面均应予以特别重视。对于容易发生空蚀的部位,还应采用防蚀、抗磨材料或其他防蚀措施。有压隧洞往往承受很大的内水压力,衬砌渗漏,压力水将渗入围岩裂隙,形成附加的渗透压力,破坏岩体稳定,因此要求围岩要有足够的厚度。

(二)结构特点

隧洞是在山体中开挖出来的建筑物,其结构性状及受力与围岩密切相关。开挖隧洞后改变了围岩原来的应力平衡状态,引起应力重分布,使围岩产生变形。因此,隧洞中常需设置临时性支护和永久性衬砌以承受山岩压力等荷载。

(三)施工特点

隧洞是地下结构,开挖、衬砌的工作面小,洞线长、工序多、干扰大。因此,虽然隧洞石方工程量不一定很大,但工期往往较长,尤其是兼作导流的隧洞,其施工进度往往控制整个工程的工期。因此,改善施工条件,加快施工进度,提高施工质量,是隧洞施工的重要课题。

三、知识点测试

登录智慧职教 MOOC 学院进行资源学习,并完成本任务知识点测试;或扫描二维码完成本任务知识点测试。

码 7-5　项目七任务一知识点测试

四、技能训练

查阅小浪底工程资料,分析该枢纽水工隧洞的建设情况。

任务二　水工隧洞的选线与总体布置

【学习目标】

1. 掌握水工隧洞线路选择的一般原则。
2. 掌握有压隧洞和无压隧洞的总体布置。
3. 掌握隧洞进口和洞身的布置形式。
4. 树立工程质量、安全意识。

【思政素材】

码 7-6 滇中引水隧洞贯通新闻　　　码 7-7 红旗渠

线路选择和工程布置是隧洞设计的关键问题。我国已建的隧洞工程实践证明，布置上所造成的缺陷是难以弥补的，故要高度重视隧洞线路选择和工程布置。这两个问题是一项工作的两方面，是紧密联系、相互兼顾的。

一、隧洞选线

洞线选择关系到围岩的稳定、施工进度、工程造价、安全运行等各个方面。洞线选择应根据枢纽总体布置及隧洞的用途，并综合考虑地形、地质、施工、水流、埋藏深度等各种因素，拟定几条洞线，通过技术经济比较选定。由于自然条件千差万别，要选出满足各方面要求的理想洞线是很困难的，在洞线比较中，应根据工程的具体特点，抓住主要矛盾，兼顾其他。通常起主导作用的地形、地质条件，应给予充分的重视。这里仅介绍隧洞选线时应注意的一般原则。

(1)尽量避开地质条件不良地段。

隧洞的路线选择应尽量避开山岩压力大、地下水位高、渗水严重的岩层，以及断层、破碎带和可能滑坡的不稳定地段。当隧洞轴线与岩层面及主要节理裂隙相交时，应尽量成较大夹角。在整体块状结构的岩体中，其夹角不宜小于 30°，在层状岩体中，其夹角不宜小于 45°。

(2)力求洞线短、水流平顺。

隧洞路线应力求短而直，以减少工程费用和水头损失。如由于地形、地质条件和枢纽布置的因素必须转弯，对低流速隧洞，转弯半径不宜小于 5 倍的洞径(或洞宽)，偏转角一般不宜大于 60°。曲线段两端用直线连接，其长度不宜小于 5 倍的洞径(或洞宽)，以使弯道水流平顺。对于高流速的无压隧洞，应力求避免在平面上设置曲线段。

(3)进、出口位置合适。

隧洞进、出口，应选择在岩层风化浅、岩石较坚硬完整、边坡稳定的地段。进出口的水流应平顺对称，避免产生涡流。若拦河坝为土石坝，隧洞进出口应与土石坝间隔一定距离，以防止水流对上游坝坡和下游坝脚的冲刷。

(4)洞顶以上和傍山隧洞岸边一侧的岩体应有足够的围岩厚度，以保证围岩的稳定。

围岩最小厚度应根据围岩承载能力及渗透稳定性、隧洞断面形状及尺寸、施工条件、内水压力等因素综合分析确定。对于有压隧洞，当围岩坚硬完整时，为使围岩的承载能力得到保证，洞身部位的最小覆盖层的厚度应大于或等于该部位的内水压力。对于无压隧洞及有压隧洞的进、出口，洞口应尽量选在岩体坚硬完整和地质构造简单的地段。

进、出口岩体最小厚度涉及明挖量的大小、进洞工期、洞口岩体边坡稳定的问题。一般以施工成洞条件为准,并采取合理的施工工序和工程措施,以减少明挖,争取工期。对于相邻两隧洞间岩体的厚度,应根据地质条件、布置需要、围岩受力状况、隧洞形式及尺寸、施工方法及运行条件等综合分析确定,一般不宜小于1~2倍的洞径(或洞宽)。

(5)应兼顾施工方便。

对于长隧洞,洞线的选择还应考虑设置施工竖井或支洞问题,以便于增加开挖工作面,改善施工条件,加快施工进度。

二、水工隧洞布置

(一)总体布置

(1)根据枢纽任务,确定隧洞是专用或是一洞多用。针对不同要求,结合地形、地质和水流条件拟定进口的位置、高程。

码 7-8　水工隧洞布置与构造(一)

码 7-9　水工隧洞布置与构造(二)

(2)在选定洞线方案的基础上,根据地形、地质等条件选择进口段的结构形式(竖井式、塔式、岸塔式、斜坡式等),确定闸门在隧洞中的布置。

(3)确定洞身的纵向底坡和横断面的形状及尺寸。

(4)根据地形、地质、尾水位和施工条件等确定出口位置和底板高程,选用合理的消能方式。

(二)进口段布置

1.进水口高程的确定

隧洞进水口高程主要根据其负担的任务来确定。例如,灌溉隧洞应保证上游为最低工作水位时,能引入设计流量。有压发电隧洞进水口,应保证在上游最低运行水位以下有足够的淹没深度,以免产生贯通式漩涡,引起振动,淹没深度的最小值不得小于1 m;其进水口顶部高程应保证上游在最低运行水位时能取到发电所需要的流量;进水口底板应高于水库的淤沙高程。对多种用途的隧洞,进水口高程的选择应照顾到各方面的要求。

2.深孔式进水口建筑物的形式

深孔式进水口建筑物按其布置和结构形式不同,可分为竖井式、塔式、岸塔式和斜坡式四种。

(1)竖井式进水口。在进水口附近的岩体中开挖竖井,闸门安装在井底中,井上设置启闭设备,拦污栅设于洞外,如图7-3所示。这种进口形式构造简单,不受风浪、冰冻影响,抗震性能好,安全可靠。缺点是施工开挖困难,门前洞段不易检修。适用于岩体完整、稳定、坚固的岸坡。

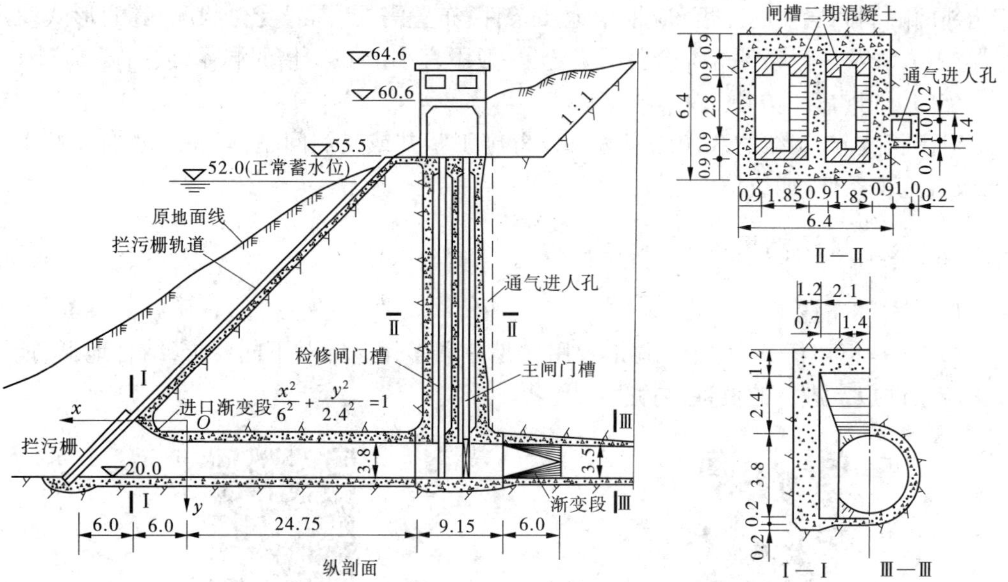

图 7-3　竖井式进水口　(单位:m)

(2)塔式进水口。当进水口处岸坡较缓或地质情况较差时,可采用塔式。塔的形式有框架式和封闭式(见图 7-4),塔独立于岸坡用钢筋混凝土建造,顶部设操作平台和启闭机室,并通过工作桥与岸边或坝顶相联系。封闭式塔的水平截面可为圆形、矩形或多角形,可在不同高程设进水口,根据库水位的变化启用不同的进水口,以引取表层温度较高的库水,以利于灌溉。塔式进水口的优点是,可在任何水位下检修,方便可靠,但造价较高。当在工作水头较低或根据运用条件只需在进口处设置一道闸门时,可采用框架塔式。这种形式构造简单,施工方便,但只能在低水位时检修。

(3)岸塔式及斜坡式进水口。岸塔式进水口是将控制塔斜靠在洞口岩坡上的建筑物(见图 7-5)。由于塔身斜靠岩坡,故易满足稳定要求,对岸坡也起到一定的支承作用,施工、安装及维修均较方便。岸塔式进水口的结构可以是封闭式和框架式的。这种形式适用于岸坡较陡、岩石坚固的情况。如果岸坡的岩石完整、稳定,则可稍加开挖平整并进行衬砌后,直接将闸门及拦污栅轨道安置在斜坡上而不设置控制塔,这种布置的形式称为斜坡式(见图 7-6)。其优点是工程量小、造价较低、施工安装方便。适用于岸坡地形地质条件适合的中小型工程或仅安装检修闸门的进水口。岸塔式及斜坡式进水口的闸门是斜放的,故闸门下降时不能完全利用自重。

(三)洞身段布置

1. 洞身断面形式和尺寸

隧洞洞身断面形式选择涉及的因素很多,就水力条件而言,要求洞身断面具有平顺的轮廓,力求减小水头损失,能以最经济的断面通过设计流量;就静力条件而言,应根据围岩特性和地应力的分布特点,选择合理的断面形状和几何尺寸,以改善围岩受力条件,保持围岩稳定;同时,还应照顾到施工方便等诸方面的要求。

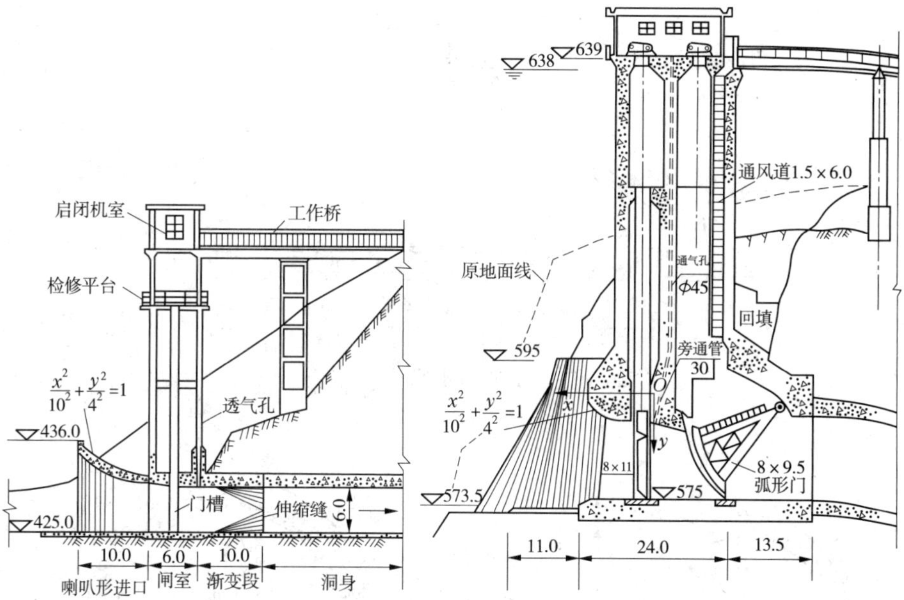

(a)框架塔式进水口　　(b)封闭塔式进水口

图 7-4　塔式进水口　(单位:m)

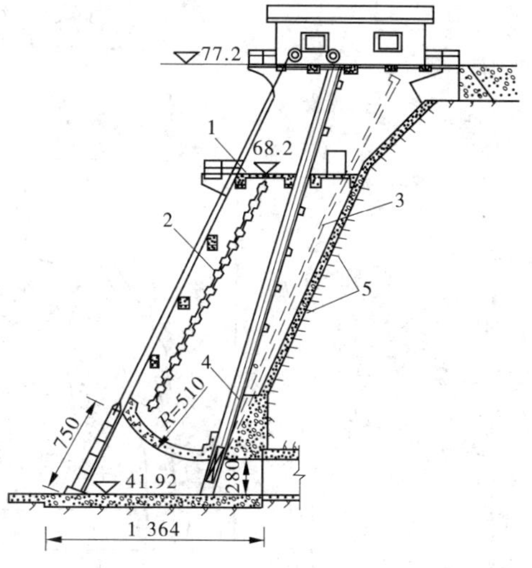

1—清污台;2—固定拦污格栅;3—通气孔;4—闸门轨道;5—锚筋。

图 7-5　岸塔式进水口　(单位:高程,m;尺寸,cm)

1) 无压隧洞的断面形式和尺寸

无压隧洞的断面形式和尺寸在很大程度上取决于围岩特性和地应力情况,常采用以下几种:圆拱直墙形(城门洞形)断面[见图 7-7(a)],马蹄形及蛋形[见图 7-7(b)、(c)、(d)]。圆拱直墙形适用于地质条件较好,垂直山岩压力较小而无侧向山岩压力的情况。顶部为平拱或半圆拱,圆拱的中心角在 90°~180°。断面的高宽比一般为 1.0~1.5,洞内

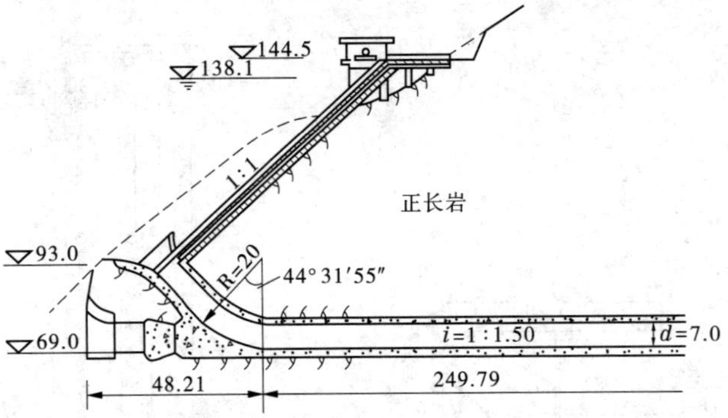

图 7-6 斜坡式进水口 （单位:m）

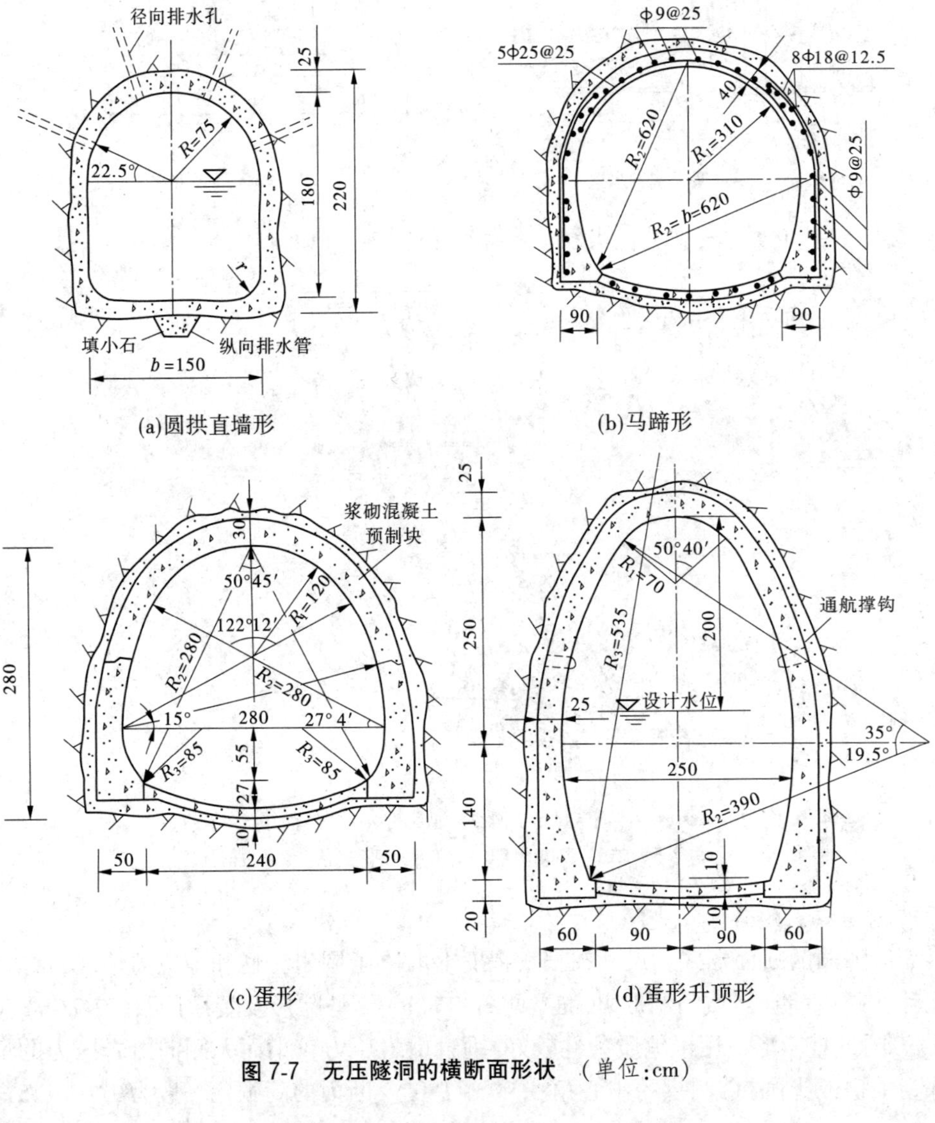

图 7-7 无压隧洞的横断面形状 （单位:cm）

水位变化较大时取大值。此外,应与地应力条件相适应,垂直山岩压力大于水平地应力时,宜采用较大的高宽比;反之,取用小值。当地质条件较差,侧向山岩压力较大时,宜采用马蹄形或蛋形断面。当地质条件差或地下水压力很大时,也可采用圆形断面。

无压隧洞的断面尺寸,应根据水力计算确定。低流速的无压隧洞,若通气条件良好,水面线以上的空间不宜小于隧洞断面面积的15%,其净空高度不小于40 cm。高流速的无压隧洞,在掺气水面以上的空间,一般为断面面积的15%~25%。当采用圆拱直墙形断面时,水面线(高速水流含掺气)不得超过直墙范围。无压隧洞考虑施工要求的最小断面尺寸为:高度不小于1.8 m,宽度不小于1.5 m;圆形断面的内径不小于1.8 m。

2)有压隧洞的断面形式和尺寸

有压隧洞的断面多为圆形,其水力条件好,水力特性也最佳,与其他形式断面相比,面积一定时过水能力最大。当围岩坚硬且内水压力不大时,也可采用便于施工的非圆形断面。

有压隧洞的断面尺寸,应根据水力计算确定,主要核算其泄流能力和沿程压坡线。泄流能力按管流计算,压坡线水头应高于洞顶2 m以上。其最小断面尺寸应同时满足施工和检修要求。

2.隧洞衬砌

1)衬砌的作用

为了保证水工隧洞安全有效运行,通常需要对隧洞进行衬砌。衬砌的作用是:承受围岩压力和其他各种荷载;加固和保护围岩,使围岩长期保持稳定,免受破坏;减小隧洞表面糙率,减小水头损失;防止渗漏。

2)衬砌的类型

衬砌的类型按设置的目的可分为平整衬砌和受力衬砌两类。按衬砌所用的材料分为混凝土衬砌、钢筋混凝土衬砌和浆砌石衬砌等。此外,还有预应力衬砌、装配式衬砌和喷锚衬砌、限裂衬砌和抗裂衬砌等。

(1)平整衬砌。当围岩坚固、内水压力不大时,用混凝土、喷浆、砌石等做成平整的护面。它不承受荷载,只起减小糙率、防止渗水、抵抗冲蚀、防止风化等作用。无压隧洞的平整衬砌可以只在水流湿周范围内衬砌。只为降低糙率的衬砌,平均厚度约为15 cm即可;若有防冲、抗渗要求,则衬砌厚度应为20~30 cm。

为了使衬砌表面尽量光滑,最好用金属模板浇筑混凝土,但比较费工,用模板也较多。用喷混凝土的方法进行平整衬砌不需模板,施工进度快,透水性小,但主要缺点是平整度差。为改进这一缺点,可在喷混凝土之后,再喷一层水泥砂浆抹光。

(2)混凝土、钢筋混凝土衬砌。当围岩坚硬、内水压力不大时,可采用混凝土衬砌。当承受较大荷载或围岩条件较差时,则应采用钢筋混凝土衬砌。衬砌的最小厚度(不包括围岩超挖部分)应根据计算和构造要求确定。但为了保证施工质量,混凝土和单层钢筋混凝土衬砌不小于25 cm,双层钢筋混凝土衬砌不小于30 cm,强度等级不宜低于C15。

(3)预应力衬砌。预应力衬砌是对混凝土或钢筋混凝土衬砌施加预压应力,以抵消内水压力产生的拉应力,克服混凝土抗拉强度低的缺点,可使衬砌厚度减薄,节约材料和开挖量。其缺点是施工复杂,工期较长。适用于作用高水头的圆形隧洞。

最简单的预加应力方法是向衬砌与围岩之间进行压力灌浆,使衬砌产生预压应力。

为了保证灌浆效果,围岩表面应用混凝土进行修整,并与衬砌之间留有 2～3 cm 的空隙,以便灌浆。浆液应采用膨胀性水泥,以防干缩时预压应力降低。这种预加应力方法要求围岩比较坚硬完整,必要时可先对围岩进行固结灌浆。

(4)喷锚衬砌。喷锚衬砌是指利用锚杆和喷混凝土进行围岩加固的总称。由于喷射混凝土能紧跟掘进工作面施工,缩短了围岩的暴露时间,使围岩的风化、潮解和应力松弛等不致有大的发展,所以喷混凝土施工给围岩的稳定创造了有利条件。

喷混凝土支护的主要作用是:充填岩体表面张开的裂隙,使围岩结成整体;填补不平整表面,缓和应力集中;保护岩体表面,阻止岩块松动。喷混凝土施工时,应先撬除危石,清洗岩面,然后喷一层厚约 1 cm 的小水灰比的水泥砂浆或厚 2～3 cm 的富水泥混凝土。喷完上述底层后,即可分次喷混凝土,每次厚 3～8 cm。如同时采用锚杆,则可在第一层混凝土喷完后设置,必要时还可加设钢筋网,然后再喷第二、三层,直至达到预定设计厚度。喷混凝土衬砌的厚度一般不小于 5 cm,最大不宜超过 20 cm。

锚杆支护是用特定形式的锚杆锚固于岩石内部,把原来不够完整的围岩固结起来,从而增加围岩的整体性和稳定性。其对围岩的加固原理可归结为三个方面:一是悬吊作用,如图 7-8(a)所示,用锚杆将可能塌落的不稳定岩体悬吊在稳定岩体上;二是组合作用,如图 7-8(b)所示,用锚杆将层状岩体结合在一起,形成类似的组合梁,增加其抗弯能力和抗剪能力;三是固结作用,如图 7-8(c)所示,不稳定的断裂岩块在许多锚杆作用下固结起来,形成“有支承能力的岩石拱”。对具体隧洞而言,这三种作用往往是综合发生的。

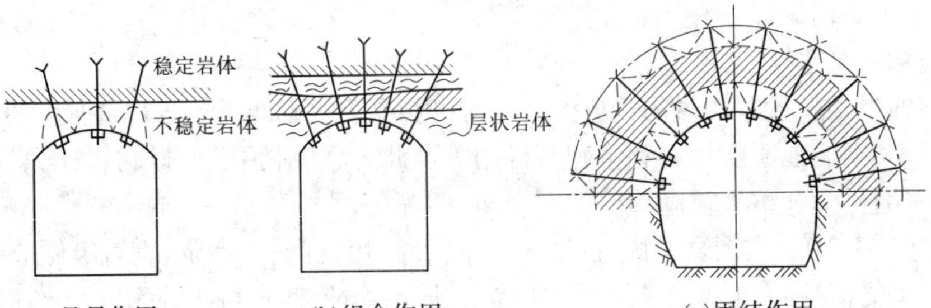

(a)悬吊作用　(b)组合作用　(c)固结作用

图 7-8　锚杆的支护作用

工程实践证明,采用锚喷支护可以减少混凝土衬砌量,不用模板,施工安全,造价降低,是一种多、快、好、省的施工方法。但需注意研究内外水压力、抗渗、允许流速以及糙率等问题。

3)衬砌的构造

(1)衬砌的分缝和止水。在混凝土及钢筋混凝土衬砌中,一般设有永久性的横向变形缝(垂直水流方向)和施工工作缝。

变形缝是为防止不均匀沉陷而设置的,其位置应设于荷载大小、断面尺寸和地质条件发生变化之处。如洞身与进口或渐变段接头处,以及断层、破碎带的变化处,均需设置变形缝,缝内贴沥青油毡并做好止水。在断层、破碎带处,还应增加衬砌厚度并配置钢筋,其构造如图 7-9 所示。

围岩地质条件比较均一的洞身段,可只设置施工缝。施工缝有纵向的与横向的两种。

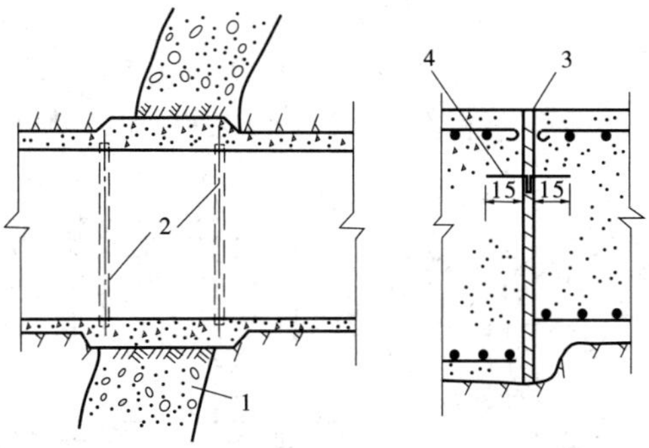

1—断层破碎带;2—沉陷缝;3—沥青油毛毡 1~2 cm;4—止水片或止水带。

图 7-9　伸缩变形缝构造　(单位:cm)

横向施工缝间距一般为 6~12 m,底板和边墙、顶拱的缝面不得错开。无压隧洞的横向施工缝,一般可不做特殊处理。对有压隧洞和有防渗要求的无压隧洞,横向施工缝应根据具体情况采取必要的接缝处理措施。

纵向施工缝的位置及数目则应根据结构形式及施工条件决定,一般应设在内力较小的部位。衬砌的分缝、分块情况见图 7-10(b),图中 1、2、3、4 为分块浇筑的顺序编号。无论是无压隧洞还是有压隧洞,其纵向施工缝均须凿毛处理。还可设一些插筋以加强其整体性,必要时还可设置止水片(见图 7-11)。

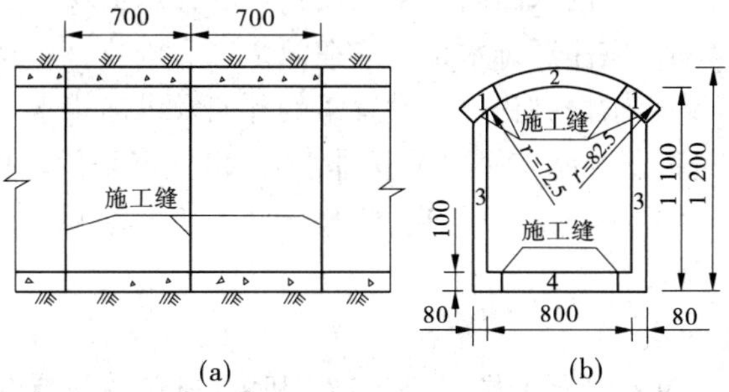

图 7-10　陆浑水库泄洪洞衬砌施工缝　(单位:cm)

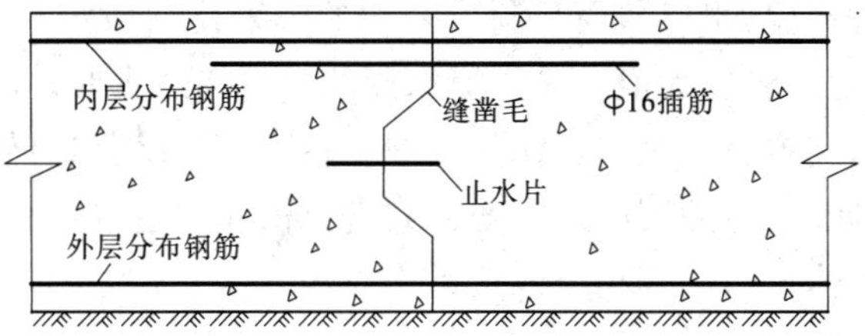

图 7-11　衬砌的纵向施工缝

(2)灌浆、防渗与排水。为了充填衬砌与围岩之间的缝隙,改善衬砌结构传力条件和减少渗漏，常对衬砌进行回填灌浆。一般是在衬砌施工时顶拱部分预留灌浆管，待衬砌完成后，通过预埋管进行灌浆。如图 7-12 所示，回填灌浆的范围一般在顶拱中心角 90°～120°，孔距和排距一般为 4～6 m，灌浆压力为 200～300 kPa。

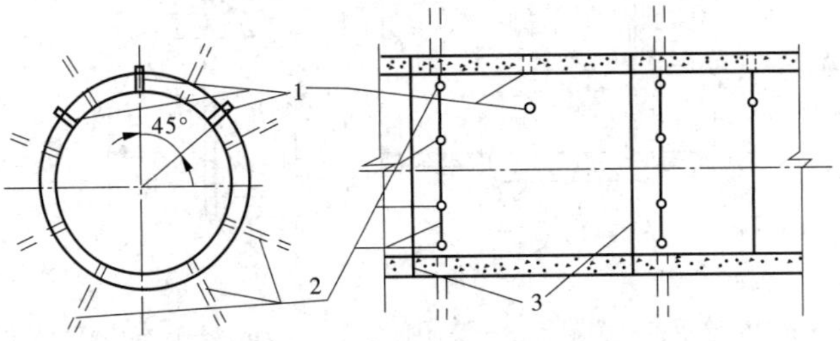

1—回填灌浆孔；2—固结灌浆孔；3—伸缩缝。

图 7-12　灌浆孔布置图

为了提高围岩的强度和整体性，改善衬砌结构受力条件，减少渗漏，隧洞衬砌后还常对围岩进行固结灌浆。固结灌浆孔通常对称布置，排距 2～4 m，每排不少于 6 孔。孔深一般约为 1.0 倍的隧洞半径，灌浆压力为内水压力的 1.5～2.0 倍。灌浆时应加强观测，防止洞壁变形破坏。回填灌浆孔与固结灌浆孔通常分排间隔排列（见图 7-12）。

当地下水位较高时，外水压力可能成为无压隧洞的主要荷载之一，为此可采取排水措施以降低外水压力。

无压隧洞的排水，可在洞内水面高程以上设置排水孔来实现[见图 7-7(a)]。孔距和排距 2～4 m，孔深 2～4 m。应注意排水钻孔应在灌浆之后进行，以防堵塞。当无压隧洞边墙很高时，也可在边墙背后水面高程以下设置暗的环向及纵向排水系统。

有压隧洞一般不设排水。确有必要设置排水时，也只能采用环向、纵向暗排水，环向暗排水可用砾石铺成，每隔 6～8 m 设一道，收集的渗水汇集后由衬砌下部的纵向排水管（例如无砂混凝土管）排向下游。

（四）出口段布置

有压泄水隧洞的出口常设有工作闸门及启闭机室，闸门前设有渐变段，闸门后设有消能设施。有压泄水隧洞，出口段的体形对有压隧洞的压力状况起控制作用。为不使洞身出现负压，其出口断面应逐渐收缩，使出口断面小于洞身断面，但不宜收缩过多，以免降低泄流能力。根据工程经验，出口断面与洞身断面的收缩比一般为 0.8～0.9。对水流条件差、洞身沿程体形变化多者取大值。无压泄水洞的出口构造主要是消能设施。

泄水隧洞出口水流的特点是单宽流量集中，所以常在隧洞出口外设置扩散段，使水流扩散，使得单宽流量减小，然后再以适宜的方式进行消能。泄水隧洞常用的消能方式有挑流消能和底流消能。当出口高程高于或接近于下游水位，并且下游水深和地质条件适宜时，应优先选用挑流消能。

底流消能具有工作可靠、对下游水面波动影响范围小的优点，所以应用较多。消力池的宽度和深度可按水力学方法计算，水流出洞后的扩散连接段，水平向可采用 1:6～1:8，垂直向宜采用水流质点的抛物轨迹线与消力池连接（见图 7-13）。

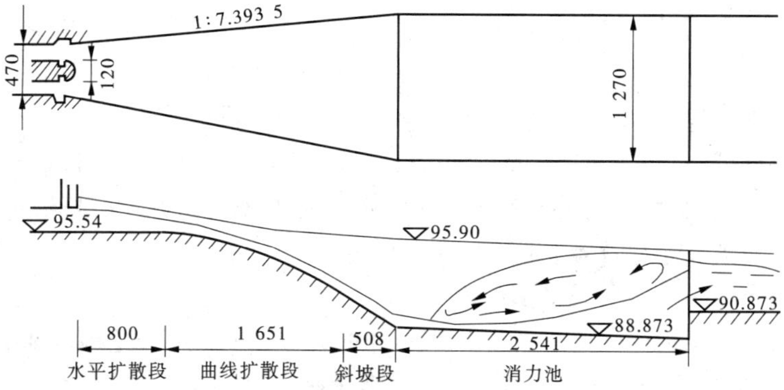

图 7-13　底流水跃消能布置　（单位：高程，m；尺寸，cm）

三、知识点测试

登录智慧职教 MOOC 学院进行资源学习，并完成本任务知识点测试；或扫描二维码完成本任务知识点测试。

码 7-10　项目七任务二知识点测试

四、技能训练

查阅相关资料，介绍我国水工隧洞建设取得的成就。

任务三　水工隧洞各组成部分设计

【学习目标】

1. 掌握作用于隧洞衬砌的荷载。
2. 了解隧洞衬砌的结构计算。
3. 按规范、标准做事，培养工程安全意识。

【思政素材】

码 7-11　我国南水北调工程的隧洞

一、隧洞衬砌的荷载及其组合

(一)荷载

隧洞是地下结构,衬砌与围岩有相互的作用,作用于衬砌的荷载种类与大小既取决于隧洞的工作条件,同时也取决于围岩地质条件及施工情况。作用于衬砌的荷载有自重、围岩压力、弹性抗力、内水压力、外水压力、温度荷载、灌浆压力、地震荷载等。

荷载计算对象与结构计算相同,为单位洞长。

1. 围岩压力

围岩压力也称山岩压力。隧洞开挖后由于围岩变形(隧洞开挖破坏了岩体原来的平衡,从而引起围岩应力重分布,引起变形)或坍落而作用在衬砌上的压力,称围岩压力。按作用的方向不同,围岩压力主要有两种:作用于衬砌顶部的垂直围岩压力,作用于衬砌两侧的侧向围岩压力。一般岩体中,作用在衬砌上的主要是垂直向下的围岩压力,对软弱破碎岩层,还需考虑侧向围岩压力。

计算山岩压力的方法很多,但目前工程中常用的方法主要有自然平衡拱法和经验法。这里仅介绍较为实用的经验法。

《水工隧洞设计规范》(SL 279—2016)规定,围岩作用在衬砌上的荷载,应根据围岩条件、横断面形状和尺寸、施工方法以及支护效果确定,并应符合下列规定:

(1)自稳条件好,开挖后变形很快稳定的围岩,可不计围岩压力。

(2)洞室在开挖过程中采取支护措施,使围岩处于基本稳定或稳定情况下,围岩压力可适当减小。

(3)不能形成稳定拱的浅埋隧洞,宜按洞室顶拱的上覆盖层岩体重力作用计算围岩压力,再根据施工所采取的支护措施予以修正。

(4)块状、中厚层至厚层状结构的围岩,可根据围岩中不稳定块体的重力作用来确定围岩压力。

(5)薄层状及碎裂散体结构的围岩,作用在衬砌上的围岩压力:

垂直方向 $$q_v = (0.2 \sim 0.3)\gamma_1 B \tag{7-1}$$

水平方向 $$q_h = (0.05 \sim 0.1)\gamma_1 H \tag{7-2}$$

式中 q_v——垂直均布围岩压力,kN/m^2;

q_h——水平均布围岩压力,kN/m^2;

γ_1——岩石的重度,kN/m^3;

B——隧洞开挖宽度,m;

H——隧洞开挖高度,m。

(6)采用掘进机开挖的围岩,可适当少计围岩压力。

(7)具有流变或膨胀等特殊性质的围岩,可能对衬砌结构产生变形压力时,应对这种作用进行专门研究。

2. 弹性抗力

在荷载作用下,衬砌向外变形时受到围岩的抵抗,围岩抵抗衬砌向外变形而作用在衬砌外壁的作用力,称为弹性抗力。弹性抗力是一种被动力。它与地基反力不同,后者是由力的平衡决定的，其数值与围岩的性质无关；而前者的产生是有条件的。考虑围岩弹性抗力的重要条件取决于岩石本身的承载能力，而充分发挥弹性抗力作用的主要条件是围岩与衬砌的接触程度。当岩石比较坚硬，且有一定的厚度（一般要求大于 3 倍的洞径），无不利的滑动面，围岩与衬砌紧密接触时，才可考虑弹性抗力的作用；否则不考虑围岩的弹性抗力，只考虑衬砌底部的地基反力。

岩石的弹性抗力可以近似地认为与衬砌表面法线方向位移 δ 成正比，即

$$p_0 = k\delta \quad (10\ \text{kPa}) \tag{7-3}$$

式中　p_0——岩石弹性抗力；

δ——衬砌表面法线方向位移，cm；

k——与岩石情况及隧洞开挖尺寸有关的弹性抗力系数，N/cm^3。

弹性抗力系数常用类比法和现场试验方法来确定。弹性抗力估计过高，则会使衬砌结构不安全，估计过低则造成不经济。因此，必须对其进行认真分析和估算。

3. 内、外水压力

内水压力是有压隧洞衬砌上的主要荷载。当围岩坚硬完整，洞径小于 6 m 时，可只按内水压力进行衬砌的结构设计。内水压力可根据隧洞压力线或洞内水面线确定。在有压隧洞的衬砌计算中，常将内水压力分为均匀内水压力和非均匀内水压力两部分。均匀内水压力是洞顶内壁以上水头 h 产生的，其值为 γh；非均匀内水压力是指洞内充满水，洞壁各点的压强值为 $\gamma d(1-\cos\theta)/2$（θ 为计算点半径与洞顶半径的夹角，d 为隧洞内直径）时的压力。非均匀内水压力的合力，方向向下，数值等于单位洞长内的水重（见图 7-14）。

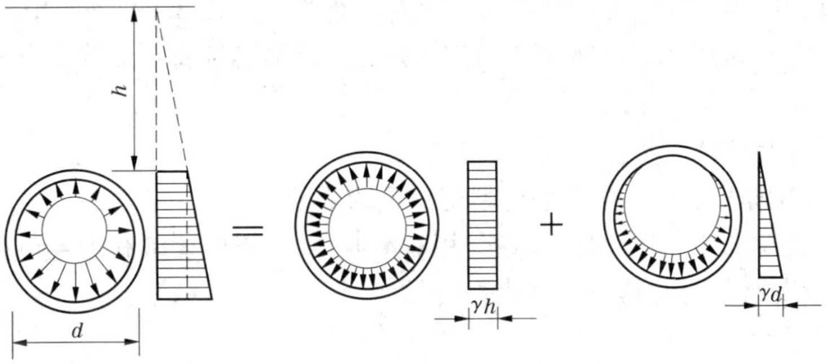

图 7-14　有压隧洞内水压力分解

对于有压发电引水隧洞，还应考虑机组甩负荷时引起的水击压力；无压隧洞的内水压力则由洞内的水面线来计算。

外水压力的大小取决于水库蓄水后形成的地下水位线，由于地质条件的复杂性，很难准确计算，一般来说，常假设隧洞进口处的地下水位线与水库正常挡水位相同，在隧洞出口处与下游水位或洞顶齐平，中间按直线变化。考虑到地下水渗流过程的水头损失，工程中实际取用外水压力的数值应等于地下水的水头乘以折减系数 β_e（见表 7-1）。设计中，当与内水压力组合时，外水压力常用偏小值；当隧洞放空时，外水压力采用偏大值。

表 7-1　外水压力折减系数 β_e 值

级别	地下水活动状况	地下水对围岩稳定的影响	β_e 值
1	洞壁干燥或潮湿	无影响	0~0.20
2	沿结构面有渗水或滴水	风化结构面填充物质，降低结构面的抗剪强度，对软弱岩体有软化作用	0.1~0.4
3	沿裂隙或软弱结构面有大量滴水、线状流水或喷水	泥化软弱结构面充填物质，地下水位降低结构面的抗剪强度，对中硬岩体有软化作用	0.25~0.6
4	严重滴水，沿软弱结构面有小量涌水	地下水冲刷结构面中充填物质，加速岩体风化，对断层等软弱带软化泥化，并使其膨胀崩解，以及产生机械管涌。有渗透压力，能鼓出较薄的软弱层	0.4~0.8
5	严重股状流水，断层等软弱带有大量涌水	地下水冲刷挟带结构面中充填物质，分离岩体，有渗透压力，能鼓出一定厚度的断层等软弱带，能导致围岩塌方	0.65~1.0

注：当有内水组合时，β_e 取较小值，无内水组合时，β_e 取较大值。

4. 衬砌自重

衬砌自重为沿隧洞轴线 1 m 长的衬砌重量。根据衬砌厚度的不同，沿洞线分段进行计算，认为自重是均匀作用在衬砌厚度的平均线上，衬砌单位面积上的自重强度 g 为

$$g = \gamma_c h \tag{7-4}$$

式中　γ_c——衬砌材料重度，kN/m^3。

h——衬砌厚度，m，应考虑平均超挖回填的部分。

除上述主要荷载外，隧洞衬砌上还作用有灌浆压力、温度荷载和地震荷载等。由于对衬砌影响较小，荷载组合时均不予考虑。

(二) 荷载组合

衬砌计算时，应根据荷载特点及同时作用的可能性，按不同情况进行组合。设计中常用的组合有：

(1) 正常运用情况：围岩压力+衬砌自重+宣泄设计洪水时的内水压力+外水压力。

(2) 施工、检修情况：围岩压力+衬砌自重+可能出现的最大外水压力。

(3) 非常运用情况：围岩压力+衬砌自重+宣泄校核洪水时的内水压力+外水压力。

正常运用情况属于基本组合，用于设计衬砌的厚度、配筋量和强度校核，其他情况用作校核。工程中视隧洞的具体运用情况还应考虑其他荷载组合。

二、衬砌结构计算

衬砌结构计算的目的是确定衬砌厚度、材料强度等级以及配筋量。衬砌结构计算的对象，是根据隧洞沿线荷载、断面形状与尺寸的不同将其分为若干段，每段选取一代表性

的单位洞长。

衬砌结构计算步骤，主要包括：选择衬砌形式并初步拟定其厚度；分别计算单位洞长上各种荷载产生的内力，并按不同的荷载组合叠加；进行强度校核，确定配筋量，判定初拟衬砌厚度是否合理并进行修改。

衬砌结构计算，应采用极限状态设计法，在规定的材料强度和荷载取值条件下，在多系数分析基础上以安全系数表达的方式进行设计，并应符合 SL 191 的相关规定。

三、知识点测试

登录智慧职教 MOOC 学院进行资源学习，并完成本任务知识点测试；或扫描二维码完成本任务知识点测试。

码 7-12　项目七任务三知识点测试

四、技能训练

某隧洞为圆形断面，内径 5 m，衬砌厚度为 60 cm，上游水位为 200 m，计算断面距进水口 300 m，计算断面处洞顶高程为 150 m，地下水位为 176 m，外水压力折减系数为 0.2，水击压力为 90 kPa。围岩为变质岩，$E=3\times10^3$ MPa，$f_k=3$，$\gamma_h=24.3\ kN/m^3$，$\sigma=30$ MPa，$\varphi_k=65°$，计算作用于隧洞衬砌上的内、外水压力和山岩压力。

项目八

渡　槽

任务一 认识渡槽

【学习目标】

1. 掌握渡槽的作用和适用情况。
2. 掌握渡槽的类型和组成。
3. 能正确选择渡槽形式。
4. 通过渡槽建设历史,关注民生水利,感受水利带来的变化。

【思政素材】

码 8-1 南水北调沙河渡槽　码 8-2 古希腊渡槽　码 8-3 长岗坡渡槽　码 8-4 沙河渡槽

一、渡槽的作用及组成

渡槽是渠道跨越河、沟、渠、路或洼地的明流架空交叉建筑物,它由进口连接段、槽身、支承结构与出口连接段组成,如图 8-1 所示。渡槽不仅能够输送渠水,还可以用于排洪、排沙、通航和导流等。

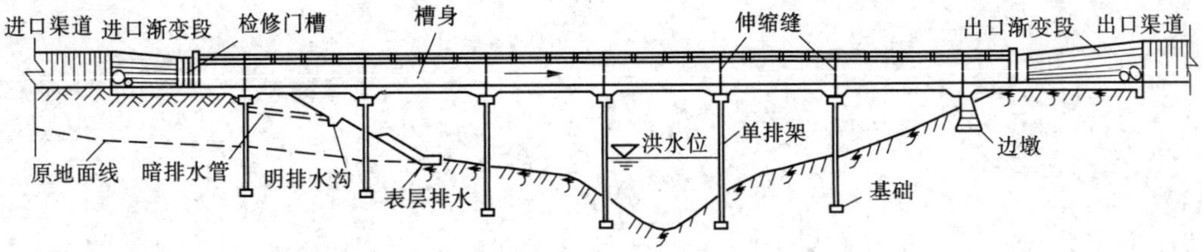

图 8-1 梁式渡槽纵剖面

渠道通过进、出口建筑物与槽身相连接,槽身置于支承结构上,槽身重及槽中水重通过支承结构传给基础,再传至地基。

渡槽一般适用于河、渠相对高差较大,河道岸坡较陡,洪水流量较大的情况。它与倒虹吸管相比较具有水头损失小、便于管理运用及可通航等优点,是渠系交叉建筑物中采用最多的一种形式。

二、渡槽的类型

渡槽的类型一般是指槽身及支承结构的类型,由于槽身及支承结构的类型很多,因此渡槽的分类方法也多。

渡槽按槽身断面形式分为 U 形槽、矩形槽、抛物线形槽及圆管槽等,如图 8-2 所示。

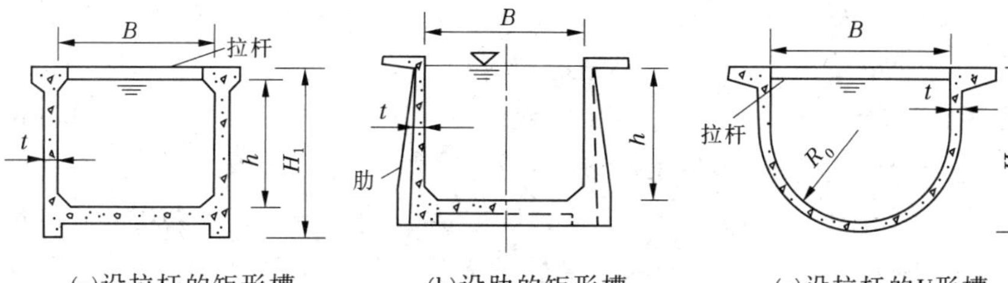

(a)设拉杆的矩形槽 (b)设肋的矩形槽 (c)设拉杆的U形槽

图 8-2 矩形及 U 形槽身断面形式

渡槽按支承结构分为梁式渡槽(见图 8-3)、拱式渡槽(见图 8-4)、桁架式渡槽、斜拉式渡槽等。

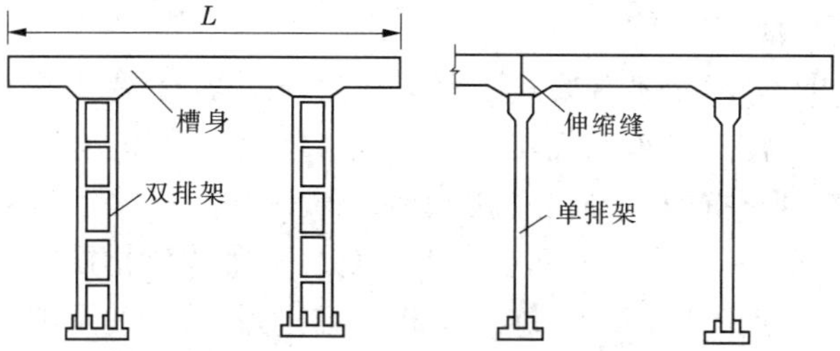

(a)双悬臂梁式 (b)单悬臂梁式

图 8-3 悬臂梁式渡槽

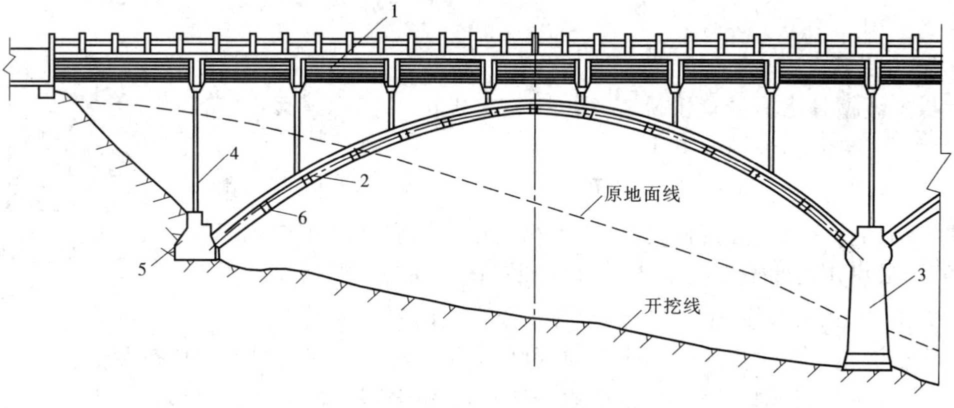

1—槽身;2—肋拱;3—槽墩;4—排架;5—拱座;6—横系梁。

图 8-4 拱式渡槽

由于按支承结构分类能够较全面地反映渡槽的性能、特点、受力状态、荷载传递方式及设计方法,因此本节将着重对梁式渡槽及拱式渡槽两大类型进行介绍。

码 8-5 梁式渡槽的类型与组成

(一)梁式渡槽

梁式渡槽的槽身置于槽墩或槽架上,因其纵向受力与梁相同,故称为梁式渡槽。梁式渡槽的槽身根据其支承位置的不同,可分为简支梁式(见图 8-1)、单悬臂梁式[见图 8-3(b)]、双悬臂梁式[见图 8-3(a)]、连续梁式等几种形式。前三种为静定结构,后一种为超静定结构。

1. 简支梁式渡槽

其特点是结构形式简单,施工吊装方便,但跨中弯矩大,整个底板受拉,不利于抗裂防渗。对于矩形槽,跨度一般为 8~15 m;对于 U 形槽,跨度一般为 15~20 m。其经济跨度一般为墩架高度的 0.8~1.2 倍。当槽身高度较大且修建槽墩较为困难时,可采用大跨度结构;而对于槽身高度较小且地质条件又较差时,以选用较小跨度为宜。

2. 单悬臂梁式渡槽

一般用在靠近两岸的槽身,或双悬臂梁向简支梁过渡时采用。其悬臂长度不宜过长,以保证槽身的另一端支承处有足够的压力。

3. 双悬臂梁式渡槽

按照悬臂长度的大小,双悬臂梁式渡槽又分为等跨度、等弯矩、不等跨不等弯矩三种形式,后一种一般较少用。等跨度式在纵向均布水重及自重作用下,跨中弯矩为零,底板全部位于受压区,有利于抗裂防渗;等弯矩式跨中弯矩与支座弯矩相等,结构受力合理,但需上、下配置受力钢筋,总配筋量不一定最小。双悬臂梁式渡槽的跨度较大,一般每节槽身长度为 25~40 m。由于其重量大,施工吊装困难,当悬臂端变形时,接缝处止水容易被拉裂。

4. 连续梁式渡槽

连续梁式渡槽为超静定结构,弯矩值较小,但是,适应地基不均匀沉陷的能力差,因此应慎重采用。

(二)拱式渡槽

拱式渡槽是指槽身置于拱式支承结构之上的渡槽。其支承结构由槽墩、主拱圈、拱上结构组成。

主拱圈是拱式渡槽的主要承重结构,其受力特点为:槽身荷载通过拱上结构传给主拱圈,再由主拱圈传给槽墩或墩台。主拱圈主要承受压力,故可用石料或混凝土建造,并可采用较大的跨度,但拱圈对支座的要求严格,跨度较大的渡槽应建在比较坚固的岩石地基上。

码 8-6　拱式渡槽的类型与组成

拱式渡槽按照主拱圈的结构形式,可分为板拱渡槽、肋拱渡槽、双曲拱渡槽。

拱式渡槽按材料可分为砌石渡槽、混凝土渡槽、钢筋混凝土渡槽。

1. 板拱渡槽

渡槽的主拱圈截面为矩形,结构形式像一块拱形的板,故称为板拱渡槽,一般为实体结构,多采用粗料石或预制混凝土块砌筑(见图 8-5),对于小型渡槽,也可采用砖砌。

板拱渡槽的主要特点是可以就地取材,结构简单,施工方便,所以在水利工程中得到广泛的应用。但是由于其自重较大,对地基要求严格,一般多用于较小跨度的渡槽。

2. 肋拱渡槽

其主拱圈由几根分离的拱肋组成,为了加强主拱圈的整体性和横向稳定性,在拱肋之间每隔一定的距离设置刚度较大的横系梁进行联结,拱上结构为排架式,如图 8-4 所示。当槽宽不大时,多采用双肋。肋拱渡槽一般采用钢筋混凝土结构,小跨度拱圈也可采用少

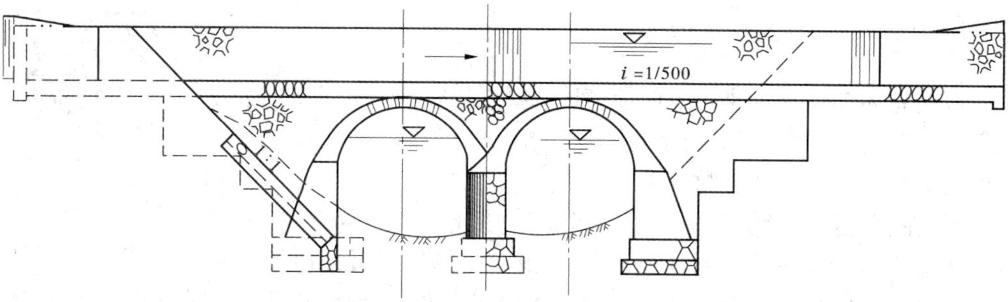

图 8-5 板拱渡槽

筋或无筋混凝土。对于大中跨径的肋拱结构,可分段预制吊装拼接,无须支架施工。这种形式的渡槽外形轻巧美观,自重较轻,工程量较小。

3. 双曲拱渡槽

双曲拱主要由拱肋、拱波和横系梁(或横隔板)等部分组成,如图 8-6 所示。因主拱圈沿纵向呈拱形,其横截面也呈拱形,故称为双曲拱渡槽。双曲拱能够充分发挥材料的抗压性能,具有较大的承载力,节省材料,外形美观,主拱圈可分块预制吊装。一般适用于修建大跨度渡槽。

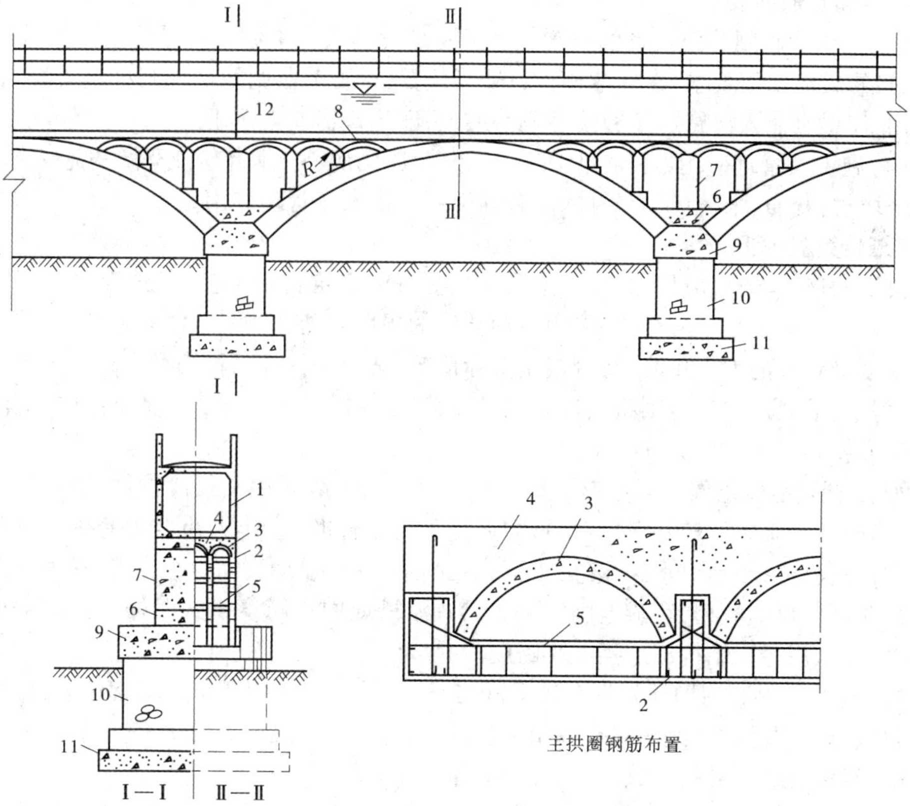

1—槽身;2—拱肋;3—预制拱波;4—混凝土填平层;5—横系梁;6—护拱;7—腹拱横墙;8—腹拱;9—混凝土墩帽;10—槽墩;11—混凝土基础;12—伸缩缝。

图 8-6 双曲拱渡槽

三、渡槽的总体布置

码 8-7　渡槽工程设计图集

渡槽总体布置的主要内容包括槽址选择、结构选型、进出口段的布置等。一般是根据规划确定的任务和要求，进行调查勘察，取得较为全面的地形、地质、水文、建材、交通、施工管理、社会经济等方面的基础资料，在进行技术经济分析比较的基础上，选出最优布置方案。

渡槽总体布置的基本要求是：满足规划中所规定的设计任务，如水流、水位等；槽身长度短，基础及岸坡稳定；结构选型合理；进出口与渠道的连接直、顺、缓、畅；避免填方接头，少占农田；交通方便，就地取材。

（一）槽址选择

槽址选择，包括轴线和起止点位置的确定，一般应注意以下几个方面：

（1）应选择在地形、地质条件有利的地方。结合渠道线路选择，尽量利用有利的地形、地质条件，以便缩短槽身长度，减少基础工程量，降低墩架高度。槽轴线力求短而直，进出口避免急转弯并力求布置在挖方渠道上。

（2）跨越河流的渡槽，槽址应稳定，水流顺直。槽轴线应与河流方向正交，槽址应位于河床及岸坡稳定的地段，避免选在河流转弯处。对于有通航要求的河道，应注意渡槽下部的净空满足通航要求。

（3）便于泄水闸等建筑物的布置。为了满足渡槽或上下游填方渠道发生事故时需要停水、检修或泄水等要求，常在渡槽进口适当位置，设置节制闸及退水闸等建筑物，通过联合应用，使渠水泄入出路通畅的溪谷或河道，保证建筑物安全运用。

（4）施工及管理应用方便。少占耕地、少拆迁民房；尽可能有较宽阔的施工场地，便于就地取材；交通、水、电供应条件好；有利于灌溉供水及管理应用。

（二）渡槽选型

渡槽的形式选择，应根据地形、地质、水流条件、建筑材料、施工条件等因素综合研究确定。对于一般中小型渡槽，可采用一种类型的单跨或等跨渡槽；对于地形、地质条件复杂而长度又较大的大中型渡槽，可根据实际情况，选用一种或两种类型及跨度不同的布置方式，但变化不宜过多，否则将增加施工难度、影响槽墩受力状况。具体选择时，应注意以下几方面：

（1）地形、地质条件。当地形平坦、槽高不大时，一般采用梁式渡槽；对于窄深的山谷地形，当两岸地质条件较好，且有足够的强度和稳定性时，宜建大跨度单跨拱式渡槽。如跨越河道的渡槽，当河道水深流急，水下施工困难，并且滩地高而且很宽时，在河床部位可采用大跨度的拱式渡槽，在滩地则宜采用梁式渡槽或中小跨度拱式渡槽。当地基承载力较低时，可采用轻型结构或适当减小跨度。

（2）建筑材料。当槽址附近有较丰富的符合质量要求的石料时，应就地取材，优先采用石拱渡槽。但是拱式渡槽对地基条件要求高，施工劳动强度大，因此应综合分析各种条件，采用经济合理的结构形式。

（3）施工条件。如具备吊装技术及相应设备，应尽可能采用预制构件装配的结构形式，以加快施工进度，降低劳动强度。同一渠系布置有多个渡槽时，应尽量采用同一种结构形式，以便于设计和施工的定型化。

(三)进、出口段的布置

为了减小渡槽过水断面,降低工程造价,一般槽身纵坡较渠底坡度陡。为使渠道水流平顺地进入渡槽,避免冲刷和减小水头损失,布置渡槽进出口段时应注意以下几个方面:

(1)与渠道直线连接。渡槽进出口前后的渠道上应有一定长度的直线段,与槽身平顺连接,在平面布置上要避免急转弯,防止水流条件恶化,影响正常输水,造成冲刷现象。对于流量较大、坡度较陡的渡槽,尤其要注意这一问题。

(2)设置渐变段。为了使水流平顺衔接,适应过水断面的变化,渡槽进出口均需设置渐变段。渐变段形式,主要有扭曲面式、反翼墙式、八字墙式等,扭曲面式水流条件较好,应用较多,八字墙式施工简单,小型渡槽使用较多。渐变段长度 L_j 通常采用下列经验公式计算:

$$L_j = C(B_1 - B_2) \tag{8-1}$$

式中　B_1——渠道水面宽度;

B_2——渡槽水面宽度;

C——系数,进口取 $C=1.5\sim2.0$,出口取 $C=2.5\sim3.0$。

对于中小型渡槽,进口渐变段长度可取 $L_1\geqslant4h_1$,其中 h_1 为上游渠道水深;出口渐变长度可取 $L_2\geqslant6h_2$,其中 h_2 为出口渠道水深。

(3)设置护底与护坡。进出口段的流态较为复杂,为了防止冲刷造成危害,应设置可靠的护底与护坡。

四、知识点测试

登录智慧职教 MOOC 学院进行资源学习,并完成本任务知识点测试;或扫描二维码完成本任务知识点测试。

码 8-8　项目八任务一知识点测试

五、技能训练

实地考察或者利用网络资源,调查我国渡槽的建设情况以及存在的问题。

任务二　槽身的水力计算

【学习目标】

1. 掌握槽身水力计算的内容和方法。
2. 能确定渡槽横断面的尺寸、槽底纵坡和进出口高程。
3. 培养严谨科学的学习态度,严格规范、标准做事。

【思政素材】

码 8-9　康庄渡槽

码 8-10　南水北调湍河渡槽

渡槽水力计算的目的，就是确定渡槽过水断面形状和尺寸、槽底纵坡、进出口高程，校核水头损失是否满足渠系规划要求。

渡槽的水力计算，是在槽址中心线及槽身起止点位置已选择的基础上进行的，所以上下游渠道的断面尺寸、水深、渠底高程和允许水头损失均为已知。

一、槽身断面形式

在进行渡槽槽身断面形式选择时，一般应考虑水力条件、结构受力条件、施工条件及通航要求等因素。一般大流量渡槽，多采用矩形断面；中小流量可采用矩形，也可采用 U 形断面。

矩形断面槽身多采用钢筋混凝土或预应力混凝土结构，U 形槽身一般采用钢丝网水泥或预应力钢丝网水泥结构。钢丝网水泥 U 形结构，槽身槽壁厚度一般只有 2~3 cm，是一种轻型而经济的结构，它具有水力条件好、纵向刚度较大而横向内力小、节省材料、吊装方便、施工可不立模板、工程造价较低等优点，但是抗冻性和耐久性较差、施工工艺要求高。如施工质量较差，将可能引起表面剥落、钢丝网锈蚀，甚至产生裂缝漏水等现象。对于中小型渡槽，当流量较小而且无通航要求时，可在槽顶设拉杆，见图 8-2(a)、(c)，其间距一般为 1~2 m，以改善槽身横向受力及增加侧墙稳定性。如有通航要求，则不能设拉杆，而应适当加大侧墙厚度，也可做成变厚度侧墙。

为了增加侧墙稳定性，也可沿槽长方向每隔一定距离加一道肋，构成肋板式槽身，如图 8-7 所示。肋的布置，应保证侧墙底部和底板为双向受力的四边支承或三边支承结构。肋间距应适当，初拟时可取侧墙高的 0.7~1.0 倍，肋的宽度 b 一般不小于侧墙厚度 t，肋的厚度一般为 $(2\sim2.5)t$，对于大流量($40\sim50\ m^3/s$ 以上)的渡槽，或者因通航需要较大槽宽时，为了减小底板厚度，可在底板下设置边纵梁或中纵梁，而建成多纵梁式矩形槽，如图 8-8 所示。

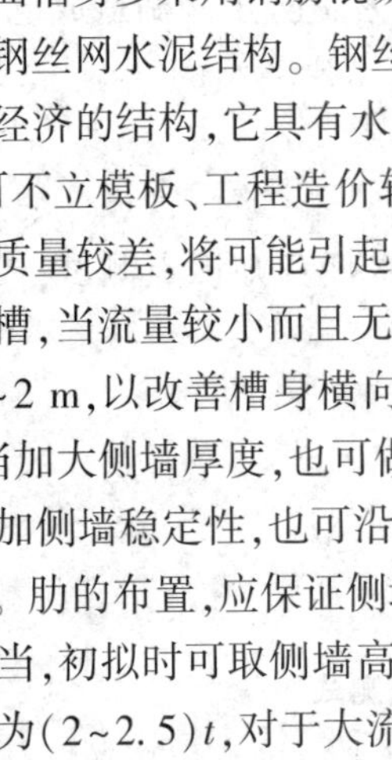

图 8-7　肋板式矩形槽

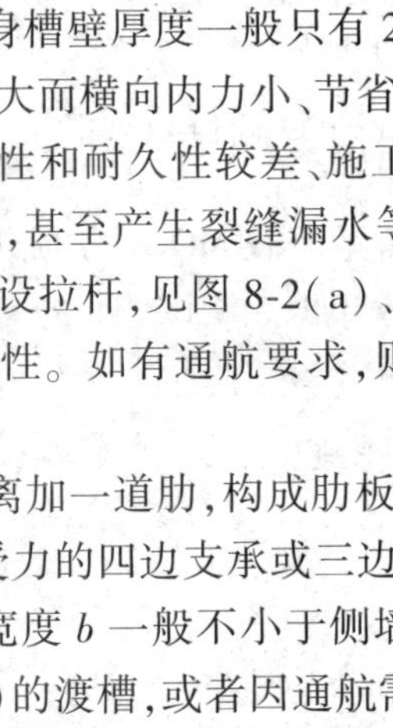

图 8-8　多纵梁式矩形槽

槽身侧墙通常都按纵梁考虑，由于侧墙薄而高，故在设计中除考虑强度外，还应考虑侧向稳定，一般以侧墙厚度 t 与侧墙高度 H_1 的比值 t/H_1 作为衡量指标，其经验数值，可参考表 8-1。

表 8-1 槽身侧墙经验尺寸数据参考值

项目名称	t/H_1	厚度 t/cm
有拉杆矩形槽	1/12~1/16	10~20
有拉杆 U 形槽	1/10~1/15	5~10
肋板式矩形槽	1/18~1/20	12~15

钢筋混凝土 U 形槽，一般采用半圆形上加直段的断面形式。为了便于布置纵向受力钢筋，并增加槽壳的纵向刚度以满足底部抗裂要求，常将槽底弧形段加厚，如图 8-9 所示。图 8-9 中 s_0 是从 d_0 两端分别向槽壳外缘作切线的水平投影长度，可由作图求出。初步拟定断面尺寸时，可参考表 8-2 所列经验数据。

表 8-2 U 形槽经验参数

参数	h_0	a	b	c	d_0	t_0
经验数据	$(0.4\sim0.6)R_0$	$(1.5\sim2.5)t$	$(1\sim2)t$	$(1\sim2)t$	$(0.5\sim0.6)R_0$	$(1\sim1.5)t$

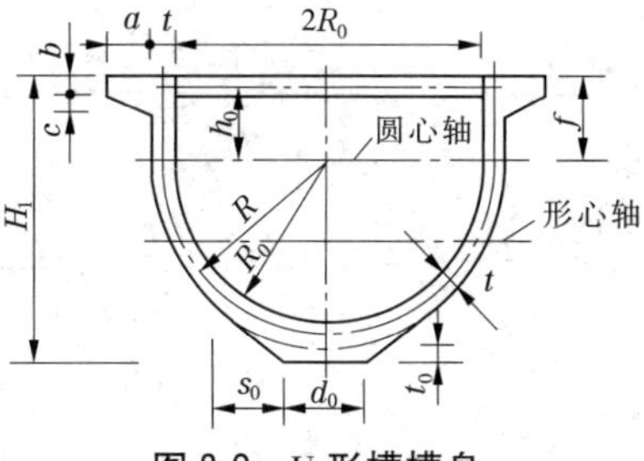

图 8-9 U 形槽槽身

二、槽身断面尺寸的确定

槽身过水断面尺寸，一般按设计流量设计，按最大流量校核，通过水力学公式进行计算。当槽身长度 $L\geqslant(15\sim20)h$（h 为槽内水深）时，按明渠均匀流公式计算；当 $L<(15\sim20)h$ 时，可按淹没宽顶堰公式进行计算。

用明渠均匀流公式计算时，应正确选择相关参数。槽身糙率 n 应根据施工条件和工艺水平参照工程实测资料分析选取，初步设计时可按有关手册查用；从受力条件考虑，梁式渡槽的槽身侧墙在纵向起梁的作用，加高侧墙，有利于提高槽身纵向承载能力，故宜适当加大深宽比。工程中多采用窄深式断面，一般矩形槽 $h/b=0.6\sim0.8$，U 形槽 $h/b=0.7\sim0.8$。

为了防止因风浪或其他因素引起侧墙顶溢流现象，侧墙应有一定的超高 Δh。根据建筑物的等级和过流量不同，超高 Δh 可选用 0.2~0.6 m，也可按下列经验公式确定：

矩形槽　$$\Delta h = h/12 + 5 \tag{8-2}$$

U 形槽　$$\Delta h = D/12 \tag{8-3}$$

式中　h——槽内水深,cm;

D——U 形槽直径,cm。

对于有通航要求的渡槽,超高值应根据通航要求确定。

三、渡槽纵坡 i 的确定

进行渡槽水力计算时,首先要确定渡槽纵坡。在相同流量下,纵坡的选择对渡槽过水断面大小、工程造价高低、水头损失大小、通航要求、水流冲刷及下游自流灌溉面积等有直接影响。因此,确定一个适宜的坡度,使其既能满足渠系规划允许的水头损失,又能降低工程造价,常需要试算,一般初拟时,常采用 $i=1/500 \sim 1/1\ 500$,槽内流速 1~2 m/s;对于通航渡槽,要求流速不能太大,纵坡一般取 $i=1/3\ 000 \sim 1/10\ 000$。

四、水头损失计算

水流通过渡槽时,由于克服沿程阻力、局部阻力以及水流能量转换,都会产生水头损失,如图 8-10 所示。

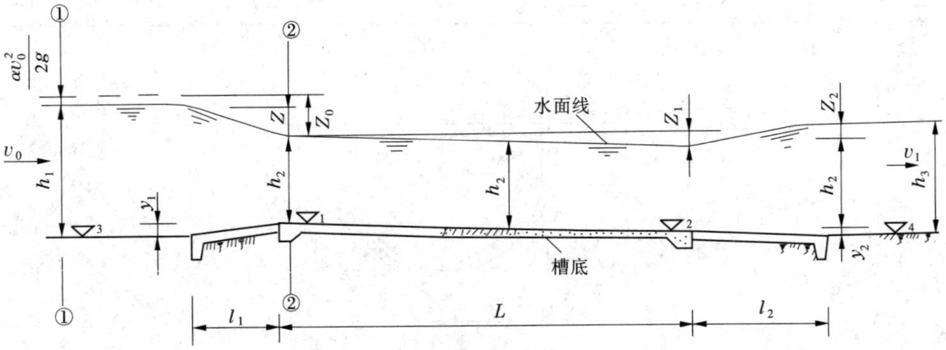

图 8-10　渡槽水力计算示意图

首先,水流经过渡槽进口段时,随着过水断面的减小,流速将逐渐加大,水流势能一部分转化为动能,另一部分因水流收缩而产生水头损失,因此进口段将产生水面降落 Z;水流进入槽身后,槽中水流基本保持均匀流,沿程水头损失值为 Z_1;而出口段的水流,随着过水断面的增大,流速逐渐减小,水流动能一方面扩散,另一方面则转化成势能,使得出口水面回升 Z_2。

(1)进口水面降落 Z,可按淹没宽顶堰计算,常用公式为

$$Z = \frac{Q^2}{(\sigma\varphi\omega\sqrt{2g})^2} - \frac{{v_0}^2}{2g} \tag{8-4}$$

或
$$Z = \frac{1 + K_1}{2g}(v^2 - v_0^2) \tag{8-5}$$

式中　σ、φ——侧收缩系数和流速系数,均可取 0.9~0.95;

v、v_0——槽内与上游渠道水的流速；

ω——渡槽的过水横断面面积，m^2；

K_1——进口段局部水头损失系数，与渐变段形式有关，见表 8-3。

表 8-3 进口段局部水头损失系数 K_1

渐变段形式	长扭曲面	八字斜墙	圆弧直墙	急变形式
K_1	0.1	0.2	0.2	0.4

(2)槽身沿程水头损失 Z_1，按照明渠均匀流特点，计算公式为

$$Z_1 = iL \tag{8-6}$$

式中 i——槽身纵坡；

L——槽身长度。

(3)出口水面回升 Z_2，可按下式计算：

$$Z_2 = \frac{1 - K_2}{2g}(v^2 - v_1^2) \tag{8-7}$$

式中 K_2——出口段局部水头损失系数，常取 0.2；

v_1——下游渠道水流流速。

当上下游渠道断面相等时，也可按下式计算：

$$Z_2 = \frac{1 - K_2}{1 + K_1}Z \tag{8-8}$$

根据工程实际观测和模型试验资料，出口回升值 Z_2 约为进口水面降落 Z 的 1/3。

(4)渡槽总水头损失，按下式计算：

$$\Delta Z = Z + Z_1 - Z_2 \tag{8-9}$$

按式(8-9)求得的 ΔZ，如果等于或略小于允许水头损失值，则槽底纵坡和槽身断面即为所求；如果 ΔZ 大于允许值较多，则应重新拟定槽底纵坡，重新计算，直到满足要求。如果 i 值已经很小，若再减小将会过多增加渡槽工程量，也可不改变 i 值，而降低下游渠底高程使渠水位与水面回升后的水位相等；或者由下游推到上游，而将上游渠底部抬高。

五、渡槽进、出口高程确定

为保证通过设计流量时，上下游渠道保持均匀流，而不致产生大的壅水或降水，进、出口底板应分别进行适当地抬高或降低，可按表 8-4 中公式确定，其中符号见图 8-10。

表 8-4 渡槽进、出口高程计算

项目名称	计算公式	备注
进口槽底高程	$\nabla_1 = \nabla_3 + y_1$	抬高值：$y_1 = h_1 - Z - h_2$
出口槽底高程	$\nabla_2 = \nabla_1 - Z_1$	
出口渠底高程	$\nabla_4 = \nabla_2 - y_2$	降低值：$y_2 = h_3 - Z_2 - h_2$

码 8-11　渡槽设计计算书

六、知识点测试

登录智慧职教 MOOC 学院进行资源学习,并完成本任务知识点测试;或扫描二维码完成本任务知识点测试。

码 8-12　项目八任务二知识点测试

七、技能训练

某渡槽为 4 级水工建筑物,总长 120 m,渠道底宽 $b=0.7$ m,边坡系数 $m=1$。设计流量为 2.5 m^3/s,相应水深为 1.41 m;加大流量为 3.4 m^3/s,相应水深为 1.61 m。渠系规划允许水头损失为 0.3 m。对该渡槽进行水力计算。

任务三　梁式渡槽设计

【学习目标】

1. 掌握梁式渡槽的组成。
2. 掌握渡槽槽身伸缩缝的构造布置。
3. 能熟练识读梁式渡槽工程图。
4. 严格标准,科学、规范做事。

【思政素材】

码 8-13　梁式渡槽仿真视频

码 8-14　南水北调沙河渡槽

在实际工程中,梁式渡槽应用较为广泛,如图 8-1 所示,其组成、作用、特点、总体布置以及水力计算前边已经阐述。下面就梁式渡槽槽身伸缩缝、支承结构、基础设计以及进出口建筑物进行介绍。

一、渡槽伸缩缝与止水

槽身布置中，除选择断面形式、确定断面尺寸外，还应注重槽身的分缝、止水及与墩台的连接等一般构造。

（一）分缝

为了适应渡槽槽身因温度变化引起的伸缩变形和允许的沉降位移，应在渡槽进出口建筑物之间以及各节槽身之间设置变形缝，缝宽一般为 2～5 cm。变形缝的封堵材料，应既能适应变形又能防止漏水，特别是槽身与进出口建筑物之间的接缝止水必须严密可靠，以避免产生大量的漏水，造成岸坡坍塌，影响渡槽安全。

（二）止水

槽身接缝止水材料和构造形式较多，常见的有橡皮压板式止水、塑料止水带压板式止水、沥青填料式止水、黏合式止水、套环填料式止水等，如图 8-11 所示。

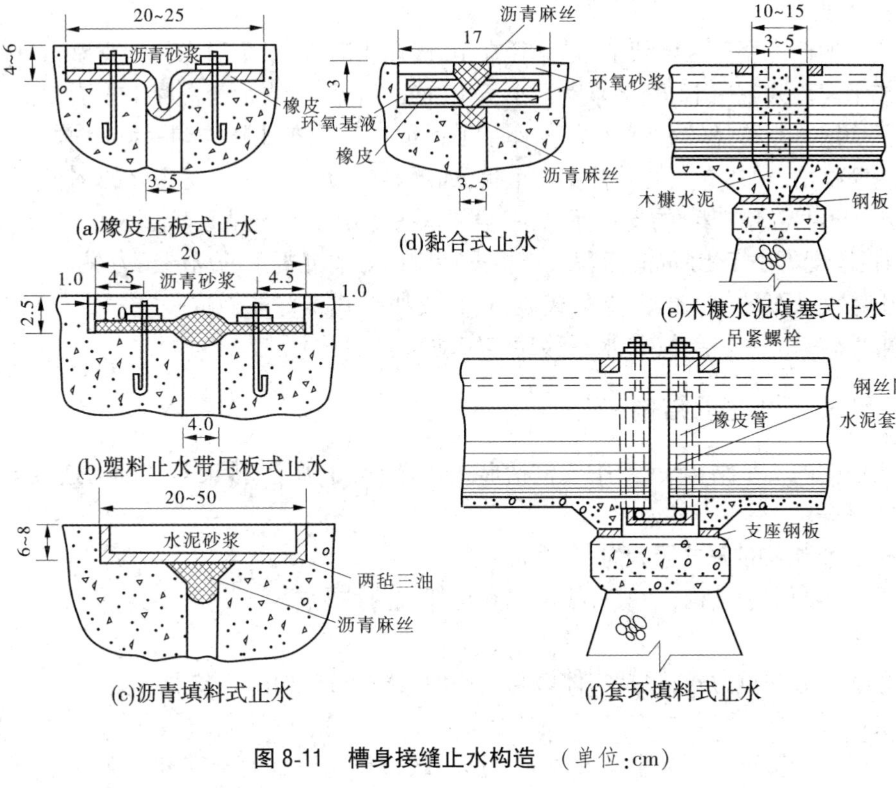

图 8-11 槽身接缝止水构造 （单位：cm）

1. 橡皮压板式止水

它是将厚 6～12 mm 的橡皮带，用厚 4～8 mm、宽 6 mm 左右的扁钢和螺栓将其紧压在接缝处。螺栓的直径一般为 9～12 mm，间距为 16 倍螺栓直径或 20 倍扁钢厚度，常用 20 cm 左右。为了防止橡皮老化与铁件锈蚀，应在凹槽内填沥青砂浆或 1∶2水泥砂浆。这种止水如能保证质量可以做到不漏水，且适应接缝变形的性能较好，但检修与更换不太方便。

2. 塑料止水带压板式止水

这种止水是用聚氯乙烯塑料止水带代替橡皮止水带,止水性能良好,具有良好的弹性和韧性,适应变形能力较强,自重轻,易黏结,不易老化,价格一般较低。

3. 沥青填料式止水

这种止水造价低,维修方便,但适应变形的能力和止水效果不理想。

4. 黏合式止水

黏合式止水是用环氧树脂将橡皮粘贴在接缝处,施工简便,止水效果好。

5. 套环填料式止水

在接缝两侧的槽端小悬臂外壁上,套一钢筋混凝土或钢丝网水泥套环,以之紧压槽外壁与套环之间的橡皮管或沥青麻丝、石棉纤维水泥等止水填料。

6. 木糠水泥填塞式止水

其填料是用木糠(粒径小于 2 mm)和水泥拌匀,加入适量的水再湿拌而成。这种接缝止水构造简单,造价低,有一定适应变形的能力,在南方的小型渡槽中采用较多。

(三)支座

梁式渡槽槽身搁置在墩架上,当跨径在 10 m 以内时,一般不设专门的支座,直接支承在油毡或水泥砂浆垫层上,垫层厚度不小于 10 mm。为防止支承处混凝土拉裂,可设置钢筋网进行加固。当跨径较大时,为使支座接触面的压力分布比较均匀并减小槽身摩擦时所产生的摩擦力,常在支点处设置支座钢板,如图 8-11 所示。每个支座处的钢板有两块,分别固定于槽身及墩(架)的支承面上,一般要求每块钢板上先焊上直径不小于 10 mm 的钢筋,钢板厚度不小于 10 mm,面积大小根据接触面处的混凝土的局部压力决定。

对于跨度及纵坡较大的简支梁式渡槽,其支座形式最好能做成一端固定(不能水平移动但可以转动)一端活动(能水平移动和转动)。

二、梁式渡槽支承结构

梁式渡槽的支承结构设计,主要包括形式选择、尺寸确定、排架与基础的连接方式以及结构计算等。

(一)支承结构的形式及尺寸

梁式渡槽的支承结构,一般有槽墩式和排架式两种形式。

1. 槽墩式

槽墩式一般为重力式,包括实体墩与空心墩两种形式,如图 8-12 所示。

1)实体墩

实体墩的墩头形式多为半圆形或尖角形。墩顶长度应略大于槽身长度,每边外伸约 20 cm。墩顶宽度应大于槽身支承面所需的宽度,常不小于 0.8~1.0 m。墩顶设置混凝土墩帽,一般厚度为 0.3~0.4 m,四周外挑 5~10 cm,并布置一定的构造钢筋。为满足墩体强度和地基承载力要求,墩身两侧可做成 20∶1~30∶1的斜坡。在墩帽上应设置油毡垫座或钢板支座,以便将上部荷载均匀传到墩体上,并减小槽身因温度变化而产生的水平力。实体墩一般采用混凝土或浆砌石结构,构造简单,施工方便,但使用材料多,自身重力大,故高度不宜太大,当槽墩较高,承受荷载又较大时,要求地基应有较大的承载力,因此这种

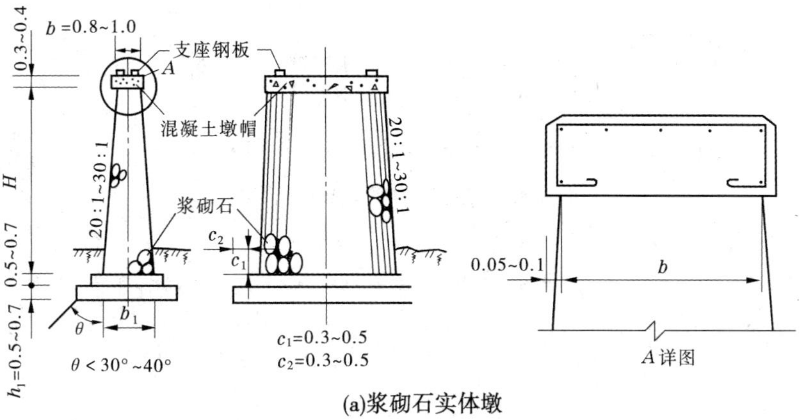

(a)浆砌石实体墩

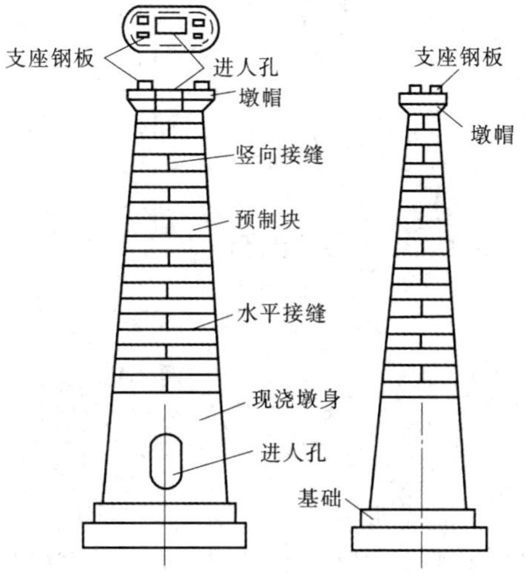

(b)空心重力墩

图 8-12　槽墩形式　（单位:m）

墩高度一般不大于 8~15 m。

2) 空心墩

空心墩的体形及各部分尺寸基本与实体墩相同。截面形式有圆形、矩形、双工字形、圆矩形等,如图 8-13 所示。其壁厚一般为 15~30 cm,为了加强墩身的整体性并便于分层吊装施工,竖向每隔 2.5~4.0 m 设置一道横梁,并在墩顶和墩底设置进人孔。空心墩墩身,可采用混凝土预制块砌筑,也可将墩身分段预制现场安装。在数量多、墩身较高时,可采用滑升钢模现浇混凝土施工。与实体墩相比较,可节省材料;与槽架相比较,可节省钢材。其自身重力小,但刚度大,适用于修建较高的槽墩。

3) 槽台

渡槽与两岸连接时,常采用重力式边槽墩,也简称槽台,如图 8-14 所示。槽台起着支承槽身和挡土的双重作用,其高度一般不超过 5~6 m。槽台背坡,一般 $m=0.25\sim0.5$。为减小槽台背水压力,常在其体内设置排水孔,孔径为 5~8 cm,并做反滤层予以保护。槽台顶应设混凝土台帽,其构造同槽墩。

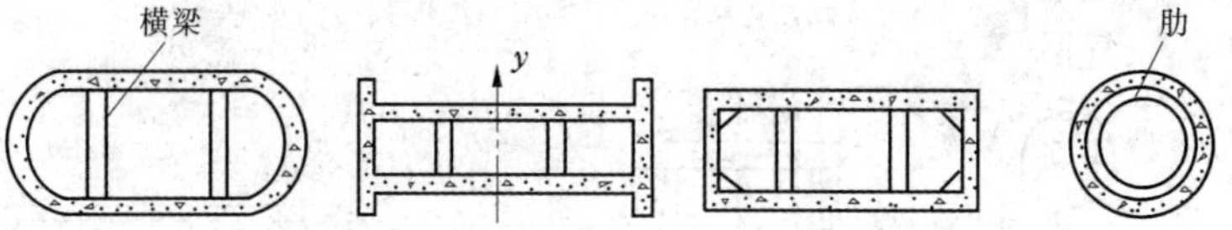

(a) 圆矩形　(b) 双工字形　(c) 矩形　(d) 圆形

图 8-13　空心重力墩的横剖面形式

2. 排架式

排架式一般为钢筋混凝土结构，主要有单排架、双排架、A 字形排架及组合式排架等形式，如图 8-15 所示。

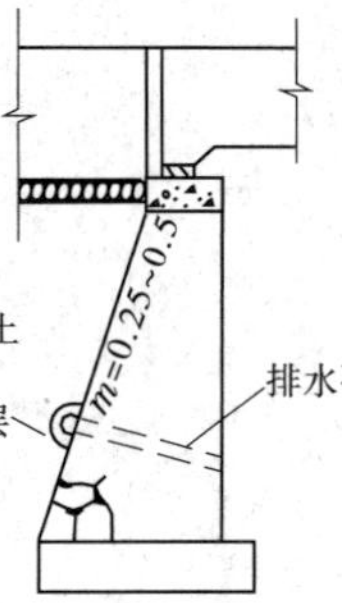

图 8-14　重力式槽台

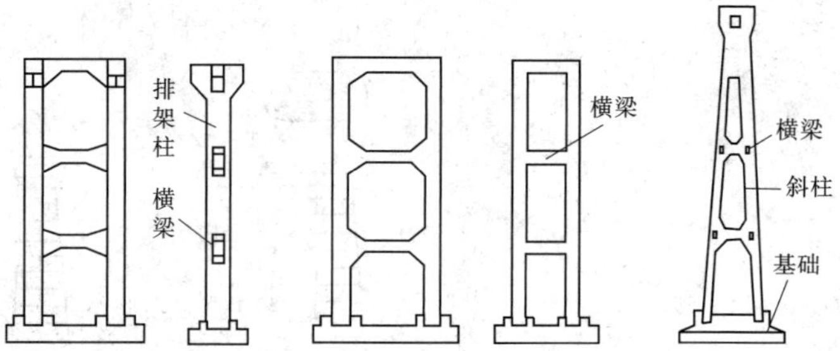

(a)单排架　(b)双排架　(c)A字形排架

图 8-15　排架形式

1) 单排架

这种排架是由两根立柱和横梁所组成的多层刚架结构，其构造如图 8-16 所示。单排架具有体积小、重量小、可现浇或预制吊装等优点，在工程中被广泛应用。单排架高度一般为 10~20 m。

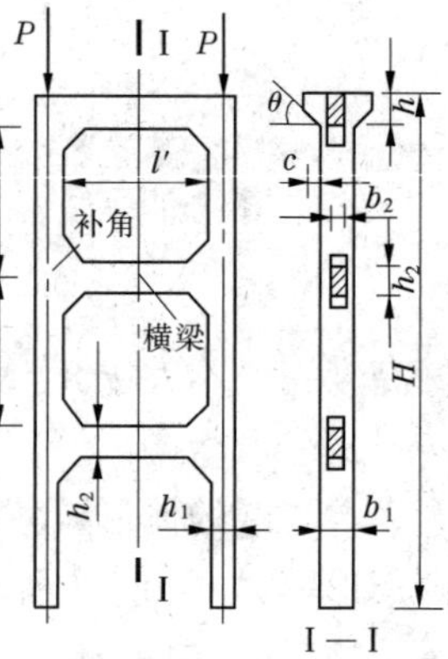

图 8-16　单排架构造

单排架两根立柱的中心距取决于渡槽宽度，一般应使槽身传来的荷载 P 的作用线与立柱中心线相重合，以使立柱成为中心受压构件。两立柱间设置横梁，自上而下等间距布置，横梁与立柱的连接处应设置补角。为改善槽身支承条件，排架顶部常伸出悬臂短梁。

支柱各部分尺寸：长边（顺槽向）$b_1=(1/20\sim1/30)H$，常用 $b_1=0.4\sim0.7$ m；短边（横槽向）$h_1=(1/1.5\sim1/2.0)b_1$，常用 $h_1=0.3\sim0.5$ m。对于大型渡槽，可取大值或超过上述尺寸；对于跨度不大的中小型渡槽，支柱以纵向稳定为控制条件，b_1/h_1 值可增大。

两支柱间横梁：间距 $l=2.5\sim4.0$ m；梁高 $h_2=(1/6\sim1/8)l$；梁宽 $b_2=(1/1.5\sim1/2.0)h_2$。

排架顶部悬臂：长度 $c\geqslant b_1/2$，高度 $h\geqslant b_1$；倾角 $\theta=30°\sim45°$。

2) 双排架

它由两个单排架及横梁组成，属于空间框架结构。在较大的竖向荷载及水平荷载作用下,其强度、稳定性及地基应力均较单排架容易满足要求。可适应较大高度要求,通常为 15~25 m。

3) A 字形排架

A 字形排架通常由两片 A 字形单排架组成,其稳定性好,适应高度大,但施工较复杂,造价也较高。双排架和 A 字形排架均由单排架组成,其构造、基本尺寸可参考单排架确定。

4) 组合式排架

组合式排架适用于跨越河道主河槽部分,在最高洪水位以下为重力式墩,其上为槽架,槽架可为单排架,也可为双排架。

(二) 排架与基础的连接

排架与基础的连接形式,通常有固接和铰接。一般现浇时,排架与基础常整体接合,排架竖向钢筋直接伸入基础内,应按固接考虑。预制装配式排架,根据排架吊装就位后的杯口处理方式而定。对于固接,当立柱与杯口基础连接时,应在基础混凝土初凝后终凝前拆除杯口内模板并凿毛,在立柱安装前,将杯口清扫干净,于杯口底浇筑不小于 C20 的细石混凝土,然后将立柱插入杯口内,在其四周再浇灌细石混凝土,如图 8-17(a)所示。对于铰接,仅在立柱底部填 5 cm 厚的 C20 细石混凝土再抹平,将立柱插入杯口后,应在四周灌以 5 cm 厚的 C20 细石混凝土,最后,在其上填以沥青麻绳等柔性材料,如图 8-17(b)所示。

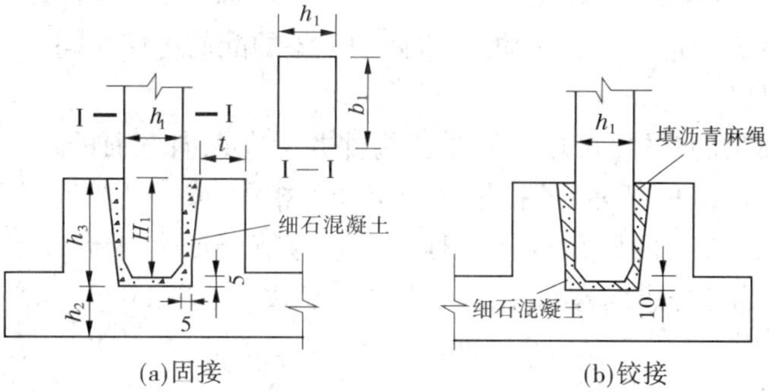

图 8-17 排架与基础的连接形式 (单位:cm)

(三) 单排架结构计算

单排架的结构计算,一般分满槽水加横向风荷载、空槽加横向风荷载、施工吊装等情况进行,其计算简图由立柱和横梁轴线所组成,如图 8-18(a)所示。

1. 荷载确定

图 8-18 中 P 为槽身传给排架的铅直荷载,作用于柱顶;P' 为槽身承受的横向风荷载通过支座作用于立柱顶的一拉一压的垂直轴向力,T' 为槽身上的横向风荷载通过支架传给排架上的水平力,可按槽身风压的 1/2 计算;T_1、T_2、T_3 为排架立柱上化为节点荷载后的横向风荷载,忽略迎面立柱对背面立柱的挡风作用,则两立柱的风荷载相等。排架自重可简化为结点荷载考虑(图中未示出)。其他荷载如动水压力、漂浮物冲击力及地震力等

是否考虑,可根据实际情况确定。

2. 排架横向计算

荷载组合时,一般采用空槽加横向风荷载和满槽(水)加横向风荷载两种情况。前者往往对排架的内力及配筋起控制作用,而后者则对立柱的配筋起校核作用。

在节点处,铅直荷载为对称荷载,仅使立柱轴心受压,而不产生弯矩和剪力;水平荷载为反对称荷载,将使排架产生弯矩、轴力和剪力。在进行荷载作用分析时,可以利用结构的对称性,如图 8-19 所示,进行内力计算。一般可采用“无剪力分配法”。

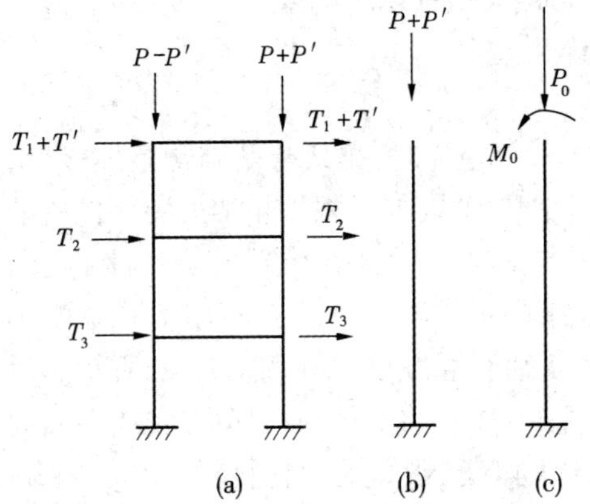

图 8-18　单排架结构计算简图

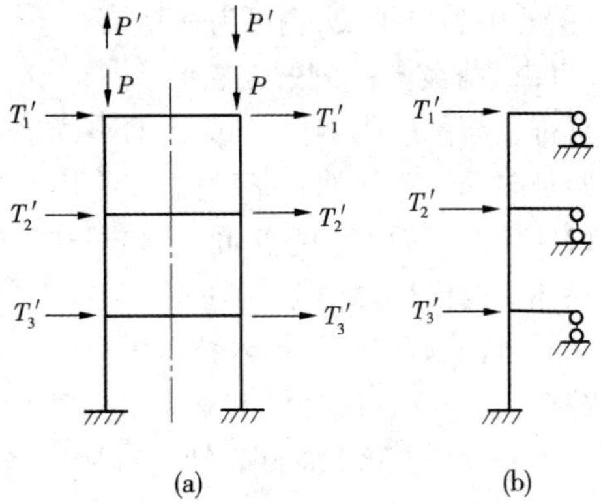

图 8-19　反对称荷载计算简图

由于风压力的方向可能是变化的,所以两个立柱的配筋应该相同。

3. 排架纵向计算

对于等间距排架的立柱,可按轴心受压构件并考虑纵向弯曲的影响,进行承载力计算,计算简图如图 8-18(b)所示;若排架两侧跨度不相等,或一侧槽身吊装完毕而另一侧尚未吊装等情况,使排架两侧荷载不对称,此时,应按偏心受压构件验算,计算简图如图 8-18(c)所示。当考虑纵向弯曲时,立柱的计算长度可采用(0.7~0.8)H,其中 H 为排架总高度。

4. 排架吊装验算

对于施工吊装情况,其荷载和计算简图应根据运输、安装、吊点布置等情况而定。对于平放在地上的排架,可采用两吊点或四吊点。若排架总高度 $H<12\sim15$ m,宜采用两吊点,如图 8-20 所示;若总高度 $H>15$ m,宜采用四吊点。

当排架的总高度较大时,为了避免因吊装所需要的钢筋超过正常运输所需要的钢筋用量,可分成 2~3 段进行预制,然后再进行吊装拼接。

施工吊点的位置,一般应设在立柱与横梁相交处,并使立柱所承受的正负弯矩相近。对于两吊点,排架的一端刚离地时,受力最不利,弯矩图如图 8-20 所示,图中均布荷载 q 为立柱自重,集中荷载 P 为横梁自重,在计算时,可考虑 1.1~1.3 的动力系数。当结构按运行情况配筋不能满足施工情况要求时,应改变设计施工吊装方案。当吊装困难很大时,也可考虑适当增加钢筋用量。

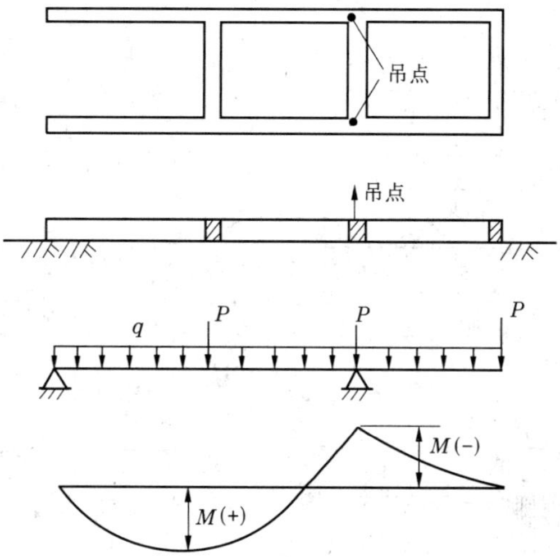

图 8-20 排架吊装计算简图

三、渡槽基础

(一)基础类型选择

渡槽基础是将渡槽的全部重量传给地基的底部结构。渡槽基础的类型较多,根据埋置深度可分为浅基础和深基础,埋置深度小于 5 m 时为浅基础,埋置深度大于 5 m 时为深基础;按照结构形式可分为刚性基础、整体板式基础(也称柔性基础)、钻孔桩基础和沉井基础等。

渡槽的浅基础一般采用刚性基础及整体板式基础,深基础多为桩基础和沉井基础,如图 8-21 所示。

对于浅基础,基底面高程(或埋置深度),一般应根据地形、地质、水文、气象条件和使用要求等条件选定。软土地基上基础的埋置深度一般为 1.5~2.0 m。当上层地基土的承载能力大于下层的时,宜利用上层作持力层,但基底面以下的持力层厚度应不小于 1.0 m。坡地上的基础,基底面应全部置于稳定坡线以下,并削除不稳定的坡土和岩石,以保证工程的安全。对于冰冻地区,基底面埋入冰冻层以下不小于 0.3~0.5 m,以免因冰冻而降低地基承载力。耕作地区的基础,基础顶面应设在地面以下 0.5~0.8 m。河槽中受到水流冲刷的基础,基底面应埋入最大冲刷线之下,以免基底受到淘刷而危及工程的安全。

对于深基础,入土的深度应从稳定坡线、最大冲刷深度处算起,以确保深基础有足够的承载能力。

1. 刚性基础

刚性基础多用于重力式实体墩和空心墩基础,建筑材料一般用浆砌石或混凝土,其形状呈台阶形,所以又称扩大基础,如图 8-21(a)所示。因这种基础的抗弯能力小,而抗压能力较大,为使基础不产生弯曲或剪切破坏,基础在墩底面的悬臂挑出长度不宜太大,一般用刚性角进行控制。

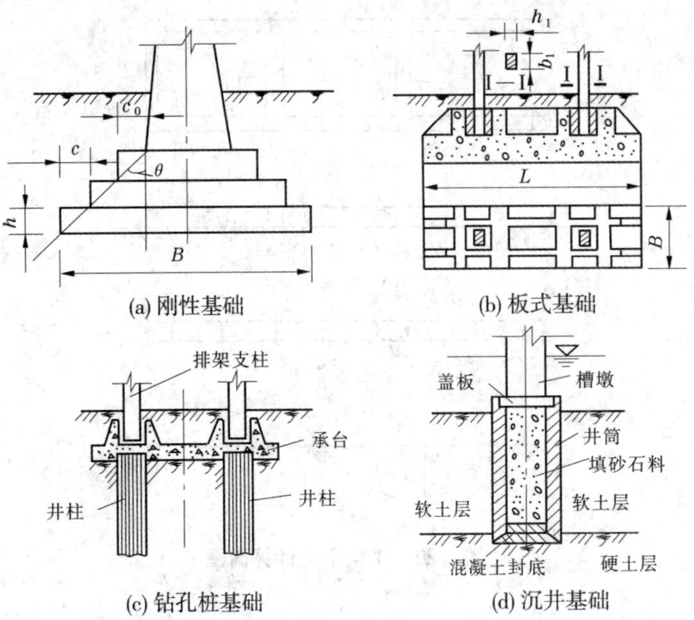

图 8-21　渡槽基础

刚性基础以台阶形式向下扩大时，一般每一级台阶的刚性角应满足以下条件：

$$\theta = \arctan\frac{c}{h} < [\theta] \tag{8-10}$$

式中 c——每一级台阶的悬臂长度，一般取 30~50 cm；

h——每一级台阶的高度，一般可取 50~70 cm；

$[\theta]$——刚性角的允许值，其大小与地基反力、基础形式及材料有关，一般为 30°~40°，对于由 M5 以上砂浆砌筑的浆砌石基础不大于 35°，低于 M5 的砂浆砌筑的浆砌石基础不大于 30°，混凝土基础不大于 40°。

2. 板式基础

板式基础多用作排架基础，基底面积较大，采用钢筋混凝土梁板结构建造，如图 8-21(b)所示。由于设计时考虑其弯曲变形而按梁计算，故又称柔性基础。这种基础可在较小埋置深度下获得较大的底面积，具有体积小、施工方便、适应变形能力强等特点，一般适用于地基较差、不均匀沉陷较大的情况。对于预制装配式排架，“杯口”的深度应略大于支柱插入深度，杯壁厚度取 15~30 cm。

3. 钻孔桩基础

利用专门的钻井工具钻孔，在孔内放置钢筋后，再灌注混凝土而成的井形桩柱，故又称井柱，如图 8-21(c)所示。为了便于与槽墩或槽架的连接，在桩顶一般设置承台。

有时直接将桩柱向上延伸，而成为桩柱式槽架，如图 8-22 所示。

这种基础一般适用于荷载大、承载能力低的地基。其主要优点是施工机具简单，施工速度快，造价较低。

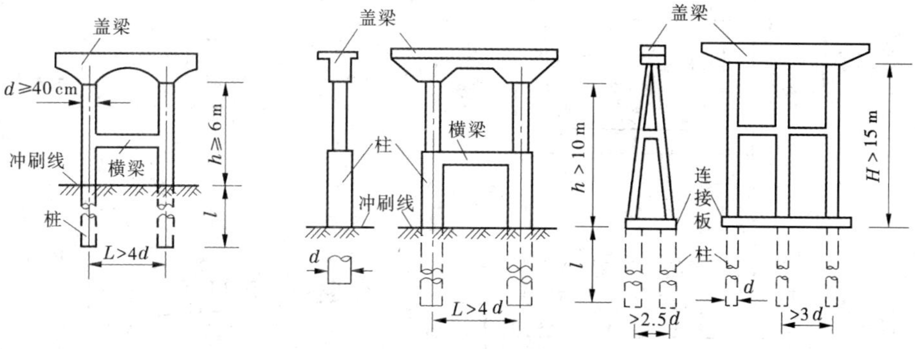

图 8-22　柱桩式槽架

4. 沉井基础

沉井基础的适用条件与钻孔基础相似，在井顶做承台（盖板）以便修筑槽墩（架），如图 8-21(d)所示。井筒内可根据需要填砂石料或低强度等级混凝土。

（二）基础设计

不同类型的基础设计计算方法不一样，在此，仅对整体板式基础设计进行介绍，其他基础可参考有关资料。

1. 底板尺寸确定

基础底板面积的大小与排架传递的荷载以及地基的承载能力有关，尺寸的确定可以参考已建工程，也可以按照下式拟定。

$$B \geqslant 3b_1 \tag{8-11}$$

$$L \geqslant s + 5h_1 \tag{8-12}$$

式中　B——底板宽度；

L——底板长度；

s——两支柱间的净距；

b_1、h_1——排架支柱横截面的长边和短边的长度，如图 8-23 所示。

2. 地基应力验算

基础底板的尺寸确定以后，应根据支柱传给基础顶面的轴力 N_1、N_2，水平剪力 V 及弯矩 M 的大小，按照下式进行地基应力验算：

$$p_{\min}^{\max} = \frac{\sum N}{A} \pm \frac{\sum M}{W} + q \tag{8-13}$$

式中　$p_{\min}^{\max}$——基底应力的最大值或最小值；

$\sum N$——作用在基础底板上的全部竖向荷载（包括 N_1、N_2）；

$\sum M$——作用在基础底板上的全部竖向荷载和水平向荷载对基础底面垂直水流方向的形心轴的力矩；

q——单位面积上基础自重及回填土重；

A——基础底板的面积，$A = BL$；

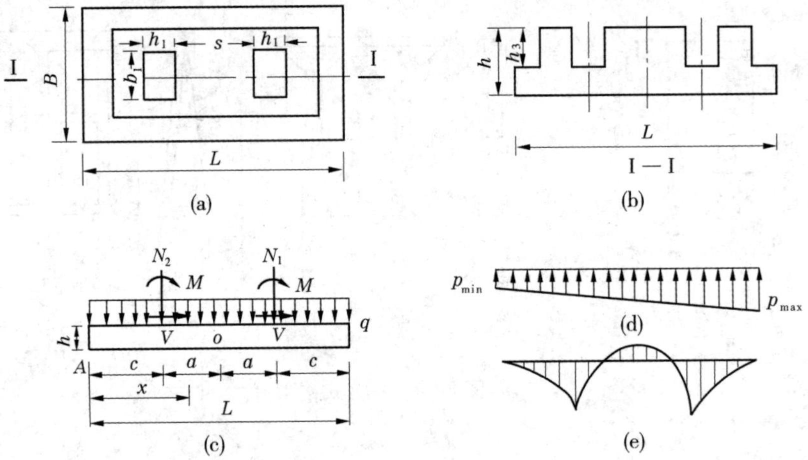

图 8-23 整体板式基础计算简图

W—— 基础底面对于垂直长边方向的形心轴的截面抵抗矩，$W = BL^2/6$。

一般要求基底的最大应力和最小应力平均值 p 不超过地基的允许承载力。

3. 底板内力与配筋计算

地基应力求出以后，应作为底板的荷载之一，直接作用于底板的底部。底板的配筋按以下方法确定：在长边方向，可以按倒置梁计算基础底板的弯矩，并可绘制出弯矩图，如图 8-23(e)所示。底层受力钢筋按支柱下的最大弯矩计算，顶层钢筋按跨中最大负弯矩计算；在短边方向，可将基础伸出的部分作为悬臂梁，在地基应力较大的一侧取单位宽度计算弯矩，并配置钢筋。

4. 冲剪强度校核

为了验算基础底板的厚度是否满足设计要求，按照《建筑结构》有关内容进行冲剪强度校核计算。

四、进出口建筑物

渡槽的进出口建筑物，主要包括进出口渐变段、连接段、槽身与上下游渠道的连接等建筑物，以及有时为了满足运用、交通、泄水等要求还需设置节制闸、交通桥等建筑物。由于进出口段的布置已在前述，下面仅介绍槽身与上下游渠道连接。

为了确保渡槽的安全，槽身与渠道连接时应做到：①连接段的长度要满足防渗要求；②确保岸坡的稳定性，一般应设置护坡和排水设施；③对于填方渠道，要防止发生过大的沉降。

(一)与填方渠道的连接

槽身与填方渠道连接，常采用的方式为斜坡式(见图 8-24)和挡土墙式(见图 8-25)两种。

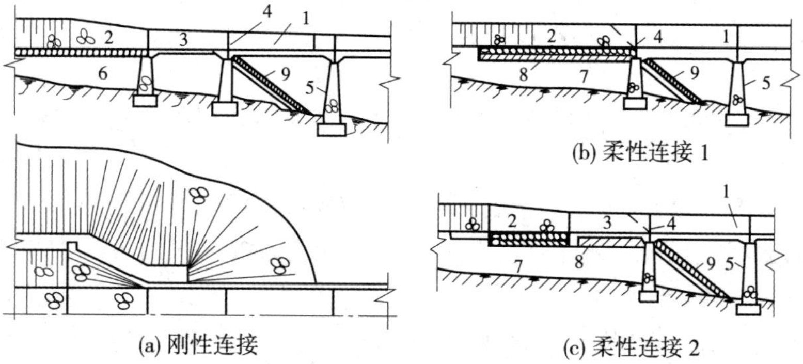

1—槽身;2—渐变段;3—连接段;4—伸缩缝;5—槽墩;
6—回填黏性土;7—回填砂性土;8—铺盖;9—砌石护坡。

图 8-24 斜坡式连接

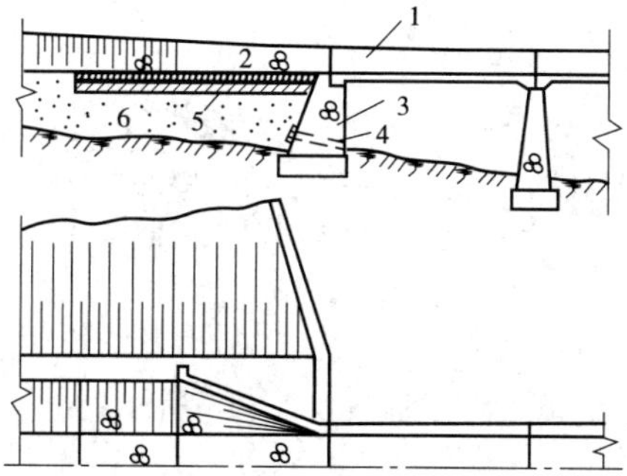

1—槽身;2—渐变段;3—挡土墙;4—排水孔;5—铺盖;6—回填砂性土。

图 8-25 挡土墙式连接

1. 斜坡式

斜坡式连接是将连接段(或渐变段)直接伸入到填方渠道末端的锥形土坡内部。根据连接的支承方式,又分为刚性连接和柔性连接。

刚性连接是将连接段支承在埋入锥形护坡内的槽墩或槽架上,支承墩(架)建在岩基或老土上。槽身不受填方沉陷的影响,伸缩缝止水工作较为可靠,工程中应用较多。但是,由于槽底易与填方相互脱离开,可能会形成漏水通道。因此,应采取回填土夯实措施,以减小渠道的沉陷,并做好防渗处理工作。

柔性连接是将连接段直接搁置在填方渠道上。连接段将随填方渠道的沉陷而下沉,因此伸缩缝止水条件较差,对填方质量要求严格,应尽量减少沉陷量。这种连接方式,虽有节省支承工程量、造价较低等优点,但是工程中采用较少。

对于斜坡式连接,为了减少回填土的沉陷量,并满足防渗、排水及稳定要求。在渐变段和连接段下面的回填土宜用砂土(砂砾石土)填筑,并分层夯实,其上部铺 0.5~1.0 m 的防渗黏土铺盖。为满足防渗要求,进出口建筑物防渗长度,一般不应小于渠道最大水深的 3~5 倍。填方渠道的坡脚和堤底应设砂石反滤层,以利于排出渗水。渠道末端的锥形土坡不宜太陡,并要求设置护坡,以确保岸坡的稳定性。

2. 挡土墙式

挡土墙式即将边跨槽身的一端支承在重力式挡土墙上,并与渐变段或连接段直接相连。为了保证挡土墙的稳定,应将挡土墙修建在岩基或老土上。对于拱式渡槽,应按槽台的要求进行布置。其两侧建造一字墙以挡土。为降低墙后的地下水压力,墙身应设置排水孔。挡土墙式连接属于柔性连接,工作可靠,但用料较多,常用于填方高度不大的情况。

(二)与挖方渠道的连接

槽身与挖方渠道的连接,一般将边跨槽身靠岸坡的一段支承在地梁或高度不大的实体墩上,如图 8-26 所示。

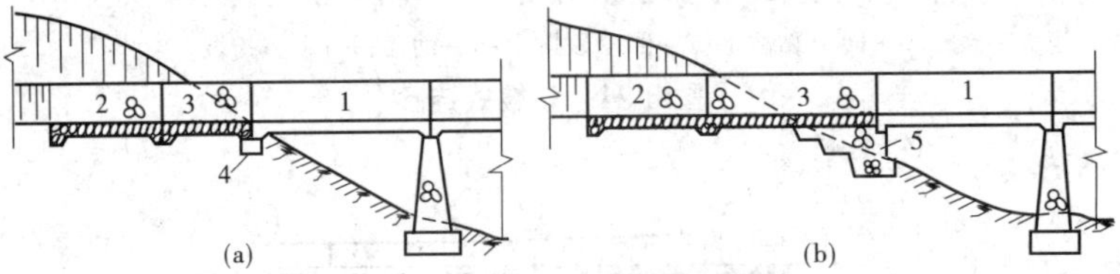

1—槽身;2—渐变段;3—连接段;4—地梁;5—浆砌石底座。

图 8-26　槽身与挖方渠道的连接

槽身与渐变段之间常设连接段。有时为了减少槽身长度,可将连接段向槽身方向延伸,并支承在用浆砌石建造的底座上,如图 8-26(b)所示。

五、知识点测试

登录智慧职教 MOOC 学院进行资源学习,并完成本任务知识点测试;或扫描二维码完成本任务知识点测试。

码 8-15　项目八任务三知识点测试

六、技能训练

阅读渡槽工程设计图,分析渡槽各组成部分的形式和尺寸。

任务四 拱式渡槽设计

【学习目标】

1. 掌握拱式渡槽的组成及各部分的作用。
2. 掌握拱上结构的类型及适用情况。
3. 掌握主拱圈参数确定的方法。
4. 能熟练识读拱式渡槽工程图。
5. 严格标准,科学、规范做事。

【思政素材】

码 8-16 渡槽视频

码 8-17 拱式渡槽仿真视频

拱式渡槽的主要特征是支承结构由墩台、主拱圈和拱上结构组成,如图 8-27、图 8-28 所示。与梁式渡槽相比,其支承结构上增加了主拱圈和拱上结构两大部分,因此决定了拱式渡槽与梁式渡槽的形式、构造和特点的不同。拱式渡槽的设计内容,主要包括渡槽的拱上结构、主拱圈、墩台等。

一、拱上结构及槽身

拱式渡槽的拱上结构,是设置在主拱圈以上,用来传递槽身荷载的重要结构。其形式有实腹式(见图 8-27)和空腹式(见图 8-28)两种。拱上结构的形式拟定,与主拱圈的结构形式及构造特征相协调,并有利于槽身的受力条件及渡槽的整体稳定性。

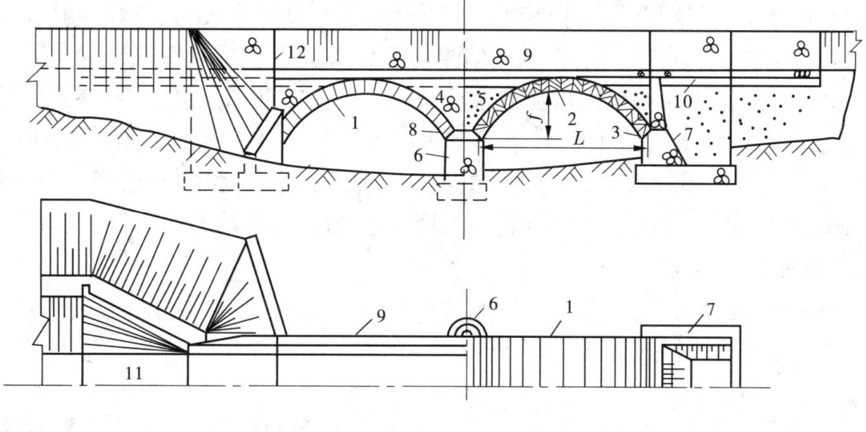

1—拱圈;2—拱顶;3—拱脚;4—边墙;5—拱上填料;6—槽墩;7—槽台;8—排水管;9—槽身;10—垫层;11—渐变段;12—变形缝。

图 8-27 实腹拱式渡槽

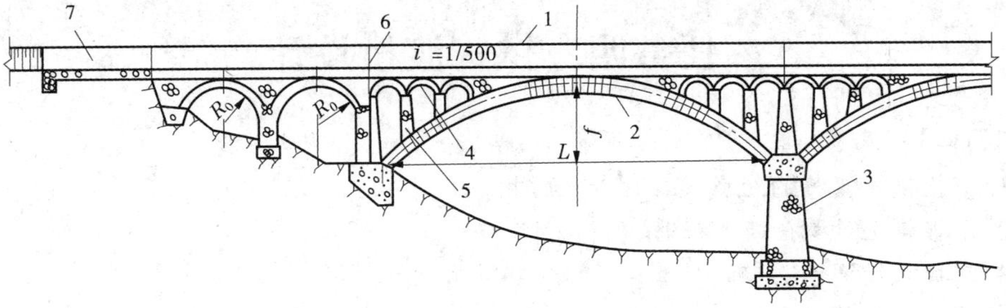

1—槽身;2—主拱圈;3—槽墩;4—腹拱;5—横向墙;6—伸缩缝;7—进口段。

图 8-28 空腹拱式渡槽

(一)实腹式

实腹式拱上结构,各个部分均可用砖、石和混凝土等材料建造,由于材料用量多、重量大,故一般用于小跨度渡槽。这种形式的槽身一般采用矩形断面,而主拱圈一般采用板拱,也可采用双曲拱。实腹式拱上结构,按构造的特点又可分为砌背式和填背式两种形式。

1. 砌背式

拱背上砌筑成实体结构,其上再砌筑槽身的挡水侧墙和底板。为了减小槽身糙率和防止槽身渗水对拱圈的侵蚀作用,在槽身侧墙和底板的迎水面可抹 1~2 cm 厚的水泥砂浆,或浇 5~10 cm 厚的混凝土。为了适应主拱圈和拱上结构的变形和因温度下降槽身产生的纵向收缩,常在槽墩顶部设变形缝,将槽身和拱上结构分成若干段。缝距一般不大于 15 m,如单跨的跨度大,也可在主拱圈的拱顶处再设置一道变形缝。缝的宽度为 2~5 cm,对于槽身缝,需要设置止水。砌背式拱上结构,一般用于槽宽不大的情况。

2. 填背式

填背式是在拱背两侧砌筑挡土边墙,墙内填以砂石料或土料,在边墙和填料的上面再筑槽身的侧墙和底板。底板的作用主要是防渗和防冲,可以做得较薄,但不宜小于 20 cm。挡水侧墙顶部厚度按构造要求确定,不宜小于 30~50 cm,并自顶部向下以 1:0.3~1:0.4 的坡度放宽,具体尺寸由计算确定。挡土边墙的顶厚一般等于挡水侧墙的底厚,向下也以 1:0.3~1:0.4 逐渐放宽,以承受填土的侧压力。为了减少槽身糙率并防止槽身渗水,应在拱背及边墙的内坡铺以水泥砂浆或石灰三合土等防水层,将槽身渗水沿防水层引至埋设于拱圈内的排水管或槽台背面的排水暗沟排出。排水管应设在靠近拱脚的最低处,进口铺设 2~3 层用砂石料组成的反滤层。为适应主拱圈和拱上结构变形等影响,其结构措施同砌背式。填背式拱上结构,一般用于槽宽较大的情况。

(二)空腹式

当渡槽的跨度较大时,为了减小拱圈的荷载,其拱上结构应采用空腹式。空腹式拱上结构的形式,有横墙腹拱式和排架式。

1. 横墙腹拱式

在实腹式拱上结构中,对称地留出若干个城门洞形的孔洞,即可成为横墙腹拱式结构,如图 8-28 所示,这些孔洞也称为腹孔。在腹孔顶部设有腹拱,而腹拱背上的腹腔常筑成实腹式,上面的槽身则采用矩形断面,腹拱支承于横墙上,沿纵向弹性支承于主拱圈上,主拱圈可采用板拱,也可采用双曲拱。

这种横墙式的拱式渡槽,各个部分均可采用砌石、混凝土等材料建造。在半个拱跨内腹孔的数目一般设置 3~5 个,从拱脚布置到 1/3 主拱跨度附近,其余约 1/3 跨度的拱顶段仍筑成实腹段,对于软弱地基或跨度较大的情况,也可以超过 1/3 跨度继续向拱顶布置腹孔。

腹孔的跨径,可取主拱跨度的 1/10~1/15 或取 2~5 m。腹拱一般做成等厚的圆弧拱或半圆拱。拱的厚度根据材料情况确定,采用浆砌石建造时厚度不小于 30 cm,采用混凝土时不小于 15 cm。对于跨径较大的腹拱,也可以采用双曲拱。横墙厚度不小于腹拱厚度的 2 倍。

在槽台的顶部应设置贯通横缝,将槽台与拱上结构分开,如图 8-29(a)所示,也可将靠近槽台的腹拱做成三铰拱,并在铰处设伸缩缝,如图 8-29(c)所示。为了形成简易的拱铰,在拱铰处的砌缝可垫 2~3 层沥青毛毡或采用干砌结构。在空腹与实腹交接处,主拱圈上的边墙也易产生变形而发生裂缝。因此,也应设置适宜的变形竖缝。

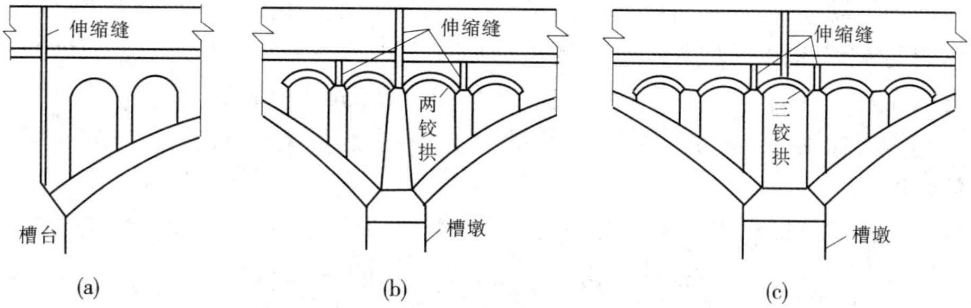

图 8-29 空腹式拱上结构的分缝

拱式渡槽的主拱圈,在对称竖向荷载作用下,拱顶段将产生正弯矩(内缘受拉),拱脚附近将产生负弯矩,其反弯点约在 1/3 拱跨处,因而拱的变形曲线也呈这种形式。所以,槽身在全跨度范围内如果不设缝,约 1/3 跨长的拱顶段将是下部受拉,其余部分将是上部受拉。为了避免因这种变形应力而开裂和适应温度变化产生的胀缩,空腹拱式渡槽的槽身,除在槽台顶部设缝外,还应根据跨度的大小,在拱顶、1/3 跨处及 1/4 跨处设置变形缝,将槽身分为两段、三段或四段,缝的宽度为 2~5 cm,并在缝中设置止水。

横墙腹拱式拱上结构,主要优点是节省钢材,但重量仍较大 ,圬工材料用量较多,仍属于重型结构。所以,通常适用于中等跨度的情况。

当跨度较大时,为了进一步减小主拱圈的荷载,除缩小实腹段的长度外,也可以在横墙上设置孔洞,或采用立柱腹拱式腹孔,即用立柱代替横墙在柱顶设横梁支承腹孔的拱圈结构形式。

2. 排架式

拱上结构属于排架式,如图 8-4 所示的拱式渡槽。槽身搁置于排架顶部,排架固接于主拱圈之上,主拱圈多采用肋拱形式。对于大跨度情况,为了加强横向刚度和稳定性,主拱圈也可采用双曲或箱式板拱。

排架与拱肋的接头,常采用杯口式连接,如 8-30(a)所示,也可用预留插筋[见图 8-30(b)]、型钢或钢板等形式。排架对称布置在主拱圈上,其间距视主拱圈的跨度大小而定,

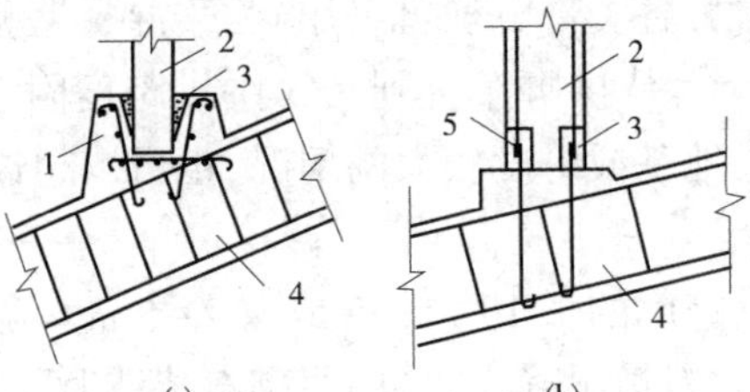

1—杯口;2—排架立柱;3—二期混凝土;4—拱肋;5—钢筋焊接接头。

图 8-30　排架与拱肋的连接

当主拱圈跨度较小时,排架的间距一般采用 1.5~3.0 m;当跨度较大时,约为拱肋宽度的 15 倍或采用 3~6 m。

采用排架间距较小时,尽管增加了排架工程量,但槽身跨度较小,排架传给主拱圈的荷载较均匀,有利于改善槽身和主拱圈的受力条件。为适应主拱圈变形和温度变化,应在拱跨的槽身上设置变形缝,将槽身分为若干节,并支承于两个排架上,如图 8-4 所示为纵向支承的简支式,也可采用等跨双悬臂式。所以,槽身虽起纵向梁作用,但跨距小,故可采用少筋或无筋混凝土建造,横断面形式可以采用 U 形,也可采用矩形。

采用排架式拱上结构的渡槽,比横墙腹拱式更为轻巧,对钢筋混凝土结构,可适用于较大的跨度。

空腹式拱上结构形式多种多样,可配合主拱圈和槽身,选用空腹拱渡槽的形式和跨度。各个部分建筑材料,应根据结构形式和受力条件的不同选用。

二、主拱圈设计

主拱圈是连接渡槽拱上结构与墩台的主要承重结构,较为常用的主拱圈有板拱、肋拱和双曲拱等形式。其设计内容主要包括主拱圈的基本参数确定、拱轴线形式的选择、截面尺寸和构造的确定、主拱圈结构计算等。

(一)基本参数确定

主拱圈基本参数包括跨度 L、矢高 f、拱宽 b、拱脚高程、矢跨比 f/L 和宽跨比 b/L 等。

主跨圈在跨径中央处称为拱顶,两端与墩台连接处称为拱脚,各径向截面重心的连线称为拱轴线。两拱脚截面的重心距离 L,称为计算跨度,简称跨度(见图 8-28)。拱顶截面的重心到拱脚截面中心的铅直距离 f 称为计算矢高,简称矢高。拱圈外边缘的距离 b 称为拱宽。b/L 称为宽跨比,f/L 称为矢跨比。

1. 跨度 L

当 $L<15$ m 时为小跨度,$L=15\sim50$ m 时为中等跨度,$L>50$ m 时为大跨度。跨度的确定,应根据地形、地质、施工条件、渡槽形式及材料供应等因素综合分析。对于槽高不大的渡槽,宜选用小跨度;对于跨越深谷、槽高很大、基础施工很困难的拱式渡槽,可采用大跨度;一般情况下,在无特殊要求时,可采用 40 m 左右的中等跨度。

2. 宽跨比 b/L

拱宽 b 常与槽身宽度相等,宽跨比对主拱圈横向稳定有较大影响,b/L 越小其横向稳定性越低,一般要求 $b/L>1/20$。对于大跨度小流量的渡槽,宽跨比一般较小,要求 $b/L\geqslant$

1/25。为了加大宽跨比，以满足主拱圈的横向稳定要求，槽身的深度比 h/b 可以比梁式渡槽小些。

3. 矢跨比 f/L

矢跨比也叫拱度，反映拱的隆起程度。$f/L\leqslant1/5$ 时为坦拱，$f/L>1/5$ 时为陡拱。主拱圈的拱顶常与槽身底面相接触。所以，拱脚高程的确定，对矢高 f 有直接影响。槽高不大的拱式渡槽，拱脚高程可选在最高洪水位附近，故矢高 f 的选择余地不大，只有调整跨度 L 才能选定矢跨比 f/L。而槽高较大的拱式渡槽，拱脚高程和矢高 f 的确定范围较大，一般应全面分析，综合确定。

从力学角度看，矢跨比减小，拱脚水平推力将增大，对槽台受力不利。特别是地基条件较差时，会导致槽台产生较大的附加应力；矢跨比越小，拱圈弹性压缩、混凝土收缩、温度变化及地基不均匀沉陷等对拱圈产生的附加应力越大；从拱圈变形来看，拱顶的挠度将随矢跨比的减小而加大，尤其是跨度越大变化越明显；从拱圈稳定来看，过坦和过陡都不利；从施工角度来看，矢跨比越小施工越方便。对于槽高较大的拱式渡槽，为使渡槽外形协调，受力条件较好，矢跨比可适当取大些，以加大矢高、减小槽墩的高度。

对于总长度很大的拱式渡槽，河槽部分宜采用较大的跨度，而两岸滩地或台地部分，因槽高较小可采用较小的跨度。

对于多跨拱式渡槽，为使中墩两侧拱脚水平推力平衡，并使基底压力分布比较均匀，各跨的矢高、跨度和矢跨比，应采用相同的数值，进行等跨布置。

根据实践经验，一般石拱渡槽，$f/L=1/3\sim1/5$；肋拱渡槽，$f/L=1/3\sim1/6$；双曲拱渡槽，$f/L=1/5\sim1/8$。

（二）拱轴线形式的选择

拱式渡槽主拱圈的拱轴线形式，一般有圆弧形、悬链线形和二次抛物线形三种。选择拱轴线形式的基本原则，是使拱轴线和拱圈的荷载压力线相吻合。

1. 圆弧形

圆弧形拱圈（简称圆弧拱）多用于跨度较小的渡槽，其中心角一般在 120°～130°，也可采用半圆形。但是，半圆拱的 1/4 跨到拱脚范围常产生较大的拉应力，为防止这段拱圈被拉裂，通常可用带有挑出拱座的墩台，如图 8-31 所示。圆弧拱的主要优点是构造简单，施工方便；缺点是拱圈受力条件较差，材料用量较大。

圆弧形拱轴线的方程，如用图 8-32 所示的坐标表示，其方程式如下：

$$\left.\begin{aligned}x^2+y_1^2-2Ry_1&=0\\x&=R\sin\varphi\\y_1&=R(1-\cos\varphi)\end{aligned}\right\}\tag{8-14}$$

2. 悬链线形

当渡槽跨度较大时，拱轴线常采用悬链线，使拱圈各截面上只有轴向力，而无弯矩，剪力为零或者很小，以充分发挥材料的抗压性能。对于实腹拱式渡槽，拱轴线采用悬链线形是较为经济合理的；对于空腹拱式渡槽，拱轴线采用二次抛物线形较为合理。

悬链线的方程式（见图 8-33）为

$$y_1=f(\mathrm{ch}\kappa\xi-1)/(m-1)\tag{8-15}$$

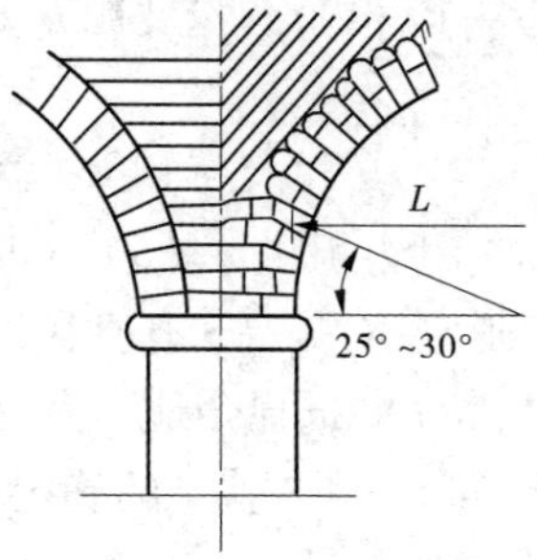

图 8-31　挑出拱座的墩台

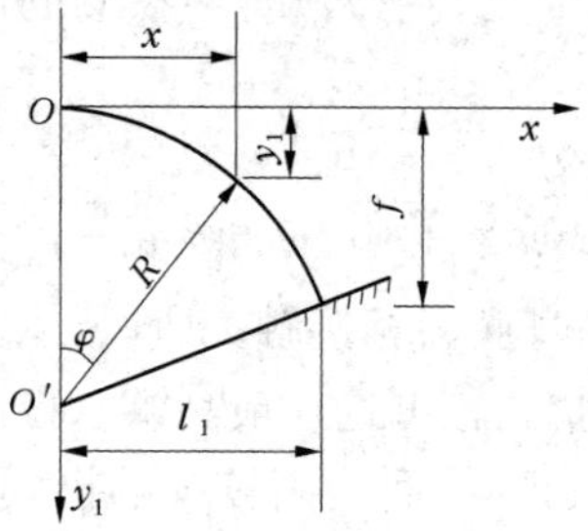

图 8-32　圆弧形拱轴线坐标

$$k = \ln(m + \sqrt{m^2 - 1}) \tag{8-16}$$

式中　m——拱轴系数，$m = g_k / g_s$，g_k、g_s 分别为拱脚和拱顶的荷载强度，计算公式为式(8-17)和式(8-18)；

ξ——比例系数，$\xi = x/l_1$。

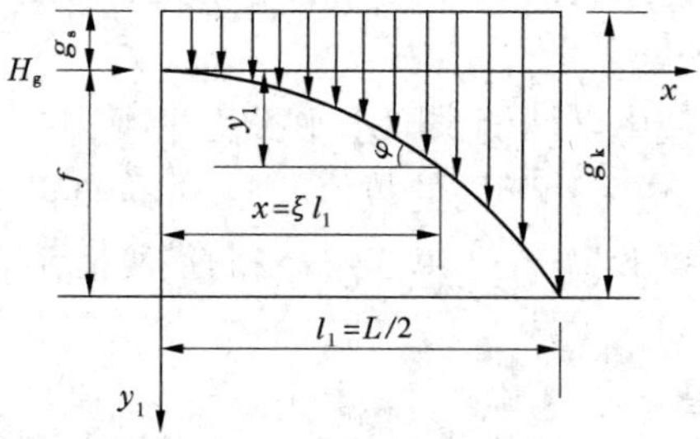

图 8-33　悬链线拱轴线计算简图

拱脚、拱顶的荷载强度，计算公式为

$$g_k = q_1 + \gamma_1 d_k / \cos\varphi_k + \gamma_2 h_k \tag{8-17}$$

$$g_s = q_1 + \gamma_1 d_s + \gamma_2 h_s \tag{8-18}$$

式中　q_1——槽身自重、水重、人行道板重、人群荷载等在单位面积上的平均重量；

γ_1、γ_2——拱圈材料及拱上填料（或砌体）的重度；

d_s、d_k——拱顶和拱脚处的拱圈厚度；

h_s、h_k——拱顶和拱脚处的拱上填料（或砌体）的高度；

φ_k——拱轴在拱脚处的切线与水平面的夹角（水平倾角）。

（三）拱圈截面尺寸和构造的确定

1. 板拱渡槽

拱圈的横向宽度，一般与槽身宽度相同，且不小于拱圈跨度的 1/20，以保证拱圈有足够的横向刚度和稳定性。拱圈的拱顶厚度，可参照类似工程尺寸或按表 8-5 中所列数据初步拟定。

表 8-5 砌石拱渡槽主拱圈拱顶厚度参考数值

拱圈跨度/m	6.0	8.0	10.0	19.0	20.0	30.0	40.0	50.0	60.0
拱顶厚度/m	0.3	0.3~0.35	0.35~0.4	0.4~0.45	0.45~0.55	0.55~0.65	0.7~0.8	0.9~0.95	1.0~1.1

表 8-5 中数值,当拱圈较平坦时,采用较大值;当拱圈净跨大于 20 m 时,宜采用变截面拱圈,此时拱脚厚度应加大,可采用 1.2~1.8 倍拱顶厚度;当采用混凝土时,表 8-5 中数据可减小 10%~20%。

对于料石或混凝土预制砌筑的渡槽,沿拱圈的径向截面应设置通缝,使各层结合良好并能均匀传递轴向压力。较厚的拱圈可分层砌筑,各层间切向缝应互相错开,错距不小于 10 cm。

对于厚度较大的变截面拱圈(拱厚从拱顶到拱脚逐渐加大的截面),内圈一般采用料石砌筑,而外圈用块石砌筑以适应拱圈的变化。拱圈与墩、横墙等连接处,常采用五角石,如图 8-34 所示,以满足抗剪要求并便于与砌缝配合。

大跨度砌石板拱的砂浆强度等级不低于 M10,小跨度可用 M5,石料不应低于 MU30。

对于大跨度的拱圈,可采用钢筋混凝土箱式板拱,如图 8-35 所示,每隔一定距离在横墙下面等位置设置横隔板,以加强拱圈的横向刚度与整体性。施工时,可分成几个工字形构件预制吊装,对于大流量渡槽,为增加拱圈的轴向承载力,还可在空箱内浇筑二期埋石混凝土。

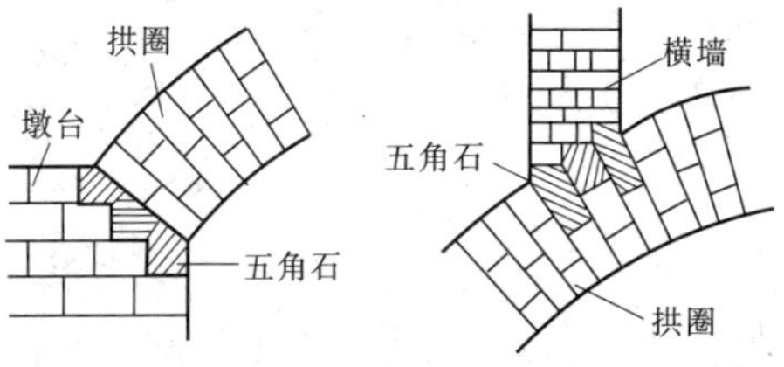

图 8-34 拱圈与墩台和横墙的连接

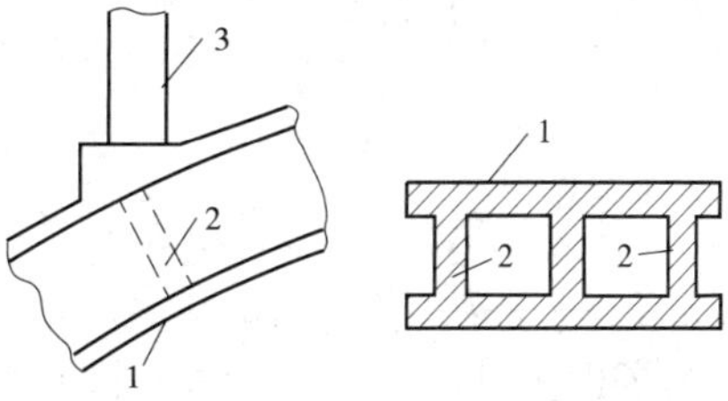

1—拱板;2—横隔板;3—横墙。

图 8-35 箱式板拱

2. 肋拱渡槽

拱肋的厚度一般不小于 20 cm。小跨度的拱肋常采用等截面,大跨度的可采用变截面。初步拟定尺寸时,拱顶厚度可取为拱跨的 1/40~1/60。连接拱肋的横系梁,常采用矩形截面,宽度不小于长度的 1/15,且一般不小于 20 cm,在拱肋的连接处须加做托承。

对于钢筋混凝土拱肋,其混凝土强度等级不宜低于 C20,无铰拱肋的纵向受力钢筋应伸入墩帽内,伸入深度应不小于拱脚厚度的 1.5 倍。

拱肋横断面通常采用矩形,厚宽比一般为 1.5~2.5。承受弯矩较大的大跨度拱肋,为加大抗弯能力和节省材料用量,可采用 T 形、工字形或箱形断面。

3. 双曲拱渡槽

双曲拱的拱肋和拱波通过横向联系连接成整体,横向联系一般有横系梁和横隔板。横系梁的间距一般为 3~5 m。横隔板的间距一般不超过 10 m,因其刚性较大,通常用在拱顶、1/4 拱跨、拱上结构的横墙或立柱下面以及分段吊装拱肋的接头处,如图 8-36 所示。

对于空腹式拱上结构,其横墙或立柱下面的横隔板,不仅加强了拱圈的横向整体性,而且将横墙和立柱传来的竖向荷载比较均匀地传给拱肋和拱波,使拱肋和拱波同时沿纵向共同受力。

横隔板的厚度,一般在 20 cm 左右。目前,横向联系均按构造确定尺寸和配筋,一般可设 ϕ 10~16 钢筋 4~6 根,并尽量与拱肋主筋相连。

双曲拱的横截面尺寸,如图 8-37 所示,可按以下经验公式拟定:

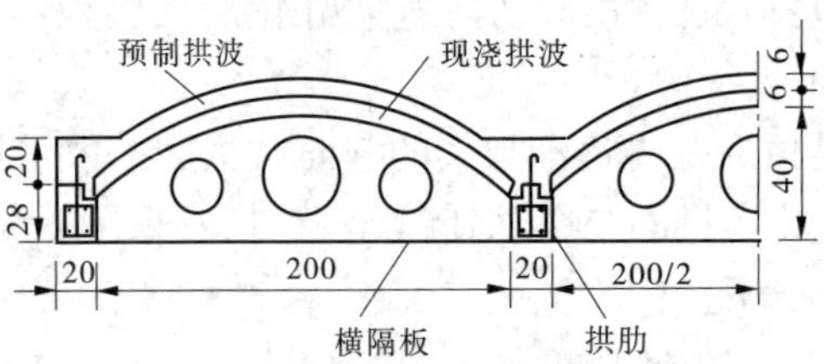

图 8-36 双曲拱拱圈与横隔板 (单位:cm)

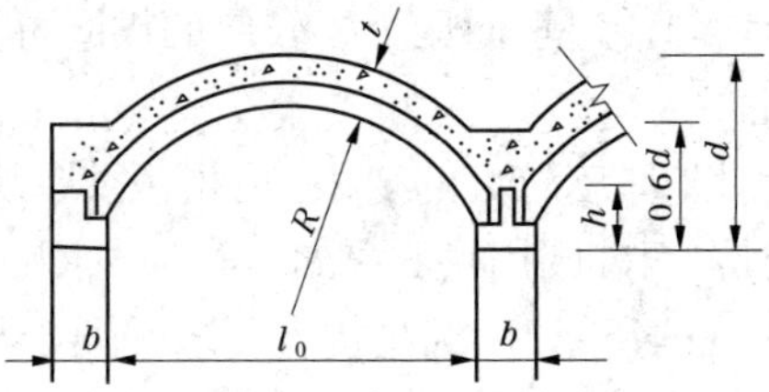

图 8-37 双曲拱截面尺寸

主拱圈高度 d 与拱波厚度 t:

$$\left.\begin{aligned} d &= (L/100 + 35)K \quad (\text{cm}) \\ t &= L/800 + 8 \quad (\text{cm}) \end{aligned}\right\} \tag{8-19}$$

拱肋宽度 b 和高度 h:

$$\left.\begin{aligned} b &= L/800 + 18 \quad (\text{cm}) \\ h &= 0.4d \quad (\text{cm}) \end{aligned}\right\} \tag{8-20}$$

式中 L——主拱圈计算跨度,cm;

K——系数,可采用 1.2~1.3。

为了加强拱波、拱肋的连接,拱肋断面多采用凸形、L 形(用于边肋)和凹形等形状,还常在拱肋顶面设置齿槽,并配置锚固钢筋,如图 8-38 所示。

拱波多为预制和现浇两层,预制块的横断面采用长方形,厚度一般 6 cm,宽 20~30 cm。为了便于砌缝填实,并使现浇层与之结合得更好,拱波预制块的一侧应做成具有削角的斜面,如图 8-39 所示。

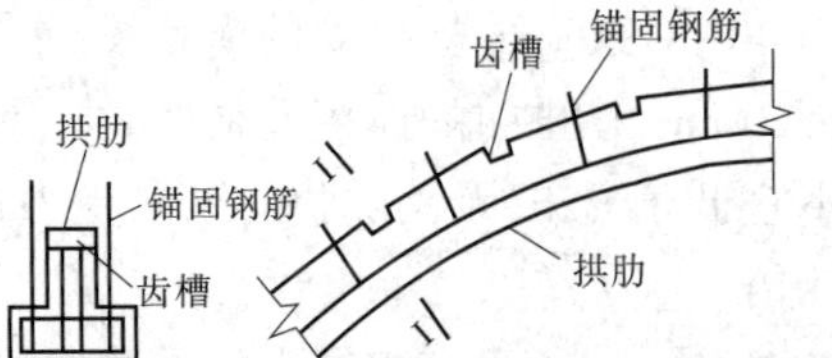

图 8-38 连接齿槽与锚固钢筋

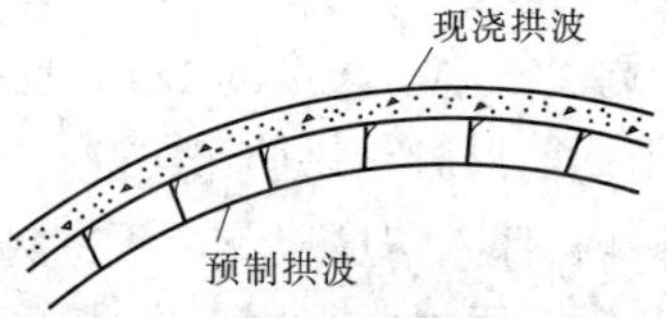

图 8-39 预制削角拱波

拱波横断面轴线通常采用圆弧形,有单波和多波等形式。为了减少拱肋与拱波的接缝,加强整体性,以采用单波或少波(二波、三波)为宜。拱波常用跨径 l_0 = 1.2~1.6 m,有的工程已采用 1.8~2.0 m。拱波的矢跨比多为 1/3~1/5。

在中肋上的波谷用混凝土加高到 0.6d。主拱圈的混凝土强度等级,一般拱波采用 C20,拱肋采用 C25~C30。

为了加强拱圈的整体性,可将拱肋和两侧各半个拱波预制成整体的飞鸟形单元,如图 8-40 所示,吊装就位后将预留在相邻单元的连接钢筋焊接好,再浇筑二期混凝土拱波。这种结构形式的双曲拱一般用于大型渡槽。

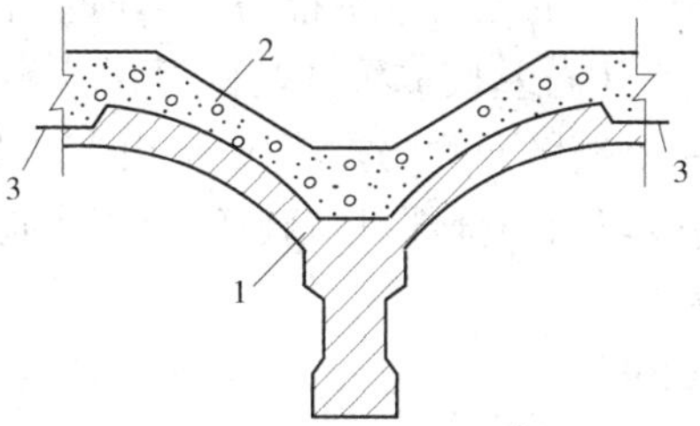

1—预制拱肋及拱波;2—现浇混凝土拱波;3—预留连接钢筋。

图 8-40 飞鸟形双曲拱单元

在渡槽和桥梁工程中,早期的双曲拱还采用填平式拱波,即将波谷填到与波顶齐平。但这种形式,横断面厚度变化较大,易产生纵向裂缝,目前采用很少。

(四)主拱圈的受力特点

1. 承压作用

由于支座的约束,通过拱的作用将铅直荷载转变为轴向压力,因此拱圈内力主要是压应力。作为承压结构,主拱圈可用圬工材料建造,并且可以用于很大的跨度,在我国已建成不少超过 100 m 的大跨度拱式渡槽。

2. 推力拱作用

当拱脚无水平约束时,在力学性能上,主拱圈仍然是梁而不是拱。由于铅直荷载的作用,将对支座产生水平推力,如果支座受到破坏而不能提供与水平推力相平衡的反力时,主拱圈就从拱的作用转变为梁的作用,便不能承受原有拱荷载而迅速破坏和失稳。

3. 连拱作用

对于多跨拱式渡槽,如某跨一个支座产生变位,将引起该跨另一端的支座产生弯矩,邻跨也将受到影响。特别是一跨受到破坏时,相邻跨的拱脚水平推力便完全由拱墩承担,当拱墩承受不住这一推力时,便会倾倒,相邻跨也随之破坏。

4. 稳定特征

主拱圈在铅直荷载作用下,将产生强大的轴向压力迫使拱轴变形,当铅直荷载达到一定限度时将失去稳定。拱圈的失稳,有纵向和横向两种形式。纵向失稳,是拱圈在拱轴平面内迅速变形而失稳。横向失稳,是拱圈翘离拱轴平面迅速变形而失稳。

主拱圈的稳定与拱圈结构刚度、整体度、拱圈荷载分布形式有关。对于横向,板拱的刚度和整体性最高,双曲拱次之,肋拱最小。如果拱圈铅直荷载呈对称分布,且较均匀,两侧较大而中间较小,则拱圈的稳定性最高;如果拱圈铅直荷载很集中且不对称,则拱圈的稳定性很低。

拱结构的布置,应保证荷载满足对称、均匀、两侧较大而中间较小的要求,以提高拱圈稳定性。拱跨结构,也应按这个原则进行施工组织设计和施工,并应注意推力拱和连拱特点,而使各相邻跨的加载程序互相配合,以确保安全。主拱圈的稳定性,随跨度加大而变化,所以主拱圈的稳定性,便成为大跨度拱式渡槽设计和施工的关键。

5. 地基条件

对于跨度较大的拱式渡槽,一般要求建在岩基上,以避免地基产生不均匀沉陷而引起过大的拱脚变位,并承受边跨拱脚的强大水平推力。当地基条件较差时,为适应拱脚的变位(小变位),可设置拱铰,或采用桩基础或沉井基础等。

对于多跨拱式渡槽,每一个槽墩两侧的拱跨应当相同,以使两侧拱脚的水平推力互相平衡。为了避免一拱跨受到破坏而使全部拱跨破坏,可以考虑设置加强墩。

(五)主拱圈的结构计算

主拱圈的结构计算,主要包括拱圈内力计算、强度计算及稳定验算。基于本书面对的对象和篇幅考虑,不再讲述该内容,可参考有关书籍。

三、槽墩和槽台

拱式渡槽的墩台,其结构形式通常采用重力式,一般为浆砌块石或混凝土实体结构,底部多为刚性基础。对于软弱地基,为减小不均匀沉陷和限制墩台的变位,可采用桩基础或沉井基础。

(一)槽墩

拱式渡槽的槽墩形式,根据受力特征,可分为对称墩、不对称墩和单向推力墩等。

1. 对称墩

多跨拱的渡槽,其中墩因两侧受力平衡,故称为对称墩,墩体受力情况与梁式渡槽的重力墩相似,其形式与构造也相近,但对墩帽的要求较高。墩帽的形状如图 8-41 所示,常用高强度混凝土建造,强度等级为 C20~C25,并布置必要的构造钢筋。在墩帽与拱脚结合处,为加强混凝土局部承受能力,应铺设 1~2 层直径 9~12 mm、间距约 10 cm 的钢筋网。重要的无铰拱墩,还应按设计要求预埋锚固钢筋。

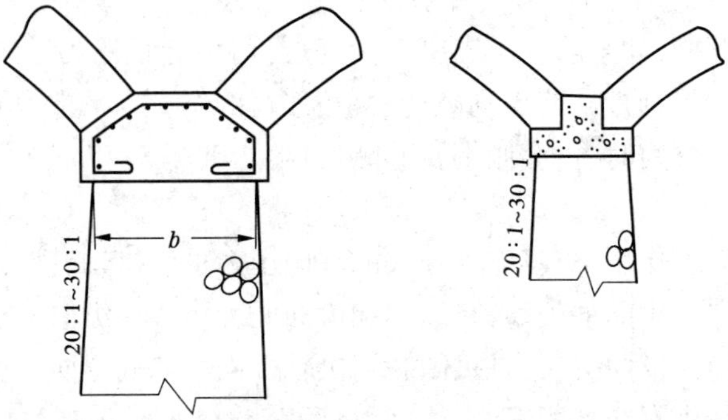

图 8-41 墩帽形状示意图

墩帽的宽度,中、小跨度的混凝土墩一般为拱跨的 1/15~1/25,浆砌石墩一般为拱跨的 1/10~1/20,或取拱圈厚度的 2~3 倍,一般要求不小于 0.8 m。

2. 不对称墩

常用于多跨拱式渡槽不等跨布置的情况。不对称墩的形式和布置,须配合两侧拱跨结构的布置选定,构造和尺寸应根据结构计算确定。

3. 单向推力墩

拱式渡槽的边拱墩,只有一侧承受拱脚荷载,且拱脚关键荷载是水平推力,故称单向推力墩,也称拱座,如图 8-42 所示。不对称墩的下部,往往是上部墩体的基础,也是主跨拱圈的拱座。这种墩的位置,应选在地形、地基条件较为有利的地方,拱脚高程应接近地面的高程,以减小拱脚水平推力对基底面的力臂,维持拱座的稳定性。

(二)槽台

槽台的基本形状,多采用梯形断面。其形状和尺寸的确定,应保证槽台的稳定,并且尽量使荷载压力线接近槽台各水平截面重心,使水平截面与基础底面所承受的压力接近于均布。槽台基础底面一般为水平面,但有时为了增加抗滑稳定,也可做成倾角不大的斜面(见图 8-43)等。

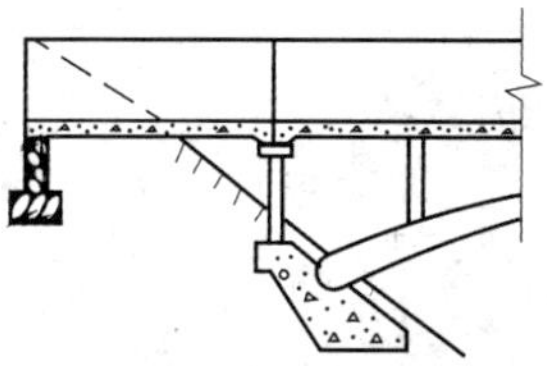

图 8-42 单向推力墩

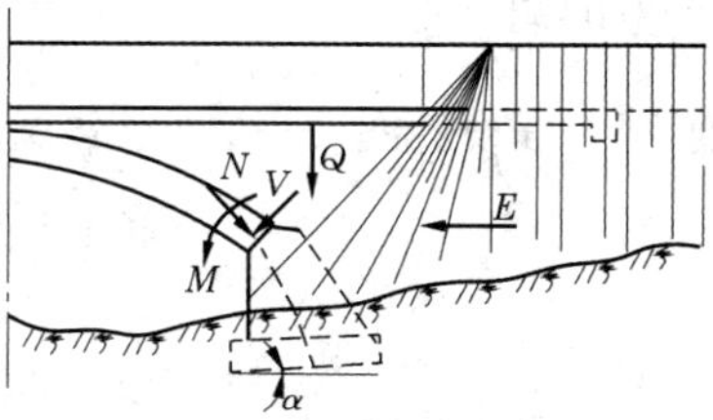

图 8-43 实心式槽台

拱式渡槽的槽台形式,根据结构特征,可分为实心式、U 形、空腹式等。

1. 实心式槽台

当槽宽和拱跨较小时,台背可用低强度浆砌石或贫混凝土筑成实心砌体结构,即重力式,如图 8-43 所示。

2. U 形槽台

当拱跨较大、槽台较宽时,为了节省台背砌体用料,可做成填背式 U 形槽台,如图 8-44 所示,U 形槽台由前墙、侧墙和基础底板三部分组成,其前墙支承拱圈,顶部支承槽身,后墙起挡土作用。在前墙和侧墙内应填以透水性较好的砂石料。

3. 空腹式槽台

当槽台较高、地基承载力较小时,可将槽台做成空腹式,以减小圬工体积和槽台的重量,如图 8-45 所示。

四、知识点测试

登录智慧职教 MOOC 学院进行资源学习,并完成本任务知识点测试;或扫描二维码完成本任务知识点测试。

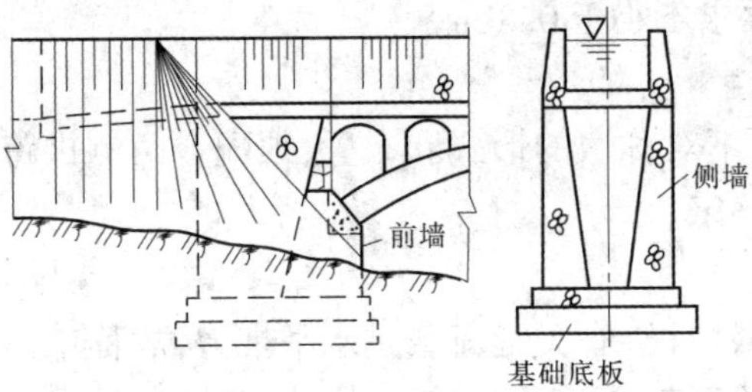

图 8-44　U 形槽台

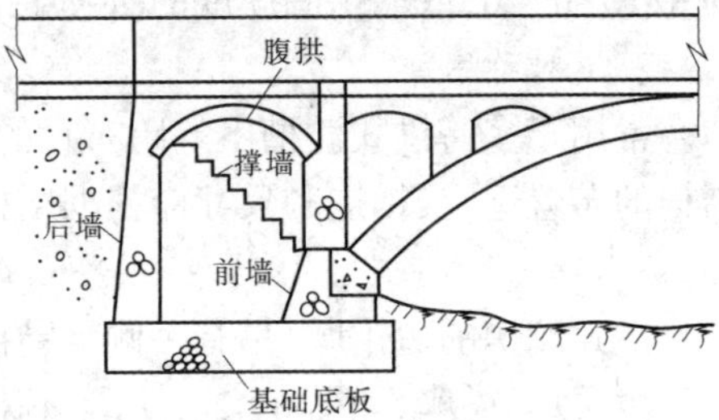

图 8-45　空腹式槽台

码 8-18　项目八任务四知识点测试

五、技能训练

阅读渡槽工程设计图,分析渡槽各组成部分的形式和尺寸。

项目九

倒虹吸管

【学习目标】

1. 掌握倒虹吸管的作用及适用情况。

2. 掌握倒虹吸管的组成和布置要求。

3. 能进行倒虹吸管的水力计算。

4. 感受水利工程带来的新变化,增强水利人的自豪感。

【思政素材】

码 9-1 观音山倒虹吸

码 9-2 南水北调新密倒虹吸

码 9-3 倒虹吸 3D 虚拟仿真

倒虹吸管,属于交叉建筑物,是指设置在渠道与河流、山沟、谷地、道路等相交叉处的压力输水管道。

一、倒虹吸管的特点和使用条件

倒虹吸管的特点是两端与渠道相接,而中间向下弯曲。与渡槽相比,倒虹吸管具有结构简单、造价较低、施工方便等优点。但是,输水时水头损失较大,运行管理不如渡槽方便。

倒虹吸管一般适用以下几种情况:①渠道跨越宽深河谷,修建渡槽、填方渠道或绕线方案困难或造价较高时;②渠道与原有渠、路相交,因高差较小不能修建渡槽、涵洞时;③修建填方渠道,影响原有河道泄流时;④修建渡槽,影响原有交通时。

二、倒虹吸管的组成和类型

倒虹吸管一般分为进口段、管身段和出口段三部分。

根据管路埋设情况及高差的大小,倒虹吸管通常可分为竖井式、斜管式、曲线式和桥式四种类型。

(一)竖井式

竖井式倒虹吸管由进出口竖井和中间平洞组成,如图 9-1 所示。一般适用于流量不大、压力水头小于 3~5 m 的穿越道路倒虹吸管。竖井的砌筑,一般采用砖、石或混凝土。为了改善平洞的受力条件,管顶应埋设在路面以下 1.0 m 左右。

竖井的断面为矩形或圆形,其尺寸稍大于平洞,并在底部设置深约 0.5 m 的集沙坑,以便于清除泥沙及检修管路时排水。

平洞的断面,一般为矩形、圆形或城门洞形。

竖井式倒虹吸管,构造简单、管路较短、占地较少、施工较容易,但水力条件较差,通常适用于工程规模较小的情况。

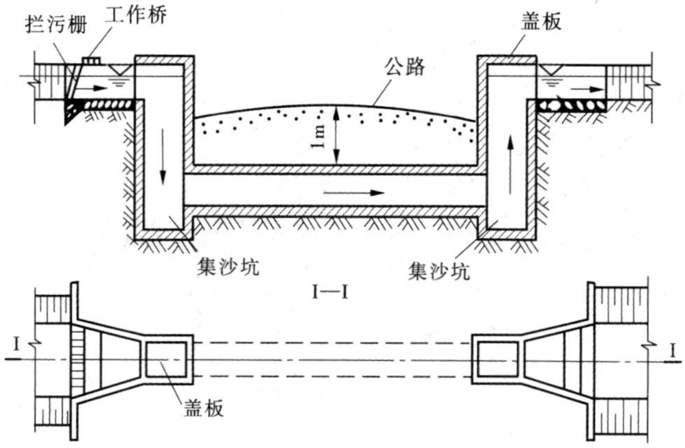

图 9-1　竖井式倒虹吸管

(二)斜管式

斜管式倒虹吸管的管道,进出口为斜卧段,而中间为平直段,如图 9-2 所示。一般用于穿越渠道、河流而两者高差不大,且压力水头较小、两岸坡度较平缓的情况。

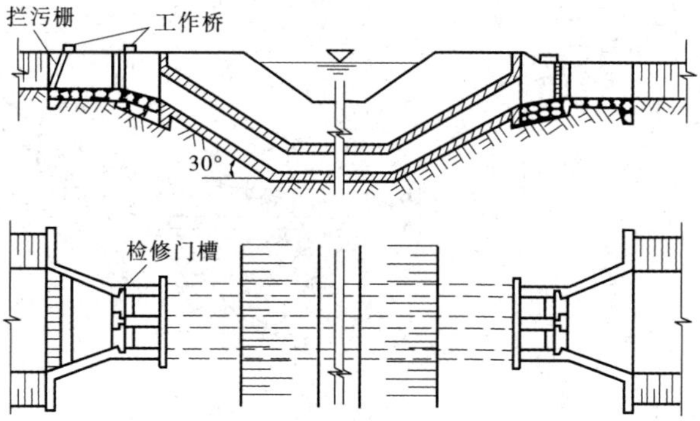

图 9-2　斜管式倒虹吸管

斜管式倒虹吸管与竖井式倒虹吸管相比,水流畅通,水头损失小,构造简单,实际工程中采用较多。但是,斜管式倒虹吸管施工较为不便。

(三)曲线式

曲线式倒虹吸管的管道,一般是沿坡面的起伏爬行铺设,而成为曲线形,如图 9-3 所示。主要适用于跨越河谷或山沟,且两者高差较大的情况。为了保证管道的稳定性,并减少施工的开挖量,铺设管道的岸坡应比较平缓,对于土坡 $m \geq 1.5\sim2.0$,岩石坡 $m \geq 1.0$。

管身的断面,一般为圆形。管身的材料,为混凝土或钢筋混凝土,可现浇也可预制安装。管身一般设置管座,当管径较小且土基很坚实时,也可直接设在土基上。在管道转弯处,应设置镇墩,并将圆管接头包在镇墩之内。

为了防止温度变化而引起管道产生过大的温度应力,管身顶部应埋置于地面以下 0.5~0.8 m,为了减小工程量,埋置深度也不宜过大。在寒冷地区,管道应埋置于冻土层以下 0.5 m。通过河道水流冲刷部位的管道,管顶应埋设在冲刷线以下 0.5 m。

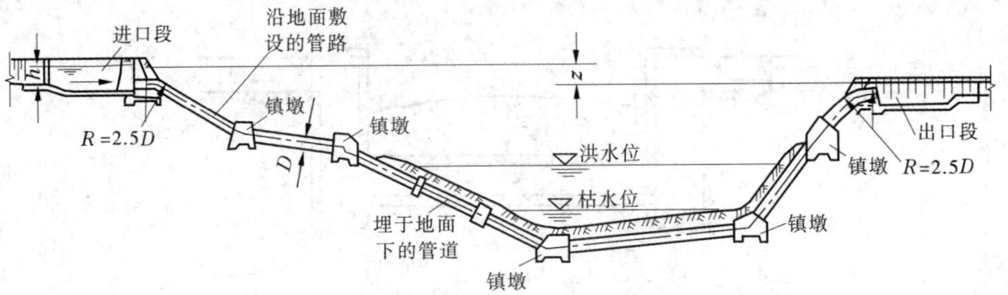

图 9-3　曲线式倒虹吸管

(四)桥式

桥式倒虹吸管与曲线式倒虹吸管相似,桥式倒虹吸管在沿坡面爬行铺设曲线形管段的基础上,在深槽部位建桥,管道铺设在桥面上或支撑在桥墩等支撑结构上,如图 9-4 所示。

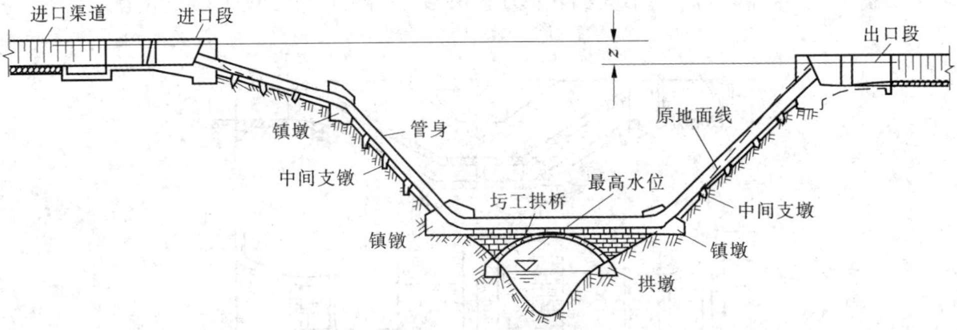

图 9-4　桥式倒虹吸管

桥式倒虹吸管多用于渠道与较深的复式断面或窄深河谷交叉的情况。主要特点是可以降低管道承受的压力水头,减小水头损失,缩短管身长度,并可避免在深槽中进行管道施工的困难。

桥下应有足够的净空高度,以满足泄洪要求。在通航的河道上,还应该满足通航要求。

三、倒虹吸管的布置要求

倒虹吸管的总体布置应根据地形、地质、施工、水流条件,以及所通过的道路、河道洪水等具体情况经过综合分析比较确定。一般要求如下:

(1)管身长度最短。管路力争与河道、山谷和道路正交,以缩短倒虹吸管道的总长度。还应避免转弯过多,以减少水头损失和镇墩的数量。

码 9-4　倒虹吸管的布置与构造

(2)岸坡稳定性好。进、出口以及管身应尽量布置在地质条件稳定的挖方地段,避免建在高填方地段,并且地形应平缓,以便于施工。

(3)开挖工程量少。管身应适应地形坡度变化布置,以减少开挖的工程量,降低工程造价。

(4)进、出口平顺。为了改善水流条件,倒虹吸管进、出口与渠道的连接应当平顺。

(5)管理运用方便。结构的布置应安全、合理,以便于管理运用。

四、进口段的组成、布置和构造

(一)进口段的组成

进口段主要由渐变段、进水口、拦污栅、闸门、工作桥、沉沙池及退水闸等部分组成,如图 9-5 所示。

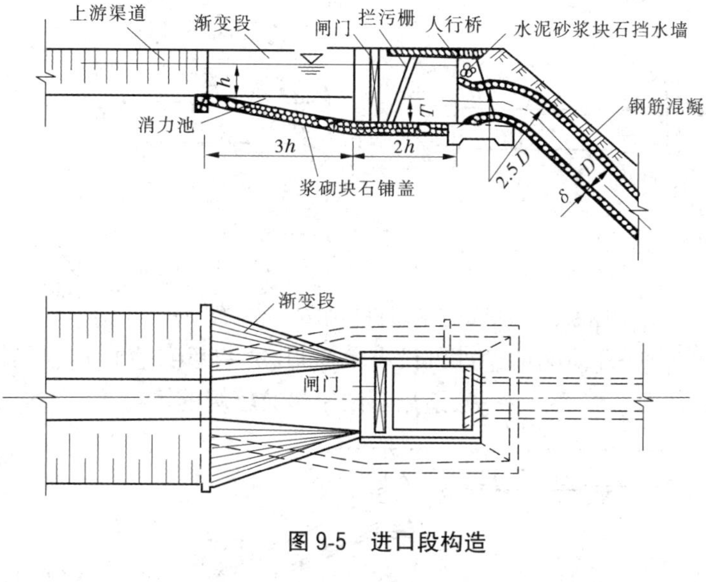

图 9-5　进口段构造

进口段的结构形式,应保证通过不同流量时管道进口处于淹没状态,以防止水流在进口段发生跌落、产生水跃而使管身引起振动。

进口段的轮廓应当平顺,以减少水头损失,并应满足稳定、防冲和渗流等要求。

进口段应修建在地基较好、透水性小的地基上。当地基较差、透水性大时,应做防渗处理。通常做 30~50 cm 厚的浆砌石或做 15~20 cm 的混凝土铺盖,其长度为渠道设计水深的 3~5 倍。

(二)进口段的布置和构造

1. 进口渐变段

倒虹吸管的进口,一般设有渐变段,主要作用是使其进口与渠道平顺连接,以减少水头损失。渐变段长度一般采用 3~5 倍的渠道设计水深。

渐变段的具体形式和构造,可参考渡槽的进口部分。

2. 进水口

倒虹吸管的进水口,一般是通过挡水墙与管身相连接而成的。挡水墙可用混凝土浇筑,也可用圬工材料砌筑,砌筑时应妥善与管身衔接好。进水口的形式一般有以下三种:

(1)喇叭口形,与管身用弯道连接。进口为喇叭口形,进水口段与管身用弯道相连接,如图 9-6 所示。其弯道曲率半径一般为 2.5~4.0 倍管内径。这种形式的构造较为复杂,但水流条件较好。主要用于岸坡较陡、管径较大的钢筋混凝土管道。

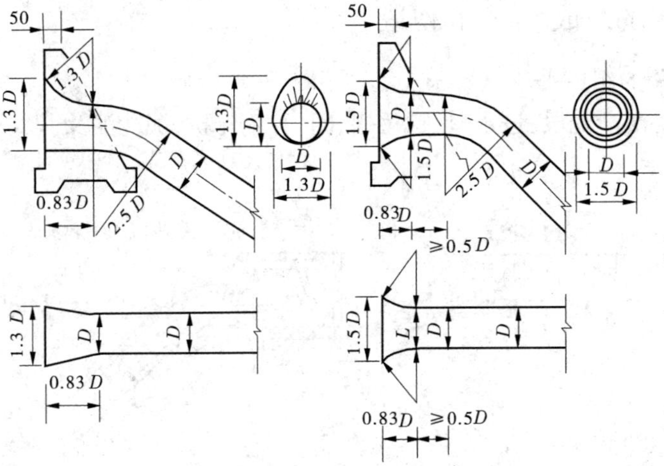

图 9-6　喇叭口接弯道进口布置　（单位:cm）

(2)喇叭口形,管身直伸胸墙。进口设有喇叭口,并将管身直接伸入胸墙 0.5~1.0 m,与喇叭口连接,如图 9-7 所示。一般适用于两岸岸坡较缓的情况。

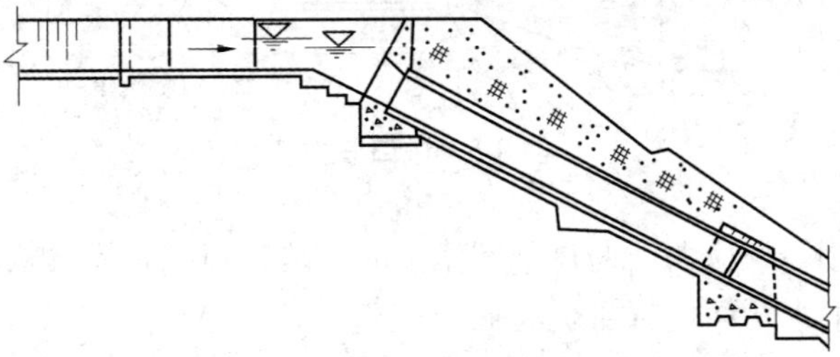

图 9-7　喇叭接直管道进口布置

(3)无喇叭口,管身直伸胸墙。进口不设喇叭口,将管身直接伸入挡水墙内,如图 9-4、图 9-8(a)所示。主要特点是构造简单、施工方便,但水流条件较差。一般用于小型倒虹吸管。

3. 闸门

对于双管或多管倒虹吸,在其进口应设置闸门,如图 9-8 所示。当过流量较小时,可用一根或几根管道输水,以防止进口水位跌落,同时可增加管内流速,防止管道淤积。

对于单管倒虹吸,其进口一般可不设置闸门,有时仅在侧墙留闸门槽,以便在检修和清淤时使用,需要时临时安装插板挡水。

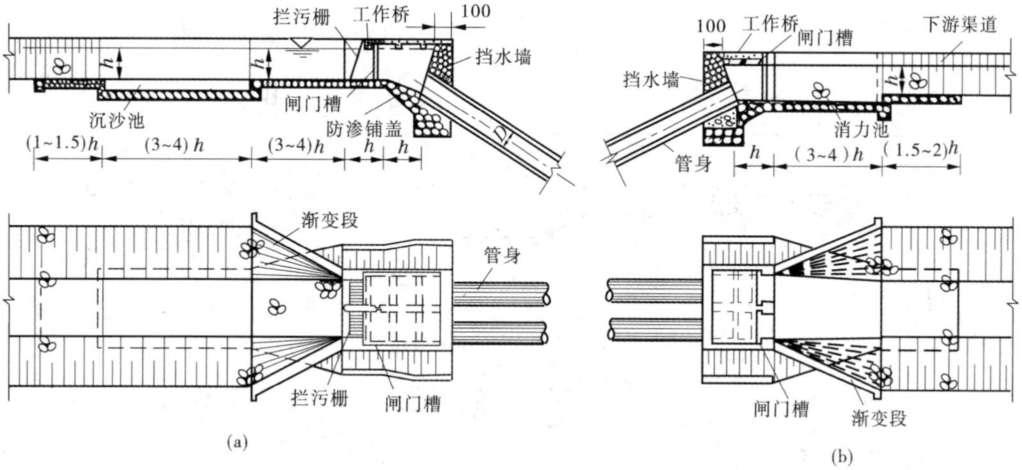

图 9-8　双管倒虹吸管进出口布置　(单位:cm)

闸门的形式,可用平板闸门或叠梁闸门。

4. 拦污栅

为了防止漂流物或人畜落入渠内被吸入倒虹吸管内,在闸门前需要设置拦污栅,如图 9-8 所示。栅条可用扁钢做成,其间距一般为 20~25 cm。

拦污栅的布置,应设有一定的坡度,以增加过水面积或减小水头损失,常用坡度为 1/3~1/5(与水平面的倾角一般为 70°~80°)。

5. 工作桥

为了启闭闸门或进行清污,有条件的情况下,可设置工作桥或启闭台。为了便于运用和检修,工作桥或启闭台面应高出闸墩顶足够的高度,通常为闸门高再加 1.0~1.5 m。

工作桥的构造及设计,可参考水闸有关部分。

6. 沉沙池

对于多泥沙的渠道,在进水口之前,一般应设置沉沙池,如图 9-9 所示。主要作用是拦截渠道水流挟带的粗颗粒泥沙和杂物进入倒虹吸管内,以防止造成管壁磨损、淤积堵塞,甚至影响虹吸管道的输水能力。对于以悬移质为主的平原地区渠道,也可不设沉沙池。

沉沙池内的泥沙,要根据沉积数量及清淤周期的要求,在停水期间,进行人工清淤;也可结合进口退水冲沙闸,进行水力冲沙。

山丘地区的绕山渠道,沉沙池应适当加深,以防止泥沙入渠造成倒虹吸管的磨损。

7. 进口退水闸

大型或较为重要的倒虹吸管,应在进口设置退水闸。当倒虹吸管发生事故时,为确保工程的安全,可关闭倒虹吸管前的闸门,将渠水从退水闸安全泄出。

五、出口段的布置和构造

出口段包括出水口、闸门、消力池、渐变段等。其布置形式与进口段相似,如图 9-10 所示。

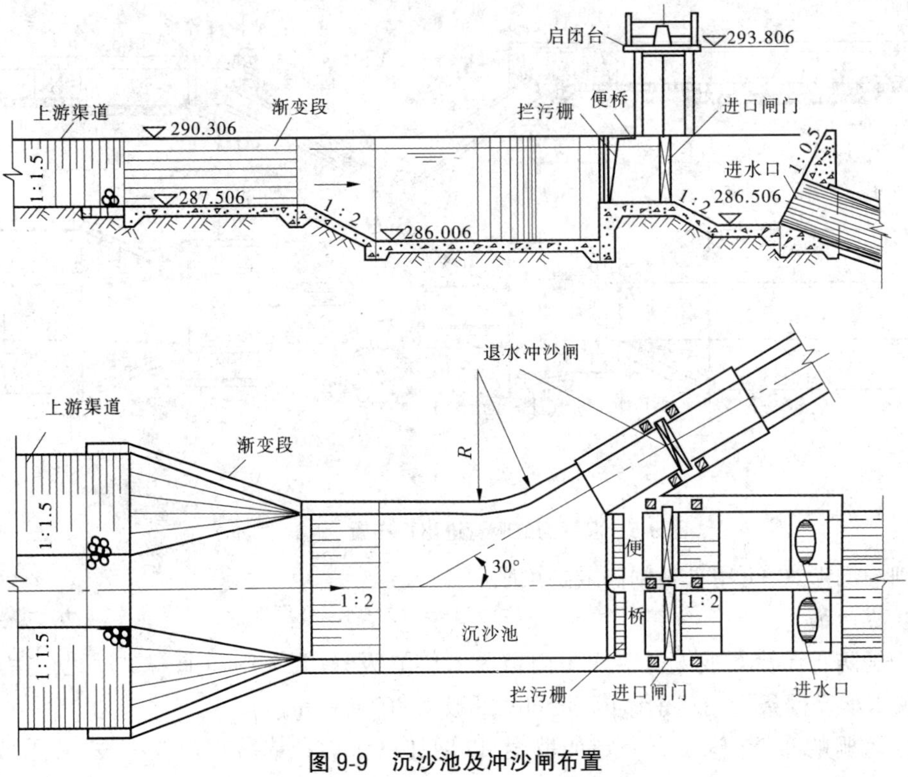

图 9-9　沉沙池及冲沙闸布置

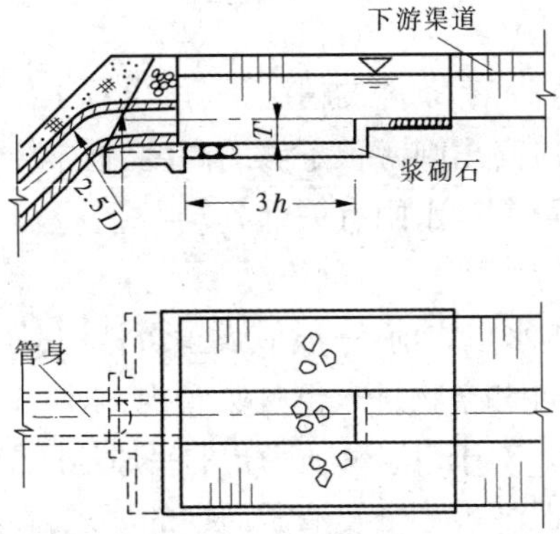

图 9-10　出口段布置

(1)闸门。为了便于运行管理,在双管或多管倒虹吸的出口,应设置闸门或预留检修门槽。

(2)消力池。消力池一般设置在渐变段的底部,主要用于调整出口流速分布,以使水流平稳地进入下游渠道,防止造成下游渠道的冲刷。

倒虹吸管出口水流流速一般较小,消力池的尺寸可按以下经验进行估算:

池长

$$L \geqslant (3 \sim 4)h \tag{9-1}$$

池深

$$T \geq 0.5D + \delta + 30 \quad (\text{cm}) \tag{9-2}$$

式中 h——渠道的设计水深；

D、δ——管道内径与管壁厚度。

(3)渐变段。出口一般设有渐变段，以使出口与下游渠道平顺连接，其长度一般为4~6倍的渠道设计水深。

为了防止水流对下游渠道的冲刷，应在渐变段下游3~5 m的范围内进行渠道的护砌保护。

实际工程中，出口渐变段的长度一般与消力池同长。对于小型工程，出口渠道的连接，也可不用渐变段的形式，如用复式渠道与下游渠道按照相同边坡直接相连，如图9-10所示。

六、管路布置和构造

管路的布置和构造，主要内容包括管身断面、材料选择，管壁厚度、管段长度确定，分缝止水、泄水冲沙孔、进人孔以及支承结构等。应根据流量大小、水头高低、运用要求、管路埋设情况、高差的大小及经济效益等因素，综合进行考虑。

(一)管身断面

倒虹吸的管身断面，一般为圆形，因其水力条件和受力条件较好。对于低水头的管道，也可使用矩形或城门洞形断面。

(二)管身材料和壁厚

倒虹吸管的材料应根据压力大小及流量的多少、就地取材、施工方便、经久耐用等原则综合分析选择。常用的材料主要有混凝土、钢筋混凝土、预应力钢筋混凝土、铸铁和钢材等。

对于水头小于3 m的矩形或城门洞形小型管道，也可采用砖、石等材料砌筑。

1. 混凝土管

混凝土管适用于水头较低、流量较小的情况，一般用于水头为4~6 m，有时也可达10余m。为了防止管身裂缝以及接缝处经常发生严重漏水现象，应严格把握材料强度、施工技术及质量等因素。

2. 钢筋混凝土管

钢筋混凝土管适用于较高水头，一般为30 m左右，有的可达50~60 m，管径通常不大于3 m。管壁厚度的初步拟定，可根据管径和作用水头，参考图9-11进行。

3. 预应力钢筋混凝土管

预应力钢筋混凝土管适用于高水头，与钢筋混凝土管相比，具有弹性较好、不透水性和抗裂性好的特点，能够充分发挥材料的性能。管壁厚度比钢筋混凝土管稍薄，初步拟定时可参考表9-1。预应力钢筋混凝土管与金属管相比，可以节省钢材用量80%~90%。

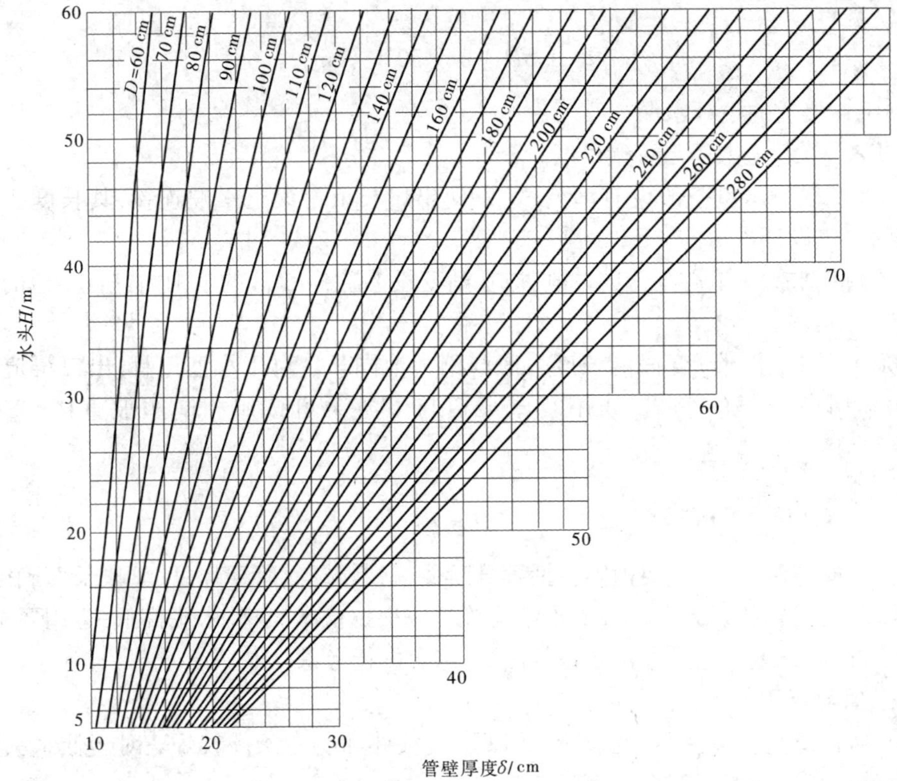

图 9-11 钢筋混凝土倒虹吸管管壁厚度选择曲线

表 9-1 预应力钢筋混凝土管的管径及管壁厚度

管径/mm	600	800	1 000	1 200	1 400	2 000
管壁厚度 δ/mm	55	60	70	80	90	130

4. 铸铁管与钢管

铸铁管与钢管多用于高水头(60 m 以上)地段,为了增强管道的刚度,可在管身的外壁每隔一定的距离设置加劲环和支承环。由于这种形式耗用金属材料较多,所以应用上受到了较大限制。

(三)管段长度和分缝止水

为防止管道因地基不均匀沉陷、温度变化以及混凝土的干缩而产生过大的纵向应力,使管身发生横向裂缝,应将管身进行分段,设置沉陷缝或伸缩缝,并在缝内设置止水。

1. 缝的间距

管段长度,即为横缝的间距,应根据地基、管材、施工、气温等条件确定。现浇钢筋混凝土管缝的间距,在土基上一般为 15~20 m,在岩基上一般为 10~15 m。为了减小岩基对管身的收缩约束作用,可采取在管身与岩基之间设置油毛毡垫层等措施。这时,管身采用分段间隔浇筑,缝的间距可以增大到 30 m。

预制钢筋混凝土管及预应力钢筋混凝土管,管节长度可达 5~8 m。

2. 伸缩缝的形式

伸缩缝主要有平接、套接、企口接以及预制管的承插式接头等，如图 9-12 所示。缝的宽度一般为 1～2 cm，缝中堵塞沥青麻绒、沥青麻绳、柏油杉板或胶泥等。

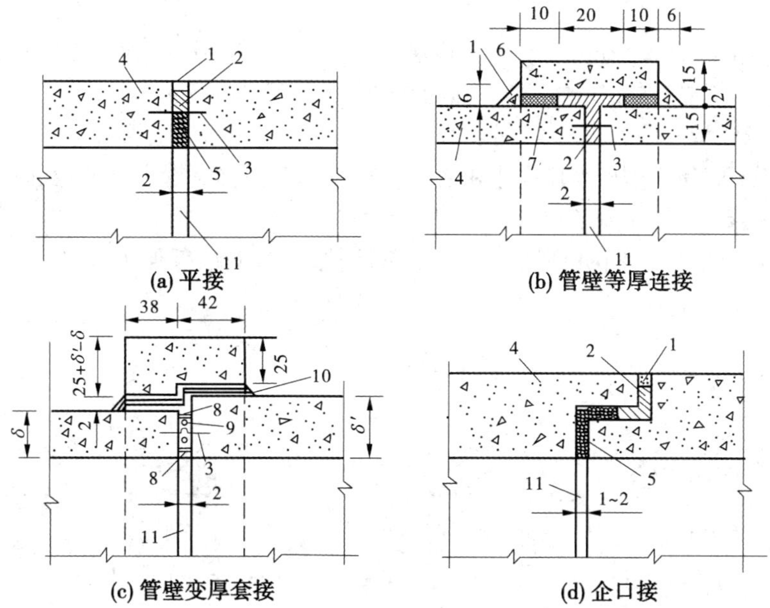

1—水泥砂浆封口；2—沥青麻绒；3—金属止水片；4—管壁；5—沥青麻绳；6—套管；7—石棉水泥；8—柏油木板；9—沥青石棉；10—油毛毡；11—伸缩缝。

图 9-12 管身伸缩缝形式 （单位：cm）

现浇管一般采用平接或套接，缝间止水多采用金属止水片。此外，止水的形式还有塑料止水、环氧基液贴橡皮止水等。

预制管、预应力钢筋混凝土管的接头处即为伸缩缝。接头形式有平口式和承插式。承插式接头安装方便，密封性好，具有较大的柔性，目前大多采用这种形式，如图 9-13 所示。

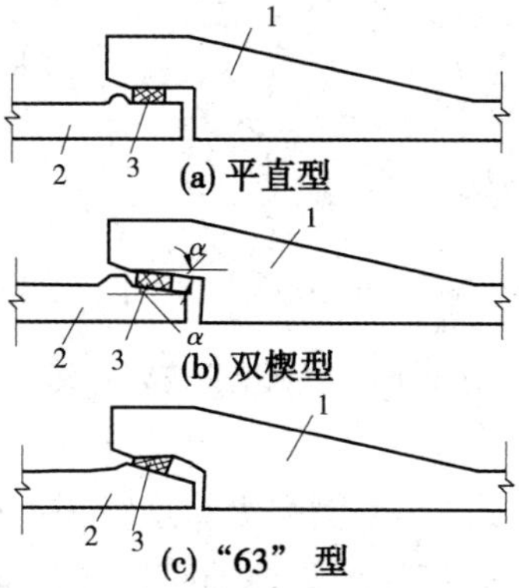

1—承口；2—插口；3—橡皮圈。

图 9-13 钢筋混凝土管承插式接头

(四) 泄水冲沙孔、进人孔

为了泄空管内积水、清除管内淤积泥沙以及便于检查维护，一般要在管身设置泄水冲沙孔，其底部标高应与河道枯水位齐平。对于桥式倒虹吸管道，泄水冲沙孔可设在管道的最低部位。

对于大型倒虹吸管，为了便于观察检修，应设置进人孔。通常进人孔与泄水冲沙孔结合布置，并尽可能布置在镇墩上，进人孔的孔径不应小于 60 cm。

(五) 支承结构

倒虹吸管的支承结构，按其构造和受力特征，可分为管床、管座、支墩及镇墩等形式。

1. 管床和管座

对于小型钢筋混凝土倒虹吸管，若地基条件较好，可采用弧形土基管床、三合土管床或分层夯实的碎石管床，如图 9-14(a)、(b)所示。

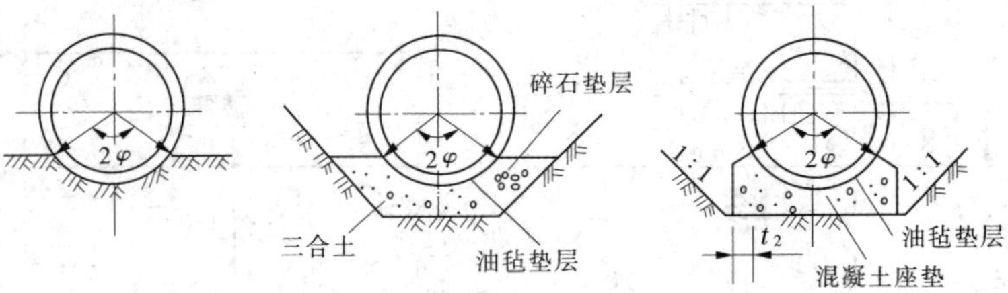

(a) 弧形土基　(b) 碎石垫层　(c) 刚性座垫

图 9-14　管床、管座构造

对于大中型的倒虹吸管，应采用砌石或混凝土刚性管座，以增加管身的抗滑稳定性，并改善地基的受力条件，如图 9-14(c)所示。

在岩石地基上修建倒虹吸管时，可以在岩石中直接开槽，将管身直接浇筑在岩基上，也可在槽内浇混凝土垫层，然后再敷设管道，如图 9-15 所示。

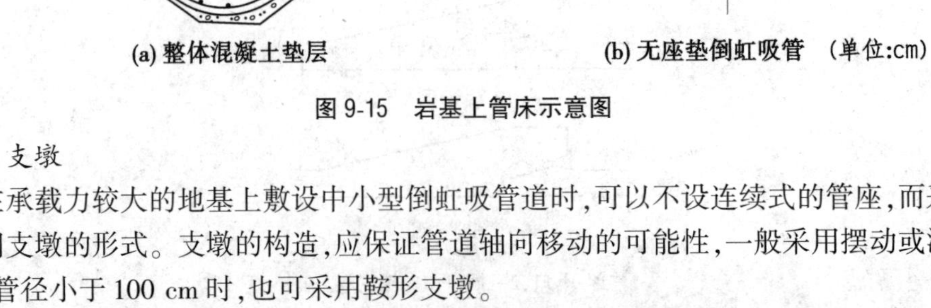

(a) 整体混凝土垫层　(b) 无座垫倒虹吸管　(单位:cm)

图 9-15　岩基上管床示意图

2. 支墩

在承载力较大的地基上敷设中小型倒虹吸管道时，可以不设连续式的管座，而采用设置中间支墩的形式。支墩的构造，应保证管道轴向移动的可能性，一般采用摆动或滑动的形式，管径小于 100 cm 时，也可采用鞍形支墩。

支墩的间距可根据地基、管径大小、管节的长度等情况而定，一般采用 2~8 m。包角

2φ 一般为 90°~135°，管身与支墩间铺沥青油毛毡。

支墩的建造材料，一般采用浆砌石、混凝土等。

3. 镇墩

镇墩是为了连接和固定管道而专门设置的支承结构。设置镇墩的位置，一般在倒虹吸管的变坡处、转弯处、不同管壁厚度的连接处、管身分段处或管坡较陡、长度较大的斜管中部。设置个数应结合地形、地质条件而定。

镇墩的材料主要为砌石、混凝土或钢筋混凝土。对于砌石镇墩，可在管道周围包一层混凝土，多用于小型倒虹吸管。在岩基上的镇墩，为了提高管身的稳定性，也可以加设锚杆与岩基相连接。

镇墩与管道的连接形式，有刚性连接和柔性连接两种，如图 9-16 所示。

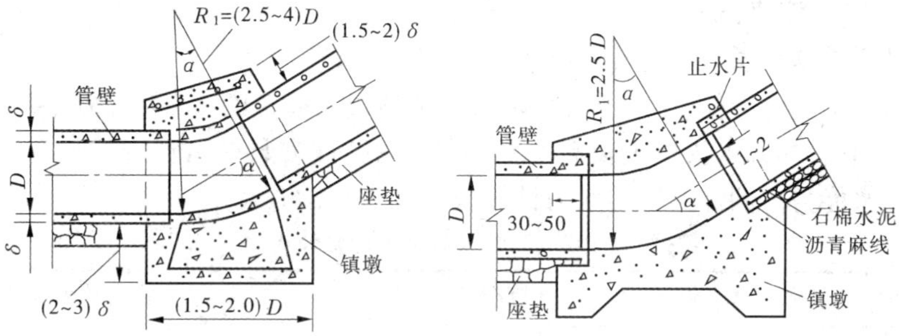

(a) 刚性连接　　(b) 柔性连接

图 9-16　镇墩与管道的连接　（单位：cm）

刚性连接是把管端与镇墩混凝土浇筑在一起，砌石镇墩是将管端砌筑在镇墩内。这种形式的特点是结构简单、施工方便，但适应不均匀沉降的能力较差。一般用于斜管坡度较陡、地基承载能力较大的土基或岩基。

柔性连接是用伸缩缝将管身与镇墩分开，缝中设有止水，以防止漏水。这种连接的特点是适应不均匀沉陷的能力较好，但是施工比较复杂。通常用在斜坡较缓的土基上。

在斜坡段上设置的中间镇墩与管道的连接形式，上部一般为刚性连接，下部多为柔性连接。

七、倒虹吸管的水力计算

倒虹吸管水力计算的任务，主要是根据上游渠底高程、水位、流量和允许的水头损失，确定倒虹吸管的断面尺寸、水头损失、下游渠底高程及进出口的水面衔接形式。

码 9-5　案例：倒虹吸管的水力计算

在实际工程中，倒虹吸管的水力计算，主要包括下列几种情况：①根据需要通过的流量和允许的水头损失，确定管道的断面形式和尺寸；②由需要通过的流量及拟定的管内流速，校核水头损失是否超过允许值。

（一）断面尺寸的确定

倒虹吸管的断面尺寸与管内流速有关，若流速选得过小，不仅管径偏大，管内还将发生淤积现象;若流速选得过大,尽管可以减小管径,但是水头损失将会增大,并且易造成出口的冲刷。因此,管内流速的确定应综合考虑技术经济和不淤条件。

当通过设计流量时,管内流速一般为 1.5~3.0 m/s。管内最大流速,一般按允许水头损失控制,在允许水头损失范围内应尽可能选择较大的流速,以减小管径。而管内最小流速,则应按挟沙流速确定。

倒虹吸管的管径,根据初选流速按照式(9-3)确定:

$$D=\sqrt{\frac{4Q}{\pi v}} \tag{9-3}$$

式中 D——倒虹吸管的管径,m;

Q——倒虹吸管的设计流量,m^3/s;

v——初选流速,m/s。

(二)水头损失计算

根据初步确定的管径、相应于设计流量的流速以及管道的布置等情况,即可计算管道的沿程水头损失、局部水头损失及总水头损失 z,然后,按照有压管流的流量公式验算倒虹吸管的过水能力。倒虹吸管的水力计算公式如表 9-2 所示。

表 9-2 倒虹吸管水力计算公式

序号	公式名称	计算公式	式中符号说明
1	倒虹吸管的流量	$Q=\mu\omega\sqrt{2gz}$	μ——流量系数; ω——倒虹吸管的过水断面面积,m^2; z——上下游水位差,m; λ——沿程水头损失系数; l——管道总长度,m; D——管道直径,m; $\Sigma\zeta$——局部水头损失系数总和,ζ 可查相关水力计算手册得到; v——管内平均流速,m/s; n——糙率系数; R——水力半径
2	流量系数	$\mu=\dfrac{1}{\sqrt{\lambda\dfrac{l}{D}+\Sigma\zeta}}$	
3	沿程水头损失	$h_f=\lambda\dfrac{l}{D}\dfrac{v^2}{2g}$	
4	沿程水头损失系数	$\lambda=\dfrac{8g}{C^2},C=\dfrac{1}{n}R^{\frac{1}{6}}$	
5	局部水头损失	$h_j=\Sigma\zeta\dfrac{v^2}{2g}$	
6	上、下游渠道水位差	$z=h_f+h_j$ $=\dfrac{v^2}{2g}(\lambda\dfrac{l}{D}+\Sigma\zeta)$	

当通过加大流量时,进口水面可能壅高,应核算其壅水高度是否超过挡水墙顶和上游渠顶,以及有无一定的超高值。

当通过小流量时,应验算上下游渠道实际水位差 z_1 是否大于计算得出的水头损失值 z_2,若 $z_1>z_2$,说明实有的水头大于所需水头,即管道进口处的水位低于上游水位,所以进口水面将会产生跌落，从而在管道内产生水跃衔接，如图 9-17 所示。由于水跃的脉动和掺气，将引起管身的振动，影响管道正常输水，严重时会导致管身破坏。为避免这种现象发生，可根据倒虹吸管总水头的大小，采取以下不同的进口结构布置形式。

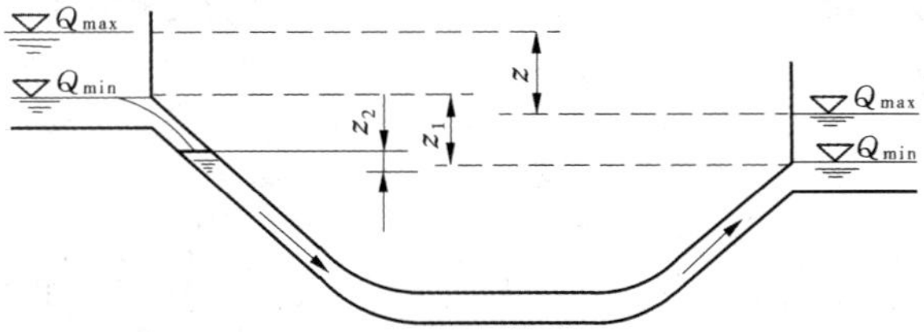

图 9-17　倒虹吸管水力计算

当 z_1-z_2 值较大时，可适当降低管身的进口高程，并在进口前设置消力池，池中的水跃应为进口处水面所淹没，如图 9-18(a)所示。

当 z_1-z_2 值不大时，可略降低管身的进口高程，并在进口前设置斜坡段，使渠道的水面与管口水面在斜坡段衔接，如图 9-18(b)所示。

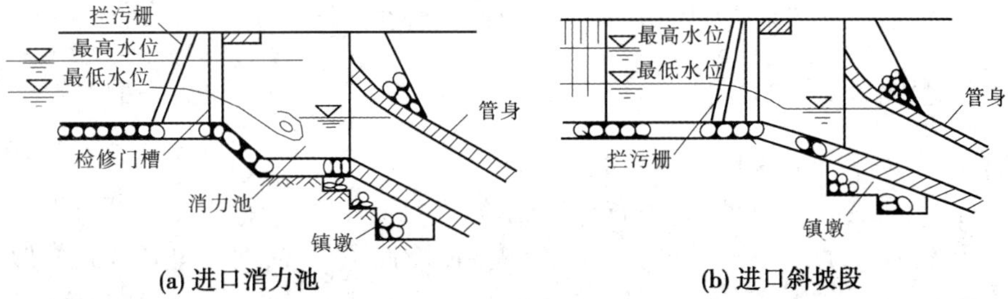

图 9-18　倒虹吸管进口水面衔接

当 z_1-z_2 值很大时，如在进口设置消力池不便于布置或不经济，可考虑在出口处设置闸门，以抬高出口水位，使倒虹吸管进口淹没，消除管内水跃现象。此时，应加强运行管理，以保证倒虹吸管正常工作。

当通过加大流量，上下游渠道水位差值 z 小于倒虹吸管通过加大流量时所需的水位差值时，应通过计算，适当加大挡水墙及上游渠道堤顶的高度，增加超高值。

(三)下游渠底高程及进出口水面衔接

下游渠底高程的确定及进出口水面衔接，应在上游渠底高程确定的基础上，通过各种特征流量时的水头损失计算成果，以综合分析选定适当的水头损失值 z 作为依据。

上游水面高程=上游渠底高程+渠道水深；

下游水面高程=上游水面高程-水头损失值 z；

下游渠底高程=下游水面高程-渠道水深。

倒虹吸管的断面尺寸和上下游渠道底部高程确定后，应当核算通过小流量时是否满足不淤要求。若计算出的管身断面尺寸较大或通过小流量时管内流速过小，可考虑布设双管或多管。

码 9-6　灌溉倒虹吸设计图

码 9-7　倒虹吸工程设计图集

八、知识点测试

登录智慧职教 MOOC 学院进行资源学习,并完成本项目知识点测试;或扫描二维码完成本项目知识点测试。

码 9-8　项目九知识点测试

九、技能训练

根据以下资料,进行倒虹吸管的水力计算。

(1)地形、地质情况:干渠与河谷交叉处上游进口一侧为山谷,下游为开阔漫滩,中间河段河床比较稳定,两岸自然坡度较缓。由河谷横断面图得知,河谷呈宽浅式梯形断面,交叉建筑物进口一侧岸坡平均坡度约为 1∶4(且有部分基岩外露风化),出口侧岸坡平均坡度约为 1∶3,河漫滩宽度约为 160 m,河床最低高程约为 459.000 m。

(2)水文气象资料:该地区最大冰冻深度为 0.4 m,河谷最高洪水位为 467.029 m,洪水期河床最大冲刷深度为 0.45 m。

(3)上、下游渠道资料:

渠底宽 $b=2.6$ m,$m=1.5$,$i=1/4\,000$,$n=0.025$。$Q_{正常}=7\ \mathrm{m^3/s}$,$Q_{加大}=8\ \mathrm{m^3/s}$。

渠水含沙量 $\rho=1\ \mathrm{kg/m^3}$,进口渠底控制高程为 463.970 m,相应渠堤高程为 467.500 m。

(4)纵剖面布置如图 9-19 所示。

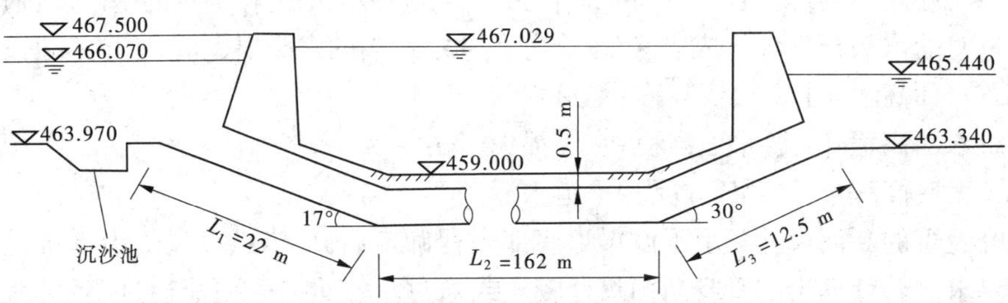

图 9-19　纵剖面布置

项目十

涵　洞

【学习目标】

1. 掌握涵洞的作用及适用情况。
2. 掌握涵洞的组成及布置要求。
3. 能根据实际情况正确选用涵洞。
4. 关注农村水利,感受水利给我国带来的新变化。

涵洞是指渠道与道路、溪沟、谷地等进行交叉时,为了输送渠道水流或排泄溪谷中的来水,而在道路或填方渠道下面修建的交叉建筑物,如图 10-1 所示。这种输水涵洞与排水涵洞,一般不设置闸门,通常所说的涵洞主要是指这两种。涵洞与涵洞式水闸(也简称涵闸或涵管)的根本区别,就在于是否设置闸门。

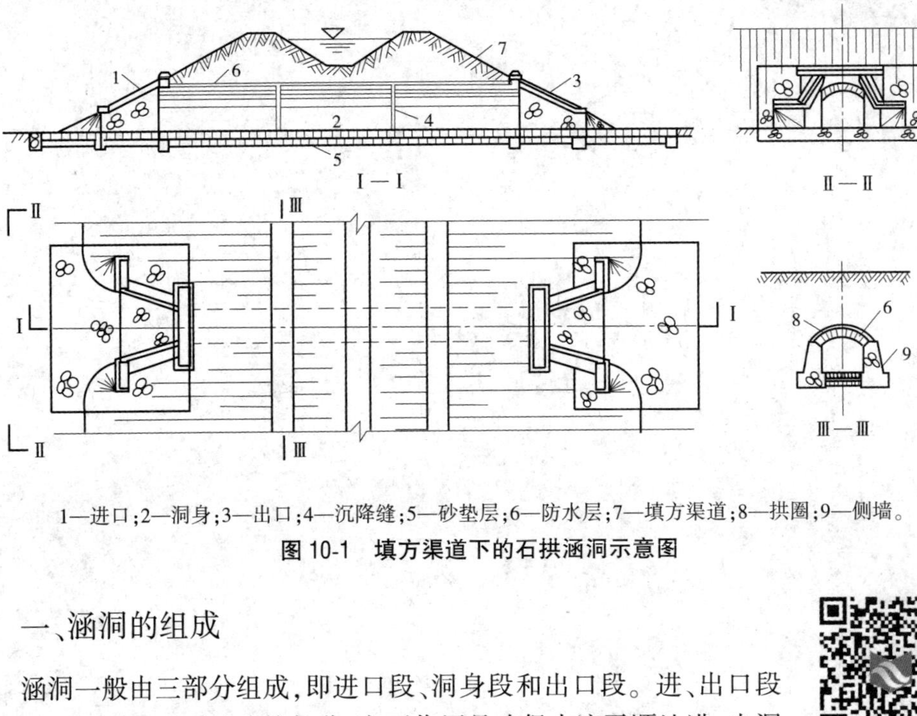

1—进口;2—洞身;3—出口;4—沉降缝;5—砂垫层;6—防水层;7—填方渠道;8—拱圈;9—侧墙。

图 10-1　填方渠道下的石拱涵洞示意图

一、涵洞的组成

涵洞一般由三部分组成,即进口段、洞身段和出口段。进、出口段是洞身与渠道和沟溪的连接部分,主要作用是确保水流平顺地进、出洞身,以减少水头损失,防止水流的冲刷;洞身的作用,是输送水流,其顶部往往有一定厚度的填土。

码 10-1　涵洞介绍

涵洞设计时,首先,应根据渠系规划所确定的任务要求,结合当地的具体条件,选定洞身和进出口的形式;其次,通过水力计算确定涵洞的口径、长度、进出口底部高程、纵坡和进出口的形式,进行涵洞的总体布置;最后,进行洞身、翼墙等结构设计和细部构造设计等。

二、涵洞的类型

码 10-2　涵洞

涵洞的类型较多,一般可以按洞内水流条件、断面形式、涵洞的作用及建筑材料等将其分为不同的形式。

(一)按水流条件分类

(1)有压涵洞。有压涵洞的特点是整个洞身断面充满水流。对于有压涵洞,由于洞内压力较大,因此在泄水时,应特别注意防止出现洞内水流明满交替现象,而引起涵洞的振动破坏。

(2)无压涵洞。无压涵洞特征,则是洞内水流从进口到出口均保持有自由水面。这种涵洞多为输水涵洞,因其要求的断面尺寸较大,故可以减少水头损失,有利于输水,对于上下游水头差较小、流速不大的情况,一般可以不考虑专门的防渗、排水和消能问题。这种涵洞主要适用于上游集水面积大、洪水持续时间长、涨落比较缓慢,并且所允许的上游水面壅高值较小的情况,一般可以采用砌石等材料修建,如砌石拱涵或盖板涵。

(3)半有压涵洞。其进口洞顶为水流所封闭,而洞内水流有自由水面。排水涵洞可以是有压的,也可以是无压或半有压的。对于半有压涵洞,应根据流速大小、洪水持续的时间长短,考虑消能、防渗及排水问题。

(二)按断面形式分类

涵洞按照断面形式,可分为圆管涵、盖板涵、拱涵和箱形涵等几种,如图 10-2 所示。

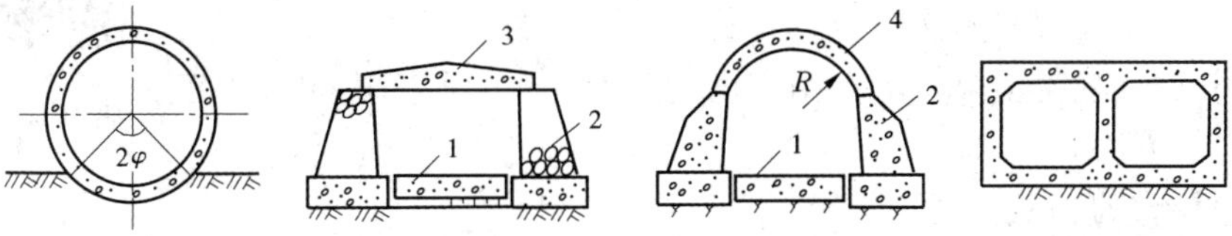

(a) 圆管涵 (b) 盖板涵 (c) 拱涵 (d) 箱形涵

1—底板;2—侧墙;3—盖板;4—拱圈。

图 10-2 涵洞的断面形式

1. 圆管涵

圆管涵是涵洞中较常见的一种形式,其水流条件和受力条件较好时,有压、无压均可以采用,主要优点是构造简单、工程量较小、施工方便。当泄流量较大时,可以采用双管或多管的布置形式。这种涵洞多用混凝土或钢筋混凝土修建。

码 10-3 圆管涵

2. 盖板涵

盖板涵的断面为矩形或方形,由底板、侧墙和盖板组成,如图 10-2(b)所示。底板和侧墙一般采用浆砌石或混凝土做成,盖板一般为预制钢筋混凝土板。设计时,可以将盖板和底板视为侧墙的支承,考虑填土的抗力,以减少工程量。按照地基条件的好坏,可将底板分为整体式和分离式两种,盖板的厚度,一般为跨径的 1/5~1/12,盖板设置 2%坡度向两侧倾斜,以便于排水。

3. 拱涵

拱涵由拱圈、侧墙和底板组成,其特点是受力条件较好,对于填土较高、跨度较大和泄流量较大的明流涵洞较为适用。拱涵的底板,分为整体式和分离式,一般可以根据地基条件和跨度的大小选定。有时为了改善整体式底板的受力条件,将其做成反拱式底板,如图 10-3 所示。

拱涵的拱圈,按其形状可分为半圆拱和平拱两种。平拱的矢跨比为 $f/L=1/3\sim1/8$,

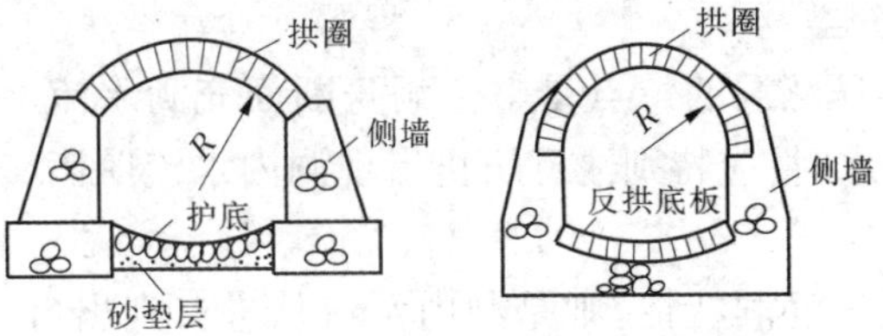

(a) 平拱涵　(b) 半圆拱涵

图 10-3　反拱式底板

半圆拱水平推力较小，但是拱圈受力条件差，自拱脚至 1/4 跨径处易出现较大的拉应力。

拱圈可做成等厚或变厚度的，一般混凝土拱圈厚度不小于 20 cm，砌石拱圈不小于 30 cm。

4. 箱形涵

这种涵洞的断面为矩形，为四周封闭的钢筋混凝土整体结构，对于地基的不均匀沉陷适应性较好。随着水深度增加，涵洞的泄流能力增加较为显著，对于明流涵洞较为有利。箱形涵适用于洞顶填土较厚、洞跨较大、地基条件较差的无压或低压的情况。洞身可以直接敷设在砂石地基和砌石、混凝土垫层上。小跨度的箱形涵，可以采用分段预制、现场安装的方法。

码 10-4　箱形涵

(三) 按埋设方式分类

涵洞按照埋设方式，可以分为沟埋式和上埋式两种。沟埋式涵洞是指将涵洞埋设在较深的沟槽中，这种槽壁为天然土壤，较为坚实，管道上部及两侧用土回填；上埋式涵洞是将涵管直接埋设在地面之上，多用于横穿公路、铁路及河渠堤岸的情况，如图 10-4 所示。

(a) 沟埋式涵洞　(b) 上埋式涵洞

图 10-4　涵洞埋设方式示意图

此外，按照涵洞的作用不同，可将其分为输水涵洞与排水涵洞；按照涵洞的建筑材料，又可分为钢筋混凝土涵、混凝土涵、石涵和砖涵等。

三、涵洞的布置

(一) 涵洞的布置要求

涵洞布置的任务是确定洞轴线的位置和洞底高程，一般根据地形、地质和水流条件，通过方案比较决定，最终达到水流平顺、不产生冲刷和淤积、运用安全可靠、工程量最小和经济合理等目的。具体要求如下：

(1)地形地质条件。涵洞的线路应选择在地基均匀且承载能力较大的地段，防止产生不均匀沉陷而使得洞身断裂。若受地形条件限制，必须建在软弱地基上，应采取相应的加固措施。

(2)涵洞轴线的方向。涵洞的轴线应尽量与洞顶渠道或道路正交，以缩短洞身的长度，为了保证水流的畅通，还应注意洞轴线与来水方向一致。

(3)洞顶高程。位于填方渠道下面的涵洞，洞顶高程至少应低于渠底 0.6~0.7 m，以防止渠道的渗水沿洞身周围产生集中渗流，从而引起工程的破坏。

(4)洞底高程。对于排洪涵洞，洞底高程应等于或接近原渠沟底的高程，以防止上、下游渠沟的冲刷和淤积，特别是在出口部位更应注意。

(5)洞底坡度。涵洞底部的纵坡，一般应大于或等于原渠沟的坡度，一般可以采用1%~3%，以防止涵洞的上、下游沟谷遭受水流冲刷或淤积。对于纵坡过陡的涵洞，可以设置齿形基础或在出口设置镇墩，如图 10-5 所示，以增加洞身的稳定性。

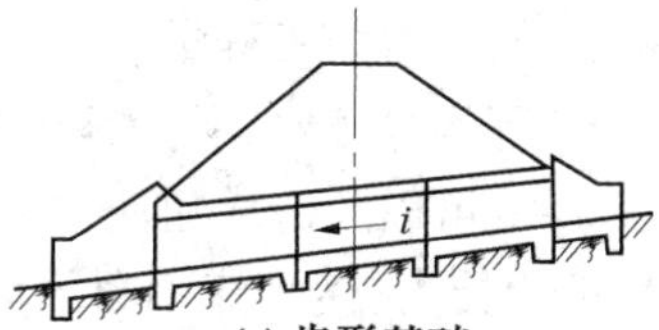

(a) 齿形基础

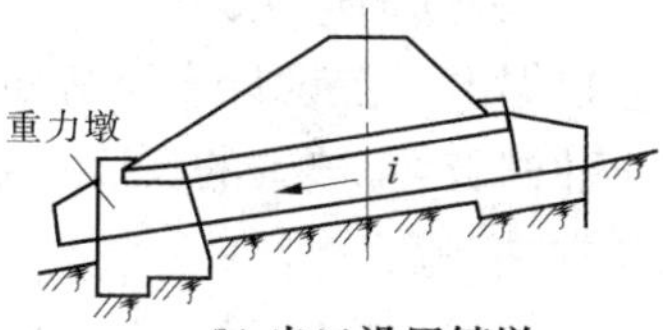

(b) 出口设置镇墩

图 10-5 纵坡过陡的涵洞布置示意图

(二)涵洞进、出口段长度

在实际工程中，输水涵洞进口收缩段的长度，一般为渠道水深的 3~5 倍，出口段应适当加长，一般为渠道水深的 5~8 倍。

对于排水涵洞，进、出口段的长度可以适当缩短，但也不能过短，一般以不小于 1.5 倍的水深为限。

(三)涵洞布置

1. 进、出口段

进、出口段的形式较多，主要有一字墙式、斜降八字墙式、反翼墙走廊式、八字墙式及进口加高式等，如图 10-6 所示。

(1)一字墙式。又称圆锥护坡式，涵洞的进、出口设置圆锥形护坡与堤外边坡相连接，构造较为简单，但水力条件较差，多用于中小型涵洞或出口处。

(2)斜降八字墙式。翼墙的高度沿程变化，在平面上呈“八”字形，一般扩散角为20°~40°，其水力条件较好。

(3)反翼墙走廊式。进口两侧翼墙的高度沿程不变，从而形成廊道，水面在该段跌落

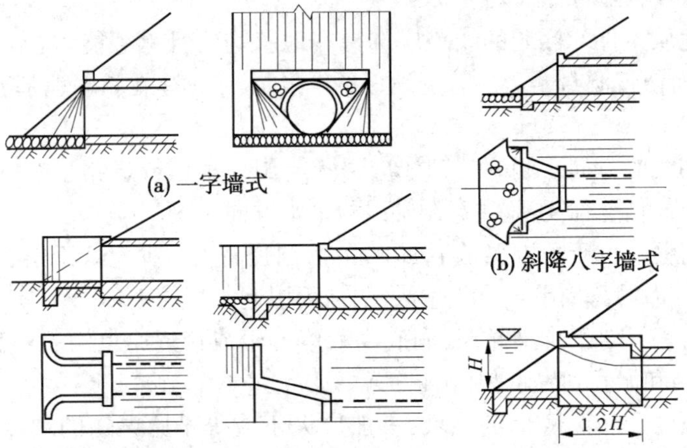

(a) 一字墙式　(b) 斜降八字墙式　(c) 反翼墙走廊式　(d) 八字墙式　(e) 进口加高式

图 10-6　涵洞进出口形式

后进入洞内,可以降低洞身的高度,但将增加工程量。

(4) 八字墙式。翼墙沿程等高,平面上为八字,墙体伸出填土边坡以外,其作用同反翼墙走廊式,有时为了改善水流条件,可以改造成扭曲面式。

(5) 进口加高式。将涵洞的进口抬高,使水流不封闭洞顶,水面在 1.2H(H 为上游水深)范围内跌落,可以改善进流条件,因其构造较为简单,故常被采用。

进、出口段挡土墙的高度,应根据上下游设计水位确定。在进、出口一定范围内的渠道、沟床等处,应进行护砌以防止冲刷破坏,护砌的长度一般为 3~5 m。对于出口流速较大的情况,还应采取适当的消能防冲措施。

2. 洞身段

对于洞身段的布置,主要应注意明流洞水面以上的净空、洞顶填土厚度、伸缩缝的设置以及涵洞的防渗等要求。

(1) 明流洞的净空。明流涵洞即无压洞,其水面以上要求有足够的净空高度,对于管涵和拱涵,净空高度应大于或等于涵洞高度的 1/4;对于箱涵,则应大于或等于洞高的 1/6。

(2) 洞顶填土厚度。为了保证涵洞具有较好的工作条件,涵洞的顶部应有一定的填土厚度。一般要求应不小于 1.0 m,对于进行衬砌的渠道,填土厚度可以适当减小,一般不小于 0.5 m。

(3) 伸缩缝的设置。为了适应地基不均匀沉陷、温度变化等条件引起的伸缩变形,在软基上的涵洞,应对其进行分段设置沉降缝。对于砌石、混凝土、钢筋混凝土涵洞,沉降缝的间距应不大于 10 m,并且小于 2~3 倍的洞高。沉降缝的位置,通常设在进出口与洞身连接处,或外荷载变化较大的地方。对于预制涵管,应按管节长设缝。

(4) 涵洞的防渗。为了防止洞顶及两侧渗漏,可在涵洞外侧填一层防渗黏土,其厚度可采用 0.5~1.0 m。有压涵洞,可沿洞身设置截水环。在沉降缝处,应设置止水设施,其构造可参考倒虹吸管有关内容。

3. 基础

涵洞的基础设计，应根据地基条件和涵洞的结构形式等因素进行考虑。对于管涵，常采用砌石或混凝土管座式，其包角为 90°～135°，可参考倒虹吸管有关内容。

对于拱涵或箱涵，若建在岩基上，仅将基面进行平整即可；若建在压缩性较小的土基上，可进行素土或三合土夯实；若建在软弱地基上，可做碎石或砂砾石垫层。

涵洞的基本构造，可参考倒虹吸管有关内容。

四、涵洞的水力计算

涵洞的水力计算任务是确定涵洞的孔径、下游连接段的形式和尺寸。根据涵洞水流形态的不同，可将其分为无压流、有压流和半有压流三种情况。进行水力计算时，首先应根据上下游水位、洞身的长度及纵坡的大小判断涵洞的水流形态，然后按照不同的水力学过水能力计算公式进行计算。

对于无压流，当洞身长度 $L<(5\sim12)H$（H 为设计水深）时，属于短洞，洞身段水流可按淹没宽顶堰计算过流能力，过堰水头损失即为进口局部水头损失；当洞身长度 $L\geqslant(15\sim20)H$ 时，属于长洞，洞身段水流按明渠均匀流计算，其断面尺寸、水面衔接、总水位降低，均可参考渡槽的水力计算，在此不再重复。

对于有压流，其断面尺寸较小，进口水面壅高较大，通常以设计流量时上游允许的壅高水位计算洞身的断面尺寸。为保证洞内有压，洞身纵坡应尽量小些，断面尺寸也不宜太大，以防止洞内产生明满流交替现象。具体计算方法，可参考倒虹吸管的水力计算。

五、涵洞的结构计算

在涵洞上作用的荷载主要有涵洞自重、填土压力、洞内外水压力、洞顶车辆荷载（道路下的涵洞）等，填土压力式涵洞的主要荷载，包括垂直土压力和水平土压力，其值的大小与填土高度、土壤性质、填土施工方法以及洞身的刚度有关。由于涵洞的形式不同，其内力计算方法也不一样。

对于整体式圆形涵洞，属于刚性管，是三次超静定结构，其内力计算可用弹性中心法。若为等厚圆形涵洞，其内力计算一般可以通过涵管内力计算表，根据不同的铺设方式查得。

盖板式涵洞内力计算时，其盖板一般按简支梁计算；对于整体式底板，可将侧墙与底板视为整体结构计算；对于分离式底板，侧墙一般可按照挡土墙进行计算，有时为了节省工程量，也可将挡土墙按简支梁计算，即将涵洞的盖板和底板视为侧墙的支承。

计算钢筋混凝土箱形涵洞的内力时，可视其为四边封闭的框架，采用力矩分配法计算较为简便，计算时可将地基反力简化为均布荷载。

计算拱形涵洞的内力时，应根据拱圈构造及侧墙底板的连接形式不同，采用相应的计算方法：①对于无铰拱，可按照弹性中心法计算；②对于整体式底板和侧墙，可按整体式结构计算；③对于分离式底板，其侧墙一般可按照重力式挡土墙法计算，考虑到顶拱推力及底板的支承作用，侧墙也可按拱桥轻型桥台计算；④对于底拱，可根据构造情况，按无铰拱和两铰拱计算。

涵洞的结构计算方法,可以参考坝下埋管或倒虹吸管部分有关内容。

涵洞的进出口结构计算与其形式及其构造有关,一般可以按照挡土墙进行设计。

六、知识点测试

登录智慧职教 MOOC 学院进行资源学习,并完成本项目知识点测试;或扫描二维码完成本项目知识点测试。

码 10-5　项目十知识点测试

七、技能训练

探寻我国的水利遗产,并分析水利遗产的价值表现。

项目十一

跌水与陡坡

【学习目标】

1. 掌握跌水、陡坡的作用和类型。
2. 掌握跌水、陡坡的组成和布置要求。
3. 掌握其他常见水工建筑物的类型和作用。
4. 树立工程伦理理念,感受生态水利工程。

【思政素材】

码 11-1　淠史杭灌区　　码 11-2　三峡大坝五级船闸　　码 11-3　亲水平台

码 11-4　沂河亲水平台　　码 11-5　河道景观设计　　码 11-6　鱼道

跌水与陡坡,是指上下游渠道高低不同部位之间的连接建筑物,因其将水流落差在此集中,故也称落差建筑物。这种建筑物一般适用在渠道通过地面过陡的地段,可以保持渠道的设计坡降,避免过高的填方或过深的挖方。

落差建筑物的形式通常有跌水、陡坡、斜管式跌水和竖井式跌水等四种,如图 11-1 所示。其中,跌水和陡坡应用最为广泛。

跌水是指水流呈自由抛射状态跌落于下游消力池中的建筑物;陡坡是指水流受倾斜陡槽约束而沿槽身下泄的建筑物。二者的根本区别在于水流特征不同。

落差建筑物的主要用途是:①调整渠道的纵坡,满足渠道不冲不淤的要求;②用于渠道上的排洪、泄水和退水建筑物中;③充分利用集中落差水流势能,修建小型水电站。

落差建筑物的设计内容,主要是工程布置和水力计算。其护坡、护底及挡土墙等结构可参考一般工程经验进行设计。布置时应使进口前渠道水流不出现较大的水面降落和壅高,以免上游渠道产生冲刷或淤积,出口处必须设置消能防冲设施,避免下游渠道的冲刷。

落差建筑物的建筑材料一般采用砖、石、混凝土和钢筋混凝土,目前多用砌石和混凝土。

一、跌水

根据上下游渠道间跌差(上下游水位差)的大小,跌水可分为两种形式,即单级跌水和多级跌水。一般来说,单级跌水的跌差小于 3~5 m,超过此值时,宜采用多级跌水。二者的构造基本相同。

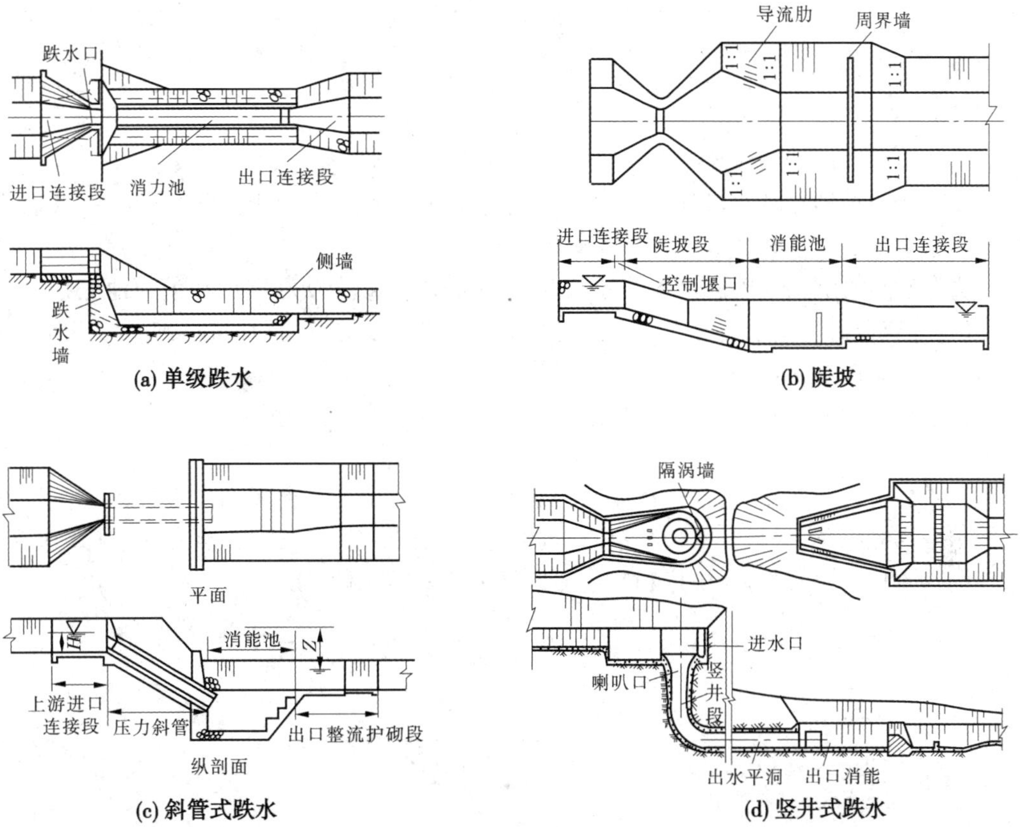

图 11-1　落差建筑物的形式

(一) 单级跌水

单级跌水，是指渠道通过具有跌差地形条件时仅做一次跌落的跌水。其结构组成主要包括进口连接段、跌水口、跌水墙、消力池和出口连接段等五个部分，如图 11-1(a) 所示。

码 11-7　单级跌水

1. 进口连接段

进口连接段是指上游渠道与控制跌水缺口之间的连接过渡部分。这一段的主要作用是引导渠道水流平顺地进入跌水口，使泄水有良好的水力条件；增加渗径长度，减少跌水墙及消力池底板的渗透压力；保护渠底与岸坡，防止水流冲刷破坏。

进口连接段的形式主要有扭曲面、八字墙、横隔墙、圆锥形等。扭曲面翼墙较好，水流收缩平顺，水头损失小，是较常用的形式。

连接段长度 L，与上游渠底宽 B 和水深 H 的比值有关，一般 B/H 越大，L 越长。根据工程经验，可参考表 11-1 确定。

表 11-1　连接段长度 L

B/H	≤1.5~2.0	2.1~3.5	>3.5
L	≤(2.0~3.5)H	(2.6~3.5)H	视具体要求适当加长

连接段在平面上的收缩线与渠道中线的夹角 α 应小于 45°,如图 11-2 所示。

连接段的翼墙在跌水口处,应设置一定的直线段,其长度一般为(1~1.5)H,翼墙顶应高出渠道最高水位 0.3 m。

为了防止水流的冲刷和增加渗径长度,防止绕渗及减少跌水墙后和消力池底板的渗透压力,连接段可采用块石和混凝土进行衬砌。在连接段的翼墙和护底均应设置齿墙,并伸入两岸和渠底 0.3~0.5 m。

为了防止渗漏和延长渗径,进口连接段前的渠道可设置护底。

2. 跌水口

跌水口又称控制缺口,是设计跌水和陡坡的关键。为使上游渠道水面在各种流量下不产生壅高和降落,常将跌水口缩窄,减小水流的过水断面,以保持上游渠道的正常水深。常用的跌水口主要有矩形、梯形和底部加抬堰等形式,如图 11-3 所示。

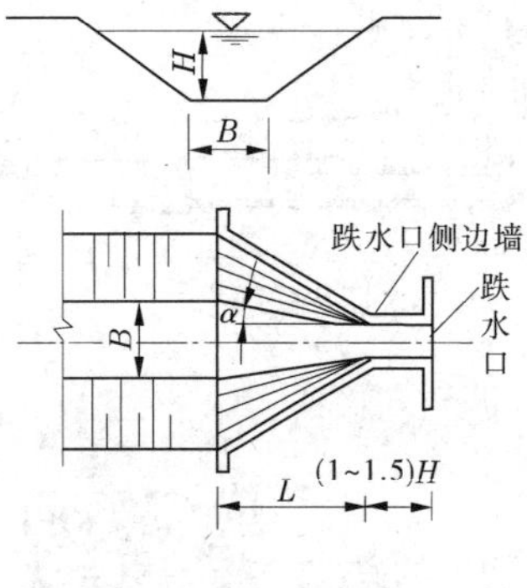

图 11-2　进口连接段

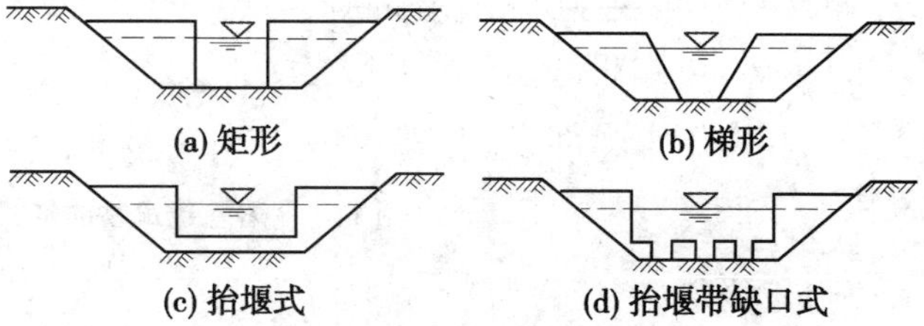

图 11-3　跌水口形式

1) 矩形跌水口

矩形跌水口如图 11-3(a) 所示,跌水口底部高程与上游渠底相同。由于跌水口的宽度往往是根据设计流量确定的,因此当通过设计流量时,跌水口前的水深与渠道相近,而当流量大于或小于设计流量时,上游水位将产生壅高和降落。同时,由于缺口处断面收缩得较厉害,使其水流集中,单宽流量较大,所以下游易产生严重的漩涡,消能防冲较为困难。这种跌水口,因结构简单、施工方便,故对于渠道流量变化不大的情况较为适用。

2) 梯形跌水口

梯形跌水口如图 11-3(b) 所示,跌水口底部高程与渠道相同,两侧呈斜坡状。因其跌水口断面狭窄,故又称狭缝堰。常用于流量变化较大或较频繁的情况。这种形式能适应渠道流量的变化,在通过各种流量时,上游渠道不致产生过大壅水和降落现象。水流条件较矩形跌水口有所改善。其单宽流量较矩形跌水口小,减小了对下游渠道的冲刷。但是,由于水流缩窄较快,故梯形跌水口的单宽流量仍较大,水流较集中,造成下游消能困难。因此,当渠道流量较大时,为减少对下游的冲刷,可采用隔墙将缺口分成几个梯形小缺口。

3）抬堰式跌水口

抬堰式跌水口如图 11-3(c)所示，在跌水口底部做一抬堰，其宽度与渠底相等。这种跌水口能保持通过设计流量时，使跌水口前水深等于渠道正常水深。但通过小流量时，渠道水位将产生壅高或降低，同时抬堰前易造成淤积，对含沙量大的渠道不宜采用。为了解决淤积或排除上游渠道余水问题，有时在堰上做成矩形小缺口，如图 11-3(d)所示。

3. 跌水墙

跌水墙是指为了挡住跌坎上的填土，支承上部结构和防止下游水流反冲刷等而设置的挡土墙结构。根据地形、地质条件和落差高低，跌水墙可采用重力式、悬臂式或扶臂式等结构，一般多采用重力式挡土墙，有直墙式和倾斜式两种，如图 11-4 所示。由于跌水墙插入两岸，其两侧有侧墙支承，稳定性较好，设计时，可按照重力式挡土墙计算，但考虑到侧墙的支承作用，也可按梁板结构计算。

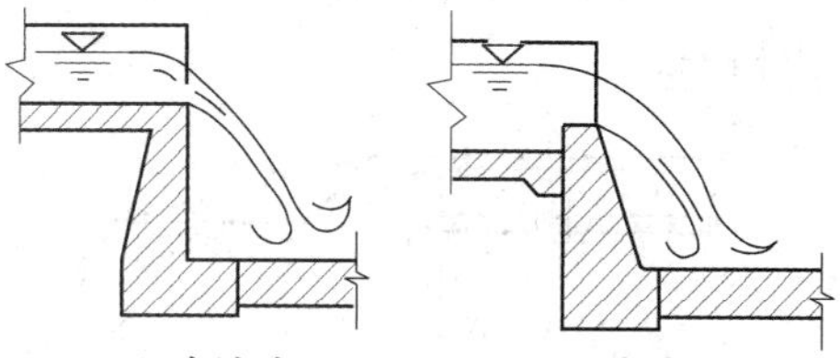

图 11-4　跌水墙形式

对于可压缩性的地基，在跌水墙与侧墙之间常设置沉陷缝。对于沉陷量较小的地基，也可不设接缝，而将二者固接起来。

由于上游渠道的渗漏，引起跌水下游的地下水位抬高，将增加跌水墙、侧墙背面地下水压力以及对消力池底板等的渗透压力，因此应做好防渗排水设施。设置排水管道时，应与下游渠道相连。

4. 消力池

为了削减抛射出的水流的多余能量，在跌水墙下应设置消力池，以使下泄水流形成淹没水跃，进而转变为缓流，再流向下游渠道。

消力池在平面上的布置形式一般有扩散和不扩散两种。其横断面形式主要为矩形、梯形和折线形三种。一般来说，矩形断面的消力池，消能效率较高，水流条件较好，但其侧墙断面较大，与下游渠道连接不便；梯形断面的消力池便于与下游渠道连接，侧墙较简单，但是池内易产生回流，造成流态不稳、水面波动、消能效率低、下游渠道冲刷较为严重；折线形断面是指渠底高程以下为矩形，渠底高程以上为梯形，效果较好，目前采用较多。

消力池的各部分尺寸，应由水力计算确定。其底板的衬砌厚度与单宽流量和跌差大小有关，根据经验，可取 0.4~0.8 m。

5. 出口连接段

为改善流经消力池后的水力条件，调整流速在断面上的分布，防止水流对下游渠道的冲刷破坏，在消力池与下游渠道之间应设置出口连接段。

出口连接段的长度一般应略大于进口连接段的长度。

消力池末端常用 1:2~1:3的反坡与下游渠底相连。平面扩散角度一般采用 30°~40°。

在出口连接段后的渠道仍应用干砌、浆砌石或混凝土衬砌，以调整水流，防止冲刷，其护砌长度一般不小于 3 倍下游水深。

(二)多级跌水

多级跌水,是将消力池建造成几个阶梯形状,进行逐级消能的建筑物,如图 11-5 所示。一般适用于地形较陡、跌差较大(超过 3~5 m)的情况。

码 11-8 多级跌水

多级跌水的组成和构造与单级跌水基本相同。为使各级消力池具有相同的工作条件,并且便于施工管理,各级落差(高度)和消力池长度应当相等。

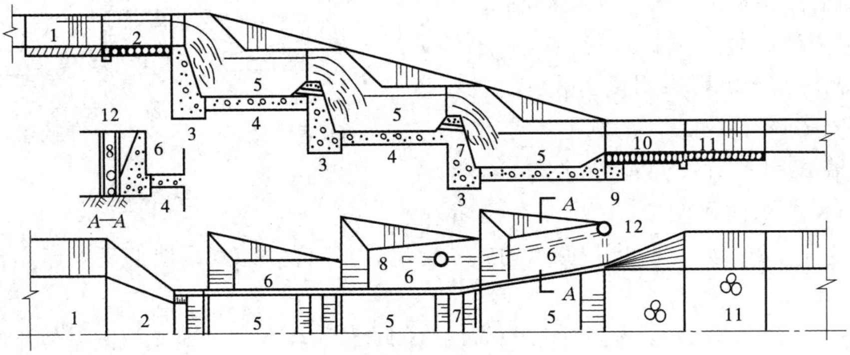

1—防渗铺盖;2—进口连接段;3—跌水墙;4—跌水护底;5—消力池;6—侧墙;7—泄水孔;8—排水管;9—反滤结构;10—出口连接段;11—出口整流段;12—集水井。

图 11-5 多级跌水

消力池的长度一般不超过 20 m,所以沉陷缝可以设置在消力池的底板前、后两端,在缝内一般设有沥青麻布等止水材料,以适应不均匀沉降和温度变化引起的变形。

多级跌水的形式有设消力槛和不设消力槛两种。在上一级消力池末端设置一定高度的尾槛,可以缩短消力池的长度,用来形成淹没水跃,并可作为下一级的控制堰口,各级布置应相同。为便于放空消力池内的积水,在消力池的尾槛上通常留有 10 cm×10 cm 或 20 cm×20 cm 的泄水孔。

多级跌水的分级数目和各级落差大小应根据地形、地质、工程量大小等经济技术指标综合比较确定。一般各级跌差可取 3~5 m,对于小流量可取上限。最后一级跌水由于要和下游相连接,因此要进行单独设计。

二、陡坡

陡坡是建在地形过陡的地段,用于连接上下游渠道的倾斜渠槽,由于该渠槽的坡度一般大于临界坡度而得名。陡坡的落差、比降,应根据地形、地质条件以及沿渠调节分水需要等进行确定。一般陡坡的落差比跌水大,陡坡的比降不陡于 1∶1.5。

根据地形条件和落差的大小,陡坡也可以布置成单级或多级。对多级陡坡,往往建在落差较大且有变坡或有台阶地形的渠段上。

陡坡由五部分组成,包括进口连接段、控制堰口、陡坡段、消力池和出口连接段。

陡坡的各部分构造与跌水基本相同,主要区别是陡坡段代替了跌水墙。下面就不同部分进行简单介绍。

在陡坡段水流速度较高，因此应做好进口和陡坡段的布置，以使下泄水流平稳、对称且均匀地扩散，以利于下游的消能和防冲。

(一)扩散形陡坡

陡坡段的横断面形式，主要有矩形和梯形，梯形断面的边墙可以做成护坡式。

在平面布置上，陡坡可做成等宽度、扩散形（变宽度）和菱形三种。等宽度布置，形式较为简单，但水流集中，不利于下游的消能，所以对于小型渠道和跌差小的情况较为常用。

扩散形陡坡是指在陡坡段采用扩散形布置，如图 11-6 所示，这种形式可以使水流在陡坡上发生扩散，单宽流量逐渐减小，因此对下游消能防冲较为有利。

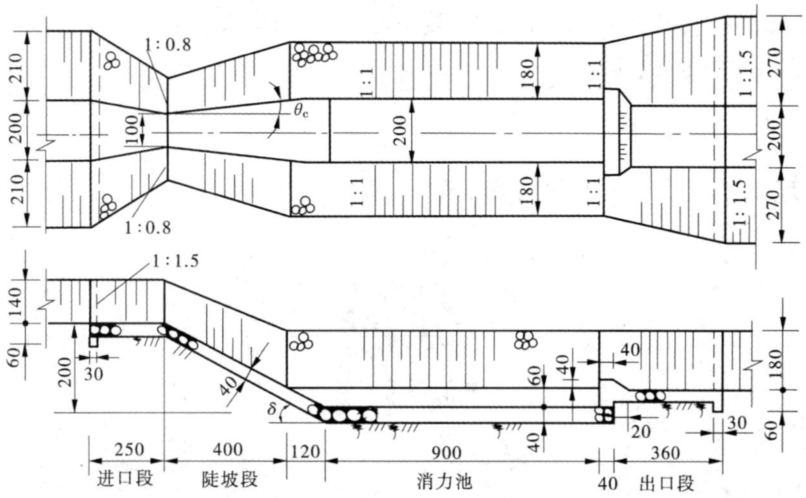

图 11-6　扩散形陡坡　（单位：cm）

陡坡的比降，应根据地形地质情况、跌差及流量的大小等条件进行确定。对于流量较小，跌差小且地质条件较好的情况，其比降可陡一些。在土基上的陡坡比降，一般可取 1∶2.5~1∶5。

对于土基上的陡坡，单宽流量不能太大，当落差不大时，多从进口后开始采用扩散形陡坡。

陡坡平面扩散角，根据经验，一般在 5°~7°。

(二)菱形陡坡

菱形陡坡是指在平面布置上呈菱形，即上部扩散而下部收缩。这种布置一般用于跌差 2.5~9.0 m 的情况。

为了改变水流条件，一般在收缩段的边坡上设置导流肋，并使消力池的边墙边坡向陡槽段延伸，使其成为陡坡边坡的一部分，确保水跃前后的水面宽度相同，两侧不产生平面回流漩涡，使消力池平面上的单宽流量和流速分布均匀，从而减轻了对下游的冲刷。

(三)人工加糙陡坡

为了促使水流紊动扩散、降低流速、改善下游流态及利于防冲消能，可在陡坡段上进行人工加糙。常见的加糙形式有双人字形槛、交错形矩形加糙条、单人字形槛、棋盘形方墩等，如图 11-7 所示。

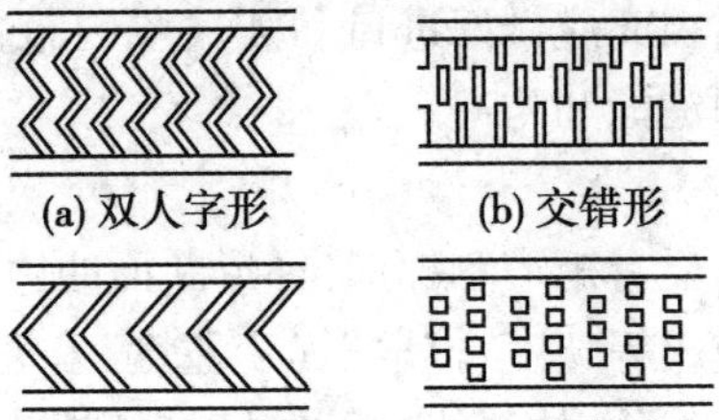

(a) 双人字形　(b) 交错形

(c) 单人字形　(d) 棋盘形

图 11-7　人工糙面的形式

人工加糙的糙条间距一般不宜过密,不然将会使急流脱离底板而产生低压,从而影响陡坡的安全和消能效果。对于重要工程,其布置形式、条槛尺寸大小等应通过模型试验确定。设计时可参考有关教材。

三、知识点测试

登录智慧职教 MOOC 学院进行资源学习,并完成本项目知识点测试;或扫描二维码完成本项目知识点测试。

码 11-9　项目十一知识点测试

四、技能训练

考察当地灌区工程和城市水利工程,分析各类水工建筑物的作用、布置形式和适用情况。

项目十二

水利工程 BIM 建模

任务一　水利工程 BIM 简介

【学习目标】

1. 掌握 BIM 技术概念。
2. 熟知水利工程 BIM 在我国的发展和应用。
3. 理解水利新质生产力。
4. 树立数字孪生理念,增强数字工程意识。

【思政素材】

码 12-1　水利新质生产力　　　码 12-2　数字孪生流域

一、BIM 技术概念

BIM 是 building information modeling 的简称,一般直译为建筑信息建模。BIM 是以三维数字技术为基础,集成了建筑工程项目各种相关信息的工程数据模型,BIM 是对工程项目设施实体与功能特性的数字化表达。最早关于 BIM 概念的名词是建筑描述系统(building description system),由 Charles Eastman 于 1975 年提出。2002 年,Autodesk 公司首次将 building information modeling 的首字母连起来使用,成了今天众所周知的“BIM”,BIM 技术也由此开始在建筑行业广泛应用。值得一提的是,类似于 BIM 的理念同期在制造业也被提出,并早在 20 世纪 90 年代实现应用,推动了制造业的科技进步和生产力的提高,塑造了制造业强大的竞争力。

一般认为,BIM 技术的定义包含以下 4 个方面的内容:

(1)BIM 是一个建筑设施物理特性和功能特性的数字化表达,是工程项目设施实体和功能特性的完整描述。它基于三维几何数据模型,集成了建筑设施其他相关物理信息、功能要求和性能要求等参数化信息,并通过开放式标准实现信息的互用。

(2)BIM 是一个共享的知识资源,实现了建筑全生命周期的信息共享。基于这个共享的数字模型,工程的规划、设计、施工、运营维护(运维)等各个阶段的相关人员都能从中获取所需的数据。这些数据是连续、即时、可靠、一致的,为该工程从概念到拆除的全生命周期中所有工作和决策提供可靠依据。

(3)BIM 是一种应用于设计、建造、运营的数字化管理方法和协同工作过程。这种方法支持建筑工程的集成管理环境,可以使工程在其整个进程中显著提高效率和大量减少风险。

(4)BIM 也是一种信息化技术,它的应用需要信息化软件支撑。在项目的不同阶段,不同利益相关方通过 BIM 软件在 BIM 模型中提取、应用、更新相关信息,并将修改后的信息赋予 BIM 模型,支持和反映各自职责的协同作业,以提高设计、建造和运行的效率与水平。

二、BIM 技术的特点

(一) 可视化

可视化真正运用在建筑业的作用是非常大的,例如经常拿到的施工图纸,只是各个构件的信息在图纸上的线条表达,但其真正的构造形式就需要参与人员去自行想象了。这种想象较适用于一般简单的构造,但是近几年建筑形式各异、复杂造型层出不穷,光靠人脑去想象的话难度很大。而 BIM 提供了可视化的思路,让以往线条式的构件形成一种三维的立体图形展现在人们的面前。

以前,建筑方案出效果图,是分包给专业的效果图制作团队按制图设计的线条式信息制作出来的,并不是通过构件的信息自动生成的,缺少了同构件之间的互动性和反馈性,而 BIM 提供的可视化是一种能够同构件之间形成互动性和反馈性的可视,在 BIM 模型中,由于整个过程都是可视化的,不仅可以用来展示效果图及生成报表,更重要的是,项目设计、建造、运营过程中的沟通、讨论、决策都在可视化的状态下进行。

(二) 协调性

在建筑业中,不管是施工单位还是业主及设计单位,无不在做着协调及相配合的工作。在设计时,往往由于各专业之间沟通不到位,出现各种专业之间的碰撞问题,例如暖通等专业布置的管道,由于没有与其他各专业充分协调,真正施工时可能有结构设计的梁等构件妨碍管线的布置,这就是施工中常遇到的碰撞问题。一旦项目的实施过程中遇到了问题,就要将各有关人士组织起来开协调会,找出各种问题发生的原因和解决办法,然后做出变更,做相应补救措施。而 BIM 的协调性恰恰可以帮助处理这种问题,可以在施工前对各专业的碰撞问题进行检测,生成协调数据,做到事前控制。

(三) 模拟性

模拟性并不是只能模拟设计出的建筑物模型,还可以模拟不能在真实世界中进行操作的事物。例如,设计阶段进行的节能、紧急疏散、日照、热能传导等模拟试验;在招标投标和施工阶段可以进行 4D 模拟(三维模型加项目的发展时间),也就是根据施工的组织设计模拟实际施工,从而确定合理的施工方案来指导施工,同时,还可以进行 5D 模拟(基于 3D 模型的造价控制),从而实现成本控制;后期运营阶段可以模拟日常紧急情况的处理方式,例如地震逃生模拟及消防疏散模拟等。

(四) 优化性

工程设计、施工、运营的过程就是一个不断优化的过程,虽然优化和 BIM 不存在实质性的必然联系,但在 BIM 的基础上可以做更好的优化。优化受三个因素制约:信息、复杂程度和时间。没有准确的信息做不出合理的优化结果,BIM 模型提供了建筑物实际存在的信息,包括几何信息、物理信息、规则信息,还提供了建筑物变化以后的实际存在。BIM 及其配套的各种优化工具提供了对复杂项目进行优化的可能。基于 BIM 的优化可以完成以下工作。

(1)项目方案优化。

BIM 技术把项目设计和投资回报分析结合起来,设计变化对投资回报的影响可以实时计算出来;可以使得业主知道哪种项目设计方案更有利于自身的需求。

(2)特殊项目的设计优化。

例如,裙楼、幕墙、屋顶、大空间等异形设计,是施工难度比较大和施工问题比较多的地方,利用 BIM 技术对这些内容的设计施工方案进行优化,可以在工期缩短和造价降低方面产生显著效果。

(五)可出图性

建筑项目的 BIM 模型就是设计成果,利用模型可以随时生成二维图纸及表格等,在实际生产中大大提高了项目的工作效率;并且能够消除不同视图或图之间的不一致现象,提高了出图的准确性。

(六)参数化设计

参数化设计是有别于传统 CAD 的一种全新的设计方法,是一种可以使用各种工程参数来创建、驱动三维建筑模型,并可以利用三维建筑模型进行建筑性能等各种分析与模拟的设计方法。以管线为例,参数化设计是通过指定管径、长度等一系列管线指标定义管线,参数化设计具有实时三维可视化、由模型自动创建施工详图底图及明细表、一处修改处处更新、能够对方案进行分析及模拟等特点,它的重点在于设计,而传统的三维效果图与动画仅是参数化设计中用于可视化设计(项目展示)的一个很小的附属环节。换句话说,参数化设计不再是制图,而是将设计思想直接体现在三维模型中,因此对设计人员提出了更高的要求。

(七)协同性

1. 协同设计

协同设计是针对设计院各专业间进行实时数据和文件交互、沟通交流的设计模式。即项目组成员在 BIM 协同平台上对同一个 3D 工程信息模型进行设计,每个人的设计内容都可以及时同步到文件服务器上的项目中心文件中,成员间还可以互相借用属于对方的某些建筑图元进行交叉设计,从而实现成员间的实时数据共享。

2. 协同作业

协同作业一方面是设计之外的与设计相关的管理功能,包括各种设计文件与办公文档管理、人员权限管理、设计校审流程、计划任务、项目状态查询统计等;另一方面是设计与业主、施工、监理、材料供应商、运营商等项目相关各方,进行文件交互、沟通交流等的协同管理功能。它是提升全产业链各环节效率的重要手段。

BIM 技术的这些特点,大大改变了传统建筑业的生产模式,使工程项目数据信息在规划、设计、施工和运维全过程中充分共享和无损传递,为各参与方的协同工作提供坚实的基础,并为建设项目从概念到终止的全生命周期中各参与方的决策提供可靠依据。

三、BIM 技术在国内外的应用

码 12-3　BIM 在水利工程中的应用

(一)BIM 技术在国外的应用

建筑信息模型从提出到逐步完善,再到被工程建设行业普遍接受,经历了几十年。BIM 技术最先从美国发展起来,随后扩展到欧洲、日本、韩国、新加坡等地。目前,BIM 在美国逐渐成为主流,并对包括中国在内的其他国家的 BIM 实践产生影响。如今,BIM 应用在国外已经相当普及。

(1)BIM 在美国的应用现状。美国是较早启动建筑业信息化研究的国家,发展至今,其 BIM 研究与应用都走在世界前列。目前,美国大多数项目已经开始应用 BIM,BIM 的应用点也是种类繁多,而且存在各种 BIM 协会,也出台了各种 BIM 标准。

(2)BIM 在英国的应用现状。英国建筑业 BIM 标准委员会于 2009 年 11 月发布了英国建筑业 BIM 标准,于 2011 年 6 月发布了适用于 Revit 软件的英国建筑业 BIM 标准,于 2011 年 9 月发布了适用于 Bentley 系列软件的英国建筑业 BIM 标准。

(3)BIM 在新加坡的应用现状。2011 年,BCA 与一些政府部门合作确立了 BIM 应用示范项目,BCA 强制要求提交建筑 BIM 模型(2013 年起执行)、结构与机电 BIM 模型(2014 年起执行),并且最终在 2015 年前实现了所有建筑面积大于 5 000 m^2 的项目都必须提交 BIM 模型的目标。

(4)BIM 在北欧国家的应用现状。北欧国家是 BIM 技术应用早期软件的发源地,众所周知的 Tekla、ArchiCAD 均来自北欧国家。特别是装配式预制构件,在北欧这样的严寒气候条件下有非常好的适应性,这也是当今建筑业发展的方向,其标准化和参数化的特性,是与 BIM 技术结合紧密的一种方式。

(二)BIM 技术在国内的应用

目前,中国建设投资规模庞大,基建行业发展迅速,但同时基建行业需要可持续发展,施工企业面临更严峻的竞争。在这个背景下,国内基建行业与 BIM“结缘”成为必然。第一,超大型的建设项目带来了大量因沟通和实施环节信息流失而造成的损失,BIM 信息整合重新定义了设计流程,很大程度上能够改善这一状况。第二,可持续发展、建筑全生命周期管理和节能分析的需求。第三,国家对资源规划管理信息化的要求。

近年来,BIM 应用在国内建筑业形成了一股热潮,除前期软件厂商的大声呼吁外,政府相关部门、各行业协会与专家、设计单位、施工企业、科研院校等也开始重视并推广 BIM 应用。

2011 年 5 月,住房和城乡建设部发布的《2011—2015 年建筑业信息化发展纲要》中明确指出:在施工阶段开展 BIM 技术的研究与应用,推进 BIM 技术从设计阶段向施工阶段的应用延伸,降低信息传递过程中的衰减;研究基于 BIM 技术的 4D 项目管理信息系统在大型复杂工程施工过程中的应用,实现对建筑工程有效的可视化管理等。

2012 年 1 月,住房和城乡建设部发布的《关于印发 2012 年工程建设标准规范制订修订计划的通知》,宣告了中国 BIM 标准制定工作的正式启动,其中包含 5 项 BIM 相关标准:《建筑信息模型应用统一标准》(GB/T 51212—2016)、《建筑工程信息模型存储标准》(GB/T 51447—2021)、《建筑信息模型设计交付标准》(GB/T 51301—2018)、《建筑信息模型分类和编码标准》(GB/T 51269—2017)、《制造工业工程设计信息模型应用标准》(GB/T 51362—2019)。2014—2017 年,全国各地区和建筑、交通运输等行业相继出台了多项 BIM 政策。

四、知识点测试

登录智慧职教 MOOC 学院进行资源学习,并完成本任务知识点测试;或扫描二维码完成本任务知识点测试。

码 12-4　项目十二任务一知识点测试

五、技能训练

查阅资料，整理分析 BIM 技术在我国水利工程中的应用、发展与成就。

任务二　Revit 软件介绍与应用

【学习目标】

1. 掌握 Revit 中的基本术语。
2. 熟练运用 Revit 界面操作。
3. 能正确运用软件操作。

【思政素材】

码 12-5　黄藏寺水利枢纽-重力坝

BIM 是以三维模型为基础，从设计、施工到工程运行的虚拟仿真和信息化。自 2002 年以来，国际建筑行业兴起了以 BIM 为核心的建筑信息化应用。在建筑设计行业，Revit 在一定程度上实现了 BIM 理念，通过应用关系数据库来创建三维建筑模型，应用这个模型，可以生成二维工程图纸和管理大量相关的、非图形的工程项目数据。绘制图纸的基本元素不再是 CAD 中的点、线、面、图块等基本几何元素，而是墙、窗、梁、柱等建筑专业对象图元，并且使用建筑构筑物语言来描述建筑信息。

Revit 有三个产品：Revit Architecture（建筑）、Revit Structure（结构）和 Revit MEP（系统），也可以三合一使用。

虽然 Revit 是为建筑业开发的，但由于其可以自定义“族”，所以水利行业也可以使用。

一、Autodesk Revit 的界面

成功安装 Autodesk Revit 之后，桌面上会出现快捷图标，双击后出现如图 12-1 所示的界面。

单击“项目”区域的“新建”，弹出如图 12-2 所示的对话框。

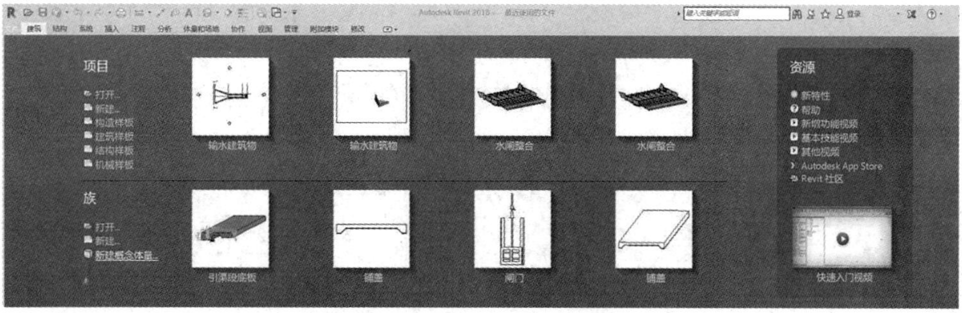

图 12-1 “项目”和“族”

图 12-2 “新建项目”对话框

选择“建筑样板”或单击“浏览”按钮选择样板,单击“确定”,显示如图 12-3 所示。图 12-3 中各个区域的名称及功能在模型建立过程中非常重要。一是有利于在 Revit 中顺利操作;二是有利于顺畅阅读其他 Revit 方面的书;三是有利于和模型不同工作参与者进行交流。项目属性、项目浏览器等窗口可以根据个人习惯在界面位置进行调整。

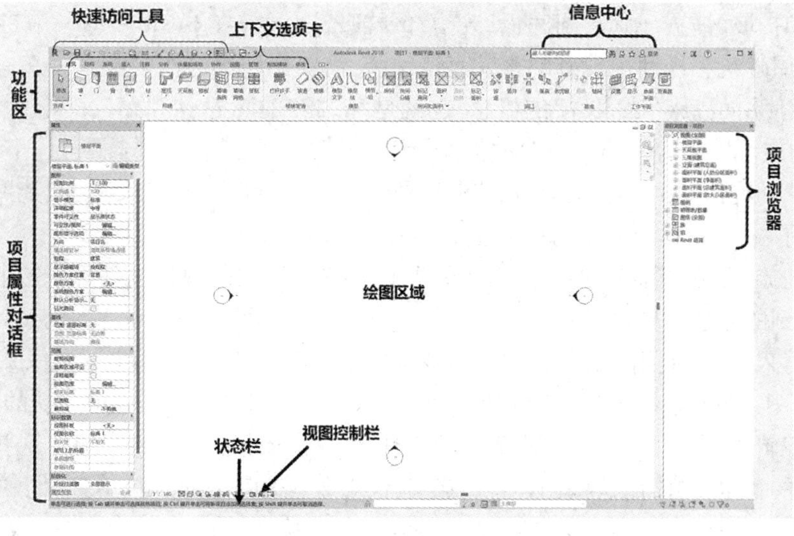

图 12-3 Revit 项目界面

下面详细介绍“项目”界面,把“功能区”放大,如图 12-4~图 12-6 所示。

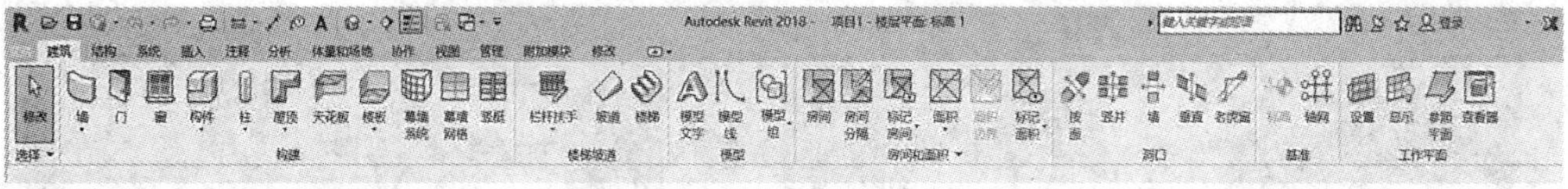

图 12-4　“建筑”选项卡功能区

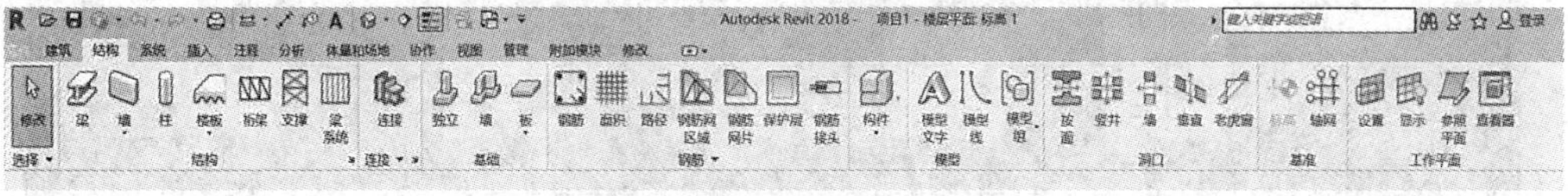

图 12-5　“结构”选项卡功能区

图 12-6　“系统”选项卡功能区

“建筑”就是 Revit Architecture,“结构”就是 Revit Structure,“系统”就是 Revit MEP,图 12-3 显示的界面是三合一版本,所以这三个产品都有。

一座房屋建筑工程实际包含五个专业:“建筑”负责户型、布置设计,“结构”负责承重构件、配筋设计,“水”负责上下水管道系统设计,“电”负责强电(动力、照明等)、弱电(网线、电话等)设计,“暖”负责通风、空调设计。在 Revit 中,水、电、暖三个专业都合在了“系统”(Revit MEP)中。

二、Revit 中“族”的概念

Revit 的用户界面有多种功能区,这些功能区有窗、门、天花板、幕墙、梁、柱、管道、零件等,也就是说,房屋建筑里用到的构件 Revit 里应有尽有。但是水利工程中需要用到的构件,比如护坡、铺盖、闸墩、闸底板、渡槽、倒虹吸、隧洞等在 Revit 中却一个也没有,所以不能像房屋建筑一样利用现有的零件直接组装,需要先创建这些构件。

Revit 使用了“族(family)”的概念,也就是“家族”的意思,如“窗”家族、“门”家族等。Revit 中的族可以分为三类,分别是“系统族”“内建族”“可载入族”。

这些“功能区”中的族称为“系统族”,是已经在“项目”中预定义的,只能在“项目”中使用,目前 Revit 只预定义了房屋建筑的“系统族”。

“内建族”是在当前项目中新建的族,只能存储在当前的项目文件里。“内建族”是一般很少用到的非通用构件。

“可载入族”是使用“族样板”在“族编辑器”中创建的“rft”文件,创建好后可以载入到“项目”中,具有高度可自定义的特征,因此可以用于创建水利工程中需要的构件。

“族编辑器”就是创建“族”的工厂,“族样板”就是创建“族”的车间。这些“族”就像各种形状的积木一样,但这些创建好的族各个尺寸不是固定的,可以将它们的长、宽、高、转角等定义为可变的,这样将它们载入到项目中后可以改变它的大小等,这就叫“参数化”建族。水利工程中用到的各种构件大多是“可载入族”,需要用“族编辑器”和“族样板”来创建。

三、“族编辑器”和“族样板”

在了解“项目”的这些区域后，如何退出“项目”呢？单击用户界面左上角的“应用程序”按钮后，在弹出的菜单栏下方单击“关闭”，返回到图 12-1 的状态，即退出了“项目”。

在图 12-1 所示的界面，选择“族”区域中的“新建”后弹出如图 12-7 所示的对话框。

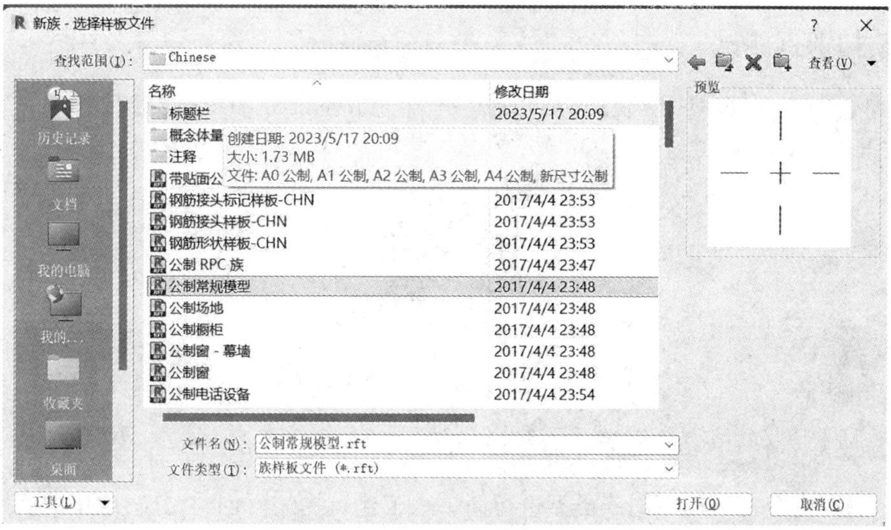

图 12-7　“选择样板文件”对话框

在图 12-7 中需要选择族的样板文件，这里的样板文件可以看作是创建“族”车间。打个比方，制作桌子需要用制作桌子的车间，而不能使用制作窗户的车间。水工程中的大部分族的创建，使用“公制常规模型”车间。单击“打开”进入图 12-8 所示的“族编辑器”界面。

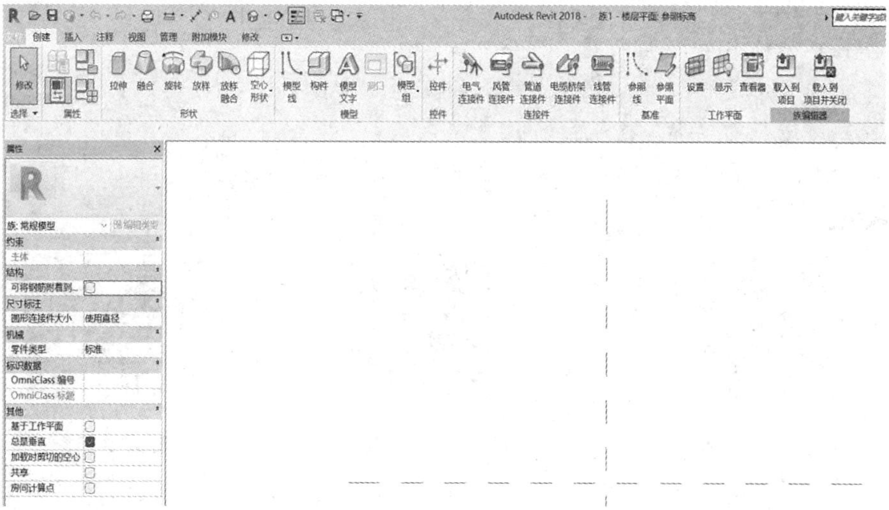

图 12-8　“族编辑器”界面

首先看一下“族编辑器”的“功能区”，这里提供的不是窗、门等现成的构件，而是“拉伸”“融合”“旋转”“放样”等制作构件的工具。所以，创建水利工程中的族，就是在“公制常规模型”车间中，利用“拉伸”“融合”“旋转”“放样”等工具生产出水利工程中的构件。

创建水利工程三维模型，就是要用上述方法创建各种各样的水利工程构件，将它们参数化，最后组装起来的过程。

四、知识点测试

登录智慧职教 MOOC 学院进行资源学习，并完成本任务知识点测试；或扫描二维码完成本任务知识点测试。

码 12-6　项目十二任务二知识点测试

五、技能训练

熟悉软件，分别使用不同族类型进行简单水工建筑物的可创建，分析应用的区别及优缺点。

任务三　水闸工程 BIM 建模

【学习目标】

1. 具有水工建筑物识图能力。
2. 掌握水闸的 BIM 模型创建流程与方法。
3. 掌握项目内建族(拉伸、放样、融合)的创建方法。
4. 能熟练进行简单水工建筑物的 BIM 建模。
5. 感受数字水利给我国水利建设与管理带来的影响。

【思政素材】

码 12-7　可视化施工设计

码 12-8　水闸模型展示

码 12-9　橡胶坝模型展示

码 12-10 溢洪道模型展示

码 12-11 倒虹吸模型展示

码 12-12 跌水模型展示

一、识读图纸

（一）水闸的基本概念

水闸是修建在天然河道或灌溉渠系上的建筑物。根据水闸在水利工程中所担负的任务不同，可分为进水闸、节制闸、分洪闸、泄水闸等，由于水闸设有可以启闭的闸门，既能关闭闸门拦水，又能开启闸门泄水，所以各种水闸都具有控制水位和调节流量的作用。

水闸一般由闸室、上游连接段和下游连接段三部分组成，如图 12-9 所示。

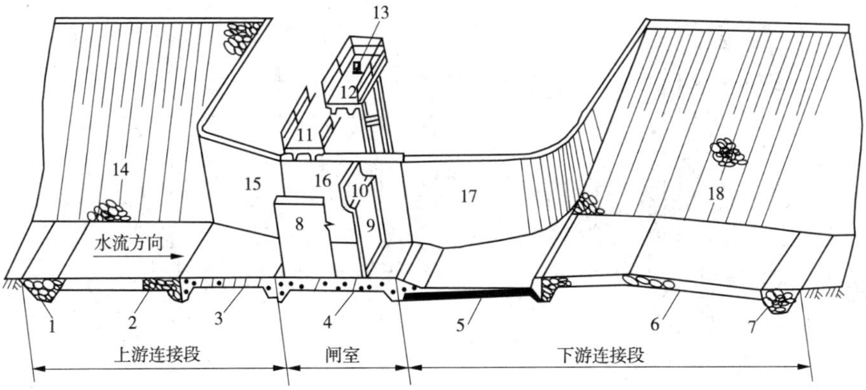

1—上游防冲槽；2—上游护底；3—铺盖；4—底板；5—护坦（消力池）；6—海漫；
7—下游防冲槽；8—闸墩；9—闸门；10—胸墙；11—交通桥；12—工作桥；
13—启闭机；14—上游护坡；15—上游翼墙；16—边墩；17—下游翼墙；18—下游护坡。

图 12-9 水闸构成图

（二）水闸的视图及表达方法

图 12-10 为一个简易水闸的设计图，显示了水闸的三段组成部分以及几种常用的视图表达，左侧上游连接段由上游护坡、圆弧翼墙、上游护底、铺盖组成；中间闸室段由边墩、中墩、底板组成；右侧下游连接段由直立翼墙、扭面翼墙、下游护坡、消力池、海漫组成。

1. 平面图

平面图是工程结构沿铅垂线方向投影到平面上，按规定的符号和比例缩小而构成的相似图形。平面图标示了水闸各组成部分的平面尺寸、平面位置关系、斜坡坡度、部分结构顶面高程等。

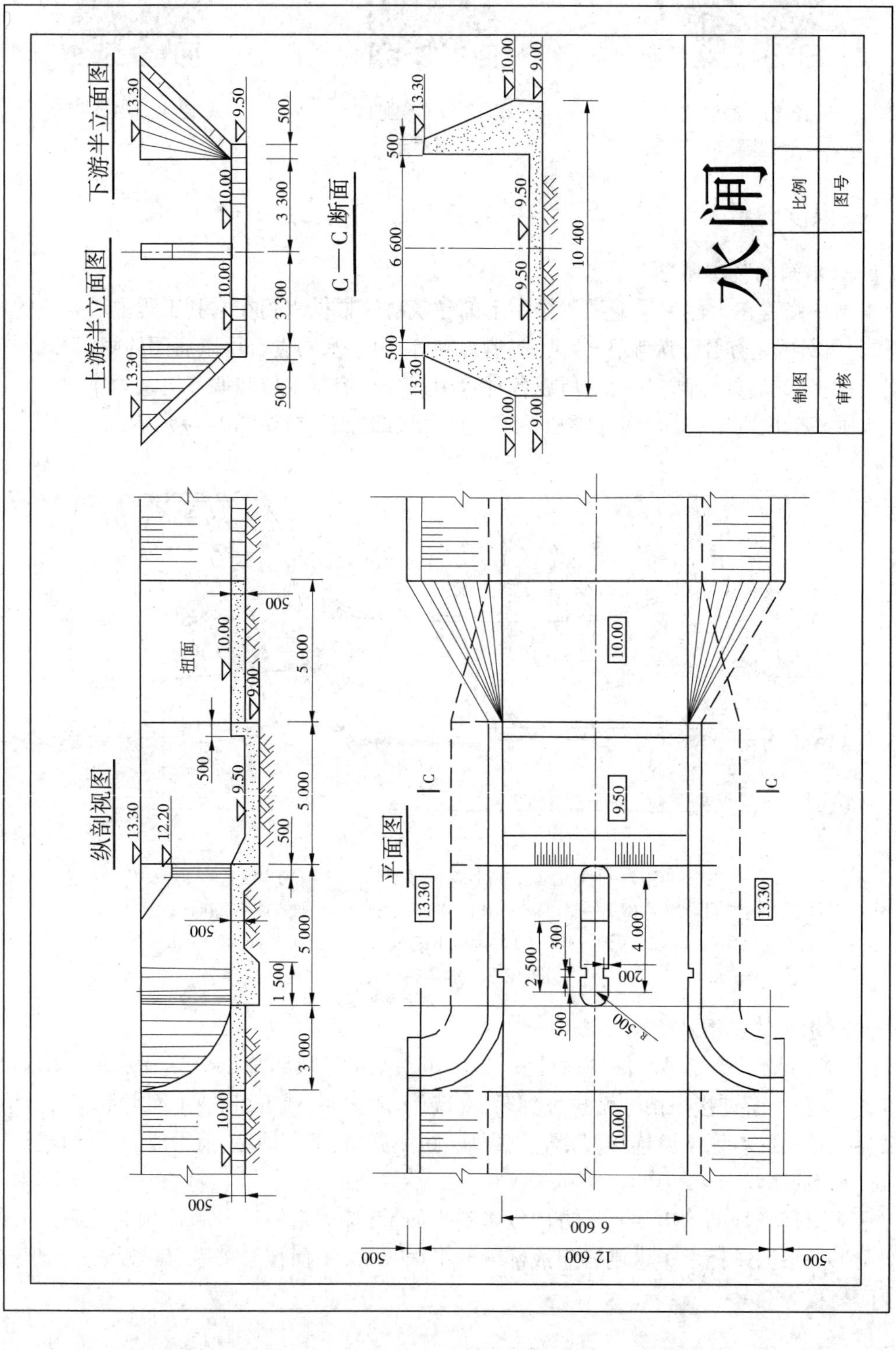

图 12-10　某水闸设计图

2. 剖视图

剖视图又称剖切图、剖面图,是通过对工程结构按照一定的剖切方向所展示的内部构造图例,即假想用一个剖切平面将物体剖开,剖切平面一侧部分向投影面所作的正投影图。按剖切范围的大小,剖视图可分为全剖视图、半剖视图和局部剖视图三种。

图 12-10 中纵剖视图是将水闸沿通过水平对称轴线垂直面剖得,由纵剖视图可获知每一段长度、高度及底板截面尺寸。

3. 立面图

立面图与平面图类似,是工程结构沿水平线方向投影到铅垂面上的正投影图。对称结构在设计中经常只绘制一半,称为半立面图。

上下游半立面是分别从上游、下游方向查看水闸的立面图,因为水闸上下游均为对称结构,所以各绘制一半组成一个图。从上游半立面图可以获知进水口段翼墙高度、护坡厚度及底面标高,从下游半立面图可获知出水口段扭面高度、厚度及底面标高。

4. 断面图

断面图是用假想的剖切面将工程结构割切开(按剖切符号所标注的位置),用正投影的方法,只将被剖切到的轮廓绘出、后面的部分不绘的图形,即仅画出剖切面与剖切对象接触部分的图形。

C—C 断面图是从平面图 C—C(剖切符号)所标注的位置剖得的,从 C—C 断面图可获知剖切处闸室翼墙截面尺寸、底板标高。

二、项目建模

鼠标左键双击“Revit 2022 ”快捷方式,打开软件,进入软件操作界面。

(一)创建项目

单击“新建”,选择“结构样板”创建项目(见图 12-11)。

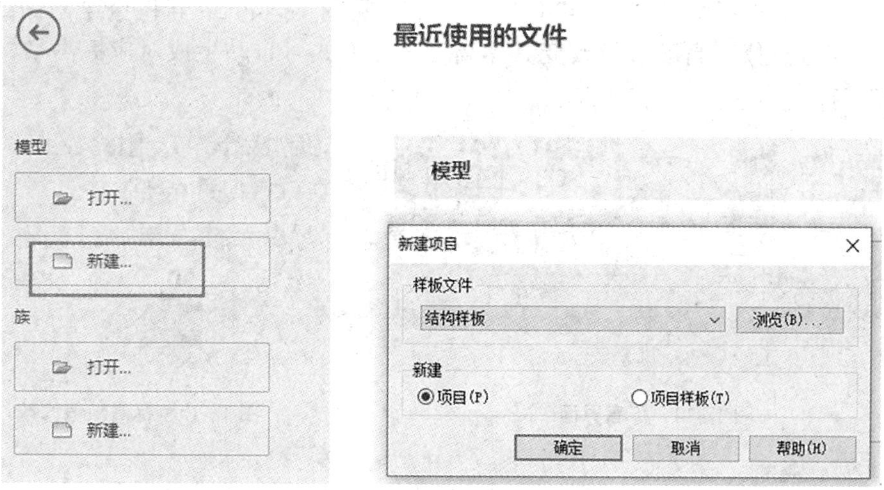

图 12-11　某水闸设计图

(二) 创建标高

标高也称高程,指地面点沿法线或重力线方向至高程基准面的高度,即测量点与设计的水准基面之间的垂直距离。

在 Revit 中,标高是主要的竖向定位构件,在任意立面下绘制或修改 3D 状态下的标高后,其余立面、剖面联动性修改标高信息。

根据纵剖视图,绘制项目主要标高(10、12.2、13.3)。主要方法有以下三种。

1. 修改现有标高

在项目浏览器中,鼠标左键双击"立面(建筑立面)"目录下的"南"进入南立面,选中项目默认标高 2,将标高高度和名称修改为 10(见图 12-12),并在弹窗"是否希望重命名相应视图"选择"是"(见图 12-13)。

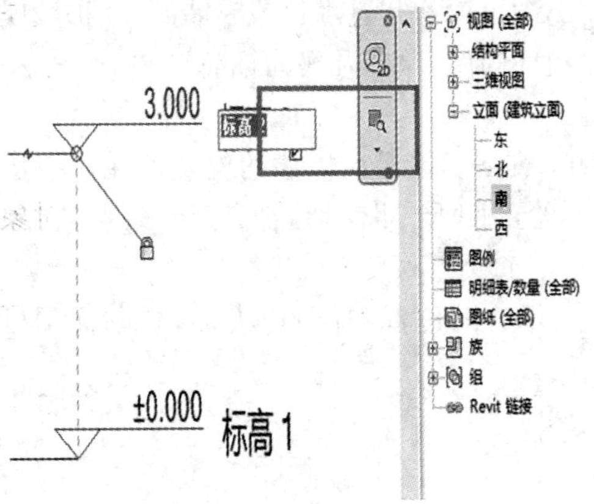

图 12-12　标高与名称修改

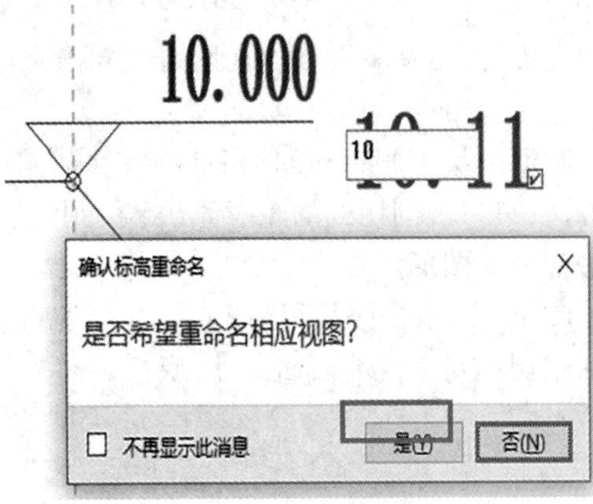

图 12-13　确定重命名

2. 新建标高

在立面视图,选择"建筑"—"基准"—"标高"(见图 12-14),在绘图区绘制标高。绘制完成后,可通过修改高度数值改变具体高度。此方式可自动生成对应标高结构平面(见图 12-15)。

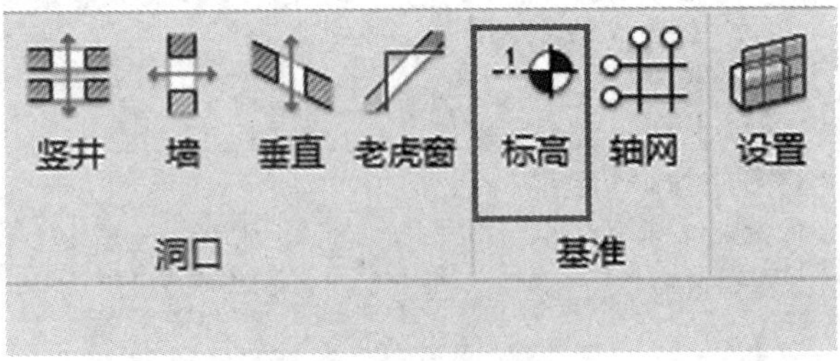

图 12-14　标高界面

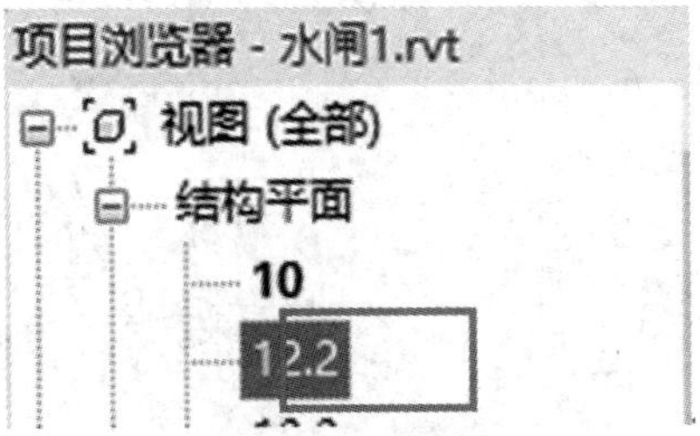

图 12-15　标高数值修改

3. 复制标高

在立面视图,选中已有标高,选择"复制"按钮,勾选"约束""多个"(见图 12-16),可通过复制方式创建多个标高。

通过复制方式创建的标高,不会自动创建平面视图,需要手动创建。选择"视图"—

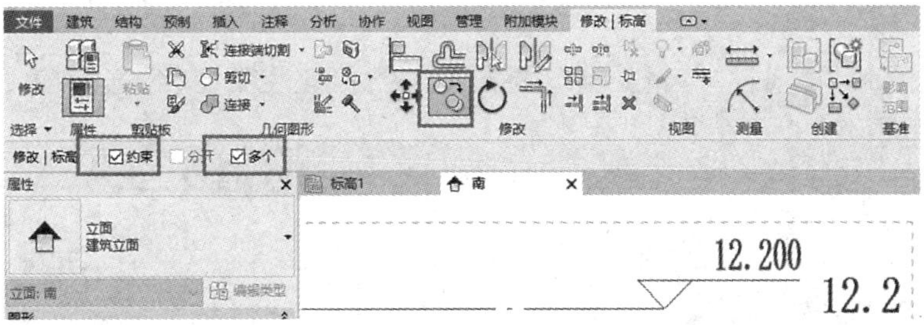

图 12-16　复制选择多个标高

“平面视图”—“结构平面”(见图 12-17),创建对应标高结构平面(见图 12-18)。

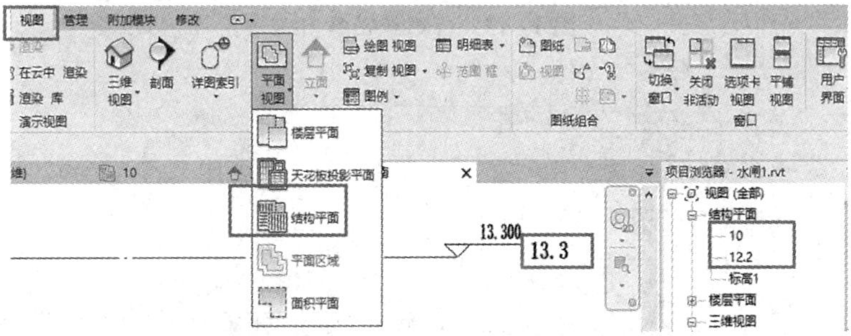

图 12-17　“结构平面”命令界面

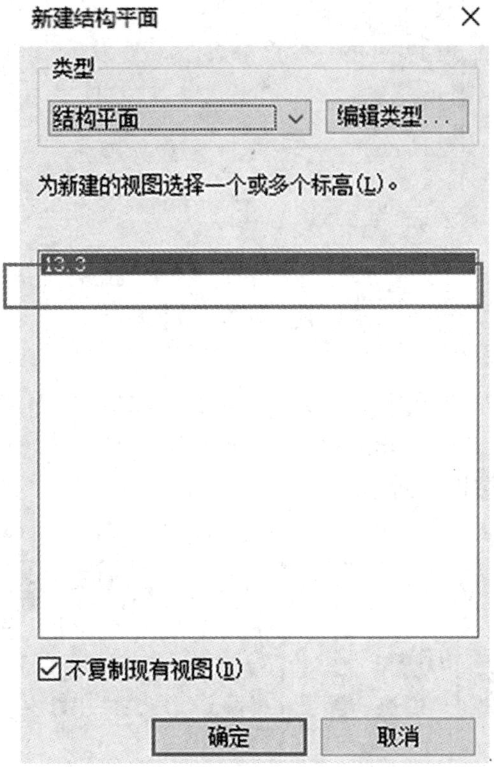

图 12-18　项目浏览器显示标高

4. 编辑标高

选中某一标高,可通过“编辑类型”(见图 12-19)修改族类型、线宽、颜色、显示等(见图 12-20)。

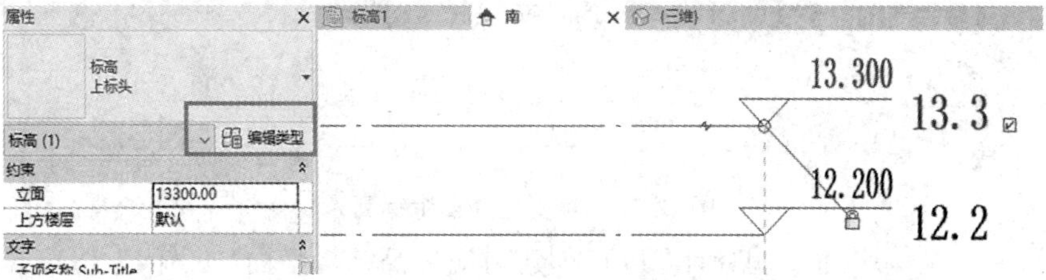

图 12-19　标高编辑类型

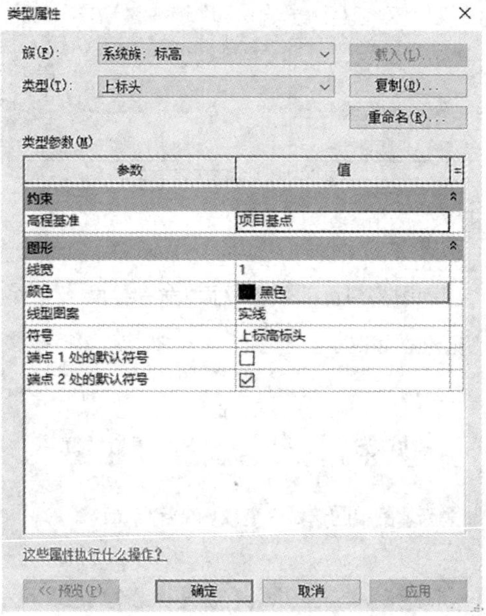

图 12-20　标高修改参数

(三)创建参照平面

参照平面是垂直于绘制平面、无限大的平面,用于辅助平面定位构件,在三维空间一般不可见,在立面和平面均可创建参照平面,快捷键为 RP。

根据平面图,在 10 结构平面,选择“建筑”—“工作平面”—“参照平面”(见图 12-21),绘制本项目主要参照平面(见图 12-22)。本项目为对称结构,可以绘制一半。

图 12-21　工具栏“参照平面”界面

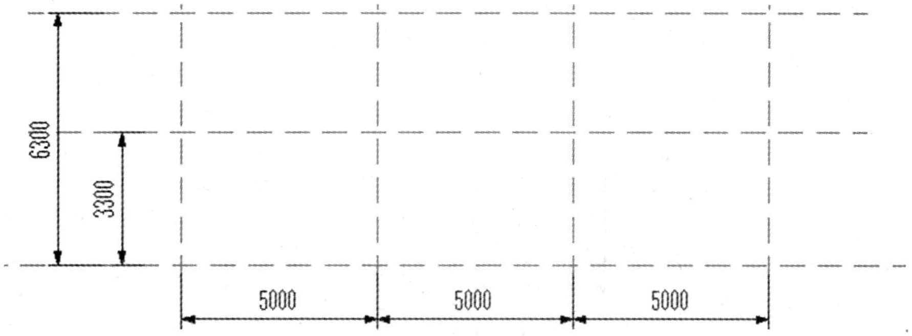

图 12-22 绘制参照平面

(四)整理图纸

将项目涉及的剖面图、平面图拆解为不同的 CAD 文件。若项目无法提供准确的 CAD 图纸,本步骤可以省略。

(五)导入图纸

在 10 结构平面,选择“插入”—“导入”—“导入 CAD”(见图 12-23)。

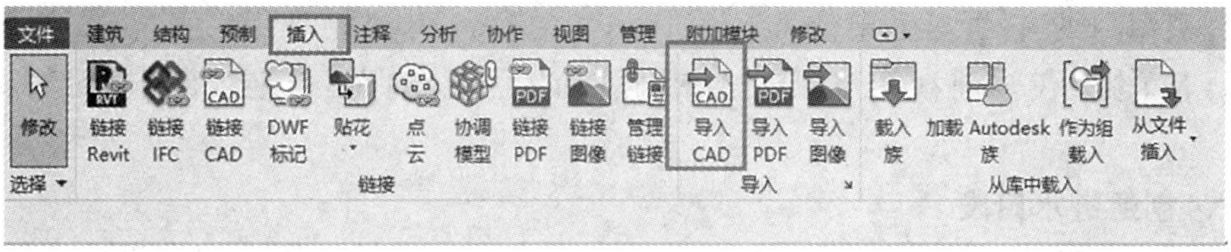

图 12-23 工具栏“导入 CAD”命令

设置颜色、定位、导入单位等信息,选择“打开”(见图 12-24),将图纸插入到项目中。

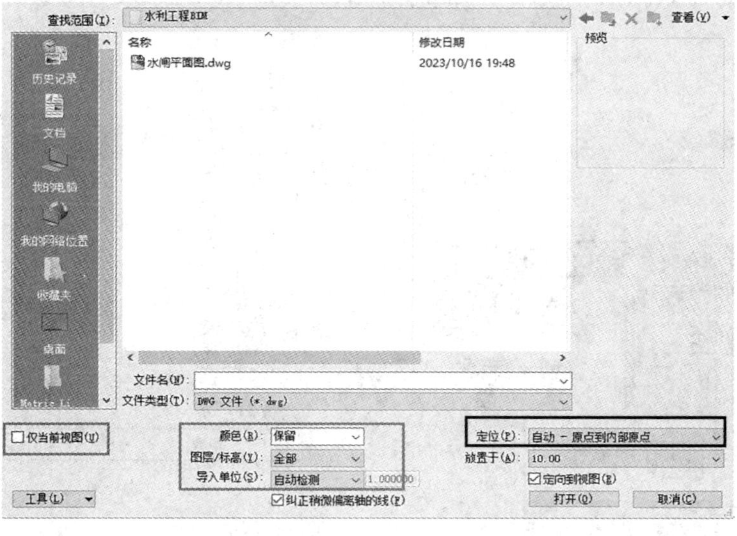

图 12-24 “插入图纸参数”设置界面

导入图纸后,将图纸移动到正确位置(见图 12-25)后锁定。

注意:

(1)导入的图纸默认为锁定状态,需要先解锁再移动。

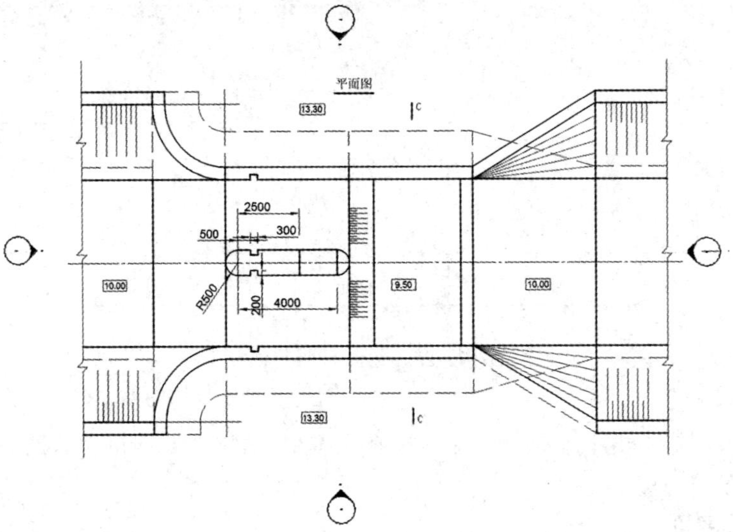

图 12-25　导入图纸并锁定

(2)根据图纸,设置导入单位。

(3)若勾选“仅当前视图可见”,在其他平面、立面、剖面、三维视图中,无法看到该图纸。

(六)创建进水口段

1. 创建弧形翼墙底板

在 10 结构平面,选择“结构”—“构件”—“内建模型”(见图 12-26),族类别选择“常规模型”(见图 12-27),名称设置为“进水口段翼墙底板”,进入内建模型绘制界面。

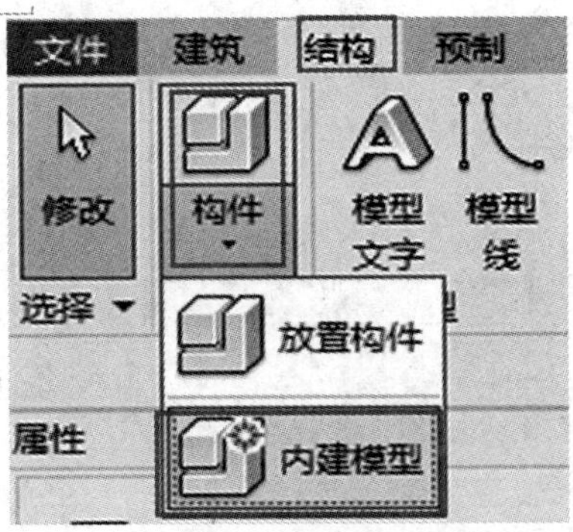

图 12-26　创建“内建模型”

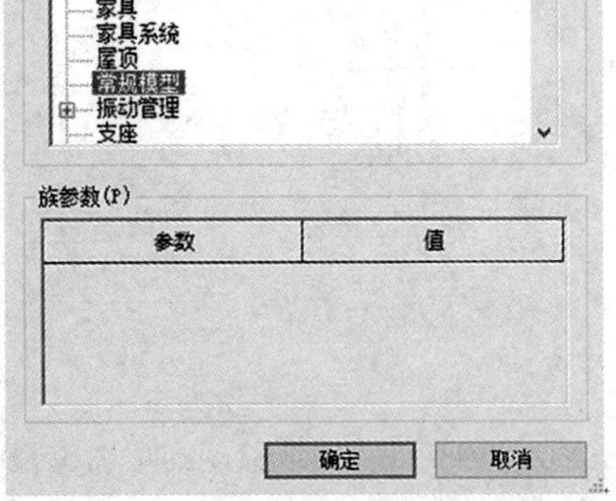

图 12-27　创建“常规模型”

选择“创建”—“拉伸”，进入绘制界面。绘制翼墙底板轮廓，设置拉伸终点（见图 12-28），单击✔，完成模型创建。

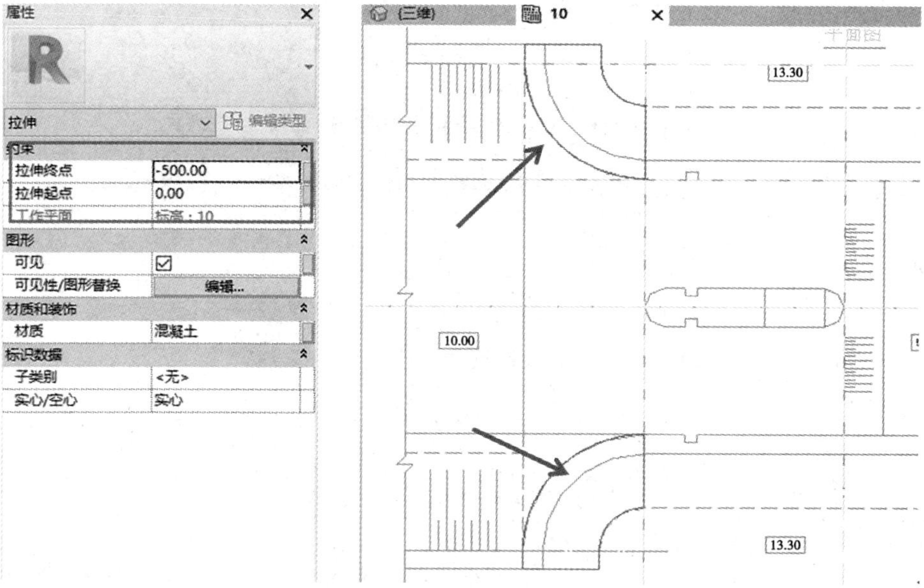

图 12-28 拉伸命令绘制翼墙

2. 创建弧形翼墙

在 10 结构平面，选择“结构”—“构件”—“内建模型”，族类别选择“常规模型”，名称设置为“进水口段翼墙”，进入绘制界面。

选择“创建”—“放样”，进入绘制界面。选择“绘制路径”，绘制放样路径（图 12-29）。

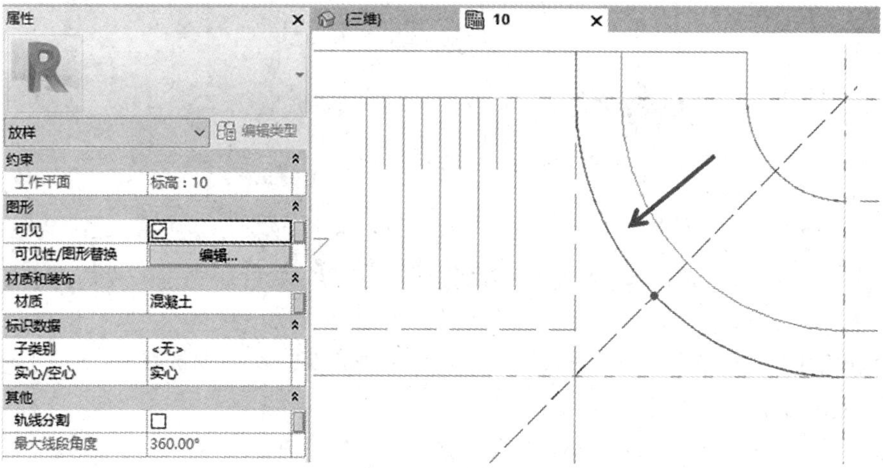

图 12-29 放样命令绘制弧形翼墙路径

选择“选择轮廓”—“编辑轮廓”，在三维视图（见图 12-30）下绘制轮廓（见图 12-31），完成模型创建（见图 12-32）。

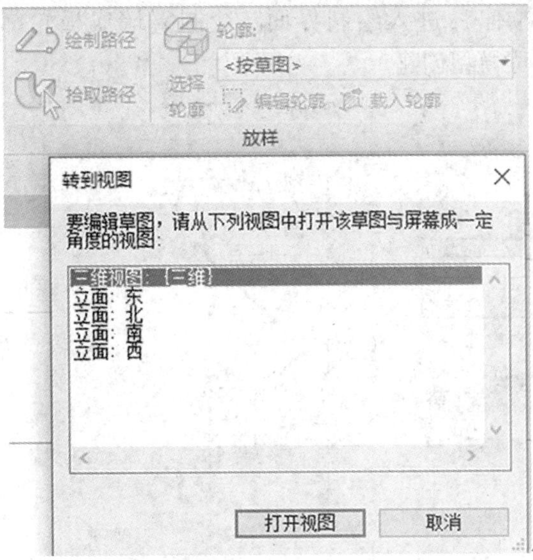

图 12-30　弧形翼墙轮廓绘制立面选择

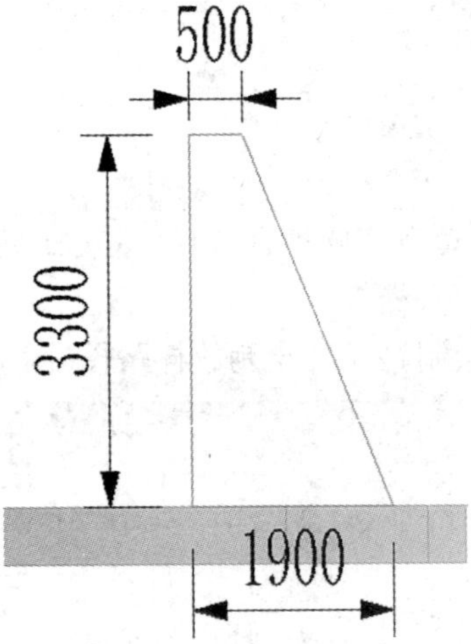

图 12-31　弧形翼墙轮廓

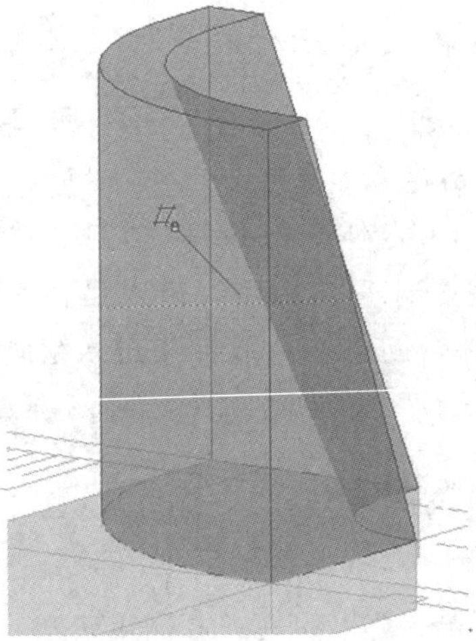

图 12-32　完成弧形翼墙三维绘制

在任一结构平面，选中构件，选择“镜像”命令（见图 12-33），完成对称结构创建。

3. 创建上游铺盖

在 10 结构平面，选择“结构”—“构件”—“内建模型”，族类别选择“常规模型”，名称设置为“上游铺盖”，进入绘制界面。

选择“创建”—“拉伸”，绘制底板轮廓，设置拉伸终点（见图 12-34），完成模型创建（见图 12-35）。

（七）创建闸室段

1. 创建底板

在 10 结构平面，选择“结构”—“构件”—“内建模型”，族类别选择“常规模型”，名称设置为“闸室底板”，进入绘制界面，选择“拉伸”命令（见图 12-36）。

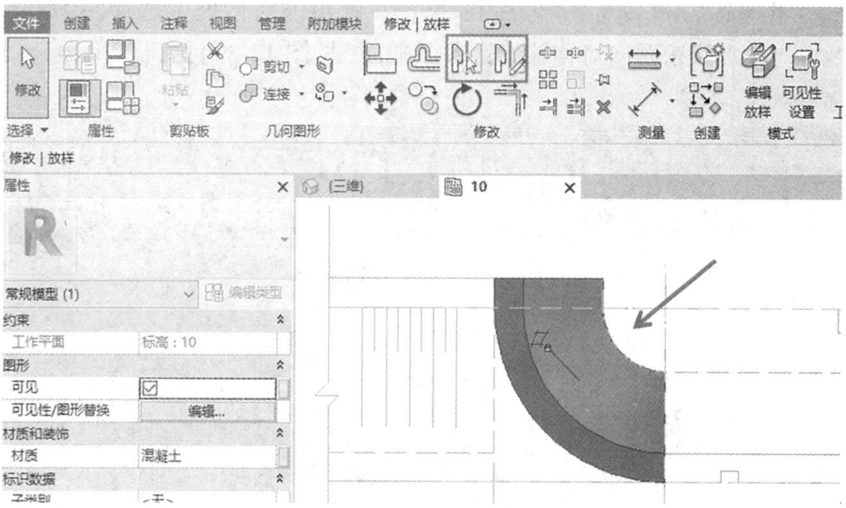

图 12-33　镜像命令绘制翼墙对称结构

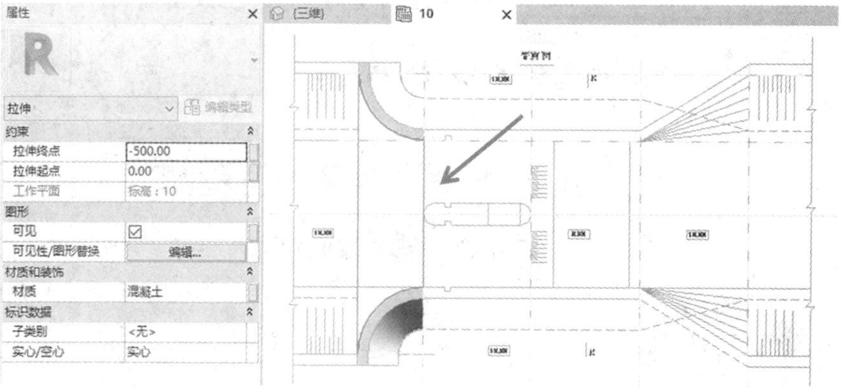

图 12-34　内建模型创建拉伸绘制上游铺盖

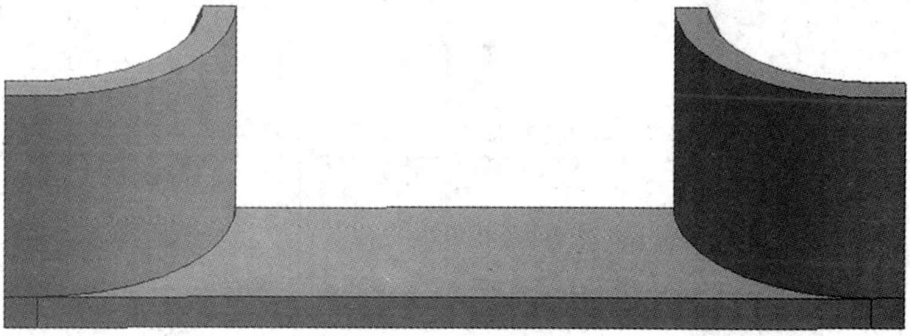

图 12-35　完成上游铺盖模型

图 12-36　“拉伸”命令界面

选择“工作平面”—“设置”(见图 12-37),在弹出的对话框中选择“拾取一个平面”(见图 12-38),取水闸东西向对称轴位置参照平面(见图 12-39)为工作平面,转到南立面视图。

图 12-37　工作平面设置

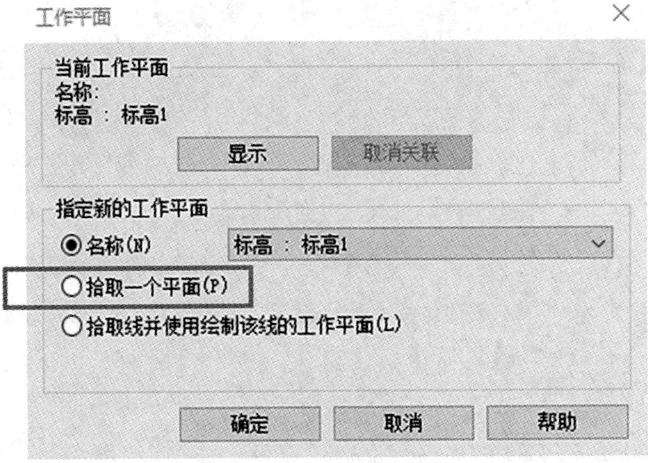

图 12-38　拾取参照平面

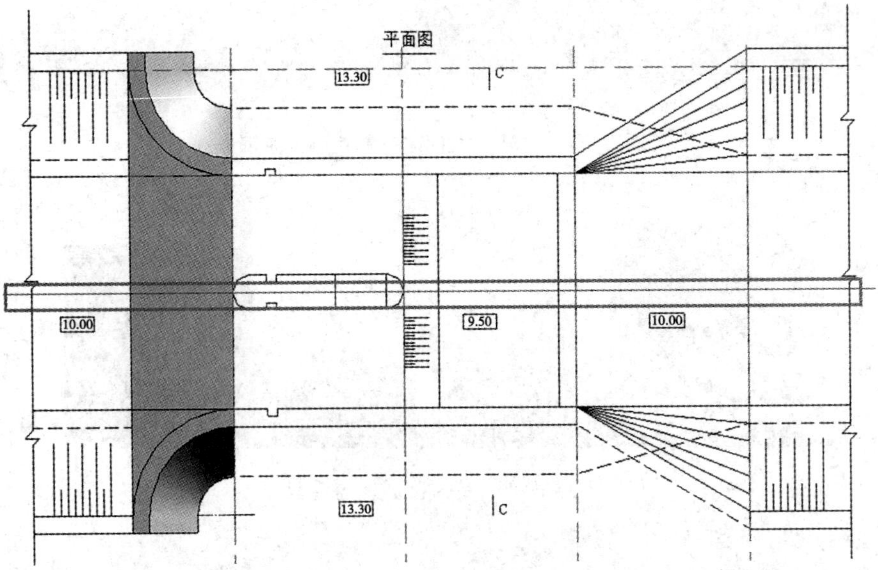

图 12-39　平面图中拾取参照平面

根据纵剖视图图纸,绘制闸室底板截面轮廓,设置拉伸起点为-3 300.00,拉伸终点为3 300.00(见图 12-40),完成闸室底板。

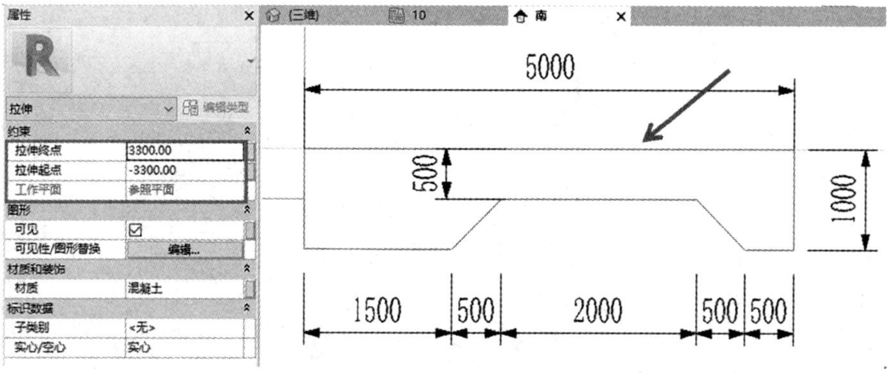

图 12-40　绘制闸室底板界面轮廓

2. 创建边墩

在 10 结构平面，选择“结构”—“构件”—“内建模型”，族类别选择“常规模型”，名称设置为“闸室边墩”，进入绘制界面。选择“创建”—“拉伸”，进入创建界面。选择“工作平面”—“设置”—“拾取一个平面”，拾取闸室南北向参照平面为工作平面(见图 12-41)，转到东立面视图。

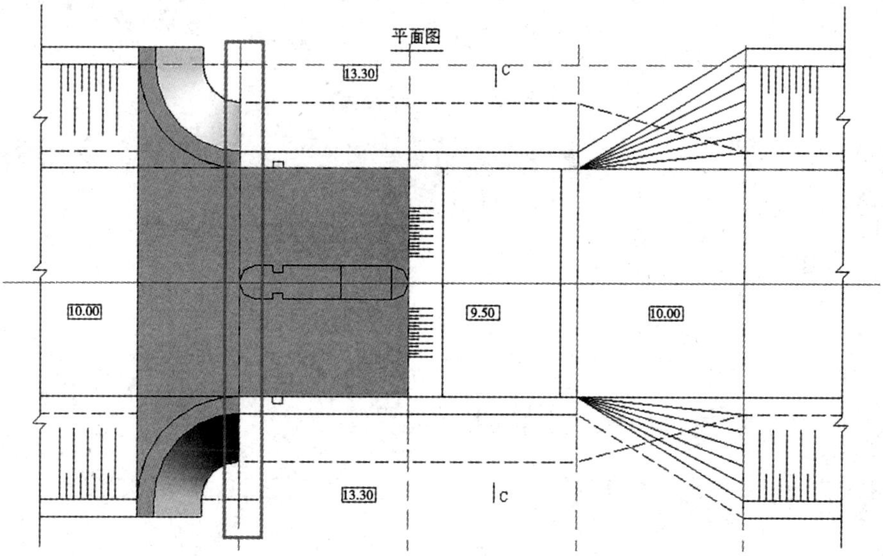

图 12-41　边墩绘制拾取工作平面

绘制边墩轮廓，设置拉伸起点、拉伸终点。完成一侧创建(见图 12-42)。应用“镜像”命令，完成对称构件创建。

在 10 结构平面，选择“创建”—“空心形状”—“空心拉伸”(见图 12-43)，进入绘制界面，绘制闸门槽截面轮廓，并设置拉伸终点为 3 300. 00(见图 12-44)。应用“镜像”命令，完成对称结构。(若在 13. 00 结构平面绘制，拉伸终点为-3 300. 00，注意区分所在工作平面。)

3. 创建中墩

在 10 结构平面，选择“结构”—“构件”—“内建模型”，族类别选择“常规模型”，名称设置为“闸室中墩”，进入绘制界面。根据图纸用“拾取线”方式绘制闸室中墩轮廓，设置

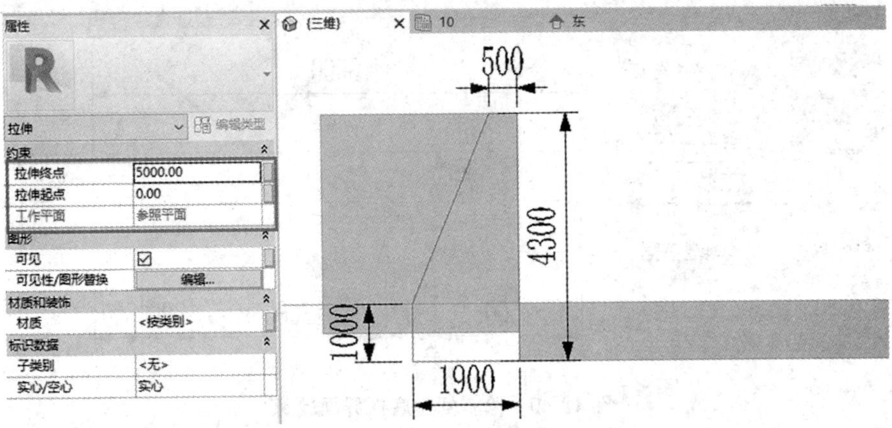

图 12-42　绘制边墩截面轮廓

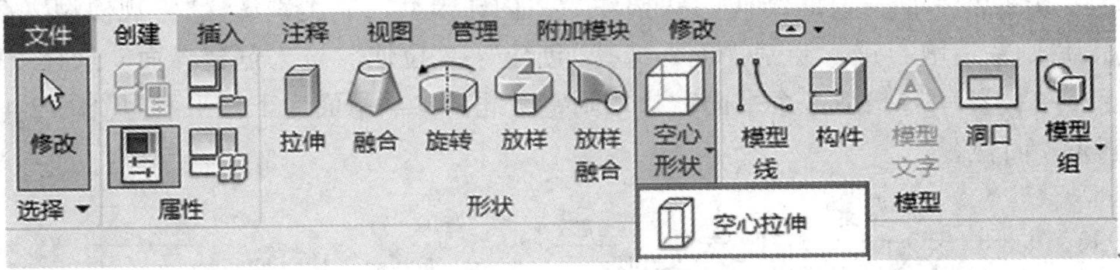

图 12-43　空心拉伸界面

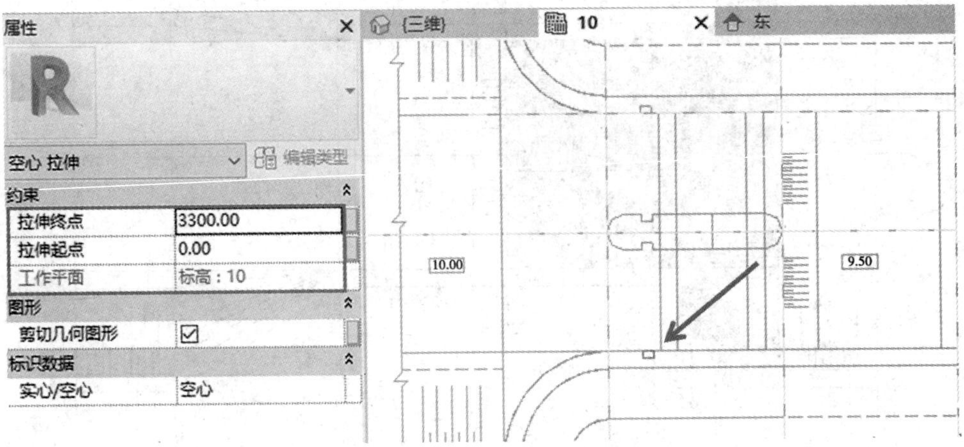

图 12-44　闸门槽拉伸轮廓及参数设置

拉伸终点为 3 300.00(见图 12-45)。

在 10 结构平面,选择“创建”—“拉伸”,进入绘制界面。选择“工作平面”—“设置”—“拾取一个平面”,拾取水闸东西向对称轴位置参照平面为工作平面,转到南立面视图,绘制空心拉伸轮廓(见图 12-46)。

(八)创建下游连接段

1. 创建消力池底板

在 10 结构平面,选择“结构”—“构件”—“内建模型”,族类别选择“常规模型”,名称

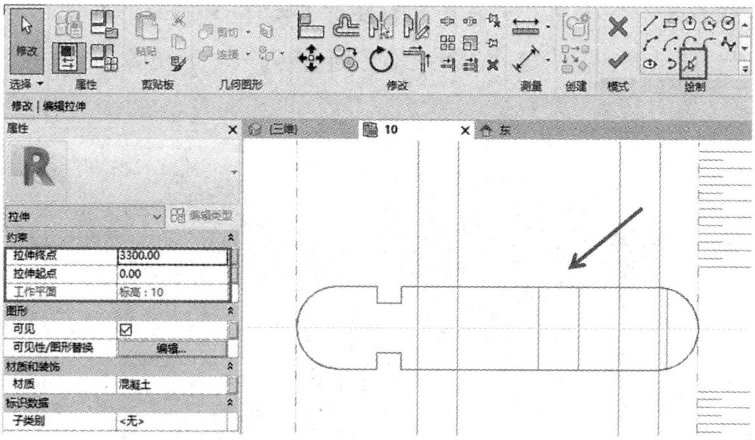

图 12-45　闸室中墩拉伸轮廓及参数设置

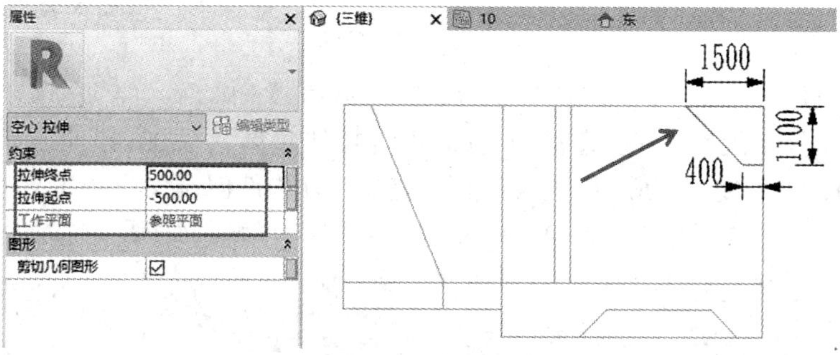

图 12-46　闸室中墩空心拉伸轮廓及参数绘制

设置为“消力池底板”，进入绘制界面。选择“拉伸”—“(工作平面)设置”—“拾取一个平面”，拾取水闸东西向对称轴位置参照平面为工作平面，转到南立面视图。

根据纵剖视图图纸，绘制消力池底板截面轮廓，设置拉伸起点为-5 200，拉伸终点为 5 200(见图 12-47)，完成消力池底板。

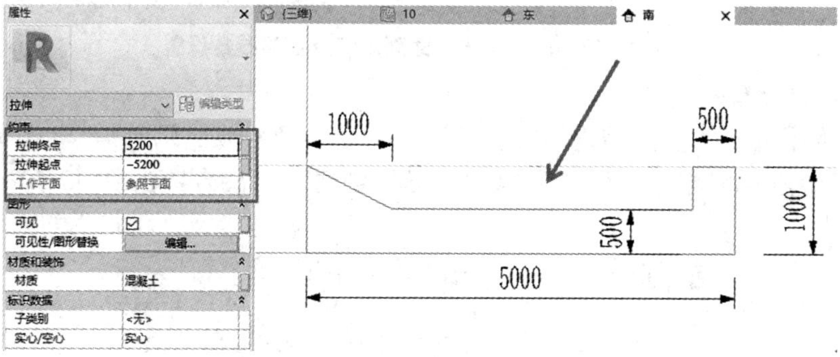

图 12-47　消力池底板拉伸轮廓及参数设置

2. 下游连接段直立式翼墙

在 10 结构平面，选择“结构”—“构件”—“内建模型”，族类别选择“常规模型”，名称设置为“下游连接段直立式翼墙”，进入绘制界面。选择“创建”—“拉伸”，进入绘制界面。

选择“工作平面”—“设置”，在弹出的对话框中选择“拾取一个平面”，拾取闸室南北向中心线位置参照平面（见图 12-48）为工作平面，转到东立面视图。

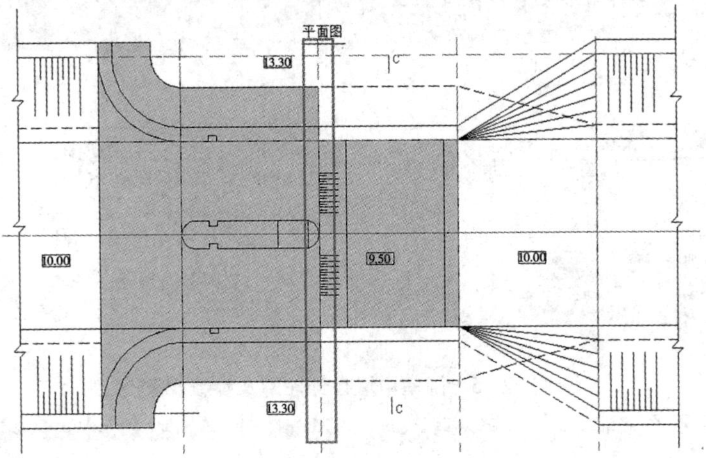

图 12-48　拾取直立式翼墙参照平面

绘制下游连接段直立式翼墙截面轮廓，设置拉伸起点为 0. 00，拉伸终点为 5 000. 00（见图 12-49），完成模型。应用“镜像”命令，完成对称构件创建。

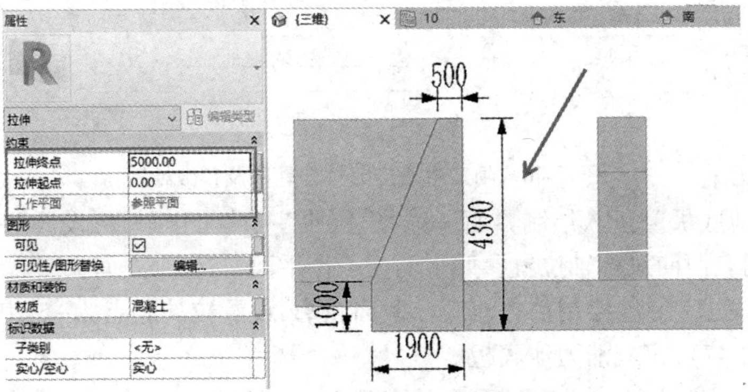

图 12-49　直立式翼墙截面轮廓及拉伸参数设置

3. 创建扭面翼墙

在 10 结构平面，选择“结构”—“构件”—“内建模型”，族类别选择“常规模型”，名称设置为“下游扭面翼墙”，进入绘制界面。选择“创建”—“融合”（见图 12-50），进入创建界面。

图 12-50　“融合”命令界面

选择“工作平面”—“设置”—“拾取一个平面”，拾取水闸出水口段南北向参照平面为工作平面（见图 12-51），转到东立面视图。

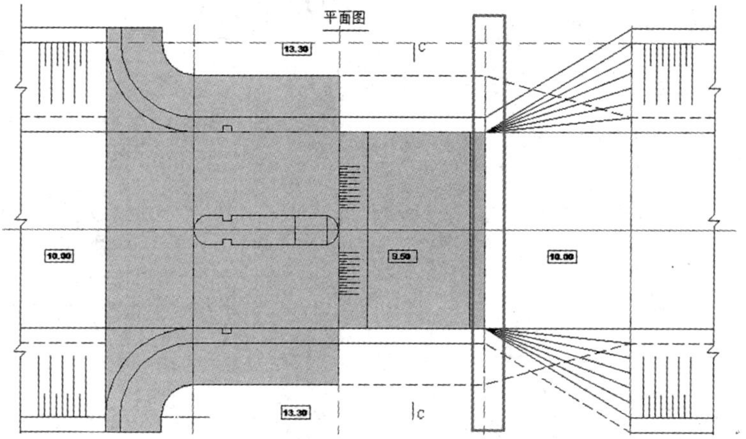

图 12-51　拾取扭面翼墙参照平面

绘制第一个融合轮廓，并设置第二端点距离（见图 12-52）。

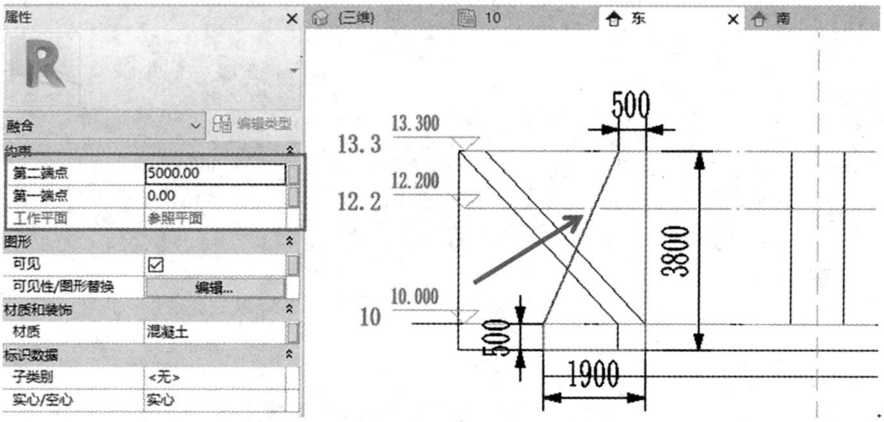

图 12-52　绘制扭面翼墙截面第一个轮廓

选择“编辑顶部”（见图 12-53），进入顶部绘制界面，绘制第二个融合轮廓（见图 12-54），完成模型。应用“镜像”命令，完成对称构件创建。

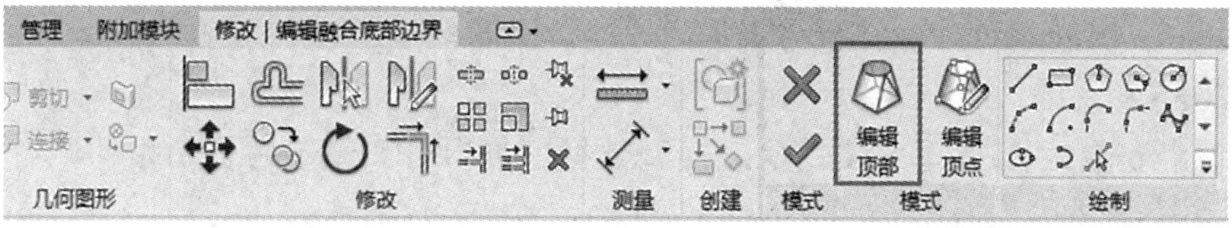

图 12-53　编辑顶部

4. 创建海漫

在 10 结构平面，选择“结构”—“构件”—“内建模型”，族类别选择“常规模型”，名称设置为“海漫”，进入绘制界面。

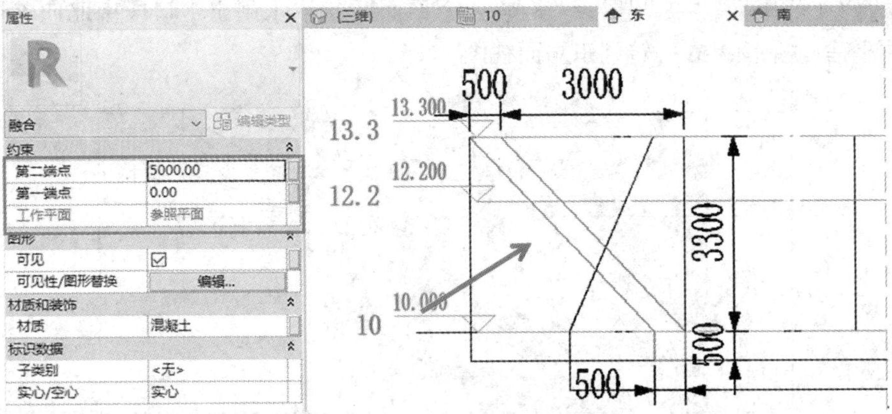

图 12-54　绘制扭面翼墙第二个轮廓及融合参数设置

选择“创建”—“拉伸”,绘制底板轮廓,设置拉伸终点(见图 12-55)。

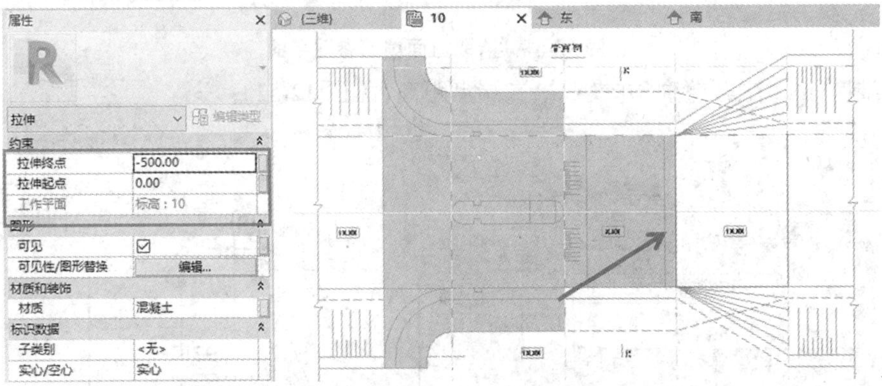

图 12-55　绘制海漫拉伸轮廓及拉伸参数设置

三、项目拓展

(一)项目样板与项目的区别

1. 项目样板

在 Revit 中,项目样板是软件自带的绘制模型的必备工作环境,样板包括绘制模型所需的各项设置,主要包括文件交互、项目单位等。Revit 软件安装后,软件自带 7 个样板,水利专业可选择“结构样板”,也可自行创建项目样板。

2. 项目

在 Revit 中,项目是单个设计信息模型数据库。项目文件包含了工程的所有设计信息(几何图形、非几何数据)。

(二)水利专业创建标高注意事项

(1)标高必须在立面视图创建。

(2)水利专业默认标高(高程)单位为米。

(3)Revit 软件中默认长度单位为毫米,水利专业图纸如未说明,默认长度单位为厘米。

(4)创建主要标高即可。

(三)镜像命令

镜像命令的作用是翻转选定图元,或复制并翻转选定图元,可用以创建对称结构构件。

(1)镜像—拾取轴。

若项目中已存在作为镜像轴的线或轮廓线,可选择"镜像"—"拾取轴"命令。

(2)镜像—绘制轴。

若项目中暂无可作为镜像轴的线或轮廓线,需要临时绘制一条镜像轴,可选择"镜像"—"绘制轴"命令。

四、知识点测试

登录智慧职教 MOOC 学院进行资源学习,并完成本任务知识点测试;或扫描二维码完成本任务知识点测试。

码 12-13　项目十二任务三知识点测试

五、技能训练

使用 Revit 对下列进水闸进行建模。

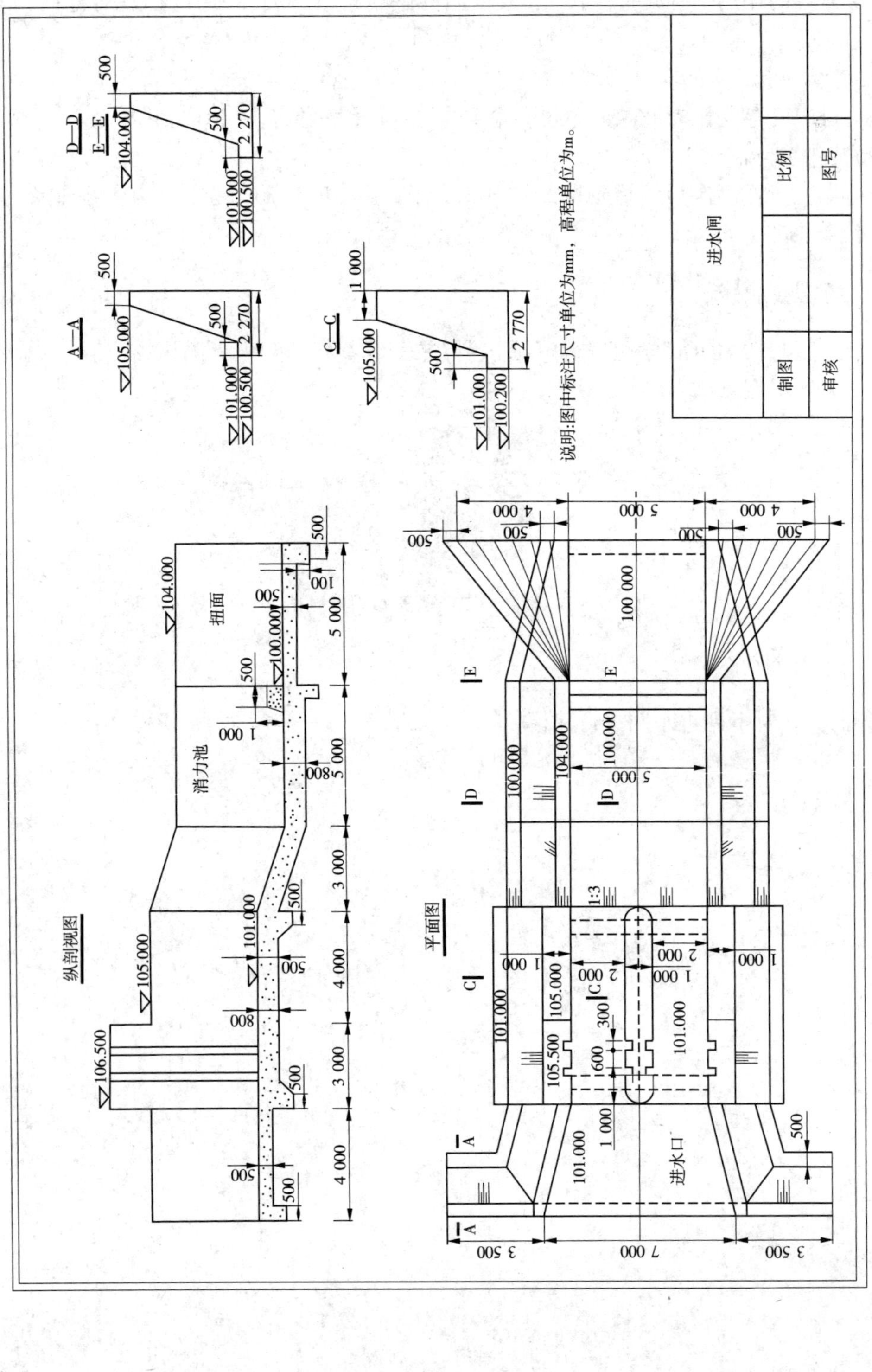
纵剖视图
106.500
105.000
104.000
101.000
100.000
消力池
扭面
4 000
3 000
4 000
3 000
5 000
5 000
500
800
1 000
100
平面图
进水口
101.000
105.000
105.500
104.000
100.000
100 000
1:3
3 500
7 000
3 500
4 000
5 000
4 000
1 000
2 000
300
600
A—A
105.000
101.000
100.500
2 270
500
D—D
E—E
104.000
101.000
100.500
2 270
500
C—C
105.000
101.000
100.200
2 770
1 000
500
说明:图中标注尺寸单位为mm，高程单位为m。
进水闸
比例
图号
制图
审核

参考文献

[1] 水利部编写组. 深入学习贯彻习近平关于治水的重要论述[M]. 北京:人民出版社,2023.
[2] 冷爱国. 水工建筑物[M]. 郑州:黄河水利出版社,2019.
[3] 焦爱萍. 水工建筑物[M]. 3 版. 北京:中国水利水电出版社,2015.
[4] 吴伟民. 水工建筑物[M]. 郑州:黄河水利出版社,2023.
[5] 高本虎. 橡胶坝工程技术指南[M]. 2 版. 北京:中国水利水电出版社,2006.
[6] 牛立军,梁燕迪,王程. 基于 Revit 二次开发的水利工程 BIM 正向设计研究[J]. 人民黄河,2022,44(3):155-158.
[7] 卢德友. 水利工程 BIM 建模与应用[M]. 北京:中国水利水电出版社,2022.
[8] 陈翠,安觅,董家贤,等. 基于 BIM 的水闸数字孪生平台设计与应用研究[J]. 水利技术监督,2022(3):43-46.
[9] 全国勘察注册工程师水利水电工程专业管理委员会,中国水利水电勘测设计协会. 水利水电工程专业案例:水工结构与工程地质篇[M]. 郑州:黄河水利出版社,2009.
[10] 中华人民共和国水利部. 水利水电工程等级划分及洪水标准:SL 252—2017[S]. 北京:中国水利水电出版社,2017.
[11] 中华人民共和国电力部. 水工建筑物荷载设计规范:DL 5077—1997[S]. 北京:中国电力出版社,1998.
[12] 中华人民共和国水利部. 混凝土重力坝设计规范:SL 319—2018[S]. 北京:中国水利水电出版社,2018.
[13] 中华人民共和国水利部. 碾压式土石坝设计规范:SL 274—2020[S]. 北京:中国水利水电出版社,2020.
[14] 中华人民共和国水利部. 混凝土面板堆石坝设计规范:SL 228—2013[S]. 北京:中国水利水电出版社,2013.
[15] 中华人民共和国水利部. 水闸设计规范:SL 265—2016[S]. 北京:中国水利水电出版社,2016.
[16] 中华人民共和国水利部. 溢洪道设计规范:SL 253—2018[S]. 北京:中国水利水电出版社,2018.
[17] 中华人民共和国水利部. 水工隧洞设计规范:SL 279—2016[S]. 北京:中国水利水电出版社,2016.
[18] 中华人民共和国住房和城乡建设部. 橡胶坝工程技术规范:GB/T 50979—2014[S]. 北京:中国计划出版社,2014.